W0237365

Mathematisches Unterrichtswerk
Herausgegeben von Kurt Degen

Analysis 1

Ein Lehr- und Arbeitsbuch
für die 11. Jahrgangsstufe und den
Grundkurs in der Kollegstufe

Bearbeitet von Kurt Degen

Blutenburg-Verlag, München
Ferdinand Schöningh, Paderborn

0621

Alle Rechte, auch die des auszugsweisen Nachdrucks, der fotomechanischen Wiedergabe und der Übersetzung, vorbehalten. Dies betrifft auch die Vervielfältigung und Übertragung einzelner Textabschnitte, Zeichnungen oder Bilder durch alle Verfahren wie Speicherung und Übertragung auf Papier, Transparente, Filme, Bänder, Platten und andere Medien, soweit es nicht §§ 53 und 54 URG ausdrücklich gestatten.

© 1977 by Ferdinand Schöningh at Paderborn. Printed in Germany.

2. 3. 4. 5. Druck 79 80 81

Gesamtherstellung: Ferdinand Schöningh, Paderborn.

Papier: München-Dachauer Papierfabriken.

ISBN 3-7620-0621-0

Inhaltsverzeichnis

Erster Teil: Grundlegende Begriffe

Zweiter Teil: Differentialrechnung (1)

Dritter Teil: Integralrechnung

Vierter Teil: Differentialrechnung (2)

Vorwort

Die Reform des Mathematikunterrichts in der Oberstufe der Gymnasien machte eine Neubearbeitung der „Analysis“ notwendig. Dabei erwies es sich als zweckmäßig, das Werk in zwei Teilbände „Analysis 1“ und „Analysis 2“ aufzugliedern. Der vorliegende Band „Analysis 1“ enthält den Lehrstoff für die 11. Jahrgangsstufe und für das 1. bis 4. Kurshalbjahr des Grundkurses in der Kollegstufe. Alle Stoffgebiete, die für das Verständnis der folgenden Kapitel nicht vorausgesetzt werden, sind mit einem Stern (*) bezeichnet. Sie können aber interessierte Kollegiaten anregen, sich mit weiteren Gebieten der Analysis und ihren Anwendungen zu beschäftigen.

Einem Wunsch aus dem Kreis der Fachkollegen folgend, wurden die Beweise möglichst ausführlich dargestellt. Das kann aber keinesfalls heißen, daß sie alle in dieser Weise im Unterricht behandelt werden sollen. Vielmehr wird es in vielen Fällen genügen, sich den Inhalt eines Satzes an Hand einer Skizze anschaulich klarzumachen oder wenigstens den Beweisgedanken zu erfassen. In jedem Fall hat der Lernende die Möglichkeit, sich im Selbststudium mit dem einen oder anderen Beweis eingehend zu beschäftigen und sich mit den Arbeits- und Beweismethoden der Analysis vertraut zu machen. Der Kollegiat kann so die Fähigkeit entwickeln, selbständig mit einem Buch zu arbeiten, was für die allgemeine Studierfähigkeit unerläßlich ist.

Die Aufgabensammlung bietet eine große Zahl von Aufgaben mit verschiedenen Schwierigkeitsgraden zur Auswahl an, darunter frühere Abituraufgaben oder Teile davon.

Der Verfasser dankt auf diesem Weg den Gutachtern des Ministeriums für die vielfachen Anregungen und Verbesserungsvorschläge, die er gerne verwertet hat.

Regensburg, im Herbst 1976 Kurt Degen

Erster Teil: Grundlegende Begriffe

1. Die Menge $\mathbb{R}$ der reellen Zahlen

Die „höhere Mathematik", von der die Differential- und Integralrechnung ein Teilgebiet darstellt, beruht auf drei grundlegenden Begriffen: dem **Zahlbegriff**, dem **Funktionsbegriff** und dem Begriff des **Grenzwertes**. Alle drei Begriffe sind schon wiederholt im Unterricht der Unter- und Mittelstufe behandelt worden. Für die Einführung in die Differential- und Integralrechnung (Infinitesimalrechnung) ist jedoch eine Ergänzung und Vertiefung dieser Begriffe notwendig. Wir beschäftigen uns daher nochmals mit ihnen, und zwar zunächst mit dem Begriff der **reellen Zahl.**
In Algebra 1 und 2 wurden die reellen Zahlen konstruktiv aus der Menge der natürlichen Zahlen durch fortgesetzte Zahlbereichserweiterungen gewonnen. Dabei wurde festgestellt, daß jeder reellen Zahl genau ein Punkt auf der Zahlengeraden zugeordnet werden kann und umgekehrt. Schließlich konnte gezeigt werden, daß die Menge der reellen Zahlen $\mathbb{R}$ wie auch die Menge der rationalen Zahlen $\mathbb{Q}$ bezüglich der Addition und der Multiplikation abgeschlossen sind und bestimmte Rechengesetze erfüllen. Man sagt auch, daß die Menge der reellen Zahlen und die Menge der rationalen Zahlen bezüglich dieser beiden Verknüpfungen (der Addition und der Multiplikation) einen **Körper** bilden.
Beim Aufbau der Analysis können wir von der Existenz der reellen Zahlen ausgehen. Wir leiten aus wenigen Grundeigenschaften (Axiomen) weitere Eigenschaften her. Diese Grundaussagen sind keine „Sätze", die bewiesen werden sollen, sondern Voraussetzungen, von denen wir beim Aufbau der Analysis ausgehen. Bei der Auswahl der Axiome haben wir eine gewisse Freiheit. Es erweisen sich aber die Körpergesetze aus dem Unterricht der Mittelstufe als zweckmäßig und ausreichend.

1.1 Die Körperaxiome der reellen Zahlen

In der Menge $\mathbb{R}$ der reellen Zahlen sind zwei Verknüpfungen[1] erklärt, die Addition (+) und die Multiplikation (·). In bezug auf diese Verknüpfungen bildet die Menge der reellen Zahlen einen **Körper**, wenn für alle reellen Zahlen $a, b, c \in \mathbb{R}$ folgende Axiome gelten:

I. Die Axiome der Addition

A,1 Kommutativgesetz: $a + b = b + a$
A,2 Assoziativgesetz: $a + (b + c) = (a + b) + c$
A,3 Existenz der Null: Es gibt genau eine Zahl $0 \in \mathbb{R}$ mit $a + 0 = 0 + a = a$
A,4 Existenz des Negativen: Zu jedem $a \in \mathbb{R}$ gibt es genau ein $(-a) \in \mathbb{R}$ mit $a + (-a) = (-a) + a = 0$

---

[1] Nach der Definition der „Verknüpfung in einer Menge" (K. Degen, Algebra 1, **26.2** und Degen-Pleyl, Algebra 2, **26**) sind Addition und Multiplikation in der Menge $\mathbb{R}$ Verknüpfungen. Durch diese Definition sind Existenz, Eindeutigkeit und Abgeschlossenheit der Summe und des Produktes gesichert.

II. Die Axiome der Multiplikation

M,1	Kommutativgesetz:	$a \cdot b = b \cdot a$
M,2	Assoziativgesetz:	$a \cdot (b \cdot c) = (a \cdot b) \cdot c$
M,3	Existenz der Eins:	Es gibt genau eine Zahl $1 \in \mathbb{R}$ mit $a \cdot 1 = 1 \cdot a = a$
M,4	Existenz des Inversen:	Zu jedem $a \neq 0$, $a \in \mathbb{R}$ gibt es genau ein $a^{-1} \in \mathbb{R}$ mit $a \cdot a^{-1} = a^{-1} \cdot a = 1$

III. Das Distributivgesetz

D $a \cdot (b + c) = a \cdot b + a \cdot c$

*1.1.1 Einige Folgerungen aus den Axiomen

Aus den Axiomen **A, M, D** lassen sich alle Sätze für das Rechnen mit reellen Zahlen ableiten, die wir aus dem Unterricht der Unter- und Mittelstufe kennen. Wir wollen uns auf die Ableitung einiger dieser Sätze beschränken.

Satz 1.1:

Die Gleichung $a + x = b$, $a, b \in \mathbb{R}$, hat die eindeutig bestimmte Lösung x, die wir mit $x = b + (-a)$ bezeichnen. Statt $b + (-a)$ schreiben wir auch $b - a$.

Beweis:

1. $x = b - a$ ist Lösung der Gleichung, da

$$a + (b - a) = a + (b + [-a]) \overset{(A,1)}{=} a + ([-a] + b) \overset{(A,2)}{=} (a + [-a]) + b \overset{(A,4)}{=} 0 + b \overset{(A,3)}{=} b$$

2. Eindeutigkeit:

$$a + x = b \Rightarrow (-a) + (a + x) = (-a) + b \overset{(A,2\ A,1)}{\Rightarrow} ([-a] + a) + x = b - a \overset{(A,4)}{\Rightarrow} 0 + x = b - a \overset{(A,3)}{\Rightarrow}$$
$$\Rightarrow x = b - a.$$

Satz 1.2:

Für $a \in \mathbb{R} \setminus \{0\}$, $b \in \mathbb{R}$ hat die Gleichung $ax = b$ die eindeutige Lösung $x = a^{-1}b$. Für $a^{-1}b$ schreibt man auch $\frac{b}{a}$.

Beweis:

1. $x = a^{-1}b$ ist Lösung der Gleichung $ax = b$.

$$a(a^{-1}b) \overset{(M,2)}{=} (aa^{-1})\, b \overset{(M,4)}{=} 1 \cdot b = b$$

2. Eindeutigkeit: $ax = b \Rightarrow a^{-1}(ax) = a^{-1}b \overset{(M,2)}{\Rightarrow} (a^{-1}a)x = a^{-1}b \overset{(M,4)}{\Rightarrow} 1 \cdot x = a^{-1}b \overset{(M,3)}{\Rightarrow} x = a^{-1}b$

Satz 1.3:

Für alle $a \in \mathbb{R}$ gilt $a \cdot 0 = 0$

Beweis:

Es ist $a \cdot 0 = a \cdot (0 + 0) = a \cdot 0 + a \cdot 0$ d. h.
$a \cdot 0 = a \cdot 0 + a \cdot 0$, woraus nach **A,3**
$a \cdot 0 = 0$ folgt. Wegen **M,1** ist dann auch $0 \cdot a = 0$

Satz 1.4:

Das Produkt $a \cdot b$, $a, b \in \mathbb{R}$, ist genau dann gleich Null, wenn wenigstens ein Faktor Null ist, also $ab = 0 \Leftrightarrow (a = 0 \vee b = 0)$.

Beweis:

1. Ist $a = 0$, so ist nach **Satz 1.3** $ab = 0 \cdot b = 0$.
   Für $b = 0$ ist $a \cdot 0 = 0$.
2. Es sei $ab = 0$. Ist $a = 0$, so ist nach 1. $ab = 0$. Es sei daher $a \neq 0$. Dann gibt es nach **M,4** ein a^{-1} und es gilt $b = 1 \cdot b \overset{(M,3)}{=} (a^{-1}a)b \overset{(M,4)}{=} a^{-1}(ab) \overset{(M,2)}{=} a^{-1} \cdot 0 = 0$, also $b = 0$.

Satz 1.5:

$$(-a) \cdot b = -(ab) \quad \text{für alle } a, b \in \mathbb{R}$$

Beweis:

Es ist $a + (-a) \overset{(A,4)}{=} 0 \Rightarrow (a + [-a]) \cdot b = 0 \cdot b \overset{(D,\, S.\, 1,3)}{\Rightarrow} ab + (-a)b = 0 \overset{(S\ 1,1)}{\Rightarrow}$
$\Rightarrow (-a)\, b = 0 - ab \Rightarrow (-a)\, b = 0 + (-ab) \Rightarrow (-a)b = -ab.$

Satz 1.6:

$$(-a) \cdot (-b) = ab \quad \text{für alle } a, b \in \mathbb{R}$$

Beweis:

$(-a)\,(-b) \overset{(S.\,1,5)}{=} -(a[-b]) \overset{(S.\,1,5\ M,\,1)}{=} -([-b]a) \overset{(S.\,1,5)}{=} -(-ba) \overset{*}{=} ba \overset{(M,\,1)}{=} ab$, also ist
$(-a)\,(-b) = ab.$

Bemerkung:

Die Mengen $\mathbb{Q}$ und $\mathbb{R}$ bilden in bezug auf die übliche Addition und Multiplikation einen Körper.
Auch die Menge $M = \{0; 1\}$ bildet in bezug auf die Verknüpfungen (+) und (·) einen Körper.

(+)	0	1
0	0	1
1	1	0

(·)	0	1
0	0	0
1	0	1

Beachte:

Hier liegt ein Körper vor mit $1\ (+)\ 1 = 0$. Daher kann man $1\ (+)\ 1 \neq 0$ nicht aus den Körperaxiomen folgern.

---

* Nach Satz (nicht bewiesen): $-(-a) = a$ für alle $a \in \mathbb{R}$ (Beweis!)

1.2 Die Anordnungsaxiome[1]

Im Körper ℝ der reellen Zahlen definieren wir nun eine Anordnung durch eine additiv und multiplikativ abgeschlossene Teilmenge $P \subset \mathbb{R}$ (wobei alle $a \in P$ als positiv ausgezeichnet sind), und die folgende Eigenschaften hat:

E,1 Für alle $a \in P$ und $b \in P$ gilt $a + b \in P$ und $ab \in P$.
E,2 Ist $a \neq 0$ ein beliebiges Element aus ℝ, so gehört genau eines der beiden Elemente a oder $(-a)$ zu P.

Die Menge P soll die Null nicht enthalten (andernfalls erhält man statt „kleiner als" die Relation „kleiner oder gleich").
Für die Relation „kleiner als" auf ℝ geben wir folgende

Definition:

D 1,1 $a < b \Leftrightarrow b - a \in P$

Mit Hilfe der Relation „kleiner als" ($<$) definieren wir folgende Relationen:

D 1,2 $b > a \Leftrightarrow a < b \Leftrightarrow b - a \in P$
D 1,3 $a \leqq b \Leftrightarrow a < b \vee a = b$
D 1,4 $a \geqq b \Leftrightarrow b < a \vee b = a$

Wir schreiben die positiven Elemente $a \in \mathbb{R}$ mit $a > 0$. Dann gelten folgende

Anordnungsaxiome

0.1 Für jedes $a \in \mathbb{R}$ gilt genau eine der folgenden drei Aussagen $a > 0$, $a = 0$, $a < 0$
0.2 Für je zwei Zahlen $a, b \in \mathbb{R}$ gilt genau eine der drei Aussagen $a > b$, $a = b$, $a < b$

1.2.1 Folgerungen aus den Anordnungsaxiomen

Satz 1.7:

(1) $a > 0 \Leftrightarrow -a < 0$ (2) $a < 0 \Leftrightarrow -a > 0$ für alle $a \in \mathbb{R}$

Beweis:

(1) Es ist $-a < 0 \overset{(D\,1,1)}{\Leftrightarrow} 0 - (-a) > 0 \overset{2)}{\Leftrightarrow} a > 0$.
Ersetzt man a durch $(-a)$, so erhält man die Behauptung (2).

Satz 1.8:

Transitivität: $a < b \wedge b < c \Rightarrow a < c$ für alle $a, b, c \in \mathbb{R}$

Beweis:

Es ist (nach **D 1,1**) $a < b \Leftrightarrow b - a \in P$ und $b < c \Leftrightarrow c - b \in P$.
Daraus folgt (nach **E 1**) $(b - a) + (c - b) \in P \Rightarrow c - a \in P$ und (nach **D 1,1**) $a < c$.

Satz 1.9:

Für alle $a, b, c \in \mathbb{R}$ gilt $a < b \Rightarrow a + c < b + c$ für alle $a, b, c \in \mathbb{R}$

[1] Nach N. Bourbaki, Algebra [2] Anmerkung S. 11

Beweis:

Es ist $(b + c) - (a + c) = b - a \in P$. Daher ist (nach **D 1,1**) $a + c < b + c$.

Satz 1.10:

$$\boxed{a < b \wedge p > 0 \Rightarrow ap < bp} \quad \text{für alle } a, b, p \in \mathbb{R}$$

Beweis:

Es ist $bp - ap = p(b - a) \in P$ (nach **E 1**). Also ist $ap < bp$.

Satz 1.11:

$$\boxed{0 \leqq a < b \wedge 0 \leqq p < q \Rightarrow ap < bq} \quad \text{für alle } a, b, p, q \in \mathbb{R}$$

Beweis:

Steht bei einer der beiden Voraussetzungen das Gleichheitszeichen, so ist stets $ap = 0$, also erst recht $ap < bq$. Sei also $0 < a < b \wedge 0 < p < q$. Dann gilt

1. $a > 0 \wedge p < q \Rightarrow a \in P \wedge q - p \in P \Rightarrow a\,(q - p) \in P \Rightarrow aq - ap \in P \Rightarrow ap < aq$ und
2. $a < b \wedge q > 0 \Rightarrow b - a \in P \wedge q \in P \Rightarrow bq - aq \in P \Rightarrow aq < bq$.

Nach Satz 1.8 ist $ap < bq$.

Satz 1.12:

$$\boxed{a < b \wedge p < 0 \Leftrightarrow ap > bp} \quad \text{für alle } a, b, p \in \mathbb{R}$$

Beweis:

Nach Voraussetzung ist $b - a \in P \wedge (-p) \in P$. Daraus folgt (nach **E 1**) $(-p)\,(b - a) \in P \Rightarrow -bp + ap \in P \Rightarrow ap > bp$.

Satz 1.13:

$$\boxed{\text{Für jedes } a \in \mathbb{R} \setminus \{0\} \text{ ist } a^2 > 0.}$$

Beweis:

1. $a > 0$; dann ist $a \in P \Rightarrow a^2 \in P \Rightarrow$ (nach **E 1**) $a^2 > 0$.
2. $a < 0$; dann ist $(-a) \in P$ und (nach **E 1**) $(-a)\,(-a) \in P \Rightarrow a^2 > 0$.

Die Anordnungsaxiome besagen, daß sich die reellen Zahlen auf einer Zahlengeraden ihrer Größe nach anordnen lassen.
Ein Körper, in dem die Anordnungsaxiome gelten, heißt **angeordneter Körper.**

Beachte:

Nicht jeder Körper läßt sich anordnen. So z. B. nicht der Körper mit den Verknüpfungen (+) und (·) aus 1.1.1. Denn aus der Annahme $0 < 1$ folgt nach Satz 1.9 $0 + 1 < 1 + 1$, also $1 < 0$, weil $1 + 1 = 0$ ist. Wir erhalten einen Widerspruch zur Annahme $0 < 1$. Ebenso führt die Annahme $1 < 0$ zur widersprüchlichen Aussage $0 < 1$.

*1.2.2 Der Restklassenkörper modulo einer Primzahl

Beispiel:

Dividiert man die ganzen Zahlen durch 3, so erhält man drei Klassen von Zahlen:

R_0: Das sind alle durch 3 teilbaren Zahlen,
R_1: Das sind alle Zahlen, die bei Division durch 3 den Rest 1 ergeben.
R_2: Das sind alle Zahlen, die den Rest 2 ergeben.

Wir wählen $0 \in R_0$, $1 \in R_1$ und $2 \in R_2$ als Repräsentanten dieser Klassen. Man erhält folgende Tabellen für die Addition $\oplus$ und die Multiplikation $\odot$ dieser Restklassen, deren Repräsentanten wir mit 0; 1 und 2 bezeichnen.

$\oplus$	0	1	2
0	0	1	2
1	1	2	0
2	2	0	1

$\odot$	0	1	2
0	0	0	0
1	0	1	2
2	0	2	1

Man kann sich davon überzeugen, daß in der Menge $M = \{0; 1; 2\}$ die Körperaxiome erfüllt sind, wenn man bei der Multiplikation $\odot$ das neutrale Element der Addition 0 ausschließt.
Bei diesem Körper sind jedoch die Anordnungsaxiome nicht erfüllt. Wir betrachten die Ungleichung $1 > 0$. Nach Satz 1,9 folgt daraus $1 + 1 > 0 + 1 \Leftrightarrow 2 > 1$. Bilden wir weiter $2 + 1 > 1 + 1 \Rightarrow 0 > 2$, so wäre hier $0 > 2$. Andererseits folgt aus $1 > 0 \wedge 2 > 1$ $\Rightarrow 2 > 0$ im Widerspruch zum obigen Ergebnis $0 > 2$.

1.3 Das Vollständigkeitsaxiom

Alle Axiome, die wir bisher besprochen haben und alle daraus abgeleiteten Sätze gelten sowohl für die Menge $\mathbb{Q}$ der rationalen Zahlen wie auch für die Menge $\mathbb{R}$ der reellen Zahlen. Bei den rationalen Zahlen haben wir festgestellt, daß zwischen je zwei rationalen Zahlen beliebig viele weitere gefunden werden können. Diese Eigenschaft drücken wir so aus, daß wir sagen, die rationalen Zahlen liegen auf der Zahlengeraden **dicht.** Trotzdem treten in der Geometrie Strecken auf, wie die Diagonale des Einheitsquadrats oder der Umfang des Einheitskreises, deren Endpunkte keine rationalen Zahlen darstellen, wenn man sie vom Nullpunkt der Zahlengeraden in positiver Richtung abträgt. Daher sagten wir, die rationalen Zahlen füllen die Zahlengerade **nicht lückenlos** aus. Um den Unterschied zwischen den rationalen und den irrationalen (nicht rationalen) Zahlen zum Ausdruck zu bringen, brauchen wir noch eine weitere Grundaussage über die reellen Zahlen. Diese muß für die rationalen Zahlen falsch sein.

1.3.1 Beschränkte Zahlenmengen

Definition 1.5:

Eine nichtleere Teilmenge $M \subseteq \mathbb{R}$ heißt „nach oben beschränkt" genau dann, wenn es eine Zahl $K \in \mathbb{R}$ gibt, so daß für alle $x \in M$ gilt $x \leqq K$. Eine solche Zahl heißt **obere Schranke** der Menge M. Mit K ist auch jede größere Zahl als K obere Schranke der Menge M. Eine Zahlenmenge $M \subseteq \mathbb{R}$ heißt „nach unten beschränkt", wenn es eine Zahl $k \in \mathbb{R}$ gibt, so daß für alle $x \in M$ gilt $x \geqq k$. Eine solche Zahl heißt **untere Schranke** der Menge M. Mit k ist auch jede kleinere Zahl als k untere Schranke der Menge M. Eine Menge heißt **beschränkt,** wenn sie nach unten und nach oben beschränkt ist.

Beispiel 1:

Die Menge der natürlichen Zahlen hat keine obere Schranke. Untere Schranken in $\mathbb{Q}$ sind die Zahl 1 und alle kleineren Zahlen.

Beispiel 2:

$A = \{x \mid |x - 2| \leqq 4 \wedge x \in \mathbb{Q}\}$
Die Menge A ist beschränkt. Obere Schranken sind die Zahl 6 und alle größeren Zahlen. Untere Schranken sind die Zahl (−2) und alle kleineren Zahlen.

Definition 1.6:

Gibt es eine **kleinste** obere Schranke einer nach oben beschränkten Menge $M \subseteqq \mathbb{R}$, so heißt sie **obere Grenze G** von M oder Supremum von M (sup. M).
Gibt es eine **größte** untere Schranke einer nach unten beschränkten Menge $M \subseteqq \mathbb{R}$, so heißt sie **untere Grenze g** von M oder Infimum von M (inf. M).

Kennzeichen der oberen bzw. unteren Grenze von M

a) Obere Grenze G von M: Zu jedem $\varepsilon > 0$ gibt es ein G, so daß $x \leqq G$ für alle $x \in M$ und $x > G - \varepsilon$ für mindestens ein $x \in M$.
b) Untere Grenze g von M: Zu jedem $\varepsilon > 0$ gibt es ein g, so daß $x \geqq g$ für alle $x \in M$ und $x < g + \varepsilon$ für mindestens ein $x \in M$.

Beispiel 1:

$A = \{x \mid -2 \leqq x < 5 \wedge x \in \mathbb{Q}\}$

Diese Menge ist beschränkt. Obere Schranken sind alle rationalen Zahlen $\geqq 5$. Obere Grenze ist $G = 5$, $G \notin M$.
Untere Schranken sind alle rationalen Zahlen $\leqq -2$. Untere Grenze ist $g = -2$, $g \in M$.

Beispiel 2:

$B = \{x \mid x^2 \leqq 5 \wedge x \in \mathbb{Q}\} \subset \mathbb{R}$

Die Menge B ist beschränkt. Obere Schranken sind alle rationalen Zahlen $> \sqrt{5}$. Untere Schranken sind alle rationalen Zahlen $< -\sqrt{5}$. Diese Menge hat keine obere und keine untere Grenze, weil $\sqrt{5}$ keine rationale Zahl ist.

Betrachtet man in Beispiel 2 die Menge $B' = \{x \mid x^2 \leqq 5 \wedge x \in \mathbb{R}\}$, so ist $G = \sqrt{5}$ die obere Grenze und $g = -\sqrt{5}$ die untere Grenze.
Hat eine Zahlenmenge nur endlich viele Elemente, so ist das größte Element die obere und das kleinste Element die untere Grenze. Beide Grenzen sind immer Elemente der endlichen Menge.
Bei unendlichen Mengen können obere oder untere Grenze oder beide Grenzen Elemente der Menge sein, müssen es aber nicht sein.
Die Beispiele zeigen, daß nicht jede nach oben beschränkte unendliche Zahlenmenge eine obere Grenze haben muß. Beispiel 2 zeigt aber, daß in der Menge $\mathbb{R}$ eine obere Grenze wie auch eine untere Grenze vorhanden ist. Dies ist der wesentliche Inhalt des **Vollständigkeitsaxioms.**

V In der Menge der reellen Zahlen gibt es zu jeder nichtleeren Teilmenge, die eine obere Schranke hat, auch eine obere Grenze (kleinste obere Schranke).

Wir beweisen nun den

Satz 1.14:

Jede nichtleere Menge von reellen Zahlen, die eine untere Schranke hat, hat auch eine untere Grenze (größte untere Schranke).

Beweis (Fertige eine Skizze!):

Es sei a, $b \in M$ mit $a < b$.

Wir betrachten die Menge $\overline{M} = \{-x \mid x \in M\}$. Nach Satz 1.12 gilt für $p = -1$ $a < b \Leftrightarrow -b < -a$. Daraus folgt, daß $(-a)$ eine obere Schranke von $\overline{M}$ genau dann ist, wenn a eine untere Schranke von M ist. Da M nach unten beschränkt ist, ist $\overline{M}$ nach oben beschränkt. Nach dem Vollständigkeitsaxiom V gibt es daher eine kleinste obere Schranke $\sup \overline{M}$ von M. Nach der vorigen Überlegung und Satz 1.12 erfüllt $-\sup \overline{M}$ die Bedingungen der größten unteren Schranke inf M von M, und es ist $\inf M = -\sup \overline{M}$.

Definition 1.7:

Ein angeordneter Körper heißt **vollständig**, wenn das Vollständigkeitsaxiom erfüllt ist.

1.3.2 Folgerungen aus dem Vollständigkeitsaxiom

Satz 1.15: (Archimedische Eigenschaft der reellen Zahlen)

Zu jeder reellen Zahl $a \in \mathbb{R}$ gibt es eine natürliche Zahl $n \in \mathbb{N}$ mit $n > a$.

Beweis (indirekt):

Die Menge der natürlichen Zahlen ist nicht nach oben beschränkt.
Annahme $\mathbb{N}$ sei nach oben beschränkt, d. h. es gibt ein $a \in \mathbb{R}$, so daß für alle $n \in \mathbb{N}$ gilt $n \leqq a$. Dann gibt es nach dem Vollständigkeitsaxiom V eine obere Grenze G. Es wäre also $n \leqq G$ für alle $n \in \mathbb{N}$. Nach dem Kennzeichen der oberen Grenze (1.3.1) gibt es für $\varepsilon = 1$ mindestens ein $n_0 \in \mathbb{N}$, so daß $n_0 > G - 1$ ist. Daraus folgt aber $n_0 + 1 > G$, d. h. für die natürliche Zahl $n_0 + 1 = n_1$ ist $n_1 > G$. Das ist aber ein Widerspruch zur Annahme, G sei obere Grenze.

Satz 1.16:

Zu jeder positiven reellen Zahl $a \in \mathbb{R}^+$ und zu jeder reellen Zahl $b \in \mathbb{R}$ gibt es eine natürliche Zahl $n \in \mathbb{N}$, so daß $n \cdot a > b$ ist.

Ersetzen wir a durch 1, so erhalten wir Satz 1.15.

Beweis:

Zu $a \in \mathbb{R}^+$ gibt es ein $\frac{1}{a} \in \mathbb{R}^+$. Wenden wir Satz 1.15 auf $\frac{b}{a} \in \mathbb{R}$ an, so erhalten wir $n > \frac{b}{a}$. Durch Multiplikation mit $a \in \mathbb{R}^+$ erhalten wir $na > b$.

Für die Theorie der Grenzwerte von Bedeutung ist folgender

Satz 1.17:

Zu jedem $\varepsilon \in \mathbb{R}^+$ gibt es ein $n \in \mathbb{N}$, so daß gilt $\frac{1}{n} < \varepsilon$.

Beweis:

Nach Satz 1.16 gibt es zu $b = 1$ und $a = \varepsilon$ ein $n \in \mathbb{N}$ mit $n\varepsilon > 1$, woraus $\frac{1}{n} < \varepsilon$ folgt. Multiplizieren wir die letzte Ungleichung mit (-1) (was eine „Spiegelung am Nullpunkt" bedeutet), so können wir Satz 1.17 auf negative $\varepsilon \in \mathbb{R}^-$ übertragen und erhalten:

***Satz 1.18:**

Zu jeder reellen Zahl $\varepsilon \in \mathbb{R} \setminus \{0\}$ gibt es (mindestens) eine rationale Zahl, die zwischen 0 und ε liegt.

***Satz 1.19:**

Zu zwei reellen Zahlen $a, b \in \mathbb{R}$ mit $a < b$ gibt es (mindestens) eine rationale Zahl $q \in \mathbb{Q}$, so daß gilt $a < q < b$.

Beweis:

Zum vollständigen Beweis dieses Satzes müßte man folgende fünf Fälle unterscheiden:

a) $a > 0 \wedge b > 0$, **b)** $a = 0 \wedge b > 0$, **c)** $a < 0 \wedge b = 0$, **d)** $a < 0 \wedge b > 0$
e) $a < 0 \wedge b < 0$.

Man kann den Beweis aber vereinfachen, wenn man mit der **Gaußklammer** $[x]$ arbeitet. Dabei bedeutet $[x]$ die größte ganze Zahl, die kleiner oder gleich a ist. Z. B. ist $[2] = 2$; $[3{,}5] = 3$; $[-3{,}5] = -4$; $[-0{,}3] = -1$; $[-5] = -5$; $[\sqrt{3}] = 1$; $[-\sqrt{3}] = -2$. Ist $n \in \mathbb{Z}$ eine ganze Zahl und $\delta \in \mathbb{R}$ eine reelle Zahl mit $0 \leqq \delta < 1$, dann läßt sich jede beliebige Zahl $x \in \mathbb{R}$ darstellen durch $x = n + \delta$. Es gilt dann stets $[x] = [n + \delta] = n$ und außerdem ist $[x] \leqq x < [x] + 1$.

Nun sei $a, b \in \mathbb{R}$ und $a < b$. Dann ist $b - a > 0$ und $\frac{1}{b-a} > 0$. Nach Satz 1.15 gibt es ein $n \in \mathbb{N}$ mit $n > \frac{1}{b-a}$. Mit Hilfe dieser Zahl n bestimmen wir eine rationale Zahl $q \in \mathbb{Q}$, die zwischen a und b liegt. Aus $n > \frac{1}{b-a}$ folgt $nb - na > 1 \Rightarrow nb > na + 1$. Dann gilt erst recht $nb > [na] + 1$, wobei $[na]$ die größte ganze Zahl $\leqq na$ ist. Wir setzen $[na] + 1 = m$, wobei m ebenfalls eine ganze Zahl ist. Dann gilt $nb > m \Rightarrow$ $\Rightarrow b > \frac{m}{n}$; $\frac{m}{n}$ ist also eine rationale Zahl kleiner als b. Nun gilt $[na] \leqq na < [na] + 1$. Wegen $[na] + 1 = m$ erhalten wir $na < m \Rightarrow \frac{m}{n} > a$. Damit erhalten wir mit $q = \frac{m}{n}$ eine rationale Zahl zwischen a und b.

Aus diesem letzten Satz ergibt sich noch, daß sich jede reelle Zahl beliebig genau durch rationale Zahlen annähern läßt.

Wir beweisen noch folgenden für das Rechnen mit Grenzwerten (siehe dort) wichtigen

Satz 1.20:

> Gilt für die nichtnegative Zahl $x \in \mathbb{R}_0^+$ $x < \frac{1}{n}$ für alle $n \in \mathbb{N}$, so ist $x = 0$.

Beweis:

Wäre $x \neq 0$, also $x > 0$, so wäre auch $\frac{1}{x} > 0$. Aus $x < \frac{1}{n}$ folgt $n < \frac{1}{x}$ für alle n. $\frac{1}{x}$ wäre dann eine obere Schranke für die Menge der natürlichen Zahlen. Da es eine solche Schranke nicht gibt, hat die Annahme $x > 0$ zu einem Widerspruch geführt; es muß deshalb $x = 0$ sein.

1.3.3 Der (absolute) Betrag einer reellen Zahl

Beim Aufbau der Analysis braucht man sehr oft den Begriff des Betrages einer reellen Zahl. Viele Probleme lassen sich damit außerdem einfacher und übersichtlicher darstellen.

Definition 1.8:

> Unter dem (absoluten) Betrag $|a|$ einer reellen Zahl $a \in \mathbb{R}$ versteht man
>
> $$|a| = \begin{cases} a \text{ für } a \geqq 0 \text{ und} \\ -a \text{ für } a < 0 \end{cases}$$

Geometrisch stellt der Betrag $|a|$ auf der Zahlengeraden die Entfernung des Bildes von a vom Nullpunkt dar.
Aus dieser Definition ergeben sich wichtige Eigenschaften, die wir oft anwenden werden.

Satz 1.21:

> Für alle $a \in \mathbb{R}$ gilt:
>
> a) $|a| \geqq 0$ b) $|-a| = |a|$ c) $a \leqq |a|$
>
> d) $-a \leqq |a|$ e) $|a|^2 = a^2$ f) $\left|\frac{1}{a}\right| = \frac{1}{|a|}$ für $a \neq 0$

Die Beweise sollen als Aufgabe 1 durchgeführt werden.

Satz 1.22 (Dreiecksungleichung):

> Für alle $a, b \in \mathbb{R}$ gilt:
>
> a) $|a + b| \leqq |a| + |b|$ b) $|a - b| \leqq |a| + |b|$
>
> c) $|a + b| \geqq |a| - |b|$ d) $|a - b| \geqq |a| - |b|$

Beweis zu a):

Nach Satz 1.21 ist $a \leqq |a|$; $b \leqq |b|$ und $-a \leqq |a|$, $-b \leqq |b|$.
Durch Addition folgt daraus sowohl

$$(a+b) \leqq |a| + |b| \text{ wie auch } -a-b = -(a+b) \leqq |a| + |b|.$$

Für beide Aussagen zusammen kann man auch schreiben $|a+b| \leqq |a| + b|$.
Das Gleichheitszeichen gilt nur dann, wenn $ab \geqq 0$, d. h. wenn a und b gleiche Vorzeichen haben.

Beweis zu b):

Ersetzen wir in a) b durch $(-b)$, so erhalten wir

$$|a+(-b)| = |a-b| \leqq |a| + |-b| = |a| + |b|, \text{also } |a-b| \leqq |a| + |b|$$

Beweis zu c):

Wir ersetzen in b) a durch $(a+b)$ und erhalten

$$|(a+b)-b| \leqq |a+b| + |b| \Rightarrow |a| \leqq |a+b| + |b| \Rightarrow |a+b| \geqq |a| - |b|$$

Beweis zu d):

Ersetzen wir schließlich in c) b durch $(-b)$, so erhalten wir $|a-b| \geqq |a| - |b|$

Satz 1.23:

Für alle $a,b \in \mathbb{R}$ gilt:

a) $|a \cdot b| = |a| \cdot |b|$ b) $\left|\frac{a}{b}\right| = \frac{|a|}{|b|}$ für $b \neq 0$

Der Beweis dieses Satzes soll als Aufgabe 2 durchgeführt werden.

Aufgaben

1. Man beweise die sechs Aussagen des Satzes 1.21.
2. Man beweise die beiden Aussagen des Satzes 1.23.
3. Bilde zu den Sätzen für das Rechnen mit absoluten Beträgen geeignete Zahlenbeispiele!
4. Beweise: $|a+b+c| \leqq |a| + |b| + |c|$ für alle $a,b,c \in \mathbb{R}$. Benütze die Dreiecksungleichung!

1.3.4 Intervalle. Umgebung einer Zahl

Definition 1.9:

Die Menge aller reellen Zahlen $x \in \mathbb{R}$, die einer Ungleichung $a \leqq x \leqq b$ oder $a < x < b$ genügen, nennt man ein **Intervall.** a und b sind festgewählte reelle Zahlen, wobei im 1. Fall a und b dazu gehören, im 2. Fall jedoch nicht.

Auf der Zahlengeraden entsprechen diesen Zahlen $x \in \mathbb{R}$ alle Punkte zwischen den Stellen a und b, und zwar im 1. Fall einschließlich dieser Stellen a und b, im 2. Fall ohne sie.
Das Intervall $\{x \mid a \leqq x \leqq b\}$, das man auch abgekürzt $[a,b]$ schreibt, heißt **abgeschlossenes Intervall,** $\{x \mid a < x < b\}$ heißt **offenes Intervall** und wird geschrieben $]a,b[$.
In der folgenden Tabelle sind die möglichen Fälle mit den abgekürzten Bezeichnungsweisen zusammengestellt:

1. Abgeschlossenes Intervall	$\{x \mid a \leqq x \leqq b\} = [a,b]$
2. Offenes Intervall	$\{x \mid a < x < b\} =]a,b[$
3. Rechtsoffenes Intervall	$\{x \mid a \leqq x < b\} = [a,b[$
4. Linksoffenes Intervall	$\{x \mid a < x \leqq b\} =]a,b]$

Die Zahl $(b - a) \in \mathbb{R}$ heißt die Länge des Intervalls.
Zu diesen endlichen Intervallen kommen noch gelegentlich unendliche Intervalle, die folgendermaßen festgelegt sind:

Die gesamte Zahlengerade	$\{x \mid -\infty \; x < \infty\} =]-\infty, \infty[$
Rechtsseitiges unendliches Intervall	$\{x \mid a \leqq x < \infty\} = [a, \infty[$
Linksseitiges unendliches Intervall	$\{x \mid -\infty < x \leqq a\} =]-\infty, a]$

Definition 1.10:

Unter der δ-Umgebung $U_\delta(x_0)$ einer Stelle $x_0 \in \mathbb{R}$ verstehen wir ein offenes Intervall mit dem Mittelpunkt x_0, also $\{x \mid |x - x_0| < \delta\}$, wobei $\delta \in \mathbb{R}^+$ eine beliebige positive Zahl bedeutet.

Geometrisch sind das alle Zahlen, deren Bilder auf der Zahlengeraden vom Bild x_0 eine Entfernung kleiner als δ haben (Abb. 1,1). Beispielsweise bedeutet
$\{x \mid |x - 3| < \frac{1}{100}\} =$
$= \{x \mid 3 - \frac{1}{100} < x < 3 + \frac{1}{100}\}$
die Menge aller reellen Zahlen zwischen 2,99 und 3,01, wobei diese Zahlen nicht mehr dazugehören.

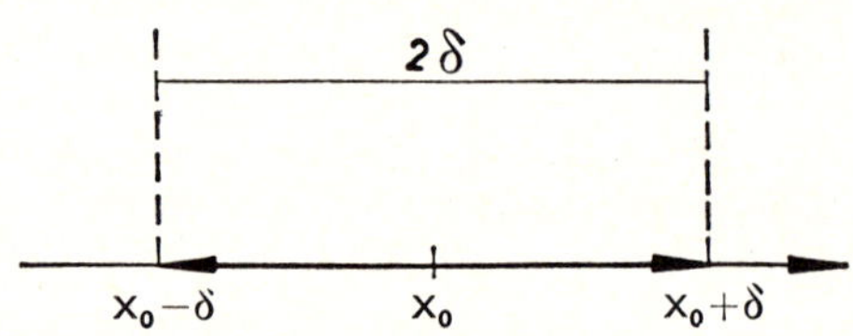

Abb. 1,1[1]

Aufgabe

Schreibe die angegebenen Intervalle als δ-Umgebungen!

a) $]0; 2[$ **b)** $]-2; 0[$ **c)** $]-1,6; -1,4[$ **d)** $]0,1; 0,2[$
e) $]2,85; 3,1[$ **f)** $]3,001; 3,0012[$ **g)** $]-5,001; -4,999[$

[1] Zur Darstellung offener Intervalle siehe S. 36 f!

2. Vollständige Induktion

2.1 Erklärung

In den Naturwissenschaften, etwa in der Physik wird oft das induktive Verfahren angewandt, indem man von Einzelbeobachtungen ausgeht und daraus auf ein allgemeingültiges Gesetz schließt.
In der Mathematik versteht man unter der **vollständigen** oder besser der **vervollständigten Induktion** einen ganz anderen Weg, die Richtigkeit von Sätzen zu beweisen. Wir wollen uns dieses Verfahren an zwei Beispielen klar machen.

Beispiel 1:

Die Winkelsumme in einem konvexen Vieleck mit $(n + 2)$ Seiten ist gleich $n \cdot 180°$. Um einen solchen Satz zu beweisen, genügt es nicht, ihn für $n = 50$, 100 oder 1000 zu beweisen. Wir müssen vielmehr eine streng mathematische Methode finden, womit dieser Satz für **alle** natürlichen Zahlen bewiesen werden kann.
Für $n = 1$ ist unser Vieleck ein Dreieck, dessen Winkelsumme $1 \cdot 180°$ ist. Bei einem Viereck, also $n = 2$, zeichnen wir eine Diagonale und beweisen, daß die Winkelsumme $2 \cdot 180° = 360°$ ist.
Bei einem Fünfeck, $n = 3$, können wir von **einem** Eckpunkt aus zwei Diagonalen ziehen und damit zeigen, daß die Winkelsumme $3 \cdot 180°$ ist.
Für $n = 4; 5; 6$ usw. können wir von **einer Ecke aus** immer **eine** Diagonale **mehr** ziehen und erhalten so **ein Dreieck** mit der Winkelsumme 180° mehr. Jeder Satz für die Winkelsumme folgt also aus dem vorhergehenden auf dieselbe Weise, so daß der Satz für **alle n** gefolgert werden kann.

Beispiel 2:

Wir bilden die Summen aufeinanderfolgender ungerader natürlicher Zahlen nach folgendem Schema:

n	Summe s	n^2
1	1	1^2
2	$1 + 3 = 4$	2^2
3	$1 + 3 + 5 = 9$	3^2
4	$1 + 3 + 5 + 7 = 16$	4^2
5	$1 + 3 + 5 + 7 + 9 = 25$	5^2

Setzen wir diese Summenbildung fort, so können wir vermuten, daß die Summe der n ersten ungeraden Zahlen n^2 ergibt, daß also $1 + 3 + 5 + \ldots + (2n - 1) = n^2$ (siehe dazu auch die Berechnung von Potenzsummen mit gleichschenkligen Zahlwinkeln S. 26).

Wir wissen jedenfalls, daß diese Summe richtig ist für $n = 1;2;3;4$ und 5. Da wir das obige Schema für $n = 6;7;8$ usw. fortsetzen können, nehmen wir an, daß für ein $n \in \mathbb{N}$ gilt:

$A(n)$: $1 + 3 + 5 + 7 + \ldots + (2n - 1) = n^2$

Wir addieren auf beiden Seiten dieser Gleichung das $(n + 1)$te Glied $(2[n + 1] - 1)$ und erhalten

$$A(n+1):\quad 1+3+5+7+\ldots+(2n-1)+(2[n+1]-1)=n^2+(2[n+1]-1)\Rightarrow$$
$$1+3+5+7+\ldots+(2n-1)+(2[n+1]-1)=n^2+2n+1\Rightarrow$$
$$1+3+5+7+\ldots+(2n-1)+(2[n+1]-1)=(n+1)^2$$

Wir haben also gefunden: **Wenn** die Summe der n ersten ungeraden Zahlen n^2 ist, **dann** ist die Summe der $(n+1)$ ersten ungeraden Zahlen gleich $(n+1)^2$. Aus der Gültigkeit für $n = 5$ folgt aber die Gütigkeit für $n = 6$. Aus der Gültigkeit für $n = 6$ die für $n = 7$ usw. Auf diese Weise folgern wir die Gültigkeit für alle natürlichen Zahlen.

2.2 Das Beweisverfahren der vollständigen Induktion

Es sei A(n) eine Aussageform, die für jede natürliche Zahl n definiert ist. Fraglich sei, ob A(n) für alle $n \in \mathbb{N}$ zu einer wahren Aussage wird. Die Richtigkeit dieser unendlich vielen Aussagen kann nicht für jedes einzelne n nachgeprüft werden. Diese Schwierigkeit wird durch die vollständige Induktion behoben.

Beweisprinzip:

Um die Richtigkeit der Aussageform A(n) für alle $n \geqq n_0$, $n, n_0 \in \mathbb{N}$ zu beweisen, genügt es zu zeigen:

(1) $A(n_0)$ ist richtig für ein $n_0 \in \mathbb{N}$ **(Induktionsanfang)**. Man wird wenn möglich meist $n_0 = 1$ wählen.

(2) Für alle $n \geqq n_0$ gilt: Wenn A(n) richtig ist, so ist auch $A(n+1)$ richtig. **(Induktionsschritt)**.

Bemerkung:

Nach (1) ist $A(n_0)$ richtig. Nach (2) folgt dann die Richtigkeit von $A(n_0 + 1)$. Wiederholte Anwendung von (2) liefert die Richtigkeit von $A(n_0 + 2)$, $A(n_0 + 3)$, usw. Im Induktionsschritt wird also nicht die Richtigkeit von A(n), sondern die Richtigkeit der Implikation $A(n) \Rightarrow A(n+1)$ nachgewiesen.

Beispiele:

Da dieses Beweisverfahren anfangs Schwierigkeiten bereitet, soll es an einigen Beispielen erläutert werden.

1. Für die Summe der n ersten natürlichen Zahlen gilt:

$$A(n):\quad 1+2+3+5+\ldots+n=\frac{n(n+1)}{2}.$$

Für diese und andere Summen verwenden wir zur Abkürzung das Summenzeichen Σ und schreiben A(n): $\sum_{\nu=1}^{n} \nu = \frac{n(n+1)}{1}$ (lies: Summe ν von $\nu = 1$ bis $\nu = n$).

Induktionsanfang: A(1): $\sum_{\nu=1}^{1} \nu = 1 = \frac{1(1+1)}{2}$

Sei A(n): $\sum_{\nu=1}^{n} \nu = \frac{n(n+1)}{2}$ (Induktionsvoraussetzung)

Dann ist zu zeigen $A(n+1)$: $\sum_{\nu=1}^{n+1} \nu = \frac{(n+1)(n+2)}{2}$

Nun ist $A(n+1)$: $\sum_{\nu=1}^{n+1} \nu = \sum_{\nu=1}^{n} \nu + (n+1) \overset{(I.V.)}{=} \frac{n(n+1)}{2} + (n+1) = \frac{(n+1)(n+2)}{2}$

Bemerkung:

$\overset{(I.V.)}{=}$ heißt, daß an dieser Stelle des Gleichheitszeichens die Induktionsvoraussetzung angewendet wird.

2. Es ist $A(n)$: $1 \cdot 2 + 2 \cdot 3 + 3 \cdot 4 + \ldots + n(n+1) = \sum_{\nu=1}^{n} \nu(\nu+1) =$

$= \frac{n}{3}(n+1)(n+2)$

Induktionsanfang: $A(1)$: $\sum_{\nu=1}^{1} \nu(\nu+1) = 1(1+1) = \frac{1}{3}(1+1)(1+2)$

Sei $A(n)$: $\sum_{\nu=1}^{n} \nu(\nu+1) = \frac{n}{3}(n+1)(n+2)$ (Induktionsvoraussetzung)

Dann ist zu zeigen: $A(n+1)$: $\sum_{\nu=1}^{n+1} \nu(\nu+1) = \frac{n+1}{3}(n+2)(n+3)$

Es ist $A(n+1)$: $\sum_{\nu=1}^{n+1} \nu(\nu+1) = \sum_{\nu=1}^{n} \nu(\nu+1) + (n+1)(n+2) \overset{(I.V.)}{=}$

$= \frac{n}{3}(n+1)(n+2) + (n+1)(n+2) = \frac{n+1}{3}(n+2)(n+3)$

3. Es ist $A(n)$: $\sum_{\nu=1}^{n} \frac{1}{\nu(\nu+1)} = \frac{n}{n+1}$

Induktionsanfang: $A(1)$: $\sum_{\nu=1}^{1} \frac{1}{\nu(\nu+1)} = \frac{1}{1(1+1)} = \frac{1}{1+1} = \frac{1}{2}$

Sei $A(n)$: $\sum_{\nu=1}^{n} \frac{1}{\nu(\nu+1)} = \frac{n}{n+1}$ (Induktionsvoraussetzung)

Dann ist zu zeigen: $A(n+1)$: $\sum_{\nu=1}^{n+1} \frac{1}{\nu(\nu+1)} = \frac{n+1}{n+2}$

Nun ist $A(n+1)$: $\sum_{\nu=1}^{n+1} \frac{1}{\nu(\nu+1)} = \sum_{\nu=1}^{n} \frac{1}{\nu(\nu+1)} + \frac{1}{(n+1)(n+2)} \overset{(I.V.)}{=} \frac{n}{n+1} + \frac{1}{(n+1)(n+2)} =$

$= \frac{n^2+2n+1}{(n+1)(n+2)} = \frac{(n+1)^2}{(n+1)(n+2)} = \frac{n+1}{n+2}$

4. Beweise: Der Term $T(n) = n^3 - n$ ist für alle $n \in \mathbb{N} \setminus \{1\}$ durch 6 teilbar.
Induktionsanfang: Für $n = 2$ ist $8 - 2 = 6$ durch 6 teilbar.
Sei $T(n) = n^3 - n$ durch 6 teilbar, also $n^3 - n = k \cdot 6$ für ein $k \in \mathbb{N}$ (Induktionsvoraussetzung).
Zu zeigen ist, daß $T(n+1) = (n+1)^3 - (n+1)$ durch 6 teilbar ist.

Nun ist $T(n+1) = n^3 + 3n^2 + 3n + 1 - n - 1 = (n^3 - n) + 3n(n+1) \overset{(I.V.)}{=}$
$= k \cdot 6 + 3n(n+1)$.
$3n(n+1)$ ist durch 6 teilbar.

1. Fall: Ist n gerade, also $n = 2m$, $m \in \mathbb{N}$, so erhält man $6m(2m+1)$.
2. Fall: Ist n ungerade, also $n = 2m+1$, so erhält man $3(2m+1)(2m+2) = 6(2m+1)(m+1)$. Für jedes $n \in \mathbb{N}$ ist daher $T(n)$ durch 6 teilbar.

Beispiele für unvollständige Induktion:

Die Beispiele zeigen, daß beide Schritte **Induktionsanfang** und **Induktionsschritt** unbedingt notwendig sind.

1. Wir nehmen an, wir hätten für die Summe der n ersten natürlichen Zahlen gefunden:

$$A(n):\ \sum_{\nu=1}^{n} \nu = \tfrac{1}{2}(n^3 - 5n^2 + 12n - 6)$$

Induktionsanfang: $A(1):\ \sum_{\nu=1}^{1} \nu = 1 = \tfrac{1}{2}(1 - 5 + 12 - 6) = \tfrac{2}{2}$

Diese Formel stimmt sogar für $n = 2$ und $n = 3$, was wir aber gar nicht zu untersuchen brauchen.

Sei also $A(n):\ \sum_{\nu=1}^{n} \nu = \tfrac{1}{2}(n^3 - 5n^2 + 12n - 6)$ (Induktionsvoraussetzung)

Dann ist zu zeigen

$$A(n+1):\ \sum_{\nu=1}^{n+1} \nu = \tfrac{1}{2}[(n+1)^3 - 5(n+1)^2 + 12(n+1) - 6] = \tfrac{1}{2}\mathbf{(n^3 - 2n^2 + 5n + 2)}$$

Wir bilden

$$A(n+1):\ \sum_{\nu=1}^{n+1} \nu = \sum_{\nu=1}^{n} \nu + (n+1) \overset{(I.V.)}{=} \tfrac{1}{2}(n^3 - 5n^2 + 12n - 6) + (n+1) = \tfrac{1}{2}\mathbf{(n^3 - 5n^2 + 14n - 4)}$$

Dieses Ergebnis stimmt aber mit dem obigen nicht überein. Also ist die angegebene Summe falsch.

2. Wir nehmen an, wir hätten gefunden

$$A(n):\ \sum_{\nu=1}^{n} \nu(\nu+1) = \frac{n}{3}(n+1)(n+2) + 1 \text{ (Induktionsvoraussetzung)}$$

Dann ist zu zeigen $A(n+1):\ \sum_{\nu=1}^{n+1} \nu(\nu+1) = \mathbf{\frac{n+1}{3}(n+2)(n+3) + 1}$

Nun ist

$$A(n+1):\ \sum_{\nu=1}^{n+1} \nu(\nu+1) = \sum_{\nu=1}^{n} \nu(\nu+1) + (n+1)(n+2) \overset{(I.V.)}{=}$$

$$= \frac{n}{3}(n+1)(n+2) + 1 + + (n+1)(n+2) = \mathbf{\frac{n+1}{3}(n+2)(n+3) + 1.}$$

Obwohl hier der Induktionsschritt vollzogen wurde, haben wir keinen Beweis durch vollständige Induktion geführt. Für den Induktionsanfang erhält man nämlich $\sum_{\nu=1}^{1} \nu(\nu+1) = 1(1+1)$, aber für $n = 1$ erhält man $A(1) = \tfrac{1}{3} \cdot 2 \cdot 3 + 1 = 3$.

3. Der Term $T(n) = n^2 + n + 41$ ergibt stets Primzahlen, wenn man für n der Reihe nach die Zahlen 1; 2; 3 usw. einsetzt. Man könnte vermuten, daß diese Behauptung für alle $n \in \mathbb{N}$ gilt, zumal sie gilt bis $n = 39$. Diese Vermutung ist aber falsch, da man für $n = 40$ erhält $T(40) = 40^2 + 40 + 41 = 40\,(40 + 1) + 41 = 41\,(40 + 1) = 41^2$. In diesem Beispiel fehlt der Induktionsschluß, den man nicht durchführen kann.

4. Der Term $T(n) = 1601 + 79n - n^2$ ergibt sogar für alle natürlichen Zahlen von 1 bis 79 Primzahlen. Für $n = 80$ erhält man

$$T(80) = 1601 + 79 \cdot 80 - 80^2 = 1601 - 80\,(80-79) = 1601 - 80 = 1521 = 9 \cdot 13^2.$$

Aufgaben

Beweise mit vollständiger Induktion:

1. $A(n)$: $2 + 5 + 8 + \ldots + (3n - 1) = \sum_{\nu=1}^{n} (3\nu - 1) = \frac{n(3n + 1)}{2}$ (arithmetische Reihe).

2. Geometrische Reihen

a) $A(n)$: $1 + 2 + 4 + \ldots + 2^{n-1} = \sum_{\nu=1}^{n} 2^{\nu-1} = 2^n - 1$

b) $A(n)$: $1 + \frac{1}{2} + \frac{1}{4} + \ldots + \frac{1}{2^{n-1}} = \sum_{\nu=1}^{n} \frac{1}{2^{\nu-1}} = 2\left(1 - \frac{1}{2^n}\right)$

3. $A(n)$: $\sum_{\nu=1}^{n} \nu^2 = \frac{n}{6}(n + 1)(2n + 1)$

4. $A(n)$: $\sum_{\nu=1}^{n} (-1)^{\nu+1} \cdot \nu^2 = (-1)^{n-1} \cdot \frac{n}{2}(n + 1)$

5. $A(n)$: $\sum_{\nu=1}^{n} (2\nu - 1)^2 = \frac{n}{3}(4n^2 - 1)$

6. $A(n)$: $\sum_{\nu=1}^{n} \nu^3 = \frac{n^2}{4}(n + 1)^2$

7. $A(n)$: $\sum_{\nu=1}^{n} \nu^4 = \frac{1}{30} n (n + 1)(2n + 1)(3n^2 + 3n - 1)$

8. $A(n)$: $1 \cdot 2 \cdot 3 + 2 \cdot 3 \cdot 4 + 3 \cdot 4 \cdot 5 + \ldots + n(n + 1)(n + 2) =$
$= \sum_{\nu=1}^{n} \nu(\nu + 1)(\nu + 2) = \frac{n}{4}(n + 1)(n + 2)(n + 3)$

9. $A(n)$: $\frac{1}{1 \cdot 3} + \frac{1}{3 \cdot 5} + \frac{1}{5 \cdot 7} + \ldots + \frac{1}{(2n - 1)(2n + 1)} = \sum_{\nu=1}^{n} \frac{1}{(2\nu - 1)(2\nu + 1)} = \frac{n}{2n + 1}$

10. Die Zahl $T(n) = n^3 + 6n^2 + 14n$ ist stets durch 3 teilbar.

11. Die Summe der Kuben (3. Potenzen) von drei aufeinanderfolgenden natürlichen Zahlen ist stets durch 9 teilbar. $T(n) = n^3 + (n + 1)^3 + (n + 2)^3$

12. Beweise mit vollständiger Induktion:

a) A(n): $1 + q + q^2 + \ldots q^n = \dfrac{1 - q^{n+1}}{1 - q}$ für $q \neq 1$

b) A(n): $\displaystyle\sum_{\nu=1}^{n} \frac{1}{(r + \nu - 1)(r + \nu)} = \frac{n}{r(r + n)}$, $r \in \mathbb{R} \setminus \{0\}$

c) A(n): $\displaystyle\sum_{=1}^{n} \frac{\nu^2}{(2\nu - 1)(2\nu + 1)} = \frac{n(n + 1)}{2(2n + 1)}$

d) A(n): $\displaystyle\sum_{\nu=1}^{n} \frac{1}{(3\nu - 2)(3\nu + 1)} = \frac{n}{3n + 1}$

e) A(n): $\displaystyle\sum_{\nu=1}^{n} \frac{1}{(4\nu - 3)(4\nu + 1)} = \frac{n}{4n + 1}$

f) A(k): $(1 + q)(1 + q^2)(1 + q^{(2^2)}) \ldots (1 + q^{(2^k)}) = \dfrac{1 - q^{(2^{k+1})}}{1 - q}$
für $q \in \mathbb{R} \setminus \{1\}$, $k = 0; 1; 2; \ldots$

g) A(n): $\displaystyle\sum_{\nu=1}^{n} (2\nu - 1) = n^2$

*Berechnung von Potenzsummen mit Hilfe von gleichschenkligen Zahlwinkeln

Unter einem gleichschenkligen **Zahlwinkel** versteht man die Restfläche eines Quadrats, nachdem man ein kleineres Eckquadrat herausgenommen hat. (Abb. 2,1)

1. Die Summe der ungeraden Zahlen

Die Zahlwinkel haben der Reihe nach die Flächen 1; 3; 5; ...; (2n – 1). Ihre Summe ist gleich dem Flächeninhalt des Quadrats mit der Seite n (natürliche Zahl). (Abb. 2,2)

Also ist
$$\boxed{\sum_{\nu=1}^{n} (2\nu - 1) = n^2}$$

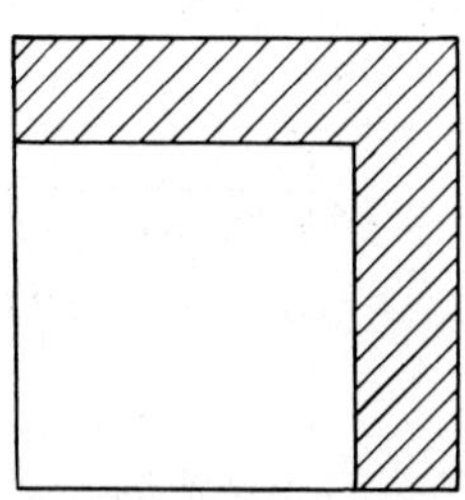

Abb. 2,1

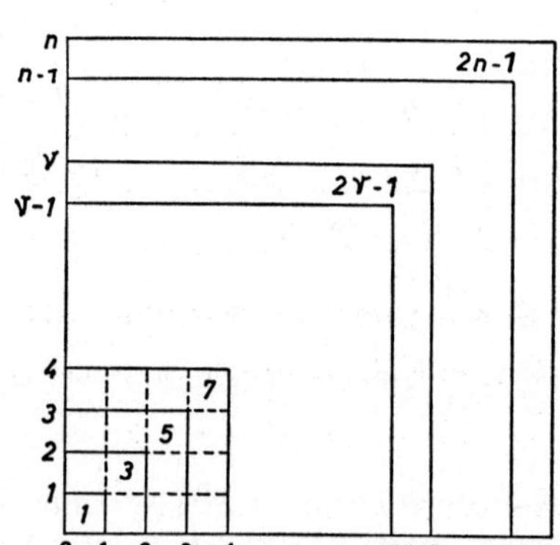

Abb 2,2

2. Die Summe der Quadratzahlen

Wir schreiben die natürlichen Zahlen 1; 2; 3; 4; ...; n n-mal untereinander und erhalten ein Zahlenquadrat. Wir bilden Zahlwinkel und betrachten die Zahlenfolge in einem solchen Zahlwinkel. Z. B. ist die Zahlenfolge im ν-ten Zahlenwinkel 1, 2, 3, ..., $\underbrace{\nu, \nu, \nu, \nu, \ldots, \nu}_{(\nu-1)\text{ Zahlen}}$ (Abb. 2,3). Sein Summenwert ist

$$W_\nu = \frac{\nu(\nu+1)}{2} + \nu(\nu-1)$$

$$W_\nu = \frac{\nu^2}{2} + \frac{\nu}{2} + \nu^2 - \nu = \tfrac{3}{2}\nu^2 - \frac{\nu}{2}$$

Die Summe über alle Zahlenwinkel ist: $\sum\limits_{\nu=1}^{n} W_\nu = \sum\limits_{\nu=1}^{n} \tfrac{3}{2}\nu^2 - \sum\limits_{\nu=1}^{n} \frac{\nu}{2}$

Andererseits ist der Summenwert über alle Zeilen: $n \cdot \frac{n}{2}(n+1)$.

Daher ist $\frac{n^2}{2}(n+1) = \tfrac{3}{2} S_2(n) - \tfrac{1}{2} \cdot \frac{n}{2} \cdot (n+1)$, wobei $S_2(n) = \sum\limits_{\nu=1}^{n} \nu^2$

Für $S_2(n)$ erhält man daraus

$$\boxed{S_2(n) = \frac{n}{6}(n+1)(2n+1)}$$

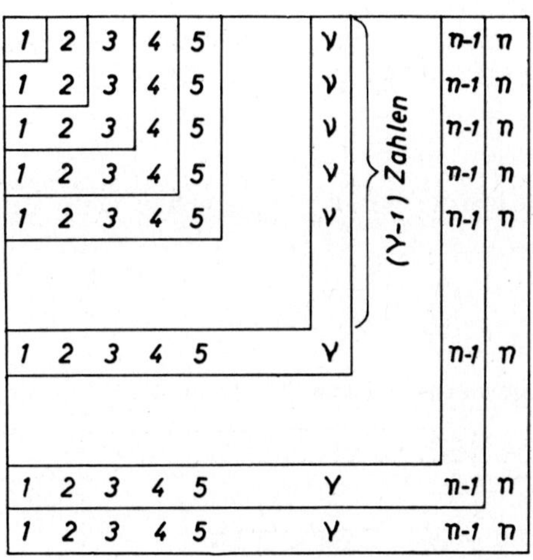

Abb. 2,3

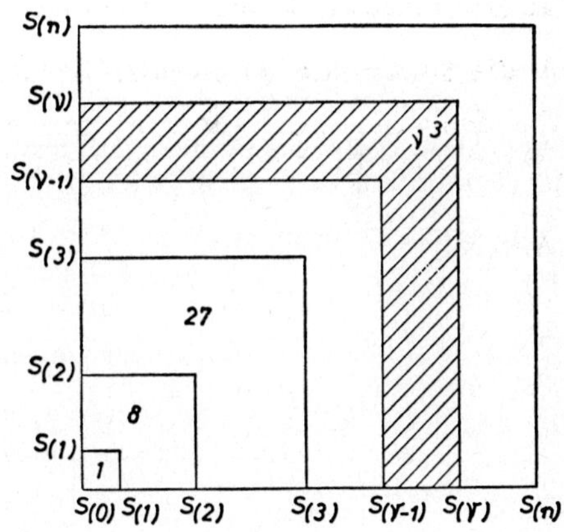

Abb. 2,4

3. Die Summe der Kubikzahlen (Abb. 2,4)

Wir zeichnen ineinandergeschachtelte Quadrate mit den Seiten

$$s(1) = 1;\ s(2) = 1 + 2;\ s(3) = 1 + 2 + 3;\ \ldots;\ s(n) = \frac{n}{2}(n+1);$$

auf diese Weise erhalten wir außer dem Einheitsquadrat Zahlwinkel. Der ν-te Winkel zwischen $s(\nu-1)$ und $s(\nu)$ hat dann den Flächeninhalt

$$f_\nu = [s(\nu) - s(\nu-1)] \cdot s(\nu) + [s(\nu) - s(\nu-1)] \cdot s(\nu-1);\ f_\nu = \nu^3$$

und die Summe aller Zahlwinkel ist dann

$$S_3(n) = 1^3 + 2^3 + 3^3 + \ldots + n^3.$$

Sie ist aber gleich der Fläche des Quadrats mit der Seite $s(n) = \frac{n}{2}(n+1)$.

Somit ist

$$\boxed{S_3(n) = \sum_{\nu=1}^{n} \nu^3 = \left[\frac{n}{2}(n+1)\right]^2}$$

2.3 Anwendung der vollständigen Induktion auf Ungleichungen

Die nachfolgenden Ungleichungen sind mit Hilfe der vollständigen Induktion zu beweisen (n ist eine natürliche Zahl).

1. $\mathbf{2^n > n}$ für alle $n \in \mathbb{N}$

Sie ist richtig für $n = 1$, da $2 > 1$ ist.
Annahme: sie sei auch richtig für n, also $2^n > n$
Gleichzeitig ist aber sicher auch $2^n > 1$
Durch Addition erhält man $2^n + 2^n > n + 1$
oder $2 \cdot 2^n > n + 1$ oder $2^{n+1} > n + 1$

Ersetzen wir in der obigen Ungleichung n durch n + 1, so erhalten wir die eben bewiesene.

2. $\mathbf{2^n > n^2}$ **für** $\mathbf{n \geqq 5}$

Bei diesem Beispiel sieht man, daß man **nicht immer von n = 1 ausgehen kann.** Sie ist richtig für $n = 5$, da $32 > 25$ ist.

Annahme: richtig für n: $2^n > n^2$

Für $n \geqq 5$ gilt außerdem $2 > \left(\frac{n+1}{n}\right)^2$ (Nachweis siehe unten!).

Durch Multiplikation der beiden Ungleichungen erhalten wir $2^{n+1} > (n+1)^2$, womit die Behauptung bewiesen ist.

Nachweis für die Ungleichung $2 > \left(\frac{n+1}{n}\right)^2$ für $n \geqq 5$:

Es ist $\left(\frac{n+1}{n}\right)^2 = \left(1 + \frac{1}{n}\right)^2 = 1 + \frac{2}{n} + \frac{1}{n^2} \leqq 1 + \frac{2}{5} + \frac{1}{25} < 2$ für $n \geqq 5$.

3. $\mathbf{2^n > n^3}$ **für** $\mathbf{n \geqq 10}$

Richtig für $n = 10$, da $1024 > 1000$

Nun ist $\left(\frac{n+1}{n}\right)^3 = \left(1 + \frac{1}{n}\right)^3 = 1 + \frac{3}{n} + \frac{3}{n^2} + \frac{1}{n^3} \leqq 1 + \frac{3}{10} + \frac{3}{100} + \frac{1}{1000} < 2$ für $n \geqq 10$

Annahme: richtig für n: $2^n > n^3$

Außerdem gilt für $n \geqq 10$ $2 > \left(\frac{n+1}{n}\right)^3$

Multiplikation dieser Ungleichungen ergibt $2^{n+1} > (n+1)^3$.

4. Die Bernoullische Ungleichung

Es gilt $(1 + a)^n > 1 + na$ für $a > -1$ und $a \neq 0$; $n \geqq 2$

Richtig für $n = 2$, da $(1 + a)^2 = 1 + 2a + a^2 > 1 + 2a$

Annahme: richtig für n: $(1 + a)^n > 1 + na$

Es ist $(1 + a)^{n+1} = (1 + a)^n (1 + a) > (1 + na)(1 + a) = 1 + na + a + na^2 =$
$= 1 + (n + 1)a + n a^2 > 1 + (n + 1)a.$

Aufgaben

Beweise mittels vollständiger Induktion

1. $\sin\varphi + \sin 3\varphi + \sin 5\varphi + \ldots \sin(2n-1)\varphi = \sum_{\nu=1}^{n} \sin(2\nu-1)\varphi = \frac{1-\cos 2n\varphi}{2\sin\varphi}$

2. $\cos\varphi + \cos 3\varphi + \ldots + \cos(2n-1)\varphi = \sum_{\nu=1}^{n} \cos(2\nu-1)\varphi = \frac{\sin 2n\varphi}{2\sin\varphi}$ $(\sin\varphi \neq 0)$

*2.4 Der binomische Lehrsatz. Binomialkoeffizienten

Wir führen jetzt einige neue Bezeichnungen ein, die uns die Schreibweise in vielen Fällen erleichtern und außerdem übersichtlichere Darstellungen gestatten.

1. n-Fakultät

Definition 2.1:

Es sei n eine natürliche Zahl; dann schreibt man für das Produkt der n ersten natürlichen Zahlen $1 \cdot 2 \cdot 3 \cdot 4 \ldots n = n!$ (lies: n-Fakultät). Z. B. ist $1! = 1$; $2! = 1 \cdot 2$; $3! = 1 \cdot 2 \cdot 3$; $5! = 1 \cdot 2 \cdot 3 \cdot 4 \cdot 5$. Schließlich setzt man noch $0! = 1$.

2. Binomischer Satz

Ein mathematischer Ausdruck (Term), der aus 2 Gliedern besteht, heißt ein **Binom.** Solche Binome sind $(a + b)$; $(a - b)$; $(a^2 - b)$ u. a.

Nun ist $(a + b)^2 = a^2 + 2ab + b^2$ für alle $a, b \in \mathbb{R}$

Multiplizieren wir beide Seiten fortlaufend mit $(a + b)$ und ordnen wir die rechte Seite, so erhalten wir der Reihe nach

$$(a + b)^3 = a^3 + 3a^2b + 3ab^2 + b^3$$
$$(a + b)^4 = a^4 + 4a^3b + 6a^2b^2 + 4ab^3 + b^4$$
$$(a + b)^5 = a^5 + 5a^4b + 10a^3b^2 + 10a^2b^3 + 5ab^4 + b^5$$

und so fort.

Aus den angegebenen Beispielen kann man nicht ohne weiteres erkennen, wie etwa der ausgerechnete Ausdruck für $(a + b)^6$; $(a + b)^{10}$ oder $(a + b)^n$ lautet, wenn n eine beliebige natürliche Zahl ist.

Um zu einer übersichtlichen Formel für $(a + b)^n$ zu kommen, die man sich verhältnismäßig leicht merken kann, führen wir noch folgende Bezeichnung ein.

Definition 2.2:

Es seien n, k Zahlen aus $\mathbb{N}_0$, wobei $k \leqq n$ sein soll. Wir setzen

$$\binom{n}{k} = \frac{n(n-1)(n-2)\ldots(n-k+1)}{1\cdot 2\cdot 3\cdot\ldots\cdot k} = \frac{n!}{k!\,(n-k)!}$$

Im Zähler und im Nenner stehen k **Faktoren.**

$\binom{n}{k}$ (lies: n über k) heißt **Binomialkoeffizient** aus einem Grund, der bald einleuchtet.

Beispiele:

$\binom{2}{1} = \frac{2}{1} = 2;$ $\binom{5}{3} = \frac{5\cdot 4\cdot 3}{1\cdot 2\cdot 3} = 10;$ $\binom{10}{3} = \frac{10\cdot 9\cdot 8}{1\cdot 2\cdot 3} = 120;$

$\binom{7}{6} = \frac{7\cdot 6\cdot 5\cdot 4\cdot 3\cdot 2}{1\cdot 2\cdot 3\cdot 4\cdot 5\cdot 6} = 7;$ $\binom{n}{1}$ ist stets die Zahl n. $\binom{0}{0} = 1$, weil $0! = 1$.

Eigenschaften der Binomialkoeffizienten $\binom{n}{k}$

Satz 2.1:

Es ist $\binom{n}{k} = \binom{n}{n-k}$ für alle $n, k \in \mathbb{N}_0$, $k \leqq n$

Beispiel:

$\binom{6}{2} = \binom{6}{6-2};$ $\binom{6}{2} = \frac{6\cdot 5}{1\cdot 2} = 15;$ $\binom{6}{4} = \frac{6\cdot 5\cdot 4\cdot 3}{1\cdot 2\cdot 3\cdot 4} = 15$

Beweis:

Es ist $\binom{n}{k} = \frac{n(n-1)(n-2)(n-3)\ldots(n-k+1)}{k!} = \frac{n!}{k!\,(n-k)!}$,

wenn man Zähler und Nenner mit $(n-k)! = (n-k)(n-k-1)(n-k-2)\ldots\cdot 3\cdot 2\cdot 1$ (das sind $[n-k]$ Faktoren) multipliziert.

Andererseits ist

$$\binom{n}{n-k} = \frac{\overbrace{n(n-1)(n-2)\ldots(n-[n-k-1])}^{(n-k)\text{ Faktoren}}}{(n-k)!} = \frac{n(n-1)(n-2)\ldots(k+1)}{(n-k)!}$$

Multipliziert man hier Zähler und Nenner mit $k! = k\cdot(k-1)(k-2)\ldots\cdot 3\cdot 2\cdot 1$, so erhält man ebenfalls $\frac{n!}{k!\,(n-k)!}$.

Satz 2.2:

Es gilt stets $\binom{n}{k} + \binom{n}{k+1} = \binom{n+1}{k+1}$ für alle $n, k \in \mathbb{N}_0$, $k \leqq n$

Beweis:

$$\binom{n}{k} + \binom{n}{k+1} = \binom{n}{k} + \binom{n}{k}\cdot\frac{n-k}{k+1} = \binom{n}{k}\cdot\left(1 + \frac{n-k}{k+1}\right) = \binom{n}{k}\cdot\frac{n+1}{k+1} = \binom{n+1}{k+1}$$

Beispiel:

$$\binom{2}{1} + \binom{2}{2} = \binom{3}{2}$$

Aufgaben

Berechne die folgenden Binomialkoeffizienten:

1. $\binom{9}{4}$; $\binom{10}{5}$; $\binom{4}{3}$; $\binom{20}{6}$; bilde selbst weitere Beispiele!

2. $\binom{n+1}{k}$ $(k \leqq n + 1)$; $\binom{n}{k+1}$ $(k + 1 \leqq n)$; $\binom{n+2}{k+1}$ $(k + 1 \leqq n + 2)$;
$\binom{n+2}{k-1}$ $(k - 1 \leqq n + 2)$.

Satz 2.3: Der Binominallehrsatz

Für jede natürliche Zahl n besteht für beliebige Zahlen a und b die Gleichung

$$(a+b)^n = a^n + \binom{n}{1} a^{n-1}b + \binom{n}{2} a^{n-2}b^2 + \binom{n}{3} a^{n-3}b^3 + \ldots + \binom{n}{n-1} ab^{n-1} + b^n =$$

$= \sum_{\nu=0}^{n} \binom{n}{\nu} a^{n-\nu} b^{\nu}$; dabei bedeuten noch $\binom{n}{0}$ und $\binom{n}{n}$ die Zahl 1.

Beweis mittels vollständiger Induktion

Diese Gleichung ist richtig für $n = 2$: $(a + b)^2 = a^2 + 2ab + b^2$.

Annahme: sie sei richtig für n, d. h. es gelte

$$(a+b)^n = \binom{n}{0} a^n + \binom{n}{1} a^{n-1} b + \ldots + \binom{n}{n-1} ab^{n-1} + \binom{n}{n} b^n$$

Multiplizieren wir beide Seiten mit $(a + b)$, so erhalten wir

$$(a+b)^{n+1} = (a+b) \cdot \sum_{\nu=0}^{n} \binom{n}{\nu} \cdot a^{n-\nu} b^{\nu}.$$

Durch Ausmultiplizieren der rechten Seite und Ordnen der Glieder erhält man

$$a^{n+1} + \binom{n}{1} a^n b + \binom{n}{2} a^{n-1} b^2 + \ldots + \binom{n}{n-1} a^2 b^{n-1} + \binom{n}{n} ab^n +$$

$$+ \binom{n}{0} a^n b + \binom{n}{1} a^{n-1} b^2 + \ldots + \binom{n}{n-2} a^2 b^{n-1} + \binom{n}{n-1} ab^n + b^{n+1} =$$

$$= a^{n+1} + \binom{n+1}{1} a^n b + \binom{n+1}{2} a^{n-1} b^2 + \ldots + \binom{n+1}{n} ab^n + b^{n+1} = (a+b)^{n+1}.$$

Dabei ist die Eigenschaft b) der Binomialkoeffizienten verwendet worden.

Das Pascalsche Dreieck für die Binomialkoeffizienten

$$\begin{array}{ccccccc} & & & \binom{0}{0} & & & \\ & & \binom{1}{0} & & \binom{1}{1} & & \\ & \binom{2}{0} & & \binom{2}{1} & & \binom{2}{2} & \\ \binom{3}{0} & & \binom{3}{1} & & \binom{3}{2} & & \binom{3}{3} \end{array}$$

$$\begin{array}{ccccccccccc} & & & & & 1 & & & & & \\ & & & & 1 & & 1 & & & & \\ & & & 1 & & 2 & & 1 & & & \\ & & 1 & & 3 & & 3 & & 1 & & \\ & 1 & & 4 & & 6 & & 4 & & 1 & \\ 1 & & 5 & & 10 & & 10 & & 5 & & 1 \end{array}$$

Dabei ist $\binom{0}{0} = 1$ gesetzt.

Aufgaben

1. Entwickle folgende Ausdrücke:
   a) $(x + y)^5$ **b)** $(x + 2y)^6$ **c)** $(2a + 3b)^7$ **d)** $(1 + x)^8$

2. Wie lauten das 4., 7., 13. und 20. Glied in der Entwicklung $(\frac{1}{2} + 3\sqrt{x})^{25}$?

3. Berechne in der binomischen Entwicklung von $\left(\frac{x}{30y} - 3y^2\right)^{10}$ den Koeffizienten des Glieds x^4y^8! Das wievielte Glied ist es?

4. Welchen Koeffizienten hat das Glied x^4y^4 in der binomischen Entwicklung von $\left(2x - \frac{y}{30x}\right)^{12}$? Das wievielte Glied ist es?

5. Beweise mittels vollständiger Induktion:
   a) $1 \cdot 1! + 2 \cdot 2! + 3 \cdot 3! + \ldots + n \cdot n! = (n + 1)! - 1$
   b) $\binom{n}{0} + \binom{n}{1} + \binom{n}{2} + \ldots + \binom{n}{n} = 2^n.$

Die **Linearitätseigenschaft** des Summenzeichens

Es gilt (1) $\sum_{\nu=1}^{n} (a_\nu + b_\nu) = \sum_{\nu=1}^{n} a_\nu + \sum_{\nu=1}^{n} b_\nu$ und

(2) $\sum_{\nu=1}^{n} k \cdot a_\nu = k \sum_{\nu=1}^{n} a_\nu$ für alle $a_\nu, b_\nu, k \in \mathbb{R}, n \in \mathbb{N}$

Beweis:

zu (1) Es ist $\sum_{\nu=1}^{n} (a_\nu + b_\nu) = (a_1 + b_1) + (a_2 + b_2) + \ldots + (a_n + b_n) =$

$= (a_1 + a_2 + \ldots + a_n) + (b_1 + b_2 + \ldots + b_n) = \sum_{\nu=1}^{n} a_\nu + \sum_{\nu=1}^{n} b_\nu$

zu (2) $\sum_{\nu=1}^{n} ka_\nu = ka_1 + ka_2 + \ldots + ca_n = k(a_1 + a_2 + \ldots + a_n) = k\sum_{\nu=1}^{n} a_\nu.$

3. Reelle Funktionen

3.1 Begriff und Definition der reellen Funktion

Im Unterricht der Unter- und Mittelstufe ist der Funktionsbegriff wiederholt aufgetaucht. Dort hat man damit vorwiegend das Abhängigkeitsverhältnis zweier Größen voneinander bezeichnet. Unter Größen verstehen wir meßbare Dinge wie Längen, Preise, Warenmengen usw.

Es sei an einige der vielen **Beispiele** erinnert:

1. Umfang oder Flächeninhalt eines Kreises sind vom Radius abhängig.
2. Die Fläche eines Dreiecks hängt bei gleicher Grundlinie von der zugehörigen Höhe und bei gleicher Höhe von der zugehörigen Grundlinie ab.
3. Volumen oder Oberfläche einer Kugel hängen vom Radius ab.
4. Das Volumen einer bestimmten Wassermenge hängt von der Temperatur ab.
5. Beim freien Fall hängt der durchfallene Weg von der Fallzeit ab.
6. Der elektrische Widerstand der Metalle hängt von der Temperatur ab.

In allen Fällen pflegt man die eine Größe, z.B. das Volumen, als eine Funktion der anderen Größe z. B. des Radius zu bezeichnen. Auch die Güte des Weines kann in diesem Sinne als eine Funktion des Alters bezeichnet werden.
Nun hat sich in der wissenschaftlichen Mathematik ein umfassenderer Funktionsbegriff herausgebildet, der auch im Schulunterricht ausschließlich verwendet werden sollte.

Definition 3.1:

Es sei $D_f \subset \mathbb{R}$. Eine Abbildung f von D_f nach $\mathbb{R}$ oder eine Funktion f auf D_f ist eine Vorschrift, durch die jeder reellen Zahl $x \in D_f$ genau eine reelle Zahl $f(x) \in \mathbb{R}$ zugeordnet wird. Man schreibt

$f\colon x \mapsto f(x)$ mit $D_f \to \mathbb{R}$ oder kürzer
$f\colon x \mapsto f(x)$ mit D_f.

D_f heißt die **Definitionsmenge** von f. $f(x_0)$ bezeichnet man als das Bild des Arguments x_0 oder den Funktionswert an der Stelle x_0.
Eine Zahl $x \in D_f$, der ein Bild $f(x) \in \mathbb{R}$ zugeordnet ist, heißt Urbild von f(x). Die Menge aller Bilder $f(x) \in \mathbb{R}$ für alle $x \in D_f$ heißt Bildmenge oder Wertemenge W_f von f. Es ist also $W_f = \{f(x) \mid x \in D_f\}$. Als Namen für Funktionen dienen Buchstaben, wie f, g, h, F, G, H u. a.

Beispiele:

Die eindeutige Zuordnung der Argumente x zu den Funktionswerten f(x) kann auf verschiedene Weise erfolgen.

1. Sie kann vollkommen willkürlich sein. So kann man den Zahlen 1; 3; 5,5; 8; 100 in dieser Reihenfolge die Zahlen 0; π; $\sqrt{3}$; 64; 10 zuordnen (siehe Tabelle).
2. Sie kann durch Tabellen erfolgen, wie Logarithmentafeln, Lohnsteuertabellen, Zinstabellen, Umrechnungstabellen in andere Maße und Währungen.

x	1	3	5,5	8	100
y	0	π	$\sqrt{3}$	64	10

3. Auch die Meßreihen bei naturwissenschaftlichen Experimenten und Beobachtungen gehören hierher.
4. Die selbsttätigen Aufzeichnungen eines Barographen oder eines Thermographen oder irgendeines anderen Registriergerätes mit Aufzeichnungen stellen solche Zuordnungen dar.
5. Durch eine Kurve in einem rechtwinkligen Koordinatensystem kann eine Funktion definiert werden. Voraussetzung ist aber, daß beliebige Parallelen zur y-Achse die Kurve jeweils nur in **einem Punkt** schneiden.
6. Die häufigsten Zuordnungen, mit denen wir es zu tun haben, werden durch mathematische Gesetzmäßigkeiten ausgedrückt. Dazu seien einige **Beispiele** angeführt:

a) Es sei der Term $2x + 1$ gegeben. Andere Terme sind z. B. x; x^2; $x^2 + 6$; $\frac{x+1}{x-1}$; $\sqrt{x}$; 2^x; $\sin x$ usw.; aber auch reelle Zahlen, wie $2 + 3$; $\frac{2}{5}$; $\sqrt{2}$; $\sin\frac{\pi}{4}$ sind Terme. Ein solcher Term, der die Variable x enthält, soll die Eigenschaft haben, daß beim Einsetzen von reellen Zahlen für die Variable x sich wieder reelle Zahlen ergeben.
Setzen wir also in den Term $2x + 1$ für die Variable x die reellen Zahlen 1; $\frac{3}{2}$; $\frac{5}{4}$; 4 ein, so erhalten wir der Reihe nach die Zahlen 3; 4; $\frac{7}{2}$; 9. Man sieht, daß dieser Term für jede reelle Zahl x wieder eine reelle Zahl ergibt. Durch die Zuordnung der Argumente x zu den berechneten Funktionswerten $f(x)$ ist also eine Funktion bestimmt, die wir schreiben: $f\colon x \mapsto 2x + 1$; ihre Definitionsmenge $D_f = \mathbb{R}$. Das trifft bei diesem Beispiel auch für die Wertemenge W_f zu.

b) Wir betrachten den Term $\sqrt{x} - 1$. Hier dürfen wir für x nur reelle positive Zahlen und Null einsetzen. Die Funktion schreiben wir $f\colon x \mapsto \sqrt{x} - 1$; ihre Definitionsmenge $D_f = R_0^+$, ihre Wertemenge W_f umfaßt alle reellen Zahlen größer oder gleich -1.

c) Ordnen wir jeder reellen Zahl x diejenigen größte ganze Zahl zu, die kleiner oder gleich der Zahl x ist, so erhalten wir eine Funktion $f\colon x \mapsto [x]$[1]. Hier liegt also lediglich eine Beschreibung vor, um eine solche Zuordnung herzustellen. Die maximale Definitionsmenge dieser Funktion ist $W_f = \mathbb{R}$, ihre Wertemenge $W_f = \mathbb{Z}$.
Z.B. ist $[2] = 2$; $[3{,}5] = 3$; $[-3{,}5] = -4$; $[0{,}3] = 0$; $[-0{,}3] = -1$; $[-5] = -5$; $[\sqrt{2}] = 1$
Wie in den Beispielen 6a, b, c kann man die Funktionswerte einer Funktion f durch Einsetzen von $x \in D_f$ in einen Term $f(x)$ erhalten. Ein solcher Term $f(x)$ heißt Funktionsterm und die Gleichung $y = f(x)$ mit $x \in D_f$ bezeichnet man als Funktionsgleichung der Funktion f.

Beachte:

Eine Funktion ist nur dann vollständig bestimmt, wenn ihre Definitionsmenge D_f vorgegeben ist. Ist das nicht der Fall, so soll D_f alle Argumente x enthalten, für welche sich beim Einsetzen in den Term $f(x)$ wieder reelle Zahlen ergeben. Damit erhalten wir die größtmögliche Definitionsmenge $D_{f(x)}$ des Terms $f(x)$ bezüglich der Grundmenge $\mathbb{R}$ und es ist $D_f \subseteqq D_{f(x)}$. Es steht aber in unserem Belieben, diese größtmögliche Definitionsmenge $D_{f(x)}$ beliebig einzuschränken. So ist z. B. die Funktion $f\colon x \mapsto x^2$ für alle reellen Zahlen definiert. Bei bestimmten Untersuchungen sind wir aber gezwungen, diese Definitionsmenge auf $D = \{x \mid 0 \leqq x < \infty\}$ oder $D = \{x \mid -\infty < x \leqq 0\}$ einzuschränken. Wir erhalten dann andere Funktionen
$g\colon x \mapsto x^2$ mit $D_g = \{x \mid 0 \leqq x < \infty\}$ und $h\colon x \mapsto x^2$ mit $D_h = \{x \mid -\infty < x = < 0\}$.

[1] Gaußsche Klammerfunktion (siehe auch Seite 17!)

Bei vielen Problemen der Physik ist die Definitionsmenge der dort auftretenden Funktionen beschränkt.

Weitere Beispiele für Funktionen:

1. Ordnet man jede Zahl $x \in \mathbb{R}$ sich selbst zu, so erhält man die identische Funktion $x \mapsto x$ mit $D =]-\infty; +\infty[$.

2. Ordnet man jedem $x \in \mathbb{R}$ dieselbe Zahl c zu, so erhält man die konstante Funktion $x \mapsto c$.

3. $x \mapsto \frac{1}{x}$; $D =]0; 5]$

4. $x \mapsto \frac{1}{2}x^2 - 2$; $D =]0; \infty[$

5. Man ordnet jeder Zahl x diejenige größte ganze Zahl zu, die **kleiner** als x ist. Wir schreiben $x \mapsto [x]^+$; $D =]-\infty; \infty[$

6. $x \mapsto \sqrt{x}$; $D = [0; 9]$

7. $x \mapsto x!$ (lies: x Fakultät) $D = \mathbb{N} = \{1; 2; 3; 4; \ldots\}$
   $1! = 1$; $2! = 1 \cdot 2$; $3! = 1 \cdot 2 \cdot 3$; ...; $n! = 1 \cdot 2 \cdot 3 \ldots n$.

8. $x \mapsto \operatorname{sgn} x$ (lies: signum x)

$$\operatorname{sgn} x = \begin{cases} 1 \text{ für } x > 0 \\ 0 \text{ für } x = 0 \\ -1 \text{ für } x < 0 \end{cases}$$

9. $$x \mapsto f(x) = \begin{cases} x \text{ für alle ganzen Zahlen} \\ 1 \text{ für alle echt rationalen Zahlen} \\ 0 \text{ für alle irrationalen Zahlen} \end{cases}$$

10. $$x \mapsto f(x) = \begin{cases} x \text{ für alle rationalen Zahlen} \\ -x \text{ für alle irrationalen Zahlen} \end{cases}$$

11. $$x \mapsto f(x) = \begin{cases} x^2 - 1 \text{ für } D_1 = [0; 2] \\ -\frac{x}{2} - 1 \text{ für } D_2 = [-4; 0[\end{cases}$$

12. $$x \mapsto f(x) = \begin{cases} \sqrt{x} & \text{für } D_1 = [0; 2] \\ -x & \text{für } D_2 = [-6; 0[\end{cases}$$

13. $$x \mapsto f(x) = \begin{cases} 0 \text{ für irgendeine ganze Zahl} \\ 1 \text{ für irgendeine Zahl, die eine gerade Zahl um weniger als 1 übertrifft} \\ -1 \text{ für alle übrigen Zahlen} \end{cases}$$

14. $$x \mapsto f(x) = \begin{cases} -1 \text{ für } D_1 = [-1; 0] \\ \frac{1}{x} \text{ für } D_2 =]0; 1] \\ x \text{ für } D_3 =]1; \infty[\end{cases}$$

Aus den letzten Beispielen ersieht man, daß eine Funktion nicht in ihrer ganzen Definitionsmenge nach dem selben mathematischen Gesetz gebildet sein muß.

Aufgaben

Durch die angegebenen Terme sind Funktionen gegeben. Berechne die Funktionswerte!

1. $f(x) = x$; $D =]-\infty, \infty[$; $f(0)$; $f(h)$; $f(2h)$; $f(h+3)$; $f(h^2)$;

2. $f(x) = c$; $D =]-\infty, \infty[$; $f(-1)$; $f(\frac{1}{2})$; $f\left(\frac{c}{2}\right)$; $f(h)$; $f(3c)$;

3. $g(x) = \frac{1}{2}x^2 - 2$; $D = [0, \infty[$; $g(0)$; $g(2)$; $g(h)$; $g(h-3)$; $g(1+h)$; $g(\sqrt{2})$;

4. $g(x) = [x]$; $D =]-\infty; \infty[$; $g(0)$; $g(-3,9)$; $g(0,1)$; $g(-\frac{2}{3})$; $g(\sqrt{3})$;

5. $h(x) = \operatorname{sgn} x$; $D =]\infty, \infty[$; $h(-10)$; $h(-1,5)$; $h(4)$; $h(0)$; $h(1,75)$;

6. Beispiel 9 Seite 35;
$f(-2)$; $f(-4,7)$; $f\left(-\sqrt[3]{5}\right)$; $f(0)$; $f(\frac{1}{2})$; $f(1)$; $f\left(\sqrt[4]{2}\right)$; $f(7,25)$; $f(\pi)$;

7. Beispiel 10 Seite 35: $f(0)$; $f(1)$; $f(\frac{3}{4})$; $f(\sqrt{7})$; $f(\pi)$; $f\left(\sqrt[3]{10}\right)$;

8. Beispiel 11 Seite 35: $f(-4)$; $f(-1)$; $f(0)$; $f(\frac{1}{2})$; $f(1)$; $f(2)$;

9. Beispiel 12 Seite 35: $f(-3)$; $f(-1)$; $f(0)$; $f(1)$; $f(1,5)$; $f(2)$; $f(\sqrt{2})$;

10. $F(x) = [x]^+$; $F(-3)$; $F(-1,25)$; $F(-\frac{1}{2})$; $F(0)$; $F(6)$; $F(2,7)$.

3.2 Die Bildkurve zu einer Funktion (Graph)

Für die weitere Untersuchung der verschiedensten Funktionen erweist sich ihre **geometrische Veranschaulichung** als sehr zweckmäßig. Für die Schule kommt in der Hauptsache nur die Darstellung in einem rechtwinkligen Koordinatensystem in Frage. Man trägt dazu die Wertepaare $(x; f[x])$ als Koordinatenpaare von Punkten in ein rechtwinkliges Koordinatensystem ein und verbindet sie durch einen Linienzug. Die Menge aller Punkte $(x; f[x])$, die für alle $x \in D_f$ durch $f(x)$ in der x, y-Ebene bestimmt sind, nennt man die **Bildkurve**, die graphische Darstellung oder kurz den **Graph der Funktion.** Auch die Bezeichnung **„kartesisches Bild“** der Funktion wird verwendet.

Beachte:

Die kartesischen Bilder der Funktionen sind zwar sehr anschaulich, sie dürfen aber nicht dazu verleiten, Kurve gleich Funktion zu setzen. Eine Funktion ist eine **eindeutige** Zuordnungsvorschrift, zu einer Kurve gehört ein Koordinatensystem.

Bemerkungen zum Zeichnen der Bildkurven

Beim Zeichnen der Bildkurven können oft Unklarheiten über die Zuordnung der Punkte zu einzelnen Abszissen entstehen. Beispielsweise ist bei der Funktion $x \mapsto \operatorname{sgn} x$ (Abb. 3,3) nur der Nullpunkt des Koordinatensystems der Abszisse 0 zugeordnet,

während zu jeder noch so kleinen positiven Abszisse ein Punkt mit der Ordinate 1 und zu einer beliebig kleinen negativen Abszisse ein Punkt mit der Ordinate -1 gehört. Bei der Bildkurve zur Funktion $x \mapsto x - [x]$ (Abb. 3,4) ist jeder ganzzahligen Abszisse der zugehörige Punkt auf der x-Achse zugeordnet, während zu den Abszissen $n - \varepsilon$ (n ganze Zahl, $0 < \varepsilon < 1$) Punkte mit den Ordinaten $1 - \varepsilon$ gehören.
Um diese Tatsachen auch in der Zeichnung deutlich herauszustellen, sind bei allen ähnlichen Fällen die kleinen Pfeile verwendet worden. Sie sollen aber auch bei den Aufgaben verwendet werden. Wie noch das Beispiel der Funktion $x \mapsto \frac{|x|}{x}$ (Abb. 5,14) zeigt, ist ohne diese Kennzeichnung aus der Bildkurve nicht zu entnehmen, daß der Abszisse $x = 0$ überhaupt kein Bildpunkt entspricht.

Beispiele:

1. $x \mapsto -\sqrt{x}$; $D = [0; 9]$ (Abb. 3,1)
2. $x \mapsto \begin{cases} \sqrt{x} & \text{für } x \geqq 0 \\ -x & \text{für } x < 0; \end{cases}$ $D = [-4; 9]$ (Abb. 3,2)
3. $x \mapsto \operatorname{sgn} x$; $D = [-2; 3]$ Abb. 3,3)
4. $x \mapsto x - [x]$; $D = [-2; 3]$ (Abb. 3,4)

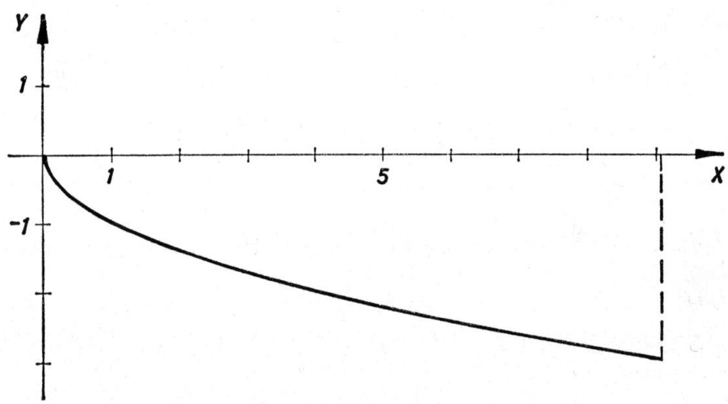

Abb. 3,1

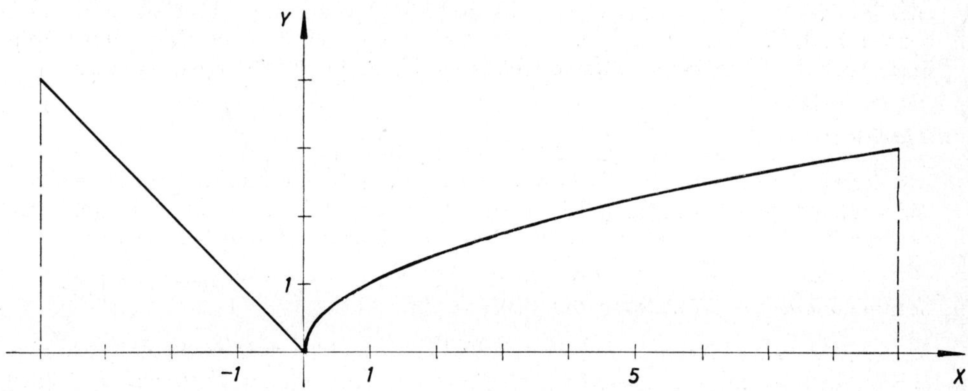

Abb. 3,2

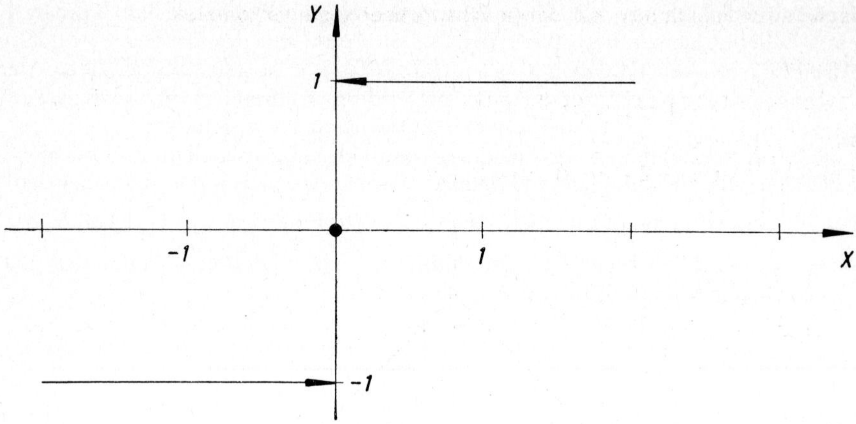

Abb. 3,3

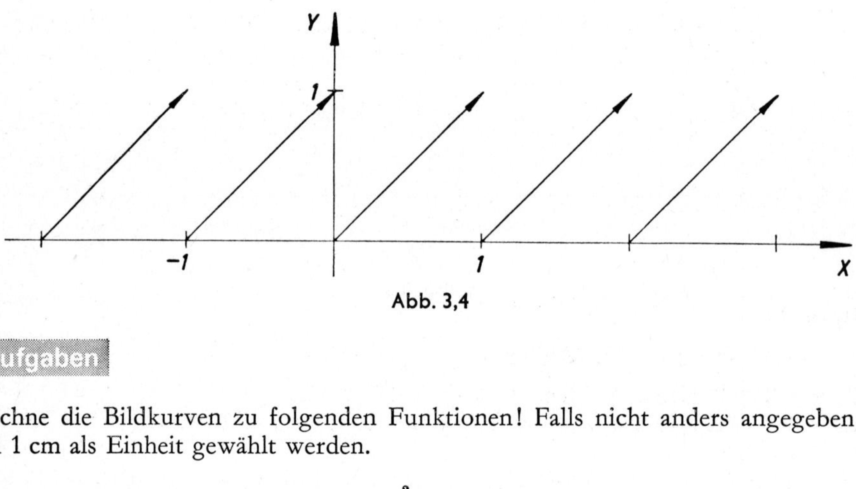

Abb. 3,4

Aufgaben

Zeichne die Bildkurven zu folgenden Funktionen! Falls nicht anders angegeben ist, soll 1 cm als Einheit gewählt werden.

1. $x \mapsto -\frac{1}{2}x + 2$ **2.** $x \mapsto \frac{x^2}{4} - x - 1$ **3.** $x \mapsto \sqrt{x^2 - 4}$

4. $x \mapsto f(x) = \begin{cases} -1 & \text{für } -3 \leqq x \leqq 0 \\ \frac{1}{x} & \text{für } 0 < x \leqq 1 \\ x & \text{für } 1 < x \leqq 3 \end{cases}$ (Einheit 2 cm)

5. $x \mapsto [x]^+$; $D = [-4; 3]$; (Erklärung S. 35) **6.** $x \mapsto x - [x]^+$

7. $x \mapsto (-1)^{(x)}$ **8.** $x \mapsto x \cdot \sqrt{4 - x}$ **9.** $x \mapsto [x] - [x]^+$

10. $x \mapsto [x] - x$ **11.** $x \mapsto (\operatorname{sgn} x)^2$ **12.** $x \mapsto [x] - [-x]$

13. $x \mapsto (-2)^{(x)}$ **14.** $x \mapsto \frac{1}{2}x - [x]$ **15.** $x \mapsto x^2 - [x]^2$

Beispiele für Funktionen, bei denen **Absolutbeträge** vorkommen

Beispiel 1:

$x \mapsto 2 - |x|$; $D = [-4; 5]$ (Abb. 3,5)

a) Für $x \geqq 0$ ist $x \mapsto 2 - x$
b) Für $x < 0$ ist $x \mapsto 2 - (-x)$; $x \mapsto 2 + x$

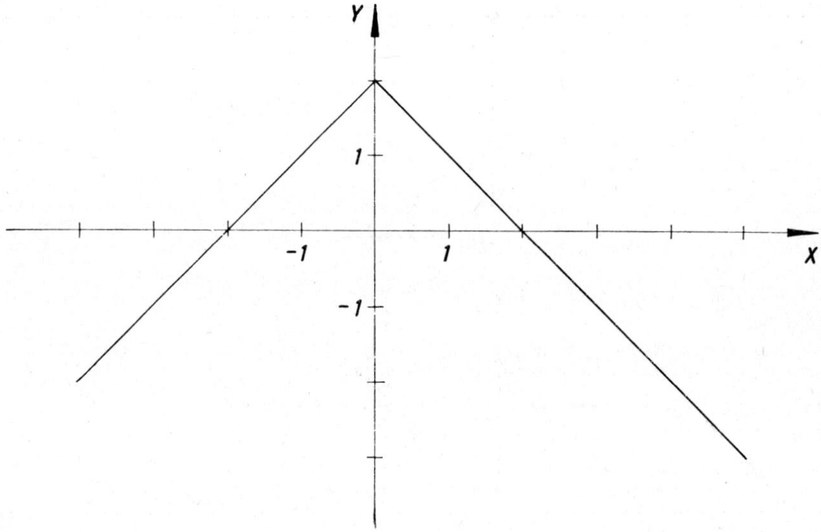

Abb. 3,5

Beispiel 2:

$x \mapsto |x - 2|$; $D = [-2; 5]$; (Abb. 3,6)

a) Ist $x - 2 \geqq 0$, also $x \geqq 2$, so ist $x \mapsto x - 2$
b) Ist $x - 2 < 0$, also $x < 2$, so ist $x \mapsto -(x - 2)$ oder $x \mapsto 2 - x$

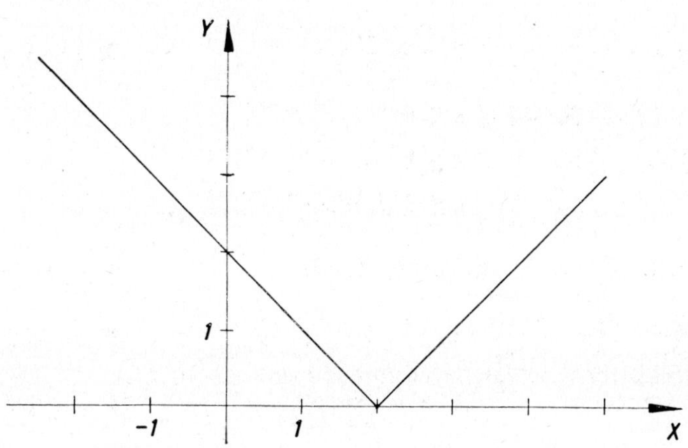

Abb. 3,6

Beispiel 3:

$x \mapsto \sqrt{|x|}$; D = [−4; 4]; (Abb. 3,7)

a) Für $x \geqq 0$ ist $x \mapsto \sqrt{x}$

b) Für $x < 0$ ist $x \mapsto \sqrt{-x}$

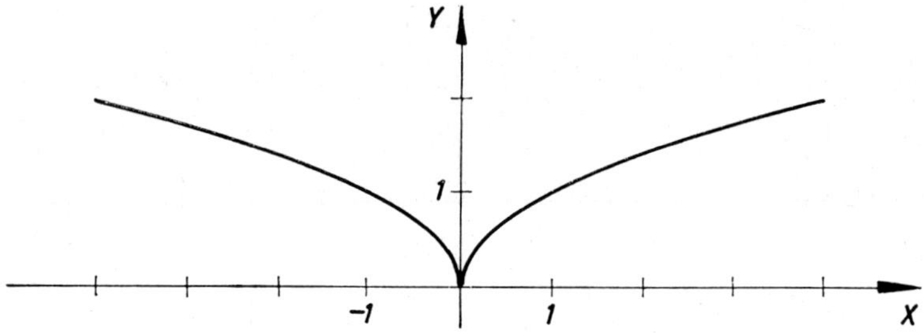

Abb. 3,7

Beispiel 4:

$x \mapsto |x + 1| + |x - 2|$; D = [−3; 4]; (Abb. 3,8)

a) Wenn $x - 2 \geqq 0$ ist, also für $x \geqq 2$, ist auch $x + 1 \geqq 0$; daher ist $x \mapsto x + 1 + x - 2$ oder $x \mapsto 2x - 1$.

b) Für $-1 \leqq x \leqq 2$ gilt $x \mapsto x + 1 - (x - 2)$ oder $x \mapsto 3$

c) Ist $x \leqq -1$, so ist $x \mapsto -(x + 1) - (x - 2)$ oder $x \mapsto -2x + 1$.

Abb. 3,8

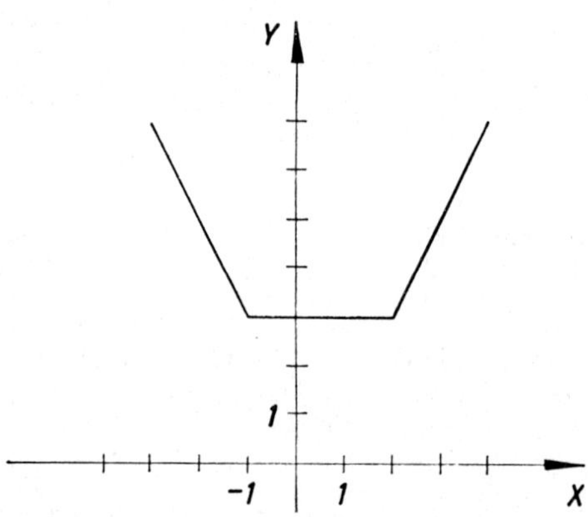

Aufgaben

Zeichne die Bildkurven zu folgenden Funktionen!

1. $x \mapsto |x| + 2$

2. $x \mapsto |x| - 3$

3. $x \mapsto |3 - x|$

4. $x \mapsto |x| + x$

5. $x \mapsto |x| - \frac{x}{2}$

6. $x \mapsto |x| - 2x$

7. $x \mapsto |x| - x$

8. $x \mapsto \sqrt{|x+1|}$

9. $x \mapsto |x^2 + 2x|$

10. $x \mapsto |x^2 - 4|$

11. $x \mapsto |x+1| + |x-1|$

12. $x \mapsto |x^2 + x - 2|$

13. $x \mapsto \sqrt{|x^2 - 4|}$

14. $x \mapsto |x^3|$

15. $x \mapsto |x^2 - 6x + 8|$

16. $x \mapsto |x^2 - 4| + |x|$

17. $x \mapsto |x^2 - 4| - |x|$

18. $x \mapsto |3 - 2x| + |x - 1|$

19. $x \mapsto |3 + 2x| + |1 - x| - |x|$

20. $x \mapsto x^2 - |x^2 - 4|$

21. $x \mapsto |\lg x|$

22. $x \mapsto |\sin x|$

23. $x \mapsto 3 - |x - |3 - x||$

24. $x \mapsto \frac{1}{2}(1 + \operatorname{sgn} x) \cdot \sin x$

3.3 Eigenschaften von Funktionen

Um uns möglichst rasch ein Bild vom Verlauf des Graphen einer Funktion f zu machen, wollen wir einige Eigenschaften von Funktionen definieren.

3.3.1 Nullstellen einer Funktion

Definition 3.2:

Es sei $f: x \mapsto f(x)$ mit D_f. Eine Stelle $x_0 \in D_f$ heißt Nullstelle von f, wenn $f(x_0) = 0$ ist. Umfaßt die Menge der Nullstellen von f ein Intervall $J \subseteq D_f$, so sagt man f verschwindet auf J identisch und man schreibt $f(x) \equiv 0$ für $x \in J$.
In den Nullstellen von f hat der Graph von f Punkte mit der x-Achse gemeinsam.

Beispiele:

1. $f: x \mapsto f(x) = 2 - |x|$; $D_f = \mathbb{R}$.
   Da $2 - |x| = 0$ ist für $x = -2 \vee x = 2$, sind -2 und 2 die Nullstellen von f.
2. $g: x \mapsto g(x) = x - [x]$; $D_g = [-2; 3]$.
   Es ist $x - [x] = 0$ für $-2; -1; 0; 1; 2; 3 \in D_f$, weil für $x = n + \delta$ mit $n \in \mathbb{Z}$ und $0 \leqq \delta < 1$ $n + \delta - [n + \delta] = n + \delta - n = 0$ für $\delta = 0$. Daher sind die Nullstellen von g: $-2; -1; 0; 1; 2; 3$. (Abb. 3,4)
3. $h: x \mapsto h(x) = [x]$; $D_h = \mathbb{R}$.
   Da $[0 + \delta] = 0$ für alle $\delta \in [0; 1[$, verschwindet h identisch auf dem Intervall $J = [0; 1[$.

3.3.2 Gerade und ungerade Funktionen (Symmetrie)

Definition 3.3:

Eine Funktion $f: x \mapsto f(x)$ mit D_f heißt gerade Funktion (ungerade Funktion) genau dann, wenn für alle $x \in D_f$ gilt $f(-x) = f(x)$ $[f(-x) = -f(x)]$.

Bei der **geraden** Funktion ist der Graph **achsensymmetrisch** zur y-Achse, bei einer **ungeraden** Funktion ist er **punktsymmetrisch** zum Ursprung 0 des Koordinatensystem.

Beispiele:

1. Der Graph zu $f\colon x \mapsto f(x) = |x|$ mit $D_f = \mathbb{R}$ ist achsensymmetrisch zur y-Achse, da $|-x| = |x|$ für alle $x \in \mathbb{R}$.
2. Der Graph zu $g\colon x \mapsto g(x) = x^3$ mit $D_g = \mathbb{R}$ ist punktsymmetrisch zum Ursprung 0, da $(-x)^3 = -x^3$.

Bei der Funktion $f\colon x \mapsto kx$ wachsen die Funktionswerte $f(x) = kx$ mit wachsendem x für $k > 0$ und nehmen ab für $k < 0$. Für diese bei vielen Funktionen auftretende Eigenschaft definieren wir den wichtigen Begriff der Monotonie.

3.3.3 Monotonie und Beschränktheit von Funktionen

Definition 3.4:

Eine Funktion $f\colon x \mapsto f(x)$ mit D_f heißt monoton wachsend (monoton abnehmend), wenn für alle $x_i \in D_f$ gilt:

$x_1 < x_2 \Rightarrow f(x_1) \leqq f(x_2)$ $[x_1 < x_2 \Rightarrow f(x_1) \geqq f(x_2)]$.

Strenge Monotonie liegt vor, wenn

$x_1 < x_2 \Rightarrow f(x_1) < f(x_2)$ [bzw. $x_1 < x_2 \Rightarrow f(x_1) > f(x_2)$].

Da die Wertemengen von Funktionen Zahlenmengen sind, wollen wir den Begriff der Beschränktheit von Funktionen auf diese zurückführen (1.3.1).

Definition 3,5:

Eine Funktion $f\colon x \mapsto f(x)$ mit D_f heißt „nach oben beschränkt" [„nach unten beschränkt"], wenn es eine Zahl $K \in \mathbb{R}$ [Zahl $k \in \mathbb{R}$] gibt, so daß für alle $x \in D_f$ gilt $f(x) \leqq K$ [$f(x) \geqq k$]. K heißt obere Schranke [k untere Schranke] der Funktion f.

Definition 3.6:

Die **kleinste** obere Schranke einer nach oben beschränkten Funktion heißt **obere Grenze G** oder **Supremum von f**, geschrieben sup f(x). Gilt $G \in W_f$, so wird es **Maximum** von f genannt. Die **größte** untere Schranke einer nach unten beschränkten Funktion heißt **untere Grenze g** oder **Infimum von f**, geschrieben inf f(x). Gilt $g \in W_f$, so wird es **Minimum** von f genannt.

Beispiele:

1. $f\colon x \mapsto f(x) = x^2$ mit $D_f = [0; 3]$.
   Für alle $x_1, x_2 \in D_f$ sei $x_1 < x_2 \Leftrightarrow x_2 - x_1 > 0$. Außerdem gilt für diese x_1, x_2: $(x_2 + x_1)(x_2 - x_1) > 0 \Rightarrow x_2^2 - x_1^2 > 0 \Rightarrow x_2^2 > x_1^2$. Wegen $x_1 < x_2 \Rightarrow x_1^2 < x_2^2$ ist f in D_f streng monoton wachsend. Außerdem ist f nach oben beschränkt in D_f, da $x^2 \leqq 9$ für alle $x \in D_f$ und nach unten beschränkt, da $x^2 \geqq 0$ für alle $x \in D_f$. An der Stelle $x = 0$ hat f ein Minimum und an der Stelle $x = 3$ ein Maximum.

2. Die Funktion $g: x \mapsto g(x) = x - [x]$ mit $D_f = [0; 1[$ hat in $x = 0$ ein Minimum $g(0) = 0$. Sie hat das Supremum 1, das kein Maximum ist, da es nicht zur Wertemenge W_g gehört. Die Funktion g ist streng monoton wachsend in D_f, weil für alle $x_1 = 0 + \delta_1$, $x_2 = 0 + \delta_2 \in D_f$ und $\delta_1 < \delta_2$ mit $g(x_1) = \delta_1 - [\delta_1]$ und $g(x_2) = \delta_2 - [\delta_2]$ gilt: $x_1 < x_2 \Rightarrow g(x_1) < g(x_2)$, da $\delta_1 < \delta_2 \Rightarrow \delta_1 - [\delta_1] < \delta_2 - [\delta_2] \Rightarrow \delta_1 < \delta_2$.

3. Jede konstante Funktion ist sowohl monoton wachsend als auch monoton abnehmend.

Aufgaben

1. Bestimme die Nullstellen folgender durch ihren Funktionsterm gegebenen Funktionen:

a) $f(x) = 2x^2 - \frac{1}{2}$ **b)** $f(x) = x^3 - 4x$ **c)** $f(x) = \operatorname{sgn} x$

d) $f(x) = |x + 1| - 1$ **e)** $f(x) = \sqrt{x + 2}$; $D_f = \mathbb{R}_0^+$

f) $f(x) = \sin x$; $D_f = [-\pi; \pi]$ **g)** $f(x) = \cos x$; $D_f = [0; 2\pi]$

2. Welche Graphen folgender Funktionen $x \mapsto f(x)$ sind achsensymmetrisch zur y-Achse, welche punktsymmetrisch zum Ursprung 0?

a) $f(x) = x^3 + 2x$ **b)** $f(x) = 2x^2 - 1$ **c)** $f(x) = -2x + 1$

d) $f(x) = |x|$ **e)** $f(x) = x + \frac{1}{x}$; $D_f = \mathbb{R} \setminus \{0\}$

f) $f(x) = \operatorname{sgn} x$ **g)** $f(x) = \operatorname{sgn} |x|$ **h)** $f(x) = x \cdot |x|$

3. Welche Funktionen $x \mapsto f(x)$ sind monoton (streng monoton) wachsend, welche monoton (streng monoton) abnehmend?

a) $f(x) = x^2$; $D_f = \mathbb{R}_0^+$ **b)** $f(x) = \sqrt{x}$; $D_f = \mathbb{R}_0^+$

c) $f(x) = \frac{2}{x}$; $D_f = \mathbb{R}^-$ **d)** $f(x) = \frac{-2}{x}$; $D_f = \mathbb{R}^+$

e) $f(x) = \sin x$; $D_f = \left[-\frac{\pi}{2}; \frac{\pi}{2}\right]$ **f)** $f(x) = \cos x$; $D_f = [0; 2\pi]$

4. Die Funktion $f: x \mapsto f(x)$ sei in D_f monoton. Untersuche an geeigneten Beispielen, ob auch die Funktion $g: x \mapsto k \cdot f(x)$ mit $k \in \mathbb{R}$ in D_f monoton ist!

5. Untersuche, ob folgende durch ihre Terme gegebenen Funktionen beschränkt sind! Man gebe sup f(x), inf f(x) bzw. Maximum oder Minimum der Funktion in ihrer Definitionsmenge an.

a) $f(x) = -x$; $D_f = [-2; 3[$ **b)** $f(x) = \frac{x}{|x| + 1}$; $D_f = \mathbb{R}$

c) $f(x) = \frac{1}{x}$; $D_f =]1; 5]$ **d)** $f(x) = \frac{1}{x + 1}$; $D_f = \mathbb{R}^+$

e) $f(x) = -x^2 + 1$; $D_f = [-3; 3[$

6. Die Funktionen $f: x \mapsto f(x) = 1 + \frac{x}{2}$ und $g: x \mapsto g(x) = 4 - x$ mit $D_f = D_g = [0; 4]$ sind in ihren Definitionsmengen beschränkt. Untersuche, ob auch $F = f + g$ und $H = f - g$ in $D_f = D_g$ beschränkt sind!

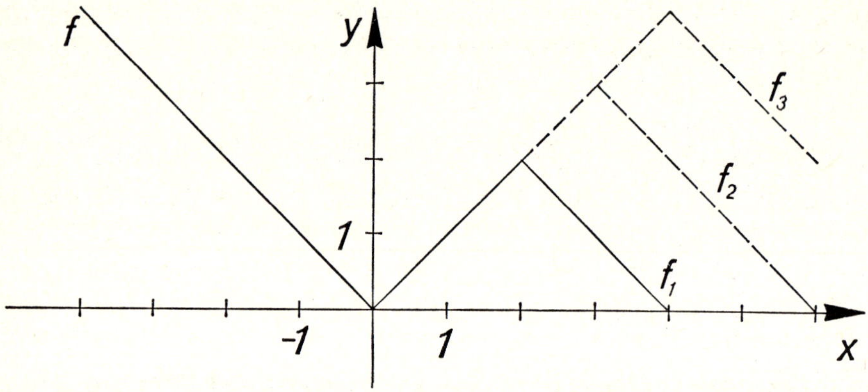

Abb. 3,9

3.4 Einschränkung und Fortsetzung einer Funktion

Wir betrachten die beiden Funktionen

$f: x \mapsto f(x) = |x + 2|$ mit $D_f = \{x \mid -5 \leqq x \leqq 5 \wedge x \in \mathbb{Z}\}$ und
$g: x \mapsto g(x) = |x + 2|$ mit $D_g = \{x \mid -5 \leqq x \leqq 5 \wedge x \in \mathbb{R}\}$

Beide haben die gleiche Zuordnungsvorschrift. Es ist aber $D_f \subset D_g$. Man nennt die Funktion g eine Fortsetzung der Funktion f und f Einschränkung von g.

Definition 3.7:

Eine Funktion g heißt eine Fortsetzung der Funktion f auf D_g oder f heißt die Einschränkung der Funktion g auf D_f, wenn $D_f \subseteqq D_g$ und $f(x) = g(x)$ für alle $x \in D_f$.

Wir stellen fest, daß der Graph von f eine Teilmenge des Graphen von g ist.
Mit dieser Definition können wir die Gleichheit von Funktionen feststellen.
Ist f Fortsetzung von g, also $D_g \subseteqq D_f$ und g Fortsetzung von f, also $D_f \subseteqq D_g$, so ist $D_f = D_g$. Aus $f(x) = g(x)$ für alle $x \in D_f = D_g$ folgt $f = g$.

Satz 3.1:

Eine Funktion f ist genau dann gleich einer Funktion g, also $f = g$, wenn $D_f = D_g$ und $f(x) = g(x)$ für alle $x \in D_f$.

Beispiel:

$f: x \mapsto f(x) = 1$ mit $D_f = [0; 2\pi]$; $g: x \mapsto g(x) = \sin^2 x + \cos^2 x = 1$; $D_g = \{0; 2\pi]$.
Hier ist $f = g$, obwohl die Zuordnungsterme verschieden sind.

Beachte:

Es sei $g: x \mapsto g(x)$ eine Funktion mit D_g und $D_f \subset D_g$. Dann kann für alle $x \in D_f$ definiert werden $f(x) = g(x)$, d. h. zu jeder Menge $D_f \subset D_g$ gibt es genau eine Einschränkung f von g. Umgekehrt gibt es zu jeder Funktion f **beliebig viele Fortsetzungen.** Eine Fortsetzung kann eindeutig bestimmt sein, wenn gewisse Bedingungen an sie gestellt sind (siehe dazu 5.6.1).

Beispiel 1:

$f: x \mapsto f(x) = |x|$ mit $D_f = [-4; 2]$. Fortsetzungen von f sind u. a. $f_1: x \mapsto f_1(x) = $
$= |2 - |x - 2||$ mit $D_{f_1} = [-4; 4]$
$f_2: x \mapsto f_2(x) = |a - |x - a||$ mit $D_{f_2} = [-4; a]$; $a \geqq 2 \wedge a \in \mathbb{R}$ (Abb. 3,9 mit $a = 3$ und $a = 4$) (Abb. 3,9).

Beispiel 2:

$f: x \mapsto f(x) = [x]$ mit $D_f = \mathbb{Z}$
$g: x \mapsto g(x) = [x]$ mit $D_g = \mathbb{R}$.
f ist die Einschränkung von g, da $f(x) = g(x)$ für alle $x \in D_f$ und $D_f \subset D_g$. g ist eine Fortsetzung von f.

Aufgaben

1. Gegeben sind die Funktionen: $f: x \mapsto x^2$ mit $D_f = \{-1; 0; 1\}$; $g: x \mapsto |x|$ mit $D_g = \{-1; 0; 1\}$; $h: x \mapsto \sqrt{x}$ mit $D_h = \{0; 1\}$. Welche Funktionen sind gleich, welche sind Fortsetzungen einer anderen?

2. Gegeben sind: $f: x \mapsto f(x) = x^2$ mit $D_f = \mathbb{Q}^+$; $g: x \mapsto g(x) = x^2$ mit $D_g = \mathbb{R}_0^-$; $h: x \mapsto h(x) = x^2$ mit $D_h = \mathbb{R}$. Welche Funktionen sind Fortsetzungen oder Einschränkungen voneinander?

3.5 Zweistellige Relationen

Man kann zur Definition der Funktion (Abbildung) auch über den allgemeineren Begriff der zweistelligen Relation kommen, der aus dem Unterricht der Mittelstufe bekannt ist.

Definition 3.8:

Unter einer (zweistelligen) Relation r aus der Menge A in die Menge B versteht man eine Teilmenge des kartesischen Produkts $A \times B$, also $r \subseteq A \times B$.
Ist $A = B$, so ist $r \subseteq A \times A$ und man spricht von der Relation r auf der Menge A.

Wir beschränken uns auf zweistellige Relationen auf der Menge $\mathbb{R}$ oder Teilmengen davon. In vielen Fällen ist die Relation r die Lösungsmenge einer Aussageform (Gleichung oder Ungleichung) über einer Grundmenge $\mathbb{R} \times \mathbb{R}$ oder einer Teilmenge davon.

Beispiele:

1. $r = \{(x,y) \mid y < x\} \subseteqq \mathbb{R} \times \mathbb{R}$.
   Der Graph dieser Relation ist die Punktmenge der Koordinatenebene unterhalb der Geraden $y = x$.

2. $r = \{(x,y) \mid x^2 + y^2 \leqq 25\} \subseteqq \mathbb{R} \times \mathbb{R}$.
   Der Graph dieser Relation ist die Menge aller Punkte auf und in dem Kreis um den Ursprung 0 mit dem Radius 5.

3. $r = \{(x,y) \mid |y| = |x|\} \subseteqq \mathbb{R} \times \mathbb{R}$.
   Der Graph dieser Relation ist die Punktmenge des Geradenpaares $y = x$ und $y = -x$.

4. Wir gehen von der Funktion $f: x \mapsto y = x^2$ mit $D_f = \mathbb{R}$ aus. Die Wertemenge ist $W_f = \mathbb{R}_0^+$. Wir können diese Funktion auch als Relation schreiben.
   $f = \{(x,y) \mid y = x^2\} \subseteqq \mathbb{R} \times \mathbb{R}_0^+$. Der Graph dieser Relation ist die Parabel $y = x^2$. Im Gegensatz zu den Beispielen 1. bis 3. gibt es hier zu jedem $x \in \mathbb{R}$ nur **ein** $y \in \mathbb{R}_0^+$. Man bezeichnet eine solche Relation von links nach rechts eindeutig oder kurz rechtseindeutig. Wir definieren

Definition 3.9:

Eine Relation r aus der Menge A in die Menge B heißt **rechtseindeutig**, wenn für alle $x \in A$ und $y_1, y_2 \in B$ aus $(x,y_1) \in r \subseteqq A \times B$ und $(x,y_2) \in r \subseteqq A \times B$ folgt $y_1 = y_2$.
Sie heißt **linkseindeutig**, wenn aus $(x_1, y) \in r$ und $(x_2, y) \in r$ folgt $x_1 = x_2$ für alle $x_1, x_2 \in A$ und $y \in B$.

Viele Relationen r kann man als $r = f \cup g$ darstellen, wobei f und g Funktionen sind.

Beispiele:

1. Aus $r = \{(x,y) \mid x^2 + y^2 = 25\} \subset \mathbb{R} \times \mathbb{R}$ kann man folgende Funktionen erhalten:

   $f_1: x \mapsto y = \sqrt{25 - x^2}$ mit $D_{f_1} = [-5; 5]$ und
   $f_2: x \mapsto y = -\sqrt{25 - x^2}$ mit $D_{f_2} = [-5; 5]$

2. Aus der Relation $r = \{(x,y) \mid y^2 = x\} \subset \mathbb{R} \times \mathbb{R}$ können folgende Funktionen erhalten werden:

   $f: x \mapsto y = \sqrt{x}$ $D_f = \mathbb{R}_0^+$
   $g: x \mapsto y = -\sqrt{x}$ $D_g = \mathbb{R}_0^+$

Aufgaben

Welche Funktionen kann man aus den folgenden durch Gleichungen gegebenen Relationen bilden? Welches ist die zugehörige Definitionsmenge? Zeichne die zugehörigen Graphen! $(x, y) \in \mathbb{R} \times \mathbb{R}$

1. $x^2 - y^2 = 25$ **2.** $y^2 - 4x = 0$ **3.** $8x^2 - 3x - y^2 = 0$

4. $|x| + |y| = 4$ **5.** $|x| + |y| = 0$ **6.** $|x| - |y| = 3$

7. $|y| - \frac{1}{2}|x| \geqq 2$ **8.** $2|x| + |y| \leqq 4$ **9.** $|y| = [x]$

10. Zeichne die Graphen zu folgenden Relationen mit den gegebenen Gleichungen! $(x, y) \in \mathbb{R} \times \mathbb{R}$:

a) $|y - 2x| + |y + 2x + 1| = 4$ **b)** $|y - x| + |y + x| = 3$

c) $|y - 2x| + |2y + 3x| = 4$ **d)** $|y - x + 1| + |2y + x - 1| = 6$

11. Man zeichne den Ort aller Punkte (x; y), für welche folgende Ungleichung gilt: $(x, y) \in \mathbb{R} \times \mathbb{R}$

a) $|x| \cdot |y| \leqq 4$ **b)** $|x| + 5|y| < 10$

c) $|x - 1| + |y + 1| \leqq 2$ **d)** $|x - y| + 2 \leqq |x|$

e) $x^2 - 2|y| > 1$ **f)** $|x| + |y - 2| < 5$

g) $|x - 1| - |y - 2| < 6$

3.6 Verknüpfung von Funktionen

3.6.1 Summe und Differenz von Funktionen

Aus zwei Funktionen f und g lassen sich auf folgende Weise weitere Funktionen bilden:

Definition 3.10:

(1) Summe $f + g: x \mapsto f(x) + g(x)$
(2) Differenz $f - g: x \mapsto f(x) - g(x)$

In beiden Fällen gilt für die maximalen Definitionsmengen $D_{f+g} = D_{f-g} = D_f \cap D_g \neq \emptyset$.

Beispiel 1:

$f: x \mapsto f(x) = x$; $D_f = \mathbb{R}$; $g: x \mapsto g(x) = \sin x$; $D_g = [-\pi; 2\pi]$
$f + g: x \mapsto x + \sin x$ mit $D_{f+g} = D_f \cap D_g = [-\pi; 2\pi]$ (Abb. 3,10)

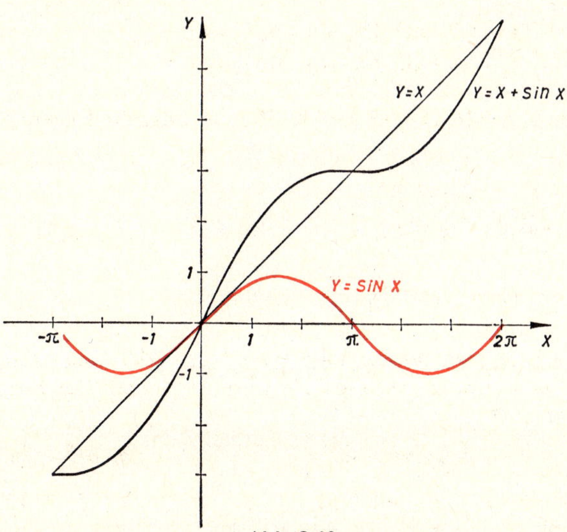

Abb. 3,10

Beispiel 2:

$f\colon x \mapsto f(x) = [x];\ D_f = [-2; 2]$
$g\colon x \mapsto g(x) = x;\ D_g = [-2; 2]$
$f - g\colon x \mapsto [x] - x$ mit $D_{f-g} = D_f \cap D_g = [-2; 2]$ (Abb. 3.11)

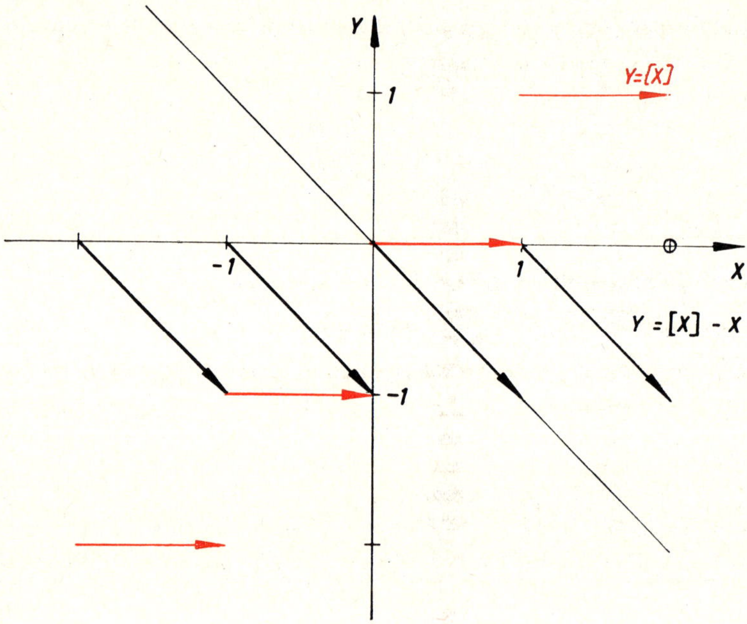

Abb. 3,11

Aufgaben

Konstruiere durch Addition der y-Werte von Einzelkurven (Überlagerung) die Bildkurven folgender Funktionen! Setze $\pi \approx 3$! (Siehe Abb. 3.10, 3.11!)

1. $x \mapsto x - \sin x$ **2.** $x \mapsto \sin x - \frac{x}{2}$ **3.** $x \mapsto \sin x + \cos x$

4. $x \mapsto \sin x + \sin 2x$ **5.** $x \mapsto -\frac{x}{2} + \cos x$; $D = [-2\pi; 3\pi]$

6. $x \mapsto \frac{x^2}{4} + \frac{4}{1 + x^2}$; $D = [-5; 5]$

7. $x \mapsto \sin x + \sqrt{3} \cos x$; $D = [0; 2\pi]$ (Einheit 2 cm!)

8. $x \mapsto \sin 2x + \sin\left(x - \frac{\pi}{3}\right)$; $D = [-\pi; \pi]$ Einheit 2 cm!)

9. $x \mapsto \cos 2x + \cos\left(x + \frac{\pi}{3}\right)$; $D = [-\pi; \pi]$ (Einheit 2 cm!)

10. Konstruiere durch Überlagerung von Einzelkurven in **ein** Achsenkreuz die beiden Bildkurven zu folgenden Funktionen:

$f_1: x \mapsto f_1(x) = \sqrt[3]{x^2} + \sqrt{4 - x^2}$ und $f_2: x \mapsto f_2(x) = \sqrt[3]{x^2} - \sqrt{4 - x^2}$ (Einheit 2 cm!)

11. Wie Aufgabe 10 für $f_1: x \mapsto f_1(x) = x^5 + \sqrt{x}$;

$f_2: x \mapsto f_2(x) = x^5 - \sqrt{x}$ (Einheit 8 cm!)

3.6.2 Produkt und Quotient von Funktionen

Definition 3.11:

Es sei $f: x \mapsto f(x)$ mit D_f und $g: x \mapsto g(x)$ mit D_g. Dann heißt die Funktion $f \cdot g: x \mapsto f(x) \cdot g(x)$ mit $D_{f \cdot g} = D_f \cap D_g$ das Produkt und die Funktion $\frac{f}{g}: x \mapsto \frac{f(x)}{g(x)}$ mit $D_{\frac{f}{g}} = D_f \cap \{x \in D_g \mid g(x) \neq 0\}$ der Quotient der beiden Funktionen f und g.

Beispiel 1:

$f: x \mapsto \frac{1}{2}x$; $D_f = [-\pi; 2\pi]$ $g: x \mapsto \sin x$; $D_g = [-\pi; 2\pi]$
$f \cdot g: x \mapsto \frac{1}{2}x \sin x$ mit $D_{f \cdot g} = [-\pi; 2\pi]$ (Abb. 3,12)

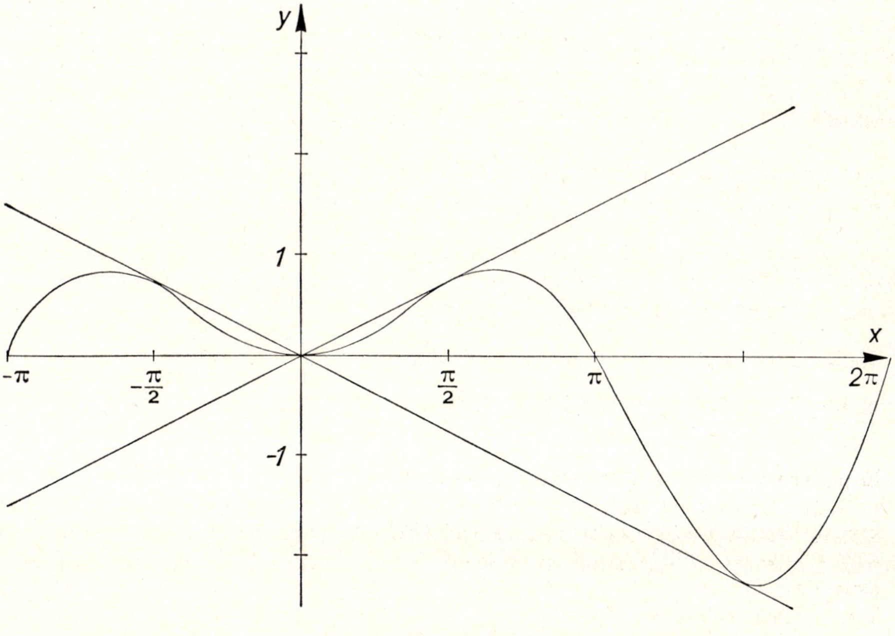

Abb. 3,12

Beispiel 2:

$$f\colon x \mapsto \sin x;\ D_f = [-\pi; \pi]$$
$$g\colon x \mapsto x;\ D_g = [-\pi; \pi]$$
$$\frac{f}{g}\colon x \mapsto \frac{\sin x}{x} \text{ mit } D_{\frac{f}{g}} = [-\pi; \pi] \setminus \{0\} \text{ (Abb. 3,13)}$$

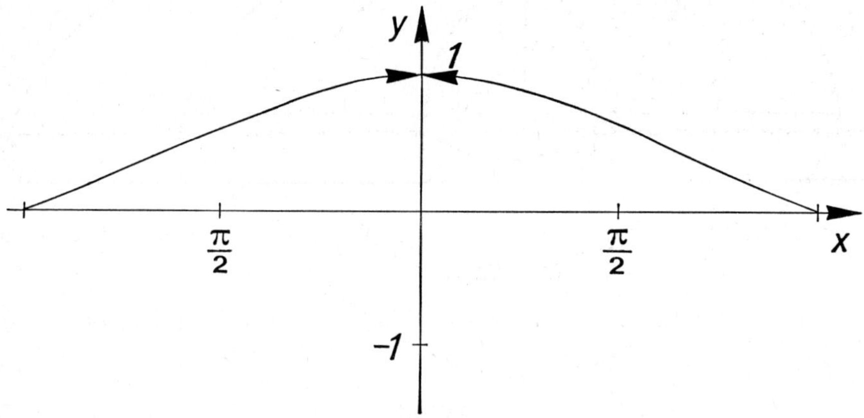

Abb. 3,13

3.6.3 Verkettung (Zusammensetzung) von Funktionen

Sind zwei Funktionen $f\colon x \mapsto f(x);\ D_f \to W_f$ und $g\colon x \mapsto g(x);\ D_g \to W_g$ gegeben, so können wir unter Umständen beide Abbildungen nacheinander ausführen und erhalten damit eine dritte Funktion.

Beispiel 1:

$$g\colon x \mapsto y = g(x) = \frac{x}{3} + 1; \quad D_g = [-1; 4]$$
$$f\colon x \mapsto y = f(x) = x^2; \quad D_f = [-1; 3]$$

Zur Veranschaulichung der Verkettung und zur übersichtlichen Konstruktion des Graphen der verketteten Funktion aus den Einzelfunktionen schreiben wir die Funktionsgleichungen mit Hilfe folgender Variablen.

a) Verkettung **f ∘ g**:

$$g\colon x \mapsto z = g(x) = \frac{x}{3} + 1;\ D_g = [-1; 4]$$
$$f\colon z \mapsto y = f(z) = z^2; \quad D_f = [-1; 3].$$

Dann ist $f \circ g\colon x \mapsto f[g(x)] = \left(\frac{x}{3} + 1\right)^2$.

Bei der Bestimmung der Definitionsmenge $D_{f \circ g}$ müssen wir beachten, daß die Funktion g jedem $x \in D_g = [-1; 4]$ eindeutig ein $z \in W_g = [\frac{2}{3}; \frac{7}{3}]$ und die Funktion f jedem $z \in D_f = [-1; 3]$ eindeutig ein $y \in W_f = [0; 9]$ zuordnet. Wegen $W_g \subseteq D_f$ kann daher jedem $x \in D_g$ eindeutig ein $y = f[g(x)] \in W_{f \circ g}$ zugeordnet werden. Daher ist $D_{f \circ g} = D_g = [-1; 4]$. (Abb. 3.14)

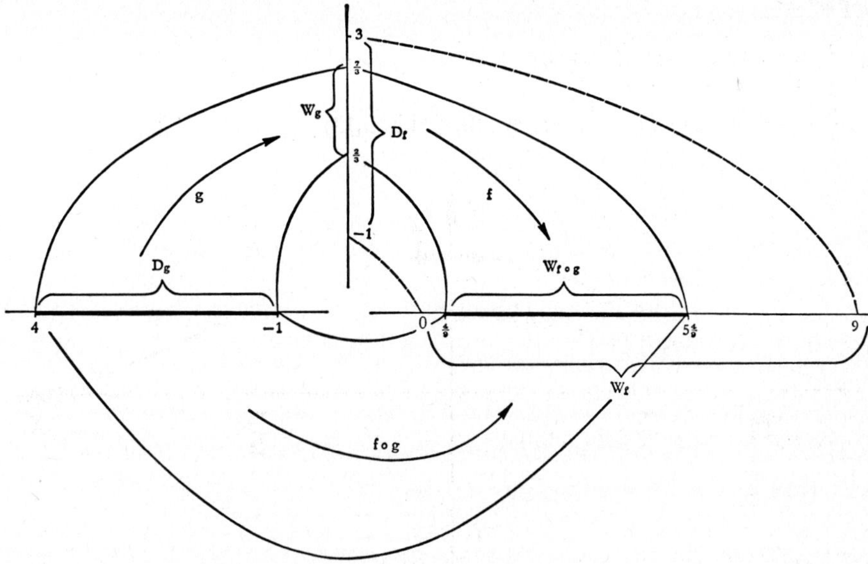

Abb. 3,14

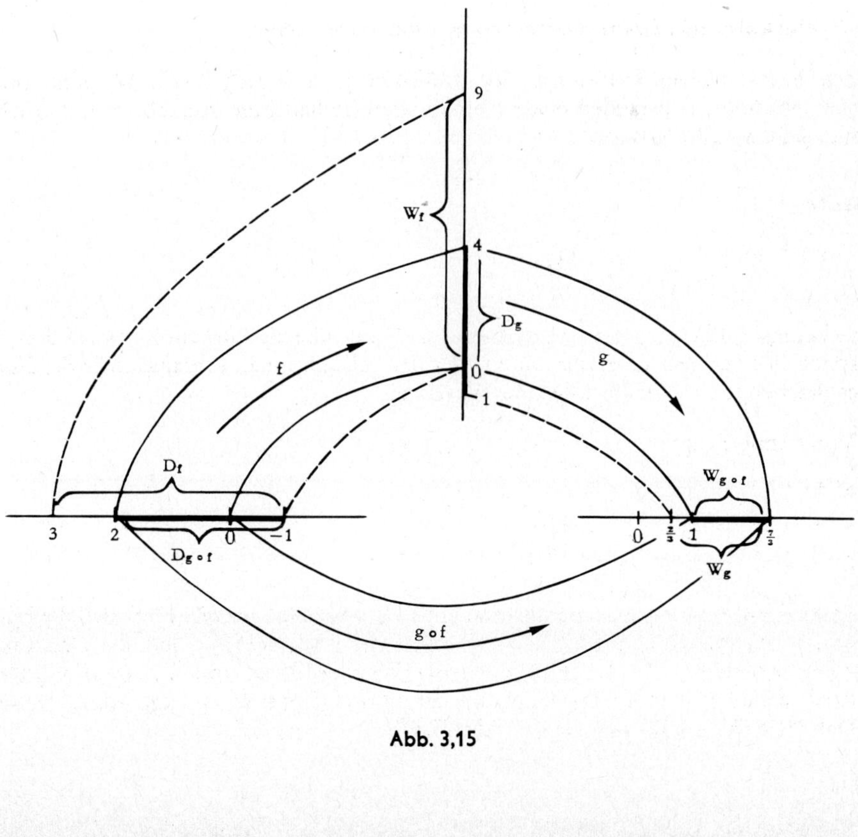

Abb. 3,15

b) Verkettung **g ∘ f**:

$$f: x \mapsto z = f(x) = x^2; \qquad D_f = [-1; 3]$$

$$g: z \mapsto y = g(z) = \frac{z}{3} + 1; \quad D_g = [-1; 4].$$

$$\text{Dann ist } g \circ f: x \mapsto g[f(x)] = \frac{x^2}{3} + 1.$$

Bei der Bestimmung von $D_{g \circ f}$ müssen wir beachten, daß die Funktion f jedem $x \in D_f = [-1; 3]$ eindeutig ein $z \in W_f = [0; 9]$ und die Funktion g jedem $z \in D_g = [-1; 4]$ eindeutig ein $y \in W_g$ zuordnet. Hier können wir aber nur solchen $x \in D_f$ ein $z = f(x)$ zuordnen, für welche $f(x) \in W_f \cap D_g$ ist. Aus $f(x) \in W_f \cap D_g = [0; 4]$ ergibt sich $D_{g \circ f} = [-1; 2]$. (Abb. 3.15)

Man erkennt aus diesem Beispiel, daß

$$f(g[x]) = \left(\frac{x}{3} + 1\right)^2 \neq g(f[x]) = \frac{x^2}{3} + 1 \text{ ist.}$$

Im allgemeinen ist die Verkettung von zwei Funktionen f und g nicht kommutativ, es ist also $f \circ g \neq g \circ f$.

Wir konstruieren den Funktionsgraphen zu $f \circ g: x \mapsto f(g[x]) = \left(\frac{x}{3} + 1\right)^2$. Dazu gehen wir von einer beliebigen Stelle $x \in D_g$ aus und bestimmen $z = g(x)$. (Abb. 3,16) Durch Übertragen von z in Abb. 3,17 erhalten wir die Ordinate $y = f(z)$. Tragen wir die zusammengehörigen Paare (x,y) in das dritte Achsenkreuz (Abb. 3,18) ein, so erhalten wir die gesuchte Bildkurve zu $f \circ g$. In den Abbildungen sind noch die entsprechenden Funktionswerte zur Stelle $(x + \triangle x)$ konstruiert worden.

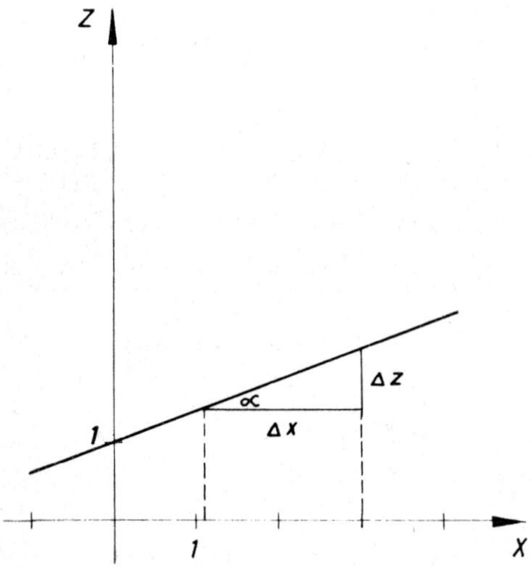

Abb. 3,16

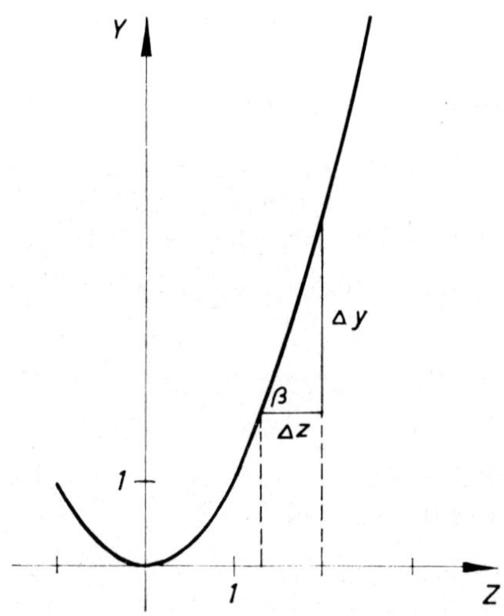

Abb. 3,17

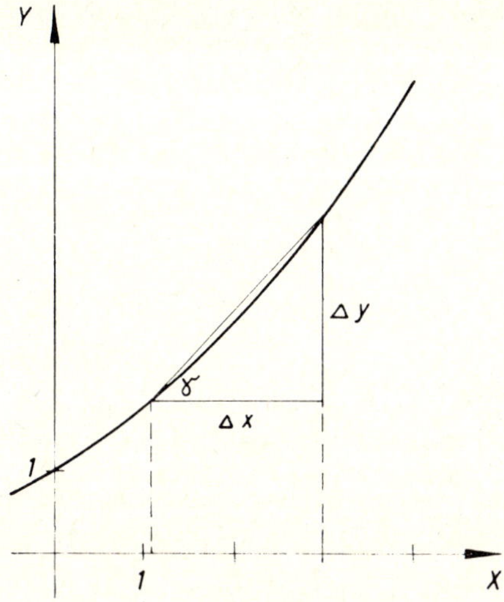

Abb. 3,18

Beispiel 2:

$f: x \mapsto f(x) = -x^2 - 1;$ $D_f = \mathbb{R}$
$g: x \mapsto g(x) = \sqrt{x};$ $D_g = \mathbb{R}_0^+$

a) Verkettung **f ∘ g**:
$f \circ g: x \mapsto f[g(x)] = -x - 1$
Es ist $W_g = R_0^+$ und wegen $W_g \subset D_f$ ist $D_{f \circ g} = D_g = \mathbb{R}_0^+$.

b) Verkettung **g ∘ f**:
Es ist $W_f =]-\infty; -1]$; und wegen $D_g = \mathbb{R}_0^+$ ist $W_f \cap D_g = \emptyset$.
Durch $g \circ f: x \mapsto g[f(x)] = \sqrt{-x^2 - 1}$ ist daher keine Funktion definiert, weil für kein $x \in \mathbb{R}$ ein Funktionswert $g[f(x)]$ gebildet werden kann.

Definition 3.12:

Es seien $f: x \mapsto f(x)$: $D_f \to W_f$ und $g: x \mapsto g(x)$; $D_g \to W_g$ mit $W_g \subseteq D_f$ gegeben. Unter der Verkettung (Zusammensetzung) dieser Funktionen $f \circ g$ (in dieser Reihenfolge!) versteht man die Funktion $f \circ g: x \mapsto f[g(x)]$ mit $D_{f \circ g} = \{x \in D_g \mid g(x) \in D_f\}$.

Für $f \circ g$ spricht man „f nach g".

Aufgaben

Bilde mit Hilfe der angegebenen Terme die Verkettungen $f \circ g$ und $g \circ f$ und bestimme jeweils $D_{f \circ g}$ und $D_{g \circ f}$!

1. $f(x) = \sqrt{2x}$; $D_f = \mathbb{R}_0^+$; $g(x) = x - 2$; $D_g = \mathbb{R}$

2. $f(x) = \sqrt{x}$; $D_f = \mathbb{R}_0^+$ $g(x) = (x - 2)^2$; $D_g = \mathbb{R}$

3. $f(x) = -\sqrt{x};\ D_f = \mathbb{R}_0^+$ $g(x) = |x - 1|;\ D_g = \mathbb{R}$

4. $f(x) = \sin x;\ D_f = [0; 2\pi]$ $g(x) = 2x;\ D_g = \mathbb{R}$

5. $f(x) = [x];\ D_f = \mathbb{R}$ $g(x) = \sin x;\ D_g = [-\pi; \pi]$

6. $f(x) = (x + 2)^2;\ D_f = \mathbb{R}$ $g(x) = x - 4;\ D_g = \mathbb{R}$

7. $f(x) = \frac{1}{x};\ D_f = \mathbb{R}^+$ $g(x) = \sqrt{x};\ D_g = \mathbb{R}_0^+$

3.7 Abbildung von Mengen und Umgebungen durch Funktionen

Beispiel 1:

f: $x \mapsto f(x) = 2x + 1$ mit D_f. Es sei $J = [1; 3] \subset D_f$. Durch die Funktion f wird jedem $x \in J$ genau ein $f(x) \in W_f$ zugeordnet. So erhalten wir z.B. $f(1) = 3$, $f(2) = 5$, $f(3) = 7$ usw.
Wir bezeichnen die Menge aller Funktionswerte f(x) für alle $x \in J$ mit f(J) und definieren $f(J) = \{f(x) \mid x \in [1; 3]\}$. In unserem Beispiel ist $f(J) = \{f(x) \mid 3 \leqq f(x) \leqq 7\}$, wegen der strengen Monotonie von f (Abb. 3,19).

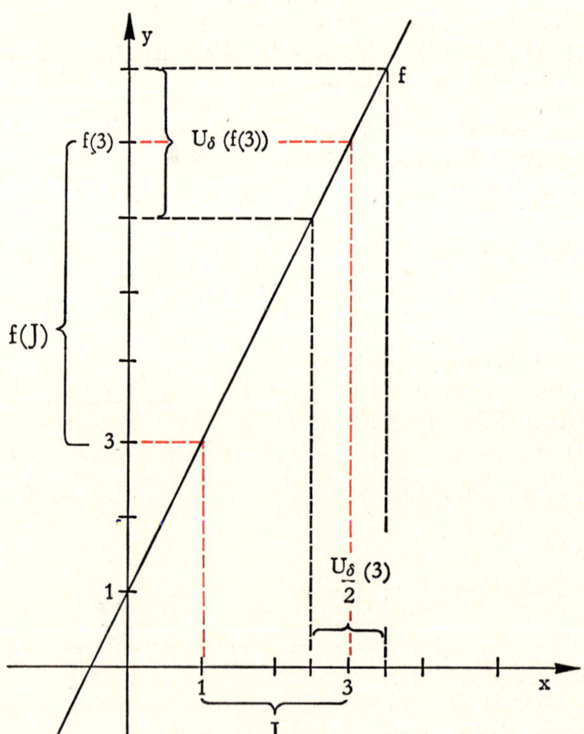

Abb. 3,19

Definition 3.13:

Ist $f: x \mapsto f(x)$ mit D_f und $J \subset D_f$, so heißt $f(J)$ das „Bild der Menge J zur Funktion f" genau dann, wenn gilt $f(J) = \{f(x) \mid x \in J\}$.

Beispiel 2:

$f: x \mapsto f(x) = \frac{1}{2}x^2$ mit $D_f = \mathbb{R}$ und $J = [1; 2] \subset D_f$.
Es ist $f(J) = \{f(x) \mid x \in [1; 2] \wedge f(x) = \frac{1}{2}x^2\}$.
Für $f(J)$ erhalten wir $f(J) = \{f(x) \mid \frac{1}{2} \leqq f(x) \leqq 2\}$.

Wir übertragen diese Abbildung von Mengen auf die Abbildung von δ-Umgebungen $U_\delta(x_0)$ und geben folgende

Definition 3.14:

Ist $f: x \mapsto f(x)$ mit D_f und $U_\delta(x_0) \subset D_f$, so heißt $f(U_\delta[x_0])$ das „Bild der δ-Umgebung $U_\delta(x_0)$" genau dann, wenn gilt $f(U_\delta[x_0]) = \{f(x) \mid x \in U_\delta[x_0]\}$.

Beispiel 3:

$f: x \mapsto f(x) = 2x + 1$ mit $D_f = \mathbb{R}$ und $U_\delta(1) \subset D_f$.
$U_\delta(1) = \{x \mid |x - 1| < \delta\} = \{x \mid 1 - \delta < x < 1 + \delta\}$.
$f(U_\delta[1]) = \{f(x) \mid f(1 - \delta) < f(x) < f(1 + \delta)\} = \{f(x) \mid 3 - 2\delta < f(x) < 3 + 2\delta\}$,
weil f streng monoton wachsend ist.

Bei diesem Beispiel einer linearen Funktion wird die (symmetrische) Umgebung $U_\delta(1)$ in die (symmetrische) Umgebung $U_{2\delta}(f[1])$ abgebildet.
Das gilt nicht allgemein, wie folgendes Beispiel zeigt.

Beispiel 4:

$f: x \mapsto f(x) = \frac{1}{2}x^2$ mit $D_f = \mathbb{R}$. Es ist $U_\delta(3) = \{x \mid |x - 3| < \delta\}$ und $f(U_\delta[3]) = \{f(x) \mid f(3 - \delta) < f(x) < f(3 + \delta)\} =$

$$\{f(x) \mid 4{,}5 - \frac{\delta}{2}(6 - \delta) < f(x) < 4{,}5 + \frac{\delta}{2}(6 + \delta)\},$$

weil f in $U_\delta(3)$ streng monoton wachsend ist.

Für $\delta = 0{,}5$ ist $f(U_{0,5}[3]) = \{f(x) \mid 4{,}5 - 1{,}37 < f(x) < 4{,}5 + 1{,}62\}$. Hier wird die Umgebung $U_{0,5}(3)$ nicht auf eine symmetrische Umgebung von $f(3) = 4{,}5$ abgebildet. (Abb. 3,20)

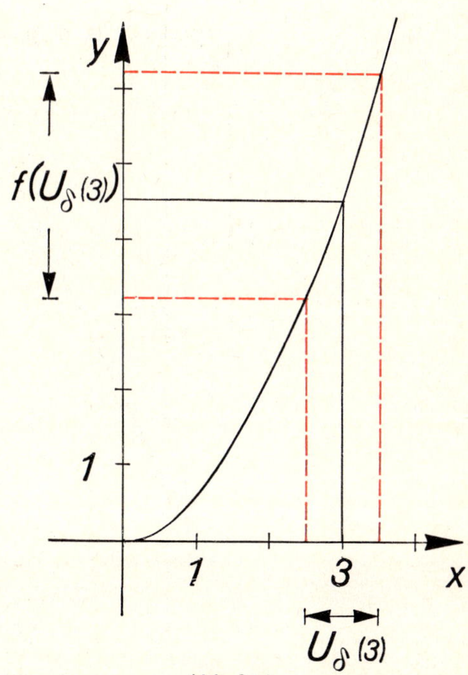

Abb. 3,20

Wir wollen noch zeichnerisch und rechnerisch eine Umgebung von $x_0 \in D_f$ bestimmen, deren Bild für eine Funktion f eine vorgegebene δ-Umgebung $U_\delta(f[x_0])$ ist.

Beispiel 5:
$f\colon x \mapsto f(x) = 2x + 1$; $D_f = \mathbb{R}$. Es sei $U_\delta(f[3])$ gegeben. Aus Abb. 3,19 ersieht man, daß $U_\delta(f[3]) = f(U_{\frac{\delta}{2}}[3])$ und daher $U_{\frac{\delta}{2}}(3) = \left\{x \mid |x-3| < \frac{\delta}{2}\right\}$ ist.

Allgemein gilt bei dieser Funktion $U_\delta(f[x_0]) = f(U_{\frac{\delta}{2}}[x_0])$.

Rechnerisch ergibt sich

$$U_\delta(f[3]) = \{f(x) \mid |f(x) - f(3)| < \delta\} = \{f(x) \mid f(3) - \delta < f(x) < f(3) + \delta\}.$$

Wegen $f(3) = 7$ und $f(x) = 2x + 1$ folgt daraus

$$7 - \delta < 2x + 1 < 7 + \delta \Rightarrow 3 - \frac{\delta}{2} < x < 3 + \frac{\delta}{2} \Rightarrow |x - 3| < \frac{\delta}{2}, \text{ also ist}$$

$$U_{\frac{\delta}{2}}(3) = \left\{x \mid |x - 3| < \frac{\delta}{2}\right\}.$$

Beispiel 6:
$f\colon x \mapsto f(x) = \frac{1}{2}x^2$; $D_f = \mathbb{R}_0^+$. Es sei $U_\delta(f[2])$ gegeben. Aus Abb. 3,21 sieht man, daß es keine symmetrische Umgebung von 2 gibt, deren Bild zur Funktion f die gegebene δ-Umgebung von f(2) ist. Wir berechnen nun das Urbild von $U_\delta(f[2])$. Es ist

$U_\delta(f[2]) = \{f(x) \mid f(2) - \delta < f(x) < f(2) + \delta\}$. Wegen $f(2) = 2$ und $f(x) = \frac{1}{2}x^2$ folgt daraus $2 - \delta < \frac{1}{2}x^2 < 2 + \delta \Rightarrow 4 - 2\delta < x^2 < 4 + 2\delta \Rightarrow \sqrt{4 - 2\delta} < x < \sqrt{4 + 2\delta}$

wegen $D_f = \mathbb{R}_0^+$. Für $\delta = 1$ gilt $\sqrt{2} < x < \sqrt{6}$. Man erhält als Urbild[2] der δ-Umgebung von f(2) die Mengen U(2)[2] $= \{x \mid \sqrt{4 - 2\delta} < x < \sqrt{4 + 2\delta}\}$ bzw. $U(2) = \{x \mid \sqrt{2} < x < \sqrt{6}\}$ für $\delta = 1$, die keine (symmetrischen) Umgebungen von $x_0 = 2$ sind. Es ist z. B. $f(U_{0,4}[2]) \subset U_1(f[2])$.

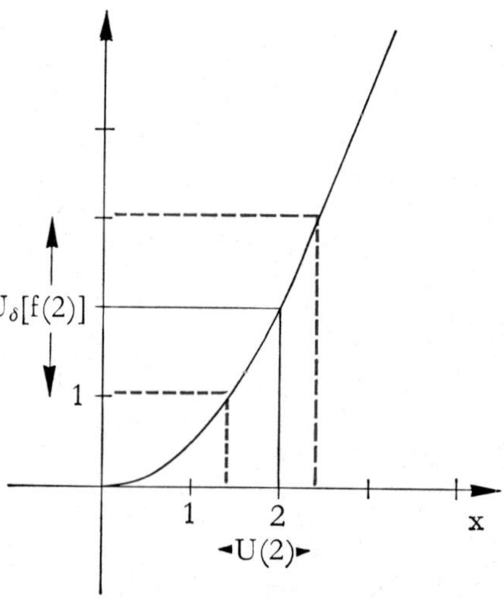

Abb. 3, 21

[1] Hier ist U(2) ein offenes Intervall, das die Zahl 2 enthält
[2] Das Urbild von $U_\delta(f[2]) \subseteq \mathbb{R}_0^+$ ist $J = \{x \mid f(2) - \delta < f(x) < f(2) + \delta\}$

Aufgaben

Bestimme die Bildmengen der angegebenen Umgebungen zeichnerisch und rechnerisch.

1. $f\colon x \mapsto f(x) = 3x$; $D_f = \mathbb{R}$. **a)** $U_\delta(1)$ **b)** $U_\delta(-2)$ **c)** $U_{0,5}(0{,}5)$

2. $g\colon x \mapsto g(x) = |x|$; $D_g = \mathbb{R}$. **a)** $U_\delta(0)$ **b)** $U_\delta(1)$ **c)** $U_\delta(-2)$

3. $h\colon x \mapsto h(x) = \frac{x^2}{4}$; $D_h = \mathbb{R}_0^+$. **a)** $U_\delta(0)$ **b)** $U_\delta(1{,}5)$ **c)** $U_{0,5}(0{,}5)$

4. $f\colon x \mapsto f(x) = \frac{2}{x}$; $D_f = \mathbb{R}^+$. **a)** $U_\delta(0{,}5)$ **b)** $U_{0,2}(1)$ **c)** $U_{0,1}(0{,}3)$

5. $g\colon x \mapsto g(x) = \sin x$; $D_g = [0; 2\pi]$ **a)** $U_{\frac{\pi}{6}}\left(\frac{\pi}{3}\right)$ **b)** $U_{\frac{\pi}{6}}\left(\frac{\pi}{2}\right)$ **c)** $U_{\frac{\pi}{6}}(\pi)$

6. Bestimme zeichnerisch und rechnerisch zu den angegebenen Bildmengen die Urbildmengen. $U(x_0) = \{x \mid f(x) \in U_\delta(f(x_0)) \cap W_f\}$!

a) $f\colon x \mapsto f(x) = \frac{x}{3} + 1$; $D_f = \mathbb{R}$. $U_\delta(f[3])$; $U_1(f[-3])$; $U_{0,5}(f[0])$

b) $g\colon x \mapsto g(x) = \frac{1}{4}x^2$; $D_g = \mathbb{R}_0^+$. $U_{0,5}(g[1])$; $U_1(g[1{,}5])$; $U_{0,5}(g[3])$

3.8 Spezielle Abbildungen. Umkehrabbildungen

3.8.1 Injektive, surjektive und bijektive Abbildungen (Funktionen)

Definition 3.15:

Eine Abbildung $f\colon D_f \to W \subseteq \mathbb{R}$ heißt **injektiv** oder Abbildung **in** genau dann, wenn zwei verschiedenen Elementen $x_1, x_2 \in D_f$ auch zwei verschiedene Elemente von W zugeordnet werden, also $x_1 \neq x_2 \Rightarrow f(x_1) \neq f(x_2)$, $f(x_1), f(x_2) \in W$. (Abb. 3.22)

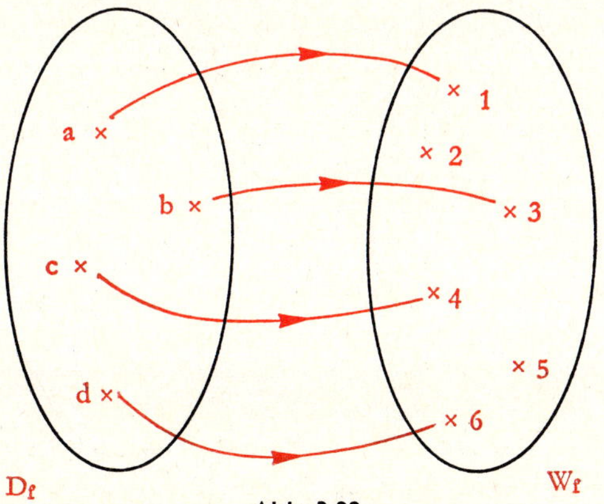

Abb. 3,22

Beispiel 1:

f: $x \mapsto x^2$; $\mathbb{R}_0^+ \to \mathbb{R}_0^+$. Diese Abbildung ist injektiv, weil für $x_1 \neq x_2$ gilt $x_1^2 \neq x_2^2$.

Beispiel 2:

g: $x \mapsto 2x$; $\mathbb{N} \to \mathbb{N}$.

Definition 3.16:

Eine Abbildung f: $D_f \to W_f \subseteq \mathbb{R}$ heißt **surjektiv** oder Abbildung **auf**, wenn es zu jedem Element $y \in W_f$ **mindestens** ein Urbild $x \in D_f$ mit $y = f(x)$ gibt (Abb. 3.23).

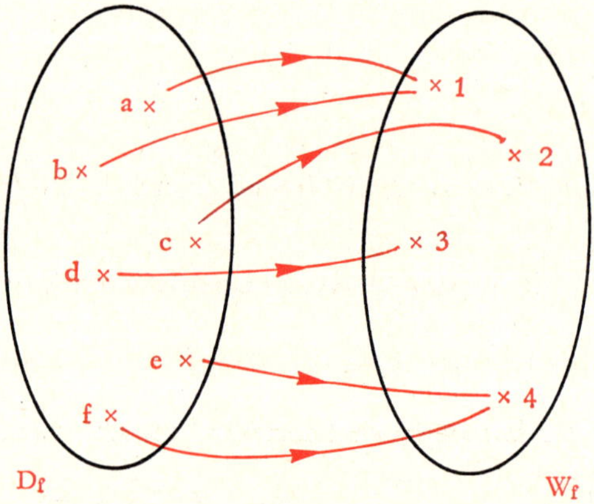

Abb. 3,23

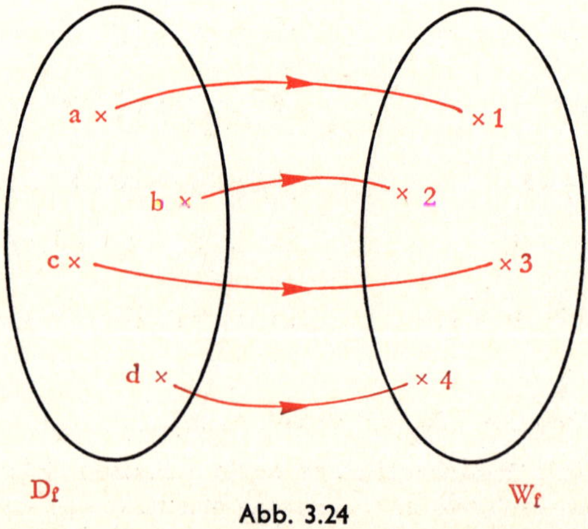

Abb. 3.24

Beispiel 1:

$f: x \mapsto x^2$; $\mathbb{R} \to \mathbb{R}_0^+$. Diese Abbildung ist surjektiv, weil es zu jedem $y \in \mathbb{R}_0^+$ ein $x \in \mathbb{R}$ gibt, nämlich $x = \sqrt{y}$ und $x = -\sqrt{y}$.

Beispiel 2:

$g: x \mapsto |x|$; $\mathbb{R} \to \mathbb{R}_0^+$. Zu jedem $y \in \mathbb{R}_0^+$ gibt es ein $x = y \vee (-x) = y \in \mathbb{R}$ mit $y = f(x)$.

Definition 3.17:

Eine Abbildung $f: D_f \to W_f \subseteq \mathbb{R}$ heißt **bijektiv**, wenn sie zugleich injektiv und surjektiv ist (Abb. 3.24).

Beispiel 1:

$f: x \mapsto x^2$; $\mathbb{R}_0^+ \to \mathbb{R}_0^+$

Beispiel 2:

$g: x \mapsto 2x$; $\mathbb{R} \to \mathbb{R}$.

Beachte:

Bei Abbildungen $f: x \to f(x)$ mit $D_f \to W_f$ sind injektive und bijektive Abbildungen gleichwertige Begriffe.

Aufgaben

Welche der folgenden Abbildungen sind surjektiv, injektiv bzw. bijektiv?

1. $f: x \mapsto \frac{1}{2}x$; $\mathbb{N} \to \mathbb{N}$
2. $g: x \mapsto \frac{1}{2}x$; $\mathbb{Q} \to \mathbb{Q}$
3. $h: x \mapsto 2x^2$; $\mathbb{R} \to \mathbb{R}$
4. $k: x \mapsto \frac{1}{2}x^2$; $\mathbb{R}_0^+ \to \mathbb{R}$
5. $f: x \mapsto \sqrt{x}$; $\mathbb{N} \to \mathbb{R}$
6. $g: x \mapsto \sqrt{x}$; $\mathbb{Q} \to \mathbb{R}$
7. $h: x \mapsto \frac{1}{x}$; $\mathbb{Q} \to \mathbb{Q}$
8. $k: x \mapsto x^2$; $\mathbb{Q}_0^+ \to \mathbb{Q}_0^+$
9. $f: x \mapsto x \cdot |x|$; $\mathbb{R} \to \mathbb{R}$
10. $g: x \mapsto [x]$; $\mathbb{R} \to \mathbb{Z}$
11. $h: x \mapsto x - [x]$; $\mathbb{R} \to \mathbb{R}$
12. $k: x \mapsto x + [x]$; $\mathbb{R} \to \mathbb{R}$
13. $f: x \mapsto x + |x| - 2$; $\mathbb{R} \to \mathbb{R}$
14. $g: x \mapsto \sin x$; $D_f = \left[-\frac{\pi}{2}; \frac{\pi}{2}\right] \to [-1; 1]$

3.8.2 Die Umkehrfunktion (Umkehrabbildung)

Es sei $f: x \mapsto f(x)$; $D_f \to \mathbb{R}$ eine beliebige reelle Funktion. Will man eine Umkehrabbildung konstruieren, die f wieder rückgängig macht, so mißlingt das im allgemeinen

aus folgenden Gründen: Ist die Abbildung nicht surjektiv, dann kann man möglicherweise einigen $y \in \mathbb{R}$ kein $x \in D_f$ zuordnen, so daß $f(x) = y$ ist.
Ist die Abbildung nicht injektiv, so kann es zu einem $y \in \mathbb{R}$ mehrere $x \in D_f$ geben, für die $y = f(x)$ gilt. Bei der Umkehrabbildung $\mathbb{R} \to D_f$ darf aber jedem $y \in \mathbb{R}$ nur **ein** $x \in D_f$ zugeordnet werden. Ist jedoch die Abbildung f bijektiv, so geben wir für die Umkehrabbildung folgende

Definition 3.18:

Ist $f: x \mapsto f(x);\ D_f \to W_f \subseteq \mathbb{R}$ bijektiv, so heißt die Funktion $f^{-1}: f(x) \mapsto x,\ W_f \to D_f$ die Umkehrabbildung oder Umkehrfunktion zu f. Man liest f^{-1} als f hoch minus 1 oder f invers.

Beachte:

Die Umkehrfunktion f^{-1} ist deutlich zu unterscheiden von der reziproken Funktion $x \mapsto \frac{1}{f(x)}$ zur Funktion f.

Zur Schreibweise für die Umkehrfunktion

Es sei $f: x \mapsto y = f(x);\ D_f \to W_f$ eine bijektive Funktion. Dann ist $f^{-1}: y = f(x) \mapsto x;\ W_f \to D_f$ die zugehörige Umkehrfunktion.
Es gehört also zu jedem $y \in W_f$ genau ein $x \in D_f$, d. h. $f^{-1}: y \mapsto f^{-1}(y) = x$ mit $D_{f^{-1}} = W_f$.
Die Funktionsgleichung $x = f^{-1}(y)$ erhalten wir aus $y = f(x)$ durch Auflösen nach x.
Bei der Funktion f^{-1} ist die Variable mit $y \in D_{f^{-1}}$ bezeichnet. Da es bei einer Funktion auf die Bezeichnung der Variablen nicht ankommt, vertauschen wir y mit x und erhalten die Funktion f^{-1} in der üblichen Schreibweise $f^{-1}: x \mapsto f^{-1}(x) = y$.

Beispiele:

1. $f: x \mapsto 3x - 2 = y;\ \mathbb{R} \to \mathbb{R}$. Dann ist $f^{-1}: y = 3x - 2 \mapsto x$.
   Aus $y = 3x - 2$ folgt $x = \frac{1}{3}(y + 2)$. Daher ist
   $f^{-1}: y \mapsto \frac{1}{3}(y + 2);\ \mathbb{R} \to \mathbb{R}$ oder $f^{-1}: x \mapsto \frac{1}{3}(x + 2);\ \mathbb{R} \to \mathbb{R}$.
2. $f: x \mapsto x^2;\ D_f = [0; 3] \to W_f = [0; 9]$
   $f^{-1}: x^2 = y \mapsto x;\ W_f \to D_f$; aus $y = x^2 \Rightarrow x = \sqrt{y}$ für $y \in W_f$.
   Es ist also $f^{-1}: y \mapsto \sqrt{y}$ oder $f^{-1}: x \mapsto \sqrt{x}$ mit $W_f \to D_f$.

Für die Existenz einer Umkehrfunktion f^{-1} zu f gilt folgender

Satz 3,2:

Ist $f: x \mapsto f(x);\ D_f \to W_f$ streng monoton wachsend (abnehmend), so gibt es eine Umkehrfunktion $f^{-1}: x \mapsto f^{-1}(x)$ mit $W_f \to D_f$.

Beweis:

Wir führen den Beweis für eine streng monoton wachsende Funktion und nehmen an, es gäbe zu $f(x) \in W_f$ zwei verschiedene Stellen $x_1, x_2 \in D_f$, für die gilt $f(x_1) = f(x_2)$. Aus $x_1 \neq x_2$ folgt aber entweder $x_1 < x_2$ oder $x_1 > x_2$ und daraus wegen der strengen

Monotonie der Funktion f $f(x_1) < f(x_2)$ oder $f(x_1) > f(x_2)$. Dies ist jedoch ein Widerspruch zur Annahme $f(x_1) = f(x_2)$ und daher ist die Funktion f bijektiv.

Für die Monotonie der Umkehrfunktion f^{-1} gilt

Satz 3.3:

Ist $f: x \mapsto f(x);\ D_f \to W_f$ streng monoton wachsend (streng monoton abnehmend), so gilt das auch für die Umkehrfunktion f^{-1}.

Beweis:

Aus der strengen Monotonie für das Wachsen der Funktion f folgt für alle $x_1, x_2 \in D_f$: $x_1 < x_2 \Rightarrow f(x_1) < f(x_2)$. Würde für alle $f(x_1), f(x_2) \in W_f$ gelten: $f(x_1) < f(x_2) \Rightarrow x_1 \geqq x_2$, so müßte aus der letzten Ungleichung folgen $f(x_1) \geqq f(x_2)$ im Gegensatz zur Voraussetzung $f(x_1) < f(x_2)$.

Wir betrachten die Funktion $f: x \mapsto y = f(x) = x^2;\ R_0^+ \to R_0^+$. Ihre Umkehrfunktion ist $f^{-1}: x \mapsto f^{-1}(x) = \sqrt{x};\ R_0^+ \to R_0^+$. Durch Verkettung dieser beiden Funktionen erhalten wir:

$f \circ f^{-1}: x \mapsto (\sqrt{x})^2 = x$ bzw. $f^{-1} \circ f: x \mapsto \sqrt{x^2} = x$.

Für die Verkettung einer Funktion f mit ihrer Umkehrfunktion f^{-1} gilt

Satz 3.4:

Ist $f: x \mapsto f(x);\ D_f \to W_f$ und $f^{-1}: x \mapsto f^{-1}(x);\ W_f \to D_f$, so gilt
für alle $x \in W_f$: $f \circ f^{-1}: x \mapsto f(f^{-1}[x]) = x$ und
für alle $x \in D_f$: $f^{-1} \circ f: x \mapsto f^{-1}(f[x]) = x$.

Beweis:

Durch f wird jedem $x \in D_f$ eindeutig ein $f(x) \in W_f$ zugeordnet. Diesem $f(x) \in W_f$ wird durch f^{-1} das $x \in D_f$ zugeordnet, für das $f(x) = x$ ist.

Beispiel:

$f: x \mapsto \sqrt{x^2 - 4};\ D_f = [2; \infty[\to W_f = \mathbb{R}_0^+$. Dann ist
$f^{-1}: x \mapsto \sqrt{x^2 + 4};\ W_f = \mathbb{R}_0^+ \to D_f = [2; \infty[$.
Es ist $f \circ f^{-1}: x \mapsto \sqrt{(x^2 + 4) - 4} \Rightarrow x \mapsto \sqrt{x^2} \Rightarrow x \mapsto x$, weil $x > 0$ und
$f^{-1} \circ f: x \mapsto \sqrt{(x^2 - 4) + 4} \Rightarrow x \mapsto \sqrt{x^2} \Rightarrow x \mapsto x$, weil $x > 0$ ist.

Der Graph einer Funktion und ihrer Umkehrfunktion

Zeichnet man den Graphen der Funktion $f: x \mapsto f(x) = y,\ D_f \to W_f$ und den der zugehörigen Umkehrfunktion $f^{-1}: y \mapsto x = f^{-1}(y),\ W_f \to D_f$ in dasselbe Koordinatensystem, so stimmen beide Graphen von f und f^{-1} überein (Abb. 3,25).

Bezeichnet man dagegen die Variable in D_f und $D_{f^{-1}}$ beidemal mit x, so liegen die beiden Graphen von f und f^{-1} zueinander symmetrisch bezüglich der Winkelhalbierenden des ersten und dritten Quadranten (Abb. 3,26).

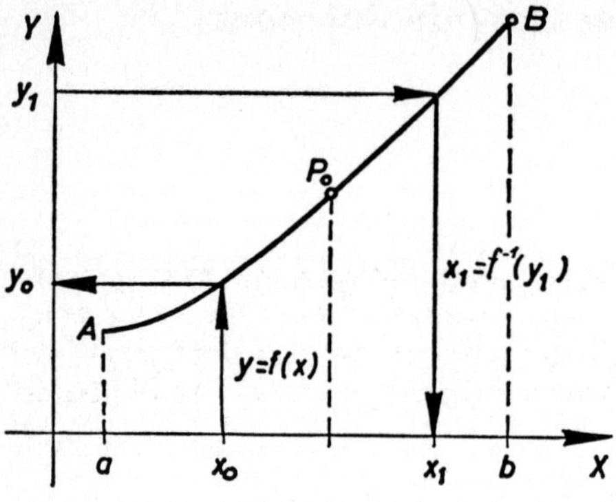

Abb. 3,25

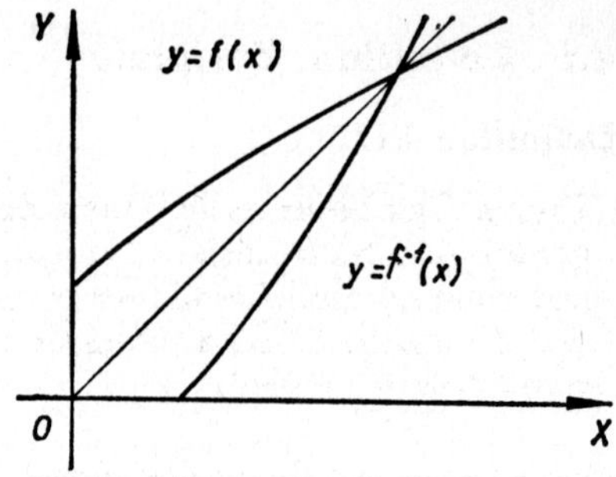

Abb. 3,26

1. Gib zu folgenden Funktionen f die Umkehrfunktionen f^{-1} an und bestimme $D_{f^{-1}}$ und $W_{f^{-1}}$! Zeichne die Graphen zu f und f^{-1}!

a) $f: x \mapsto y = 2x - 3; D_f = [-1; 4]$ **b)** $f: x \mapsto y = \frac{1}{2}x \cdot |x|; D_f = [-3; 3]$

c) $f: x \mapsto y = x + [x]; D_f = [-1; 2]$ **d)** $f: x \mapsto y = \sqrt{x - 2}; D_f = [2; 6]$

2. Von einer Funktion f kennt man die Umkehrfunktion f^{-1}. Bestimme f sowie D_f und W_f. Zeichne die Graphen zu f und f^{-1}.

a) $f^{-1}: x \mapsto y = 2 - x; D_f^{-1} = [-4; 3]$

b) $f^{-1}: x \mapsto y = \sqrt{2 - x}; D_{f^{-1}} = [-4; 2]$

c) $f^{-1}: x \mapsto y = \sqrt{x - 1} - 1; D_{f^{-1}} = [1; 5]$

d) $f^{-1}: x \mapsto y = \frac{2}{1 - x}; D_{f^{-1}} = [-4; 1[$

3. Zeige an Hand folgender Funktionen, daß für jede umkehrbare Funktion f gilt: $(f^{-1})^{-1} - f$!

a) $f: x \mapsto y = \frac{x}{2} + 1; D_f = [-4; 4]$ **b)** $f: x \mapsto y = \sqrt{x}; D_f = \mathbb{R}_0^+$

c) $f: x \mapsto y = \frac{3}{\sqrt{2 + x}}; D_f = \mathbb{R}_0^+$ **d)** $f: x \mapsto y = \frac{2x}{x - 2}; D_f = \mathbb{R} \setminus \{2\}$.

4. Zahlenfolgen (Nummern- oder Indexfunktionen)

4.1 Definition. Beispiele

Definition 4.1:

Ordnet man **jeder natürlichen Zahl** 1; 2; 3; ...; n (in dieser Reihenfolge) jeweils **genau eine reelle Zahl** f(1); f(2); f(3); ... f (n) ... zu, so nennt man die Gesamtheit dieser Zahlen die Bildmenge der Zahlenfolge. Jede der Zahlen f (1); f (2); f (3); ...; f (n) heißt **Glied der Folge**; f (1) ist das erste, f (2) das zweite, ... und f (n) das n-te Glied der Folge.

Man erkennt aus dieser Definition, daß Zahlenfolgen Funktionen sind, deren Definitionsmenge $D = \mathbb{N}$ ist[1]. Da jeder natürlichen Zahl, als Nummer oder Index aufgefaßt, genau eine Zahl zugeordnet ist, spricht man auch von einer Nummern- oder Indexfunktion.
Vielfach wird bei diesen Zahlenfolgen noch eine etwas andere und kürzere Schreibweise verwendet:
Man schreibt $f(1) = a_1$; $f(2) = a_2$; $f(3) = a_3$; ... $f(n) = a_n$ usw. und erhält die **Zahlenfolge**

$$\mathbf{a_1; a_2; a_3; \ldots a_n; \ldots} \text{ mit dem n-ten Glied } a_n.$$

Wir schreiben (a_n): $a_1, a_2, a_3, \ldots, a_n$.

Arithmetische und geometrische Folgen

Definition 4.2:

Hat eine Zahlenfolge insbesondere die Eigenschaft, daß die **Differenz** zweier aufeinanderfolgender Glieder $a_{\nu+1} - a_\nu = d =$ **konstant** ist, dann spricht man von einer **arithmetischen** Zahlenfolge 1. Ordnung.
Ist das Anfangsglied $a_1 = a$ und die konstante Differenz d, so kann man schreiben:

$$\mathbf{a_1 = a;\ a_2 = a + d;\ a_3 = a + 2d;\ \ldots;\ a_n = a + (n-1)\,d;\ \ldots}$$

Beispiele:

1. 1; 2; 3; ...; n; ...	$a = 1$; $d = 1$
2. −6; −3; 0; 3; 6; ...	$a = -6$; $d = 3$
3. $\frac{1}{3}$; $\frac{3}{3}$; $\frac{5}{3}$; ...	$a = \frac{1}{3}$; $d = \frac{2}{3}$

Definition 4.3:

Ist bei einer Zahlenfolge der **Quotient** je zweier aufeinanderfolgender Glieder $\frac{a_{\nu+1}}{a_\nu} = q\ (a_\nu \neq 0) =$ **konstant**, dann liegt eine **geometrische** Folge vor.
Mit dem Anfangsglied $a_1 = a$ und dem Quotienten q läßt sich diese geometrische Zahlenfolge schreiben:

$$\mathbf{a_1 = a;\ a_2 = aq;\ a_3 = aq^2;\ \ldots;\ a_n = aq^{n-1};\ \ldots}$$

[1] Zahlenfolgen sind Abbildungen $\mathbb{N} \to \mathbb{R}$

Beispiele:

1. $1;\ 2;\ 4;\ 8;\ \ldots$ $\qquad a = 1;\ q = 2$
2. $\frac{1}{3};\ \frac{1}{15};\ \frac{1}{75};\ \ldots$ $\qquad a = \frac{1}{3};\ q = \frac{1}{5}$
3. $2;\ -1;\ \frac{1}{2};\ -\frac{1}{4};\ \ldots$ $\qquad a = 2;\ q = -\frac{1}{2}$

Beispiele für Zahlenfolgen:

Außer diesen besonderen Folgen, mit denen wir uns noch eingehender beschäftigen, seien noch einige Beispiele für Folgen allgemeiner Art angegeben. a_n bedeutet jeweils das n-te Glied oder den Term der Folge, aus dem das Bildungsgesetz für die Folge entnommen werden kann.

1. $1;\ \frac{1}{2};\ \frac{1}{3};\ \frac{1}{4};\ \ldots;\ \frac{1}{n};\ \ldots$ $\qquad a_n = \frac{1}{n}$
2. $1;\ 4;\ 9;\ 16;\ \ldots;\ n^2;\ \ldots$ $\qquad a_n = n^2$
3. $\frac{1}{2};\ \frac{2}{3};\ \frac{3}{4};\ \frac{4}{5};\ \ldots\ \frac{n}{n+1};\ \ldots$ $\qquad a_n = \frac{n}{n+1}$
4. $-\frac{1}{2};\ \frac{2}{3};\ -\frac{3}{4};\ \frac{4}{5};\ \ldots (-1)^n \cdot \frac{n}{n+1};\ \ldots$ $\qquad a_n = (-1)^n \cdot \frac{n}{n+1}$
5. $1;\ \frac{1}{2};\ 1;\ \frac{1}{3};\ 1;\ \frac{1}{4}\ 1;\ \ldots$ $\qquad a_{2n} = \frac{1}{n+1};\ a_{2n-1} = 1$

Wie man aus folgenden Beispielen ersieht, müssen nicht alle Glieder der Folge verschieden sein; sie können teilweise oder sogar alle einander gleich sein.

6. $1;\ -1;\ 1;\ -1;\ 1;\ -1;\ \ldots$ $\qquad a_n = (-1)^{n+1}$
7. $1;\ 0;\ 1;\ 0;\ 1;\ 0;\ \ldots$ $\qquad a_n = \frac{1}{2}(1 + [-1]^{n-1})$
8. $0;\ 1;\ 0;\ 1;\ 0;\ 1;\ \ldots$ $\qquad a_n = \frac{1}{2}(1 + [-1]^n)$

Man beachte, daß 7. und 8. zwei verschiedene Folgen darstellen, weil die n-ten Glieder verschieden sind.

9. $0;\ 0;\ 0;\ 0;\ 0;\ 0;\ \ldots$ $\qquad a_n = 0$
10. $\frac{0}{1};\ \frac{0}{2};\ \frac{0}{3};\ \frac{0}{4};\ \ldots$ $\qquad a_n = \frac{0}{n}$
11. $2;\ 2;\ 2;\ 2;\ 2;\ 2;\ \ldots$ $\qquad a_n = 2$
12. $\frac{1}{1};\ \frac{2}{2};\ \frac{3}{3};\ \frac{4}{4};\ \ldots$ $\qquad a_n = \frac{n}{n}$

Schließlich sei noch betont, daß die Menge der ganzen Zahlen in der Anordnung $\ldots;\ -4;\ -3;\ -2;\ -1;\ 0;\ 1;\ 2;\ 3;\ \ldots$ **keine Zahlenfolge** darstellt. Sie ist zwar geordnet, hat aber kein erstes, zweites, ... Glied. Ordnen wir die ganzen Zahlen dagegen wie folgt an, dann erhalten wir die Zahlenfolge

13. $0;\ 1;\ -1;\ 2;\ -2;\ 3;\ -3;\ 4;\ -4;\ \ldots$
    $a_{2n} = n;\ a_{2n+1} = (-1)^{2n+1} \cdot n;\ (n = 0;\ 1;\ 2;\ 3;\ \ldots).$

Veranschaulichung der Zahlenfolgen

Da die Zahlenfolgen spezielle Funktionen mit der Definitionsmenge D = ℕ sind, können wir ihre Graphen zeichnen.

Beispiel:

$(a_n) = (f(n)) = \left(\frac{1}{n}\right)$ (Abb. 4,1)

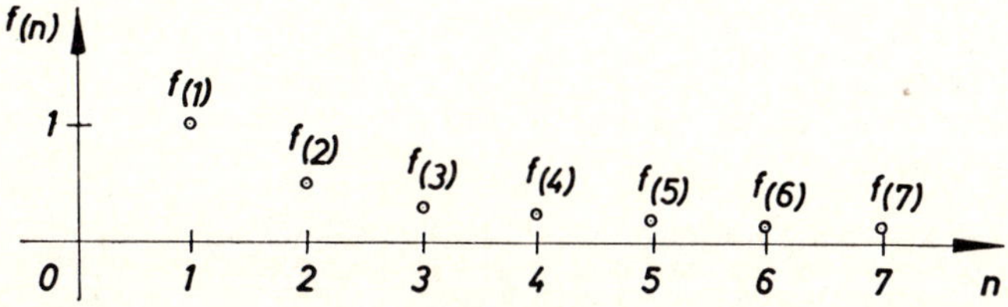

Abb. 4,1

Stellt man die Zahlenfolge $(a_n) = \left(\frac{1}{n}\right)$ auf einer Zahlengeraden dar, so erhält man Abb. 4.2.

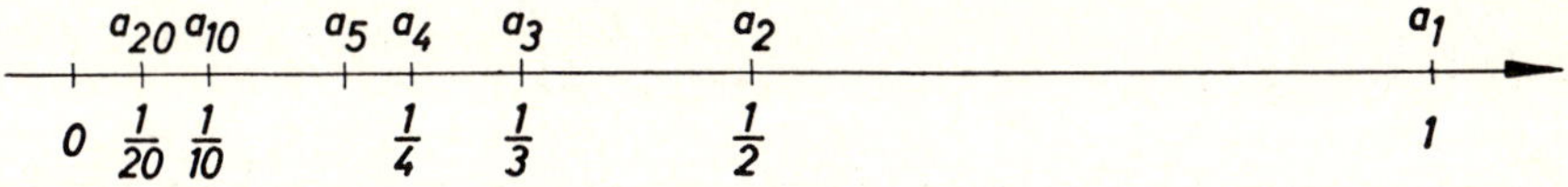

Abb. 4,2

Aufgaben

Stelle die in den Beispielen 1—5 und 13 genannten Zahlenfolgen auf der Zahlengeraden dar! Wähle dazu jeweils die geeignete Einheit!

4.2 Beschränkte und monotone Zahlenfolgen

Da die Zahlenfolgen Funktionen auf der Menge ℕ der natürlichen Zahlen sind, können die Definitionen aus 3.3.3 übertragen werden.

4.2.1 Beschränkte Folgen

Definition 4.4:

Eine Zahlenfolge (a_n) heißt „nach oben beschränkt“ [„nach unten beschränkt“], wenn es eine Zahl $K \in \mathbb{R}$ [$k \in \mathbb{R}$] gibt, so daß für alle $n \in \mathbb{N}$ $a_n \leqq K$ [$a_n \geqq k$] ist. Eine solche Zahl heißt **obere Schranke** der Folge. Auch jede größere Zahl als K ist eine obere Schranke. Die kleinste obere Schranke heißt die **obere Grenze G.** [Eine solche Zahl k heißt **untere Schranke** der Folge. Auch jede kleinere Zahl k ist untere Schranke. Die größte untere Schranke heißt **untere Grenze g.**]

Bemerkung:

Eine Zahlenfolge ist genau dann beschränkt, wenn sie nach oben und nach unten beschränkt ist.

Beispiel:

Die Zahlenfolge $(a_n) = \left(\frac{n-1}{n}\right)$ ist beschränkt. Obere Schranken sind alle Zahlen $\geqq 1$, die obere Grenze G ist 1. Sie ist kein Glied der Zahlenfolge. Untere Schranken sind alle Zahlen $\leqq 0$. Die Null ist die untere Grenze g; sie ist ein Glied der Folge.

4.2.2 Monotone Folgen

Definition 4.5:

Eine Zahlenfolge heißt **„monoton wachsend"**, wenn $a_1 \leqq a_2 \leqq a_3 \leqq a_4 \leqq \ldots$ ist. Ist insbesondere $a_1 < a_2 < a_3 < a_4 < \ldots$, so ist sie **„streng monoton wachsend"**. Entsprechend sind $a_1 \geqq a_2 \geqq a_3 \geqq a_4 \geqq \ldots$ bzw. $a_1 > a_2 > a_3 > a_4 > \ldots$ **monoton abnehmende** bzw. **„streng monoton abnehmende"** Folgen.

Beispiele:

Streng monoton wachsende Folgen sind z. B. $(a_n) = \left(\frac{n-1}{n}\right)$; $(a_n) = (n)$.

$(a_n) = \left(\frac{1}{n}\right)$ und $(a_n) = \left(\frac{n+3}{n}\right)$ sind streng monoton abnehmende Folgen.

Für die streng monotonen Zahlenfolgen verwendet man gelegentlich auch die Bezeichnung **eigentlich** monotone Folgen.

4.3 Endliche arithmetische und geometrische Folgen und Reihen

Bricht man bei den unendlichen arithmetischen und geometrischen Folgen (siehe 4.1) mit dem n-ten Glied ab, so erhält man eine **endliche** arithmetische bzw. geometrische Folge mit n Gliedern.

Arithmetische Folge: $a;\ a + d;\ a + 2d;\ a + 3d;\ \ldots\ a + (n-1)\,d$

Geometrische Folge: $a;\ aq;\ aq^2;\ aq^3;\ \ldots\ aq^{n-1}$

Reihen

Definition 4.6:

Verknüpfen wir die Glieder einer endlichen Zahlenfolge $a_1;\ a_2;\ a_3\ \ldots;\ a_n$ durch Additionszeichen, so nennt man die entstehende (angeschriebene) algebraische Summe $a_1 + a_2 + a_3 + \ldots + a_n$ eine **Reihe.**

Für diese Summe verwendet man die abgekürzte Schreibweise

$$a_1 + a_2 + a_3 + \ldots a_n = \sum_{\nu=1}^{\nu=n} a_\nu \text{ (lies: Summe } a_\nu \text{ von } \nu = 1 \text{ bis } \nu = n\text{).}$$

Für die Summe der n ersten natürlichen Zahlen schreiben wir demnach

$$1 + 2 + 3 + 4 + \ldots + n = \sum_{\nu=1}^{\nu=n} \nu = S(n)$$

Zur Berechnung dieser Summe verwendet man einen Kunstgriff, den man dem großen Mathematiker Carl Friedrich **Gauß** (1777—1855) zuschreibt, der aber schon früher bekannt war.

Man schreibt die Reihe zweimal untereinander, wobei in der einen Reihe die Zahlen in der umgekehrten Reihenfolge stehen und addiert spaltenweise:

$$\begin{array}{rcccccc} S(n) = & 1 & + & 2 & + & 3 & + \ldots & + n \\ S(n) = & n & + & (n-1) & + & (n-2) & + \ldots & + 1 \\ \hline 2 \cdot S(n) = & (n+1) & + & (n+1) & + & (n+1) & + \ldots & (n+1) \end{array} \quad \text{(das sind n Glieder)}$$

$$\boxed{S(n) = \frac{n(n+1)}{2}}$$

Auf diese Weise erhält man auch die Summe für die allgemeine arithmetische Reihe

$$s_n = a + (a + d) + (a + 2d) + (a + 3d) + \ldots + [a + (n-1)\,d]$$

$$\boxed{s_n = \frac{n}{2}\,(2a + (n-1)\,d)}$$

Zur Berechnung der Summe der geometrischen Reihe

$$\begin{array}{ll} s_n = a + aq + aq^2 + aq^3 + \ldots + aq^{n-2} + aq^{n-1} & \text{bilden wir } s_n \cdot q \\ s_n \cdot q = \quad aq + aq^2 + aq^3 + \ldots + aq^{n-2} + aq^{n-1} + aq^n & \end{array}$$

Durch Subtraktion $s_n - s_n \cdot q = a - aq^n$ ergibt sich für die Summe der geometrischen Reihe

$$\boxed{s_n = a\,\frac{1 - q^n}{1 - q}} \quad q \neq 1$$

* **Aufgaben**

1. Die Summe der ersten 6 Glieder einer arithmetischen Folge ist 261, diejenige der 9 ersten Glieder 297; wie heißen die 9 Glieder?

2. Die Summe einer arithmetischen Folge, deren Anfangsglied gleich der Gliederzahl und deren Differenz 3 ist, beträgt 235. Wie groß sind Anfangsglied und Gliederzahl?

3. In einer arithmetischen Folge ist jedes folgende Glied um $\frac{1}{2}$ größer als das vorhergehende. Die Summe der ersten n Glieder beträgt 81; fügt man noch die Summe der nächsten 4 Glieder hinzu, so erhält man 124. Berechne n und das Anfangsglied!

4. Das mittlere Glied einer arithmetischen Folge mit 5 Gliedern ist x. Die Summe aller Glieder ist 10, ihr Produkt 1440. Wie heißen die 5 Glieder?

5. Die Summe von 4 Zahlen, die eine arithmetische Folge bilden, ist 36; die Summe ihrer Quadrate ist 404. Wie heißen die Zahlen?

6. Fünf Zahlen bilden eine arithmetische Folge; die Summe der Quadrate der beiden äußeren Glieder ist 80, die der Quadrate des 2. und 4. Gliedes ist 26. Wie heißen die 5 Zahlen?

7. Die Summe der 2 ersten Glieder einer arithmetischen Folge ist 11, die Summe der Quadratwurzel aus dem 1. und 5. Glied ist 6. Wie heißt die Folge und wie groß ist die Summe der n ersten Glieder?

8. Eine arithmetische Folge hat 100 Glieder. Die Summe des 1., 3., 5. bis 99. Gliedes einschließlich verhält sich zur Summe der restlichen Glieder wie 148 : 151. Die Summe des ersten und des letzten Gliedes ist 299. Wie heißt die Folge?

9. Vier Zahlen bilden eine geometrische Folge. Die Summe der äußeren Glieder ist 12, die der inneren 8. Wie heißen die Zahlen?

10. Fünf rationale Zahlen bilden eine geometrische Folge. Die Summe der reziproken Werte des 2., 3. und 4. Gliedes verhält sich zum 1. Glied wie 13 : 108. Das Produkt aus dem 1. und 2. Glied ist 12. Wie heißen die 5 Zahlen?

11. In einer geometrischen Folge ist die Summe des 2. und 3. Gliedes gleich 60; der Quotient des 1. und 4. Gliedes ist gleich $\frac{8}{27}$. Wie heißt diese Folge?

12. Zwischen die Zahlen 1 und 2 sollen 11 Zahlen so eingeschaltet werden, daß eine geometrische Folge entsteht. Welche Zahlen sind das?

13. Eine arithmetische und eine geometrische Folge mit nur positiven Gliedern haben dasselbe Anfangsglied; auch die Differenz der arithmetischen Folge ist gleich dem Quotienten der geometrischen Folge. Wie lauten die beiden Folgen, wenn das Produkt aus dem 2. Glied der geometrischen Folge und dem 6. Glied der arithmetischen Folge 102 und das Produkt aus dem 1. und 5. Glied der geometrischen Folge 324 ist?

14. Addiert man zu den 4 ersten Gliedern einer steigenden arithmetischen Folge die Zahlen 1; 8; 35 und 122, so erhält man die 4 ersten Glieder einer steigenden geometrischen Folge. Wie heißen die Folgen?

15. Die Summe einer geometrischen Folge mit 5 Gliedern ist 31; das Anfangsglied ist 1. Wie heißt die Folge?

16. Eine arithmetische und eine geometrische Folge haben das gleiche Anfangsglied 8. Das 6. Glied der arithmetischen Folge ist gleich dem 3. Glied der geometrischen Folge. Die Summe der ersten 6 Glieder der arithmetischen Folge ist um 96 größer als die Summe der 3 ersten Glieder der geometrischen Folge. Wie lauten beide Folgen?

17. Eine arithmetische und geometrische Folge mit 3 Gliedern haben das gleiche Mittelglied; ferner ist die Differenz der ersten Folge gleich dem Quotienten der zweiten Folge. Die Summe aus dem 2. Glied der arithmetischen Folge und dem 3. Glied der geometrischen Folge beträgt 216, die Summe aus dem 3. Glied der arithmetischen und dem 1. Glied der geometrischen Folge ist 35. Wie heißen beide Folgen?

5. Grenzwerte bei Funktionen

5.1 Grenzwert einer Funktion für $x \to -\infty$ und $x \to +\infty$

Wir behandeln nun einen der wichtigsten Begriffe der Analysis, den Grenzwertbegriff. Dazu betrachten wir die Graphen folgender Funktionen:

Beispiel 1:

$f: x \mapsto f(x) = \frac{1}{x}$; $D_f = [1; \infty[$ und eine Einschränkung

$f_1: x \mapsto f_1(x) = \frac{1}{x}$; $D_1 = \mathbb{N} \subset D_f$ (Abb. 5,1)

f_1 kann auch als Zahlenfolge mit dem n-ten Glied $a_n = \frac{1}{n}$; $n \in \mathbb{N}$ geschrieben werden.

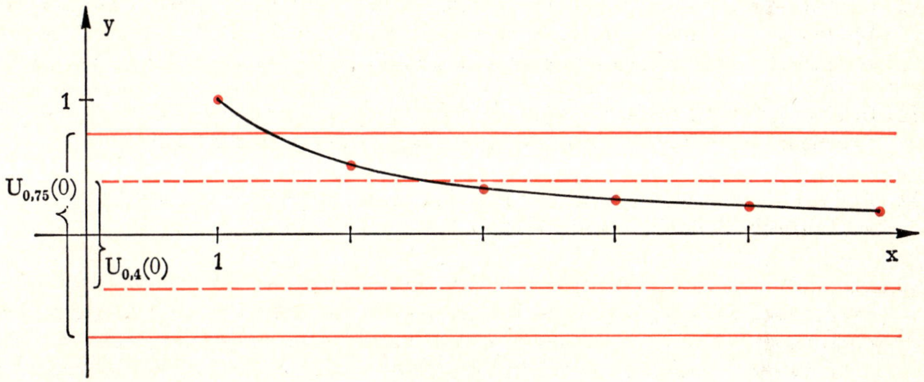

Abb. 5,1

Beispiel 2:

$g: x \mapsto g(x) = \frac{2x}{x+1}$; $D_g = [1; \infty[$ und eine Einschränkung

$g_1: x \mapsto g_1(x) = \frac{2x}{x+1}$ $D_1 = \mathbb{N} \subset D_g$ (Abb. 5,2).

Beispiel 3:

$h: x \mapsto h(x) = \frac{\sin \frac{\pi}{2} x}{x}$; $D_h = [1; \infty[$ und eine Einschränkung

$h_1: x \mapsto h_1(x) = \frac{\sin \frac{\pi}{2} x}{x}$; $D_1 = \mathbb{N} \subset D_h$ (Abb. 5,3).

g_1 kann als Zahlenfolge mit dem n-ten Glied $a_n = \frac{2n}{n+1}$ und h_1 als Zahlenfolge mit dem n-ten Glied $a_n = \frac{\sin \frac{n\pi}{2}}{n}$ mit $n \in \mathbb{N}$ geschrieben werden.

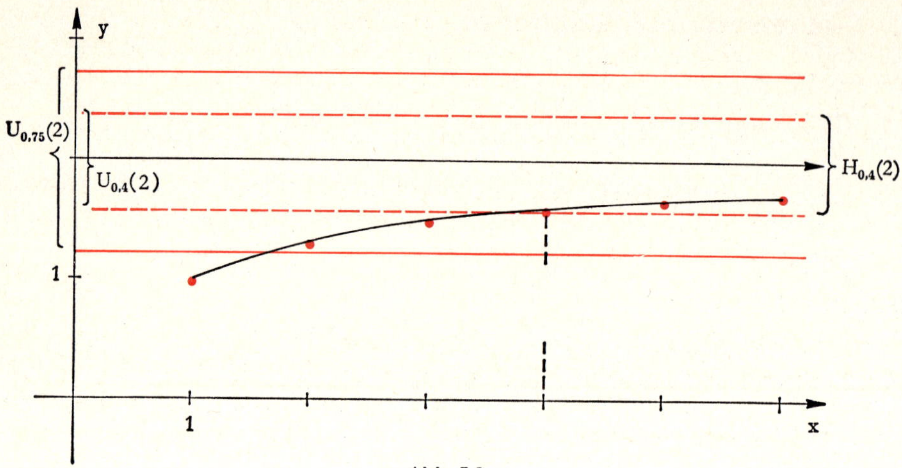

Abb. 5,2

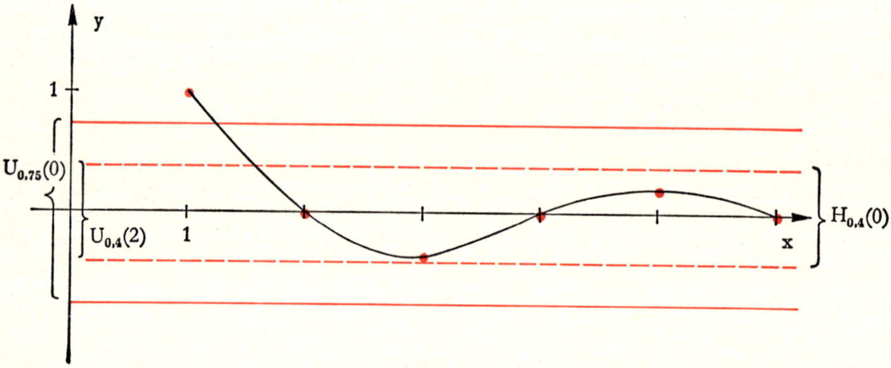

Abb. 5,3

Aus den Graphen zu f und f_1 gewinnen wir den Eindruck, daß sich die Funktionswerte mit wachsendem x der Zahl Null beliebig nähern, es wird aber kein Funktionswert gleich null.
Die Funktionswerte von g und g_1 nähern sich mit wachsendem x der Zahl 2, erreichen diesen Wert aber nicht.
Während in den Beispielen 1 und 2 die Funktionswerte nur von einer Seite her den Zahlen 0 bzw. 2 beliebig nahe kommen, nähern sie sich im Beispiel 3 der Zahl Null abwechselnd von der positiven und negativen Seite her.
Für dieses Verhalten der Funktionen wollen wir ein geeignetes Maß und eine eindeutige mathematische Formulierung suchen. Dazu zeichnen wir in den Beispielen 1 und 3 zwei Parallelen zur x-Achse im Abstand $\varepsilon \in \mathbb{R}^+$ und erhalten einen Horizontalstreifen $H\varepsilon(0)$ mit der Breite 2ε, der aus der y-Achse eine Umgebung $U\varepsilon(0)$ herausschneidet.
Im Beispiel 2 zeichnen wir zwei Parallelen zur Geraden $y = 2$ im Abstand ε und erhalten einen Horizontalstreifen $H\varepsilon(2)$, der auf der y-Achse eine Umgebung $U\varepsilon(2)$ ausschneidet. Für die Zeichnungen wurde $\varepsilon = 0{,}4$ und $\varepsilon = 0{,}75$ gewählt.

Aus den Zeichnungen zum Beispiel 2 entnehmen wir, daß es z. B. zu $\varepsilon = 0{,}4$ eine Zahl $K = 4$ gibt, so daß für alle $x > K$ die Graphen von f und f_1 innerhalb des Horizontalstreifens $H_{0,4}(0)$ liegen. Man sieht, daß es bei allen drei Beispielen zu jedem noch so kleinen $\varepsilon > 0$ stets ein solches K gibt, wobei die Horizontalstreifen immer schmäler werden, während K größer wird. In den Beispielen 1 und 3 schmiegen sich die Graphen mehr und mehr an die x-Achse ($y = 0$) und im Beispiel 2 an die Gerade $g = \{P(x, y) \mid x \in \mathbb{R} \wedge y = 2\}$ an[1].
Um zum Ausdruck zu bringen, daß für x beliebig große Zahlenwerte eingesetzt werden dürfen, schreibt man $x \to \infty$ (lies: x geht gegen unendlich). Die Zahl, der die Funktionswerte für große x beliebig nahe kommen, nennt man „Grenzwert".

Definition 5.1:

Es sei die Definitionsmenge D_f einer Funktion f nach links nicht begrenzt. Die Zahl f_0 heißt dann der Grenzwert von f für $x \to -\infty$, wenn es zu jedem $\varepsilon > 0$ eine Zahl $k(\varepsilon)$ gibt, so daß für alle $x \in D_f$, $x < k(\varepsilon)$ gilt $|f(x) - f_0| < \varepsilon$. Man schreibt $\lim\limits_{x \to -\infty} f(x) = f_0$ (lies: f(x) konvergiert für $x \to -\infty$ gegen f_0).

Definition 5.2:

Ist D_f nach rechts nicht begrenzt, so heißt die Zahl f_0 der Grenzwert von f für $x \to +\infty$, wenn es zu jedem $\varepsilon > 0$ eine Zahl $K(\varepsilon)$ gibt, so daß für alle $x > K(\varepsilon)$ gilt $|f(x) - f_0| < \varepsilon$. Man schreibt $\lim\limits_{x \to +\infty} f(x) = f_0$ (lies: f(x) konvergiert für $x \to \infty$ gegen den Grenzwert f_0).

Beispiele:

1. $f: x \mapsto \frac{x}{x+1}$; $D_f = \mathbb{R} \setminus \{-1\}$. Es ist $\lim\limits_{x \to \infty} \frac{x}{x+1} = 1$. Für $x > -1$ gilt: $\left|\frac{x}{x+1} - 1\right| = \left|\frac{x - x - 1}{x+1}\right| = \left|\frac{-1}{x+1}\right| = \frac{1}{x+1}$. Aus $\frac{1}{x+1} < \varepsilon$ für jedes $\varepsilon > 0$ folgt $x > \frac{1}{\varepsilon} - 1 = K(\varepsilon)$.
   Für jedes $\varepsilon > 0$ gilt daher: $x > \frac{1}{\varepsilon} - 1 \Rightarrow \left|\frac{x}{x+1} - 1\right| < \varepsilon$.
   Es ist auch $\lim\limits_{x \to -\infty} \frac{x}{x+1} = 1$. Für $x < -1$ gilt: $\left|\frac{x}{x+1} - 1\right| = \left|\frac{-1}{x+1}\right| = \frac{-1}{x+1}$.
   Für jedes $\varepsilon > 0$ ergibt sich aus $\frac{-1}{x+1} < \varepsilon \Rightarrow x < -1 - \frac{1}{\varepsilon} = k(\varepsilon)$. Für jedes $\varepsilon > 0$ gilt daher: $x < -1 - \frac{1}{\varepsilon} \Rightarrow \left|\frac{x}{x+1} - 1\right| < \varepsilon$.
2. $g: x \mapsto \frac{x}{x}$; $D_g = \mathbb{R} \setminus \{0\}$. Es ist $\lim\limits_{|x| \to \infty} \frac{x}{x} = 1$. $\left|\frac{x}{x} - 1\right| = \left|\frac{x - x}{x+1}\right| = \left|\frac{0}{x}\right| \Rightarrow \frac{0}{x}$ für $x > 0 \vee -\frac{0}{x}$ für $x < 0$. Für jedes $\varepsilon > 0$ gilt: $x \in \mathbb{R}^+ \Rightarrow \left|\frac{x}{x} - 1\right| < \varepsilon$ und $x \in \mathbb{R}^- \Rightarrow$
   $\Rightarrow \left|\frac{x}{x} - 1\right| < \varepsilon$.
3. $h: x \mapsto \frac{|x|}{1+2x}$; $D_h = \mathbb{R} \setminus \{-\frac{1}{2}\}$. $\lim\limits_{x \to \infty} \frac{|x|}{1+2x} = \frac{1}{2}$. Es ist $\left|\frac{x}{1+2x} - \frac{1}{2}\right| = \left|\frac{2x - 1 - 2x}{2(1+2x)}\right| = \frac{1}{2(1+2x)}$ für $x > 0$. Für $\varepsilon > 0$ ergibt sich aus $\frac{1}{2(1+2x)} < \varepsilon \Rightarrow x > \frac{1}{4\varepsilon} - \frac{1}{2} = K(\varepsilon)$.
   Für alle $\varepsilon > 0$ gilt: $x > \frac{1}{4\varepsilon} - \frac{1}{2} \Rightarrow \left|\frac{|x|}{1+2x} - \frac{1}{2}\right| < \varepsilon$.

[1] Solche Geraden heißen (waagerechte) **Asymptoten** zum Graphen von f.

Es ist $\lim\limits_{x \to -\infty} \frac{|x|}{1 + 2x} = -\frac{1}{2}$, da für $x < -\frac{1}{2}$ gilt $\left|\frac{-x}{1 + 2x} + \frac{1}{2}\right| = \left|\frac{1}{2(1 + 2x)}\right| = \frac{-1}{2(1 + 2x)}$,
folgt für $\varepsilon > 0$ aus $\frac{-1}{2(1 + 2x)} < \varepsilon \Rightarrow x < -\frac{1}{4\varepsilon}(1 + 2\varepsilon)$, also ist $k(\varepsilon) = -\frac{1}{4\varepsilon}(1 + 2\varepsilon)$.
Es gilt für alle $\varepsilon > 0$: $x < -\frac{1}{4\varepsilon}(1 + 2\varepsilon) \Rightarrow \left|\frac{|x|}{1 + 2x} + \frac{1}{2}\right| < \varepsilon$.

Da nach Satz 1.16 beliebig große Zahlen existieren, können wir die Grenzwerte von Funktionen für $x \to \infty$ oder $x \to -\infty$ auch mit Hilfe von Umgebungen von ∞ oder $-\infty$ definieren.

Definition 5.3:

Unter einer Umgebung von $+\infty$ [von $-\infty$] verstehen wir $U(\infty) = \{x \mid x > K \wedge K \in \mathbb{R}\}$ [$U(-\infty) = \{x \mid x < k \wedge k \in \mathbb{R}\}$]. Man schreibt auch $U(\infty) =]K, \infty[$ und $U(-\infty) =$ $=]-\infty, k[$.

Definition 5.4:

Eine Zahl f_0 heißt Grenzwert der Funktion $f: x \mapsto f(x)$ mit $D_f = \mathbb{R}$ für $x \to +\infty$ [für $x \to -\infty$], wenn es zu jeder vorgegebenen ε-Umgebung $U_\varepsilon(f_0)$ eine Umgebung $U(\infty)$ [eine Umgebung $U(-\infty)$] gibt, so daß $f(U[\infty]) \subseteqq U_\varepsilon(f_0)$ [$f(U[-\infty]) \subseteqq$ $\subseteqq U_\varepsilon[f_0]$)] ist. Man schreibt $\lim\limits_{x \to \infty} f(x) = f_0$ bzw. $\lim\limits_{x \to -\infty} f(x) = f_0$.

Beispiel:

$f: x \mapsto f(x) = \frac{x + 1}{x}$ mit $D_f = \mathbb{R} \setminus \{0\}$.

Man vermutet $f_0 = 1$ für $x \to \infty$. Dann ist $U_\varepsilon(1) = \{f(x) \mid \left|\frac{x + 1}{x} - 1\right| < \varepsilon\}$. Es ist
$\left|\frac{x + 1}{x} - 1\right| = \left|\frac{x + 1 - x}{x}\right| = \left|\frac{1}{x}\right| = \frac{1}{x}$ für $x > 0$. Für $\varepsilon > 0$ folgt aus $\frac{1}{x} < \varepsilon \Rightarrow x > \frac{1}{\varepsilon} =$
$= K(\varepsilon)$, also $U(\infty) = \left]\frac{1}{\varepsilon}; \infty\right[$ und $f(U(\infty)) \subseteqq U_\varepsilon(1)$.

Es ist daher $\lim\limits_{x \to \infty} \frac{x + 1}{x} = 1$. Bei diesem Beispiel ist auch $\lim\limits_{x \to -\infty} \frac{x + 1}{x} = 1$.

Die **Zahlenfolgen** sind Funktionen mit der Definitionsmenge $\mathbf{D} = \mathbb{N}$. Für diesen Sonderfall können wir die Grenzwertdefinition folgendermaßen formulieren:

Definition 5.5:

Eine Zahlenfolge (a_n) heißt konvergent mit dem Grenzwert a, wenn es zu jeder noch so kleinen Zahl $\varepsilon > 0$ eine Zahl $N \in \mathbb{N}$ gibt, so daß $|a_n - a| < \varepsilon$ gilt für alle $n > N$.

Mit Hilfe des Umgebungsbegriffes ergibt sich wegen
$U_\varepsilon(a) = \{x \mid |x - a| < \varepsilon\}$

Definition 5.6:

Eine Zahlenfolge (a_n) konvergiert gegen den Grenzwert a, wenn in jeder ε-Umgebung von a $U_\varepsilon(a)$ fast alle Glieder der Folge liegen.
Man schreibt $\boxed{\lim\limits_{n \to \infty} a_n = a}$

„Fast alle" bedeutet: alle bis auf endlich viele.

Daraus ergibt sich, daß selbstverständlich auch alle Zahlenfolgen konvergent sind, die aus lauter gleichen Gliedern bestehen. So haben die Folgen $(a_n) = (0)$, $(a_n) = (2)$, $(a_n) = (c)$ der Reihe nach die Grenzwerte 0; 2 und c.
Eine Zahlenfolge mit dem Grenzwert Null heißt „Nullfolge".

***Satz 5.1:**

Eine Zahlenfolge hat höchstens einen Grenzwert (Eindeutigkeit des Grenzwertes).

Beweis:

Es seien a, b die Grenzwerte der Zahlenfolge (a_n). Wegen $\lim\limits_{n \to \infty} a_n = a$ gibt es zu jedem $\varepsilon > 0$ ein N_1, so daß $|a_n - a| < \frac{\varepsilon}{2}$ für alle $n > N_1$. Ebenso gibt es ein N_2, so daß $|a_n - b| < \frac{\varepsilon}{2}$ für alle $n > N_2$. Für n größer als die größere der beiden Zahlen N_1 und N_2 gilt dann sowohl $|a_n - a| < \frac{\varepsilon}{2}$ als auch $|a_n - b| < \frac{\varepsilon}{2}$. Nun ist $|b - a| = |(a_n - a) - (a_n - b)| \leqq |a_n - a| + |a_n - b| < \varepsilon$. Da $\varepsilon > 0$ eine beliebig kleine positive Zahl sein kann, ist $a - b = 0$, also $a = b$ (nach Satz 1.20).

***Satz 5.2:**

Jede konvergente Zahlenfolge ist beschränkt.

Beweis:

Es sei $\lim\limits_{n \to \infty} a_n = a$, d. h. es gibt zu jedem $\varepsilon > 0$ ein $N \in \mathbb{N}$, so daß $|a_n - a| < \varepsilon$ für $n > N$.
Wir wählen $\varepsilon = 1$; dann ist für $n \geqq N$

$$|a_n| = |(a_n - a) + a| \leqq |a_n - a| + |a| < 1 + |a|$$

Ist nun k das Maximum des absoluten Betrages der ersten $(N - 1)$ Glieder, dann ist sicher $|a_n| < 1 + |a| + k$ für **alle** n. $K = 1 + |a| + k$ ist daher eine obere Schranke.

Beachte:

Dieser Satz ist nicht umkehrbar. Die Zahlenfolge $(1; -1; 1; -1; \ldots)$ ist zwar beschränkt, aber nicht konvergent.

***Satz 5.3:**

Jede monotone und beschränkte Zahlenfolge hat einen Grenzwert. Bei monoton wachsenden Folgen ist dieser Grenzwert gleich der oberen Grenze, bei monoton abnehmenden Folgen gleich der unteren Grenze.

Beweis:

Wir führen den Beweis zunächst für monoton wachsende Folgen (Abb. 5,4).
Die obere Grenze der Zahlenfolge (a_n) sei g. Daher gilt für jedes n die Ungleichung

$a_n \leqq g$; ist ε eine beliebig kleine positive Zahl, dann gilt erst recht $a_n < g + \varepsilon$. Andererseits kann aber nicht auch $g - \varepsilon$ obere Grenze sein (Widerspruch zur Voraussetzung!) Weil g die obere Grenze der Folge ist, gibt es ein N, so daß $g - \varepsilon < a_N$. Wegen der Monotonie gilt für $n > N$ die Ungleichung $g - \varepsilon < a_N \leqq a_n$. Wegen $a_n < g + \varepsilon$ folgt daraus für jedes $n > N$ $g - \varepsilon < a_n < g + \varepsilon$ oder $|a_n - g| < \varepsilon$ für $n > N$, d.h. aber, daß g der Grenzwert der Zahlenfolge (a_n) ist.

Ist die Folge (a_n) monoton abnehmend mit der unteren Grenze a, so kann der Beweis auf ähnliche Weise geführt werden. Man kann aber auch die Folge $(b_n) = (-a_n)$ betrachten, die monoton wachsend ist und die obere Grenze $-a$ hat.

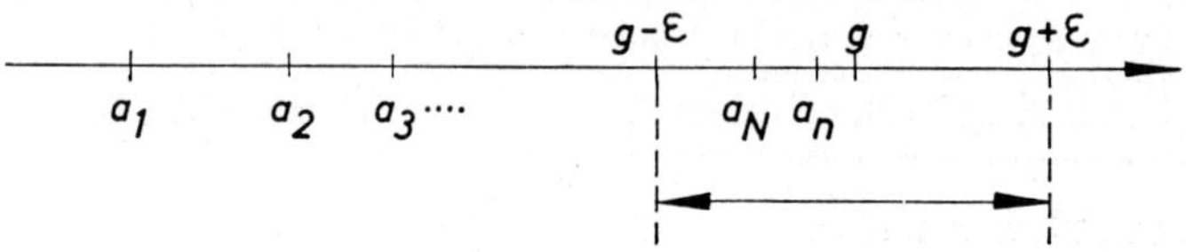

Abb. 5,4

Beispiel:

Die Folge $(a_n) = \left(\frac{n+2}{n}\right)$ ist monoton abnehmend mit der unteren Grenze 1. Dagegen ist die Folge $(b_n) = (-a_n) = \left(-\frac{n+2}{n}\right)$ monoton wachsend mit der oberen Grenze -1.

Aufgaben

Welche Grenzwerte a haben die Zahlenfolgen (a_n)? Bestimme zu den angegebenen ε-Werten die Zahlen N so, daß $|a_n - a| < \varepsilon$ für $n > N$!

1. $a_n = \frac{5n}{2n-1}$ $\varepsilon = \frac{1}{20}$

2. $a_n = \frac{2}{n+1}$ $\varepsilon = \frac{1}{50}$

3. $a_n = \frac{6}{4n-1}$ $\varepsilon = \frac{1}{100}$

4. $a_n = \frac{3-2n^2}{n^2}$ $\varepsilon = \frac{3}{100}$

5. $a_n = \frac{36}{n^2}$ $\varepsilon = \frac{1}{25}$

6. $a_n = \frac{2}{2n-1}$ $\varepsilon = \frac{1}{10}$

7. $a_n = \frac{n^2}{n^2+1}$ $\varepsilon = \frac{1}{170}$

8. $a_n = \frac{n-2}{2n-3}$ $\varepsilon = \frac{1}{20}$

9. $a_n = \frac{8+n}{3n-5}$ $\varepsilon = \frac{1}{30}$

10. $a_n = \frac{4}{n^2+2}$ $\varepsilon = \frac{1}{20}$

11. $a_n = \frac{3n}{2n^2-3}$ $\varepsilon = \frac{1}{15}$

12. $a_n = \frac{5n+1}{n^2-3}$ $\varepsilon = \frac{1}{12}$

13. $a_n = \frac{n(n-2)}{n^2+2}$ $\varepsilon = \frac{1}{5}$

14. $a_n = \sqrt{\frac{4n^2+1}{n^2+1}}$ $\varepsilon = \frac{1}{30}$

15. $a_n = \sqrt{\frac{9n+1}{n+3}}$ $\varepsilon = \frac{3}{20}$

16. Gegeben sind die Zahlenfolgen

a) $\frac{5}{2}; \frac{7}{4}; \frac{9}{6}; \frac{11}{8}; \frac{13}{10}; \ldots$ und b) $\frac{7}{2}; \frac{9}{4}; \frac{11}{6}; \frac{13}{8}; \frac{15}{10}; \ldots$

1. Wie kann der Term der Folge lauten?
2. Berechne den Grenzwert g!
3. Wie groß ist N zu wählen, damit für $n > N$ $|a_n - g| < 10^{-3}$ wird?

17. Die Höhe eines Trapezes mit den Grundlinien a und b wird in n gleiche Teile geteilt. Durch die $n - 1$ Teilpunkte werden Parallele zu den Grundlinien gelegt. Jede dieser Parallelen schneidet das Trapez in einer Strecke. Man bildet das arithmetische Mittel der Längen dieser **Schnittstrecken**. Hat dieses Mittel einen Grenzwert für unbeschränkt wachsendes n? Bestimme ihn gegebenenfalls!

*5.2 Die unendliche Reihe

Definition 5.7:

Ist (a_n) eine Folge reeller Zahlen, dann heißt die Folge $(t_n) = \left(\sum\limits_{\nu=1}^{n} a_\nu\right)$ der Teilsummen t_n (unendliche) Reihe und wird mit $\sum\limits_{\nu=1}^{\infty} a_\nu$ bezeichnet.

Während die Summe von n reellen Zahlen eindeutig definiert ist, ist der obige Ausdruck zunächst sinnlos, wie man an dem Beispiel

$$\sum_{\nu=1}^{\infty}(-1)^{\nu+1} = 1 - 1 + 1 - 1 + 1 - \ldots \text{ erkennen kann.}$$

Schreibt man nämlich diese Reihe folgendermaßen an:

$$(1 - 1) + (1 - 1) + (1 - 1) + \ldots,$$

so erhält man als Summe offensichtlich Null.
Schreibt man sie dagegen

$$1 - (1 - 1) - (1 - 1) - (1 - 1) - \ldots,$$

so erhält man als Summe 1. Was soll man also unter der Summe dieser Reihe verstehen?

Summe einer unendlichen Reihe

Wir betrachten die Teilabschnitte der Reihe

$$t_1 = a_1; \quad t_2 = a_1 + a_2; \quad t_3 = a_1 + a_2 + a_3; \ldots$$

$$t_n = a_1 + a_2 + a_3 + \ldots + a_n = \sum_{\nu=1}^{n} a_\nu.$$

Diese **Teilsummen** sind als Summen von endlich vielen Gliedern eindeutig bestimmt. Wir betrachten nun die Folge (t_n) der Teilsummen zur Folge (a_n) und geben im Falle der Konvergenz der Reihe $\sum\limits_{\nu=1}^{\infty} a_\nu$ folgende

Definition 5.8:

Die einer Zahlenfolge (a_n) zugeordnete unendliche Reihe $a_1 + a_2 + a_3 + \ldots$ konvergiert genau dann, wenn die Folge der Teilsummen $(t_n) = (a_1 + a_2 + \ldots a_n)$ konvergiert. Der Grenzwert der Folge (t_n) heißt die **Summe der Reihe.**
Hat die Folge (t_n) keinen Grenzwert, so **divergiert** die unendliche Reihe.

Beispiele:

1. Für die Reihe $\sum_{\nu=1}^{\infty}(-1)^{\nu+1}$ ergeben sich die Teilsummen $t_1 = 1$; $t_2 = 0$; $t_3 = 1$; ... daher ist diese Folge und damit auch die Reihe divergent.

2. Die unendliche geometrische Reihe:
Für die n-te Teilsumme t_n haben wir (in 4.2) erhalten

$$t_n = a + aq + aq^2 + \ldots + aq^{n-1} = \sum_{\nu=1}^{n} aq^{\nu-1} = a\frac{1-q^n}{1-q};\quad q \neq 1.$$

Es ist $\lim\limits_{n\to\infty} t_n = \lim\limits_{n\to\infty} a\frac{1-q^n}{1-q} = \lim\limits_{n\to\infty}\frac{a}{1-q}\cdot(1-q^n)$. Da $\lim\limits_{n\to\infty}\frac{a}{1-q} = \frac{a}{1-q}$ ist, kommt es nur noch auf den Grenzwert $\lim\limits_{n\to\infty} q^n$ an.

1. Fall: $|q| > 1$; wir setzen $|q| = 1 + h$ mit $h > 0$. Dann ist $|q|^n = (1+h)^n \geqq$ $\geqq 1 + nh$ und $\lim\limits_{n\to\infty}|q|^n = +\infty$, weil $\lim\limits_{n\to\infty}(1+nh) = +\infty$ ist. Nach Satz 1.16 gibt es zu jedem $h \in \mathbb{R}^+$ und $M \in \mathbb{R}$ ein $n \in \mathbb{N}$, so daß $nh > M$ und daher erst recht $1 + nh > M$ gilt.

2. Fall: Ist $|q| = 1$, dann ist $t_n = a + a + a + \ldots + a = na$, woraus $\lim\limits_{n\to\infty} t_n = +\infty$ für $a > 0$ und $\lim\limits_{n\to\infty} t_n = -\infty$ für $a < 0$ folgt.

3. Fall: $|q| < 1$; wir setzen $|q| = \frac{1}{1+h}$ mit $h > 0$. Dann ist $|q|^n = \frac{1}{(1+h)^n} <$ $< \frac{1}{1+nh} < \frac{1}{nh}$ und $\lim\limits_{n\to\infty}|q|^n = 0$, weil $\lim\limits_{n\to\infty}\frac{1}{nh} = 0$ ist.

Damit erhalten wir

Satz 5.4:

Die zur geometrischen Folge $(a_n) = (aq^n)$ gehörende Folge $(t_n) = (a + aq + aq^2 + \ldots + aq^{n-1})$ konvergiert genau dann, wenn $|q| < 1$ ist. Für die Summe s der unendlichen geometrischen Reihe erhält man $s = \frac{a}{1-q}$. Für $|q| \geqq 1$ ist die unendliche geometrische Reihe divergent.

Da die unendliche geometrische Reihe $\sum_{\nu=1}^{\infty} aq^{\nu-1}$ für $|q| < 1$ konvergiert, $\lim\limits_{n\to\infty}|q|^n = 0$ ist, gilt auch $\lim\limits_{n\to\infty} a|q|^{n-1} = 0$. Für eine beliebige unendliche Reihe gilt aber der

Satz 5.5:

Ist $(t_n) = \left(\sum_{\nu=1}^{n} a_\nu\right)$ eine konvergente unendliche Folge mit dem Grenzwert s, dann ist $\lim_{n\to\infty} a_n = 0$. Diese Bedingung ist notwendig, aber nicht hinreichend für die Konvergenz der Folge (t_n).

Beweis:

Da $\lim_{n\to\infty} t_n = s$ ist, gibt es zu jedem $\varepsilon > 0$ ein $n_0 \in \mathbb{N}$, so daß für alle $n > n_0$ gilt $|t_n - s| < \frac{\varepsilon}{2}$. Für $n > n_0$ gilt erst recht $|t_{n+1} - s| < \frac{\varepsilon}{2}$. Nun ist einerseits $|(t_{n+1} - s) - (t_n - s)| \leqq \frac{\varepsilon}{2} + \frac{\varepsilon}{2}$. Andererseits ist $|(t_{n+1} - s) - (t_n - s)| = |t_{n+1} - t_n| = |a_{n+1}|$, woraus folgt $|a_{n+1}| < \varepsilon$ für alle $n > n_0$, also $\lim_{n\to\infty} a_{n+1} = 0$.

Daß die Bedingung $\lim_{n\to\infty} a_n = 0$ für die Konvergenz einer unendlichen Reihe $\sum_{\nu=1}^{\infty} a_\nu$ nicht hinreichend ist, zeigt das

***Beispiel**

der „harmonischen Reihe" $1 + \frac{1}{2} + \frac{1}{3} + \ldots + \frac{1}{n} + \ldots$ mit $a_n = \frac{1}{n}$. Es ist $\lim_{n\to\infty} a_n = \lim_{n\to\infty} \frac{1}{n} = 0$.

Wir bilden folgende Ungleichungen mit Teilsummen der harmonischen Reihe:

$n = 2^1$: $t_{2^1} = 1 + \frac{1}{2} = 1 + 2^0 \cdot \frac{1}{2^1} = \mathbf{3 \cdot \frac{1}{2}}$

$n = 2^2$: $t_{2^2} = 1 + \frac{1}{2} + (\frac{1}{3} + \frac{1}{4}) > 1 + 2^0 \cdot \frac{1}{2} + (\frac{1}{4} + \frac{1}{4}) = 1 + 2^0 \cdot \frac{1}{2^1} + 2^1 \cdot \frac{1}{2^2} = \mathbf{4 \cdot \frac{1}{2}}$

$n = 2^3$: $t_{2^3} = 1 + \frac{1}{2} + (\frac{1}{3} + \frac{1}{4}) + (\frac{1}{5} + \frac{1}{6} + \frac{1}{7} + \frac{1}{8}) > 1 + 2^0 \cdot \frac{1}{2^1} + 2^1 \cdot \frac{1}{2^2} + 2^2 \cdot \frac{1}{2^3} = \mathbf{5 \cdot \frac{1}{2}}$

$n = 2^k$: $t_{2^k} = 1 + \frac{1}{2} + \frac{1}{3} + \frac{1}{4} + \ldots + \frac{1}{k} > 1 + 2^0 \cdot \frac{1}{2^1} + 2^1 \cdot \frac{1}{2^2} + 2^2 \cdot \frac{1}{2^3} + \ldots + 2^{k-1} \cdot \frac{1}{2^k}$
$= \mathbf{(k + 2) \cdot \frac{1}{2}}$.

Man ersieht daraus, daß $t_{2^1} \geqq 3 \cdot \frac{1}{2}$; $t_{2^2} \geqq 4 \cdot \frac{1}{2}$; $t_{2^3} \geqq 5 \cdot \frac{1}{2}$ ist und man vermutet, daß $t_{2^n} \geqq (n + 2) \cdot \frac{1}{2}$ für alle $n \in \mathbb{N}$ gilt. Wir beweisen diese Vermutung durch vollständige Induktion.

Für $n = 1$ ist $t_{2^1} \geqq 3 \cdot \frac{1}{2}$ (Induktionsanfang).
Nun sei $t_{2^n} \geqq (n + 2) \cdot \frac{1}{2}$ (Induktionsvoraussetzung).
Dann ist zu beweisen: $t_{2^{n+1}} \geqq (n + 3) \cdot \frac{1}{2}$.

Es ist $t_{2^{n+1}} = t_{2^n} + 2^{n-1} \cdot \frac{1}{2^n} \overset{\text{(I.V.)}}{\geqq} (n + 2) \cdot \frac{1}{2} + 2^n \frac{1}{2^{n+1}} = (n + 2) \cdot \frac{1}{2} + \frac{1}{2} = (n + 3) \cdot \frac{1}{2}$.

Es gilt daher für alle $n \in \mathbb{N}$ $t_{2^n} > (n + 2) \cdot \frac{1}{2}$. Da die Teilsummen nicht beschränkt sind, ist die harmonische Reihe divergent.

Aufgaben

1. Verwandle folgende periodische Dezimalzahlen in gemeine Brüche:

a) $0{,}77\ldots = \frac{7}{10} + \frac{7}{100} + \frac{7}{1000} + \ldots$
b) $3{,}1414\ldots = 3 + \frac{14}{100} + \frac{14}{10000} + \ldots$
c) $5{,}23333\ldots = 5\frac{2}{10} + \frac{3}{100} + \frac{3}{1000} + \ldots$

2. Zeige, daß die folgenden unendlichen Reihen konvergieren und bestimme den Wert der Summe:

a) $\sum_{n=1}^{\infty} \frac{1}{n(n+1)}$ (Anleitung: Benütze bei dieser und ähnlichen Aufgaben die Aufspaltung in „Partialbrüche", z. B. $\frac{1}{n(n+1)} = \frac{1}{n} - \frac{1}{n+1}$)

b) $\sum_{n=1}^{\infty} \frac{1}{n(n+2)}$ **c)** $\sum_{n=1}^{\infty} \frac{1}{n(n+3)}$

3. Beweise, daß $\sum_{n=1}^{\infty} \frac{1}{4n^2-1} = \frac{1}{2}$ ist!

Benütze die Partialbruchzerlegung $\frac{1}{4n^2-1} = \frac{1}{2}\left(\frac{1}{2n-1} - \frac{1}{2n+1}\right)$.

4. Eine Folge von Intervallen $(J_n) = (x_n; y_n)$, ist folgendermaßen definiert: $J_0 = [0; a]$ $(a > 0)$; J_1 ist die rechte Hälfte von J_0, J_2 die linke Hälfte von J_1; J_3 ist wieder die rechte Hälfte von J_2, J_4 die linke Hälfte von J_3 usw. Bestimme die Zahlenfolgen (x_n) und (y_n), sowie den durch diese Schachtelung definierten Punkt z.

5. Von einem Punkt A_0 auf einem Schenkel eines spitzen Winkels α, der vom Scheitel die Entfernung a hat, wird auf den anderen Schenkel das Lot gefällt. Vom Fußpunkt dieses Lotes fällt man das Lot auf den ersten Schenkel und so fort. Wie groß ist die Summe aller dieser Lote?

6. n Geraden schneiden sich in einem Punkt und bilden lauter gleiche Winkel miteinander. Von einem Punkt A einer Geraden, der vom Scheitel S die Entfernung a hat, fällt man das Lot auf die nächstfolgende; vom Fußpunkt dieses Lotes fällt man wieder ein Lot auf die folgende Gerade und so fort. Wie groß ist die gesamte Länge der so entstehenden gebrochenen Spirale?

7. Gegeben ist ein rechtwinkliges Dreieck ABC mit der Hypotenuse c $(\alpha > \beta)$. In A errichtet man auf der Hypotenuse eine Senkrechte, die die Verlängerung von BC in A_1 trifft. Die Senkrechte in A_1 auf AA_1 schneidet die Gerade AC in A_2. Die Senkrechte in A_2 auf A_1A_2 schneidet BC in A_3 und so fort. Wie groß ist die gesamte Länge dieses so entstehenden rechtwinklig gebrochenen, spiralartigen Streckenzuges?

8. Die Radien einer unendlichen Anzahl von Kugeln bilden eine abnehmende geometrische Reihe mit dem Quotienten $q < 1$. Welchen Radius hat eine Kugel,
a) deren Oberfläche gleich der Summe der Oberflächen dieser Kugeln,
b) deren Volumen gleich der Summe der Volumina aller dieser Kugeln ist?

9. In ein Quadrat mit der Seite a ist ein zweites Quadrat so einbeschrieben, daß seine Eckpunkte die Mittelpunkte der Seiten des ersten Quadrates sind. Auf die gleiche Weise beschreibt man in das zweite Quadrat ein drittes und so fort. Berechne
   a) die Summe der Umfänge,
   b) die Summe der Flächeninhalte aller so entstehenden Quadrate.

10. In ein Quadrat mit der Seite a wird ein Kreis einbeschrieben, in diesen wieder ein Quadrat, darin wieder ein Kreis und so fort. Wie groß ist der Radius eines Kreises,
   a) dessen Umfang gleich der Summe der Umfänge aller Kreise ist,
   b) dessen Fläche gleich der Summe aller Kreisflächen ist?

11. Wie Aufgabe 6 für ein gleichseitiges Dreieck mit der Seite a.

12. Einem Würfel mit der Kantenlänge a wird eine Kugel einbeschrieben, dieser wieder ein Würfel, dem Würfel wieder eine Kugel und so fort. Berechne
   a) die Summe der Oberflächen,
   b) die Summe der Rauminhalte aller Kugeln!

5.3 Divergenz und Grenzwerte von Funktionen

5.3.1 Divergenz von Funktionen für $|x| \to \infty$

Beispiel 1:

Bei der Funktion $f: x \mapsto f(x) = 2x + 5$ wachsen die Funktionswerte für $x \to +\infty$ über alle Grenzen und fallen für $x \to -\infty$ unter alle Grenzen. Dafür schreibt man $\lim\limits_{x \to +\infty} f(x) \to +\infty$[1] bzw. $\lim\limits_{x \to -\infty} f(x) \to -\infty$ oder kürzer: $f(x) \to +\infty$ für $x \to +\infty$ bzw. $f(x) \to -\infty$ für $x \to -\infty$.

Beispiel 2:

Bei der Funktion $g: x \mapsto g(x) = 2x^2 - 3$ wachsen die Funktionswerte sowohl für für $x \to +\infty$ wie auch für $x \to -\infty$ über alle Grenzen. Wir schreiben $\lim\limits_{|x| \to \infty} f(x) \to +\infty$ oder $f(x) \to +\infty$ für $|x| \to \infty$.

Beispiel 3:

Bei der Funktion $h: x \to h(x) = (-20)^n$; $n \in \mathbb{N}$ ergeben sich abwechselnd positive und negative Funktionswerte, deren Beträge für $n \to \infty$ über alle Grenzen wachsen.

Definition 5.9:

Es sei eine Funktion $f: x \mapsto f(x)$ mit $D_f = [a; \infty[$ gegeben. Gibt es dann zu jeder noch so großen Zahl $M \in \mathbb{R}^+$ eine Zahl $K \in \mathbb{R}^+$, so daß für alle $x > K$, $x \in D_f$ gilt: $f(x) > M$, so heißt f divergent nach ∞ für $x \to \infty$.

Diese Definition läßt sich auf Funktionen mit $D_f =]-\infty; a]$ übertragen (Aufgabe!). Man spricht von „bestimmter Divergenz", wenn für $x \to \infty$ gilt $f(x) \to +\infty$ oder $f(x) \to -\infty$. Diese Fälle liegen in den Beispielen 1 und 2 vor.

---

[1] Man schreibt auch: $\lim\limits_{x \to \infty} f(x) = \infty$ oder $\lim\limits_{x \to -\infty} f(x) = -\infty$

Im Beispiel 3 liegt eine „unbestimmte Divergenz" vor.

Auch die Funktion $f\colon x \mapsto f(x) = (-1)^n \frac{n+1}{n}$; $D_f = \mathbb{N}$ ist unbestimmt divergent, weil abwechselnd die Funktionswerte $+1$ und -1 auftreten. Weiteres **Beispiel für bestimmte Divergenz:** $f\colon x \mapsto f(x) = \frac{x^2+3}{x}$; $D_f = \mathbb{R} \setminus \{0\}$.

$\lim\limits_{x\to\infty} \frac{2x^2+3}{x} = \lim\limits_{x\to\infty} (2x + \frac{3}{x}) \to +\infty$ und $\lim\limits_{x\to-\infty} \frac{2x^2+3}{x} = \lim\limits_{x\to-\infty} (2x + \frac{3}{x}) \to -\infty$.

5.3.2 Grenzwertsätze

Wir beweisen nun Rechenregeln für Grenzwerte, mit deren Hilfe Grenzwerte von Funktionen auf einfache Weise berechnet werden können.

Satz 5.6:

Gilt für die beiden Funktionen
$f\colon x \mapsto f(x)$, D_f und $g\colon x \mapsto g(x)$, D_g $\lim\limits_{x\to\infty} f(x) = f_0$ und $\lim\limits_{x\to\infty} g(x) = g_0$
und ist $D = D_f \cap D_g = [a, \infty[$, so ist

1. $\lim\limits_{x\to\infty} [f(x) + g(x)] = \lim\limits_{x\to\infty} f(x) + \lim\limits_{x\to\infty} g(x) = f_0 + g_0$
2. $\lim\limits_{x\to\infty} [f(x) - g(x)] = \lim\limits_{x\to\infty} f(x) - \lim\limits_{x\to\infty} g(x) = f_0 - g_0$
3. $\lim\limits_{x\to\infty} f(x) \cdot g(x) = \lim\limits_{x\to\infty} f(x) \cdot \lim\limits_{x\to\infty} g(x) = f_0 \cdot g_0$
4. $\lim\limits_{x\to\infty} \frac{f(x)}{g(x)} = \frac{\lim\limits_{x\to\infty} f(x)}{\lim\limits_{x\to\infty} g(x)} = \frac{f_0}{g_0}$, $g_0 \neq 0$; $g(x) \neq 0$ für alle $x \in D$

Beweis:

$f(x) \to f_0$ für $x \to \infty$ bedeutet nach der Definition, daß es zu jedem $\varepsilon > 0$ eine Zahl $K(\varepsilon) > 0$ gibt, so daß für alle $x > K$, $x \in D$ gilt $|f(x) - f_0| < \varepsilon$. Entsprechendes gilt für die Funktion g.

Zu 1. Wir können zu $\frac{\varepsilon}{2} > 0$ eine Zahl K_1 angeben, so daß $|f(x) - f_0| < \frac{\varepsilon}{2}$ für alle $x > K_1$ und zu $\frac{\varepsilon}{2} > 0$ eine Zahl K_2, so daß $|g(x) - g_0| < \frac{\varepsilon}{2}$ für alle $x > K_2$. Ist das Maximum dieser beiden Zahlen $K = \max(K_1, K_2)$, so ergibt sich für alle $x > K$, $x \in D$
$|[f(x) + g(x)] - (f_0 + g_0)| \leqq |f(x) - f_0| + |g(x) - g_0| < \frac{\varepsilon}{2} + \frac{\varepsilon}{2} = \varepsilon$. Das heißt aber, daß $[f(x) + g(x)] \to (f_0 + g_0)$ für $x \to \infty$.

Zu 2. Auf dieselbe Weise wird die 2. Behauptung bewiesen (Aufgabe!)

Zu 3. Es ist zu zeigen, daß zu jedem $\varepsilon > 0$ ein $K(\varepsilon) > 0$ existiert, so daß $|f(x)\, g(x) - f_0 g_0| < \varepsilon$ für alle $x > K$, $x \in D$ ist.

Wir formen um:
$|f(x) \cdot g(x) - f_0 g_0| = |f(x) \cdot g(x) - f_0 g(x) + f_0 g(x) - f_0 g_0| \leqq |[f(x) - f_0] \cdot g(x)| +$
$+ |f_0[g(x) - g_0]| = |f(x) - f_0| \cdot |g(x)| + |f_0| \cdot |g(x) - g_0|$.

Nun ist g(x) beschränkt, d. h. es gibt eine Zahl $M \in \mathbb{R}^+$, so daß $|g(x)| < M$ für alle $x > K_2$, da $g(x) \in U_\varepsilon(g_0)$ für $x > K_2$ (der Graph von g liegt für $x > K_2$ im Horizontalstreifen $H_\varepsilon[g_0]$), d. h. zu jedem $\varepsilon > 0$ gibt es ein $K_2 > 0$ mit $g_0 - \varepsilon < g(x) < g_0 + \varepsilon$). $M = \max(|g_0 - \varepsilon|, |g_0 + \varepsilon|)$.

Wegen $f(x) \to f_0$ für $x \to \infty$ gibt es zur Zahl $\frac{\varepsilon}{2M} > 0$ ein K_1 mit $|f(x) - f_0| < \frac{\varepsilon}{2M}$ für $x > K_1$, aber auch ein K_3 mit $|g(x) - g_0| < \frac{\varepsilon}{2|f_0|}$ für $x > K_3$.

Für $K = \max(K_1, K_2, K_3)$ erhalten wir für alle $x > K$

$$|f(x) - f_0| \cdot |g(x)| + |f_0| \cdot |g(x) - g_0| < \frac{\varepsilon}{2M} \cdot M + |f_0| \cdot \frac{\varepsilon}{2|f_0|} =$$

$$\frac{\varepsilon}{2} + \frac{\varepsilon}{2} = \varepsilon.$$

Zum Beweis von **4.** beweisen wir zunächst

Satz 5.7:

> Ist $\lim\limits_{x \to \infty} g(x) = g_0$, so ist für $g_0 \neq 0$ $\lim\limits_{x \to \infty} \frac{1}{g(x)} = \frac{1}{g_0}$.

Beweis:

Es ist zu zeigen, daß es zu jedem $\varepsilon > 0$ ein $K > 0$ gibt, so daß

$$\left|\frac{1}{g(x)} - \frac{1}{g_0}\right| < \varepsilon \text{ für } x > K, x \in D_{\frac{1}{g}}.$$

Für $x \in D_{\frac{1}{g}}$ ist $\left|\frac{1}{g(x)} - \frac{1}{g_0}\right| = \frac{|g(x) - g_0|}{|g(x) \cdot g_0|}$.

Um diesen Bruch abzuschätzen, beachten wir, daß es wegen $g_0 \neq 0$ zu $\frac{1}{2}|g_0|$ ein K_1 gibt mit $|g(x) - g_0| < \frac{1}{2}|g_0|$ für alle $x > K_1$.

Außerdem gibt es zu $\frac{1}{2} g_0^2 \varepsilon$ ein K_2 mit $|g(x) - g_0| < \frac{1}{2} g_0^2 \varepsilon$ für alle $x > K_2$.

Nach den Rechenregeln für den absoluten Betrag (Satz 1.22) gilt

$|g_0| - |g(x)| \leqq |g(x) - g_0| \Rightarrow |g_0| - |g(x)| < \frac{1}{2}|g_0| \Rightarrow |g(x)| > \frac{1}{2}|g_0|$ für $x > K_1$.

Ist $K = \max(K_1, K_2)$, so ist für $x > K$ $|g(x)| > \frac{1}{2}|g_0|$ und $|g(x) - g_0| < \frac{1}{2} g_0^2 \varepsilon$.

Setzen wir oben ein, so erhalten wir $\left|\frac{1}{g(x)} - \frac{1}{g_0}\right| < \frac{\frac{1}{2} g_0^2 \varepsilon}{\frac{1}{2} g_0^2} = \varepsilon$ für $x > K$. Daher ist für $x \to \infty$

$$\frac{1}{g(x)} \to \frac{1}{g_0}.$$

Zu 4. Nach der Grenzwertregel 3 ist damit

$$\lim_{x \to \infty} \frac{f(x)}{g(x)} = \lim_{x \to \infty} f(x) \cdot \lim_{x \to \infty} \frac{1}{g(x)} = \frac{f_0}{g_0}.$$

Anwendung der Grenzwertsätze

Beispiel 1:

$$\lim_{x \to \infty} \frac{3x^3 + 2x^2 + 10}{2x^3} = \lim_{x \to \infty} \left(\frac{3}{2} + \frac{1}{x} + \frac{5}{x^3}\right) = \frac{3}{2}$$

Beispiel 2:

$$\lim_{x \to \infty} \frac{5x^3 - 6x + 9}{x^3 + 5x^2 - 4x} = \lim_{x \to \infty} \frac{x^3}{x^3} \cdot \frac{5 - \frac{6}{x^2} + \frac{9}{x^3}}{1 + \frac{5}{x} - \frac{4}{x^2}} = 1 \cdot \frac{\lim\limits_{x \to \infty} \left(5 - \frac{6}{x^2} + \frac{9}{x^3}\right)}{\lim\limits_{x \to \infty} \left(1 + \frac{5}{x} - \frac{4}{x^2}\right)} = 5$$

Beispiel 3:

$$\lim_{x \to \infty} \frac{2x^2 - 7x}{x^2 + 5\sqrt{x}} = \lim_{x \to \infty} \frac{x^2}{x^2} \cdot \frac{\lim\limits_{x \to \infty} \left(2 - \frac{7}{x}\right)}{\lim\limits_{x \to \infty} \left(1 + \frac{5}{x\sqrt{x}}\right)} = 2$$

5.4 Grenzwert von Funktionen an einer Stelle x_0

Wir untersuchen nun Funktionen an einer Stelle $x_0 \in \mathbb{R}$. Dabei kann die Stelle zur Definitionsmenge der Funktion gehören oder auch nicht. Dazu wählen wir folgendes

Beispiel:

$f\colon x \mapsto f(x) = \frac{x^2 - 1}{x - 1}$; $D_f = \mathbb{R} \setminus \{1\}$. (Abb. 5,5)

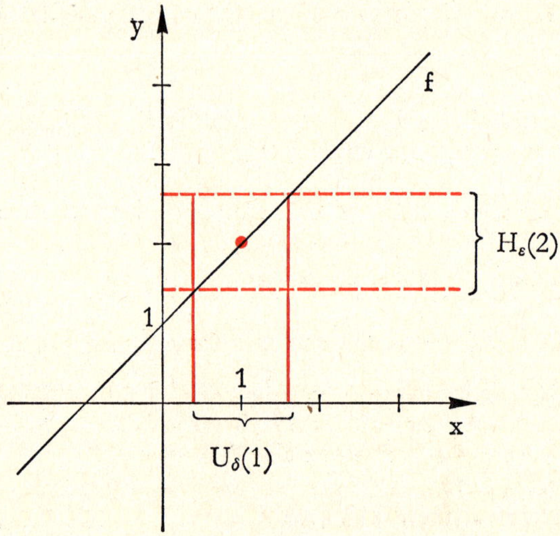

Abb. 5,5

Diese Funktion ist für $x_0 = 1$ nicht definiert, sie hat dort eine „Definitionslücke“. Sie ist es aber in jeder Umgebung $U_\delta(1)$, die die Stelle 1 nicht enthält.
Die Funktion $f_1\colon x \mapsto f_1(x) = x + 1$ stimmt in der Menge $\mathbb{R} \setminus \{1\}$ mit der Funktion f überein. Da sie aber auch in $\mathbb{R}$ definiert ist, ist sie eine Fortsetzung von f in $\mathbb{R}$. Wir können schreiben

$f_1\colon x \mapsto f_1(x) = x + 1$; $D_1 = \mathbb{R}$. Es ist $f_1(1) = 2$.

Aus der Zeichnung ist zu entnehmen, daß die Funktionswerte $f(x)$ und $f_1(x)$ für Stellen, die beliebig nahe bei 1 liegen, sich beliebig wenig von der Zahl 2 unterscheiden. Um dieses Verhalten mathematisch zu erfassen, zeichnen wir Horizontalstreifen $H_\varepsilon(2)$ mit der Breite $2\,\varepsilon$. Wir versuchen nun, zur y-Achse parallele Streifen um die Stelle 1 mit der Breite $2\,\delta$ so zu legen, daß der Graph von f, soweit er zur Umgebung $U_\delta(1)$ mit Ausnahme von $x_0 = 1$ gehört, ganz in dem entstehenden Rechteck liegt (Abb. 5,5). Wir ersehen aus der Zeichnung, daß es zu jedem $\varepsilon > 0$ ein solches $\delta > 0$ gibt. Daher folgende

Definition 5.10:

Es sei f in einem Intervall]a, b[definiert, wobei die Stelle x_0 des Intervalls ausgenommen sein kann. Die Funktion f konvergiert genau dann für $x \to x_0$ gegen den Grenzwert f_0, falls es zu jedem noch so kleinen $\varepsilon > 0$ eine Zahl $\delta > 0$ gibt, die von ε abhängt, so daß $|f(x) - f_0| < \varepsilon$ ist, wenn nur $0 < |x - x_0| < \delta(\varepsilon)$ zutrifft.

Beachte:

Zu jedem $\varepsilon > 0$ gibt es ein $\delta > 0$, so daß aus $0 < |x - x_0| < \delta \Rightarrow |f(x) - f(x_0)| < \varepsilon$.
Man schreibt: $\lim\limits_{x \to x_0} f(x) = f_0$ und liest: limes von $f(x)$ für x gegen x_0 gleich f_0.

Beispiele:

1. $f(x) = \dfrac{x^3 + x}{x}$ ist für $x_0 = 0$ nicht definiert; wir zeigen, daß $f(x)$ dort den Grenzwert $f_0 = 1$ hat.
   $\left|f(x) - f_0\right| = \left|\dfrac{x^3 + x}{x} - 1\right| = \left|\dfrac{x^3 + x - x}{x}\right| = \left|\dfrac{x^3}{x}\right|$; dieser Ausdruck ist stets kleiner ε $(\varepsilon > 0)$ für $|x - 0| < \sqrt{\varepsilon}$; für alle $\varepsilon > 0$ gilt $0 < |x| < \sqrt{\varepsilon} \Rightarrow |f(x) - 1| < \varepsilon$.
2. $f(x) = \dfrac{x^2 - 4}{x - 2}$ ist für $x = 2$ nicht definiert, hat aber dort den Grenzwert $f_0 = 4$.
   Es ist
   $\left|f(x) - f_0\right| = \left|\dfrac{x^2 - 4}{x - 2} - 4\right| = \left|\dfrac{x^2 - 4 - 4x + 8}{x - 2}\right| = \left|\dfrac{(x - 2)^2}{x - 2}\right| < \varepsilon$ für $0 < |x - 2| < \varepsilon$;
   für alle $\varepsilon > 0$ gilt $0 < |x - 2| < \delta = \varepsilon \Rightarrow |f(x) - 4| < \varepsilon$.
3. $f(x) = \sqrt{1 + x}$; $D = \{x \mid -1 \leqq x < \infty\}$; $f(x)$ hat für $x \to 3$ den Grenzwert $f_0 = 2$.
   $\left|f(x) - f_0\right| = \left|\sqrt{1 + x} - 2\right| < \varepsilon \Rightarrow \sqrt{1 + x} < 2 + \varepsilon \Rightarrow 1 + x < 4 + 4\varepsilon + \varepsilon^2$ für $x > 3$;
   daraus folgt $|x - 3| < 4\varepsilon + \varepsilon^2$, es ist also $\delta_r = 4\varepsilon + \varepsilon^2$.
   Für $x < 3$ ist $\left|\sqrt{1 + x} - 2\right| = -\sqrt{1 + x} + 2 < \varepsilon \quad \Rightarrow \quad 1 + x > \varepsilon^2 - 4\varepsilon + 4$; daraus folgt $3 - x < 4\varepsilon - \varepsilon^2 = \delta_l$. Wegen $\delta_l < \delta_r$ ist $\delta = 4\varepsilon - \varepsilon^2$. Für alle $\varepsilon > 0$ gilt:
   $0 < |x - 3| < \delta = 4\varepsilon - \varepsilon^2 \Rightarrow |f(x) - 2| < \varepsilon$.

Wir können die Definition 5.10 des Grenzwerts einer Funktion auch mit Hilfe von Umgebungen darstellen. Dazu benötigen wir den Begriff der „punktierten Umgebung".

Definition 5.11:

Unter der „punktierten Umgebung" einer Stelle a versteht man die Menge $U^*_\delta(a) = \{x \mid 0 < |x - a| < \delta\}$ mit $\delta \in \mathbb{R}^+$.

Liegt ein offenes Intervall $J =]a, b[$ vor, so gibt es für a nur eine rechte punktierte Halbumgebung $U^*(a) = \{x \mid 0 < x - a < \delta\}$ und für b eine linke punktierte Halbumgebung $U_1^*(b) = \{x \mid 0 < b - x < \delta\}$ mit $\delta \in \mathbb{R}^+$.

Beachte:

Wegen $0 < |x - a|$ oder $0 < x - a$ muß $x \neq a$ sein, also $a \notin U_\delta^*(a)$.
Für den Grenzwert erhalten wir die zur Definition 5.10 äquivalente

Definition 5.12:

Eine Funktion $f: x \to f(x)$ mit D_f konvergiert für $x \to x_0$ gegen den Grenzwert f_0, wenn es zu jeder vorgegebenen ε-Umgebung $U_\varepsilon(f_0)$ eine punktierte Umgebung $U_\delta^*(x_0)$ gibt, die mit D_f einen nichtleeren Durchschnitt hat und die durch f in $f[U_\delta^*(x_0) \cap D_f] \subseteq U_\varepsilon(f_0)$ abgebildet wird.

Beachte:

1. Wir betrachten nur Grenzwerte von Funktionen an Stellen x_0, zu denen wenigstens eine punktierte Umgebung oder Halbumgebung vorhanden ist, in der die Funktion definiert ist.
2. Unsere Definition gilt für Stellen $x_0 \in D_f$ wie auch für Stellen $x_0 \notin D_f$.

Beispiel:

$f: x \mapsto f(x) = \frac{(x-2)^2}{|x-2|} + 1;\ D_f = \mathbb{R} \setminus \{2\}$

Wir vermuten $f_0 \to 1$ für $x \to 2$. Deshalb müssen wir zu einem vorgegebenen $\varepsilon > 0$ ein $\delta > 0$ so angeben, daß $f(U_\delta^*[2]) \subseteq U_\varepsilon(1)$ ist, d. h. für $x \neq 2$ und $0 < |x - 2| < \delta$ muß gelten $|f(x) - 1| < \varepsilon$.

Es ist $\left|\left(\frac{(x-2)^2}{|x-2|} + 1\right) - 1\right| = \left|\frac{(x-2)^2}{|x-2|}\right| = |x - 2| < \varepsilon$, daher $\delta = \varepsilon$ (Abb. 5,6).

Eine Fortsetzung von f ist $f_1: x \mapsto f_1(x) = |x - 2| + 1;\ D_1 = \mathbb{R}$.

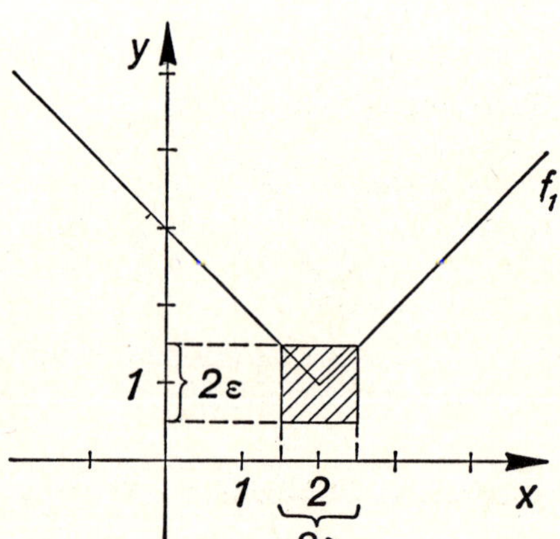

Abb. 5,6

In manchen Fällen erweist sich noch folgende Grenzwertdefinition als sehr zweckmäßig:

***Definition 5.13:**

Eine Funktion f sei in einem Intervall]a, b[definiert, wobei ein x_0 des Intervalls sogar ausgenommen sein darf. Man sagt dann, die Funktion f konvergiert für $x \to x_0$ gegen den Grenzwert f_0 genau dann, wenn für jede Zahlenfolge (x_n) mit Zahlen des Intervalls, die den Grenzwert x_0 hat, auch die Folge der Funktionswerte $(f(x_n))$ den Grenzwert f_0 hat. Dabei kann f_0 eine beliebige Zahl sein, die mit dem Funktionswert $f(x_0)$ nicht verwechselt werden darf. Ist f(x) auch für x_0 definiert, so unterliegen die Zahlenfolgen $(x_n) \to x_0$ der Einschränkung $x_n \neq x_0$ für alle n.

Diese Grenzwertdefinition ist zur Definition 5.10 äquivalent. Ehe wir dies beweisen, wollen wir an einem Beispiel zeigen, wie man mit dieser Definition die Grenzwertbestimmung einer Funktion an einer Stelle x_0 durchführen kann.

Vereinfachung der Grenzwertbestimmung

Wir betrachten eine punktierte Umgebung $U_n^*(x_0) \subset D_f$ von x_0 und untersuchen die Funktionswerte f(x) für $x = x_0 + h \in U_n^*(x_0)$, also $h \neq 0$, auf ihr Verhalten für $x \to x_0$, was gleichbedeutend ist mit $h \to 0$.

Beispiel:

$f: x \mapsto f(x) = \frac{x^2 + x - 6}{x^2 - 4}$ für $x_0 = 2$.

$$\lim_{x \to 2} \frac{x^2 + x - 6}{x^2 - 4} = \lim_{h \to 0} \frac{(2 + h)^2 + (2 + h) - 6}{(2 + h)^2 - 4} = \lim_{h \to 0} \frac{h^2 + 5h}{h^2 + 4h} = \lim_{h \to 0} \frac{h}{h} \cdot \frac{h + 5}{h + 4} = \frac{5}{4};$$

dabei ist $x_0 = 2$ und $x = 2 + h$ gesetzt worden.

Aufgaben

Bestimme auf dieselbe Weise folgende Grenzwerte:

1. $\lim_{x \to 2} \frac{x^3 - 8}{x - 2}$; $\lim_{x \to 3} \frac{x^2 - 9}{x - 3}$; $\lim_{x \to -5} \frac{x^2 - 25}{x + 5}$;

2. $\lim_{x \to 1} \frac{x^2 - 3x + 2}{x^2 + x - 2}$; $\lim_{x \to 2} \frac{2x^2 - 8}{3x^2 - 12}$; $\lim_{x \to 3} \frac{x^2 - x - 6}{x - 3}$;

3. $\lim_{x \to 0} \frac{x^3 + x^2 + x}{5x}$; $\lim_{x \to -4} \frac{3x^2 + 11x - 4}{x^2 - 16}$; $\lim_{x \to 2} \frac{7x^2 - 5x + 3}{8x^2 + 3x - 4}$

*Nachweis der **Gleichwertigkeit** der Definitionen 5.10 und 5.13:

Nach Definition 5.10 gibt es zu jedem $\varepsilon > 0$ ein zugehöriges $\delta > 0$, so daß $|f(x) - f_0| < \varepsilon$ für $0 < |x - x_0| < \delta$. Nun sei $(x_n) \to x_0$ eine beliebige Folge mit $x_n \in D$.

Es gibt deshalb zu dem obigen $\delta > 0$ ein $n' \in \mathbb{N}$, so daß für alle $n > n'$ $0 < |x_n - x_0| < \delta$ ist. Für alle diese (x_n) gilt dann auch $|f(x_n) - f_0| < \varepsilon$, also $\lim\limits_{n \to \infty} f(x_n) = f_0$.
Nun sei umgekehrt nach Definition 5.13 bekannt, daß für jede Folge $(x_n) \to x_0$ mit $x_n \in D_f$ auch $(f(x_n)) \to f_0$ gilt.
Wir führen einen indirekten Beweis, indem wir annehmen, es gäbe ein $\varepsilon > 0$, so daß zu jedem $\delta > 0$ ein x mit $0 < |x - x_0| < \delta$ existiert, aber $|f(x) - f_0| \geqq \varepsilon$ ist. Aus unserer Annahme, f_0 sei nicht Grenzwert in x_0 konstruieren wir eine Folge $(x_n) \to x_0$, so daß für diese x_n die Ungleichungen $0 < |x_n - x_0| < \delta$ und $|f(x_n) - f_0| \geqq \varepsilon$ gelten. Dabei ist jedes beliebige $\delta > 0$ zugelassen. Wir setzen der Reihe nach $\delta = 1; \frac{1}{2}; \frac{1}{3}; \ldots \frac{1}{n}; \ldots$
Dann gibt es zu jedem $\delta = \frac{1}{n}$ ein $x_n \in D_f$, so daß zwar $0 < |x_n - x_0| < \frac{1}{n}$, aber $|f(x_n) - f_0| \geqq \varepsilon$ gilt. Der erste Teil dieser Aussage ergibt $(x_n) \to x_0$, der zweite Teil besagt, daß $(f(x_n))$ sicher nicht den Grenzwert f_0 hat. Die Existenz einer solchen Folge steht aber im Widerspruch zur Voraussetzung, wonach für jede mögliche Folge $(x_n) \to x_0$ auch $(f(x_n)) \to f_0$ gelten sollte. Die Annahme, f(x) besitze in x_0 nicht den Grenzwert f_0, ist also falsch.

Bemerkung:

Man wird die Definition 5.10 bei der Grenzwertbestimmung verwenden, weil man nicht alle Folgen $(f(x_n))$ untersuchen kann. Will man dagegen zeigen, daß eine Funktion f in x_0 den Grenzwert f_0 **nicht** hat, so verwendet man eine geeignete Folge $(x_n) \to x_0$, für die $(f(x_n))$ nicht gegen f_0 konvergiert.

5.4.1 Links- und rechtsseitiger Grenzwert

Wir untersuchen das Verhalten der Funktion
$f\colon x \mapsto f(x) = \frac{|x|}{x}$; $D_f = \mathbb{R} \setminus \{0\}$ an der Definitionslücke $x_0 = 0$.

Dazu betrachten wir folgende Einschränkungen der Funktion f: (Siehe Abb. 5,14!)

$f_1\colon x \mapsto f_1(x) = \frac{|x|}{x}$; $D_1 = \mathbb{R}^+ \subset D_f$ und

$f_2\colon x \mapsto f_2(x) = \frac{|x|}{x}$; $D_2 = \mathbb{R}^- \subset D_f$.

Wegen $|x| = x$ für $x \in \mathbb{R}^+$ ist $f_1\colon x \mapsto f_1(x) = 1$; $D_1 = \mathbb{R}^+$
Wegen $|x| = -x$ für $x \in \mathbb{R}^-$ ist $f_2\colon x \mapsto f_2(x) = -1$; $D_2 = \mathbb{R}^-$
Nun ist $\lim\limits_{x \to 0} f_1(x) = 1$ für $x \in \mathbb{R}^+$ und $\lim\limits_{x \to 0} f_2(x) = -1$ für $x \in \mathbb{R}^-$.

Wir erhalten also **je einen Grenzwert** bei Annäherung von **rechts** oder von **links** an die Stelle $x_0 = 0$. Beide Grenzwerte sind aber voneinander verschieden; wir sprechen deshalb von einem **rechtsseitigen** und von einem **linksseitigen Grenzwert** und schreiben

$$\lim_{x \to 0+0} \frac{|x|}{x} = 1 \text{ (rechtsseitiger Grenzwert)}$$

$$\lim_{x \to 0-0} \frac{|x|}{x} = -1 \text{ (linksseitiger Grenzwert)}$$

Definition 5.14:

Eine Zahl f_l (f_r) heißt linksseitiger (rechtsseitiger) Grenzwert einer Funktion f an einer Stelle x_0 genau dann, wenn es für alle $x \in D_f \wedge x < x_0$ [für alle $x \in D_f \wedge x > x_0$] zu jedem $\varepsilon > 0$ ein $\delta > 0$ gibt, so daß aus $0 < |x - x_0| < \delta \Rightarrow |f(x) - f_l| < \varepsilon$ [$|f(x) - f_r| < \varepsilon$)].

Wir schreiben:

$$\lim_{x \to x_0 - 0} f(x) = f_l \text{ (linksseitiger Grenzwert)}$$

$$\lim_{x \to x_0 + 0} f(x) = f_r \text{ (rechtsseitiger Grenzwert)}$$

Mit Hilfe der punktierten Halbumgebungen erhalten wir folgende

Definition 5.15:

Eine Funktion $f: x \mapsto f(x)$ mit D_f hat für x_0 den linksseitigen Grenzwert f_l [den rechtsseitigen Grenzwert f_r] genau dann, wenn zu jeder vorgegebenen Umgebung $U_\varepsilon(f_l)$ [$U_\varepsilon[f_r]$] eine linksseitige punktierte Halbumgebung[1] $U_l^*(x_0)$ [eine rechtsseitige punktierte Halbumgebung[1] $U_r^*(x_0)$][1] existiert, die in $f(U_l^*[x_0] \subseteq U_\varepsilon(f_l)$ [in $f(U_r^*[x_0] \subseteq (U_\varepsilon[f_r])$] abgebildet wird.

Zusammenfassung:

Abschließend sei nochmals betont, daß an einer Stelle x_0 ein Grenzwert nur dann vorhanden ist, wenn linksseitiger und rechtsseitiger Grenzwert an dieser Stelle einander gleich sind, wenn also gilt

$$\lim_{x \to x_0 - 0} f(x) = \lim_{x \to x_0 + 0} f(x) = f_0$$

Ergänzende Bemerkungen:

Bei der Behandlung des Grenzwerts einer Funktion tauchen oft Fragen auf wie etwa diese: Wenn $\lim_{x \to x_0} f(x) = f_0$ ist, ist dann f_0 genau oder nur angenähert der Grenzwert von $f(x)$ für $x \to x_0$? Antwort: f_0 ist genau der Grenzwert.
Veranlassung zu dieser Frage ist meist folgende Überlegung:
Bei der Funktion $x \mapsto f(x) = \frac{x^2}{4}$ liegt der Funktionswert beliebig nahe bei 1, wenn das Argument x genügend nahe bei 2 liegt. Nach der Meinung des Fragenden ist das aber nur deshalb der Fall, weil der Term $\frac{x^2}{4}$ nur für $x = 2$ genau den Wert 1 hat. Nun betreffen aber die Fragen nach der Existenz eines Grenzwerts für $x \to x_0$ nur das **Verhalten der Funktion nahe bei x_0** und haben nichts zu tun mit dem Verhalten **an der Stelle x_0 selbst.** Die Funktion $x \mapsto f(x)$ braucht ja für x_0 überhaupt nicht definiert zu sein, wie wir an dem Beispiel aus 5.4.1 (Abb. 5,14) sehen.
Vielleicht wird dieser Sachverhalt noch klarer am Beispiel der Funktion $x \mapsto f(x) = \operatorname{sgn} x$, welche gleich 0 ist für $x = 0$, gleich $+1$ für alle $x > 0$ und gleich -1 für alle $x < 0$.

---

[1] $U_l^*(x_0) = \{x \mid 0 < x_0 - x < \delta\}$
$U_r^*(x_0) = \{x \mid 0 < x - x_0 < \delta\}$

Die Funktion $x \mapsto g(x) = \text{sgn}^2 x$ hat für $x = 0$ den Wert 0 und für alle anderen reellen Zahlen x den Wert + 1. Überall nahe $x = 0$ ist $\text{sgn}^2 x = 1$ und daher ist $\lim\limits_{x \to 0} \text{sgn}^2 x = 1$, obwohl $\text{sgn}^2 0 = 0$ ist.
Das Beispiel zeigt, daß der Grenzwert einer Funktion an einer Stelle x_0 sich auf die zugrunde gelegte Definitionsmenge beziehen kann. Wählt man eine andere Definitionsmenge, so kann sich an derselben Stelle x_0 ein anderer Grenzwert ergeben.

Aufgaben

Untersuche das Vorhandensein von Grenzwerten (eindeutige, links- und rechtsseitige):

1. $f(x) = \text{sgn}\, x;\ x \to 0$ **2.** $f(x) = [x];\ x \to 0;\ x \to -1;\ x \to 2$

3. $f(x) = [x] + |x|,\ x \to -1;\ 0;\ 1$

4. $f(x) = x - [x];\ x \to -1;\ x \to 0;\ x \to 1$

5.4.2 Divergenz von Funktionen für $x \to x_0$

Untersuchen wir die Funktion $f\colon x \mapsto \frac{1}{x}$ mit $D_f = \mathbb{R} \setminus \{0\}$, so stellen wir fest, daß sie für $x \to 0$ keinen (endlichen) Grenzwert hat.

Wir schränken die Funktion f ein auf

$f_1\colon x \mapsto f_1(x) = \frac{1}{x}$, $D_1 = \{x \mid x = \frac{1}{n} \wedge n \in \mathbb{N}\} \subset D_f$ und

$f_2\colon x \mapsto f_2(x) = \frac{1}{x}$, $D_2 = \{x \mid x = \frac{-1}{n} \wedge n \in \mathbb{N}\} \subset D_f$.

Dann ist mit $\lim\limits_{n \to \infty} \frac{1}{n} = 0$ $\lim\limits_{x \to 0} \frac{1}{x} = \lim\limits_{n \to \infty} \frac{1}{\frac{1}{n}} = \lim\limits_{n \to \infty} n = \to \infty$ und $\lim\limits_{n \to \infty} (-n) \to -\infty$.

Definition 5.16:

Eine Funktion $f\colon x \mapsto f(x)$ mit $D_f =]a, b[$ divergiert an einer Stelle x_0, an der f nicht definiert sein muß, bestimmt gegen den „uneigentlichen Grenzwert" $\lim\limits_{x \to x_0} f(x) \to \infty$ $[\lim\limits_{x \to x_0} f(x) \to -\infty]$ genau dann, wenn es zu jedem $M \in \mathbb{R}^+$ $[M \in \mathbb{R}^-]$ ein $\delta > 0$ gibt, so daß für alle $x \in D_f \setminus \{x_0\}$ aus $0 < |x - x_0| < \delta$ folgt $f(x) > M$ $[f(x) < M]$.

Beispiele:

1. $f\colon x \mapsto \frac{1}{x}$; $D_f = \mathbb{R} \setminus \{0\}$. (Abb. 5,7)

a) $x > 0$: Zu jedem $M > 0$ gibt es ein $\delta > 0$, so daß für alle $0 < |x - 0| < \delta \Rightarrow \frac{1}{x} > M$.
Wegen $x < \delta$ für $x > 0$ ist $\delta = \frac{1}{M}$ und $\frac{1}{x} > \frac{1}{\delta} = M$, also $0 < x < \delta \Rightarrow \frac{1}{x} > M$.

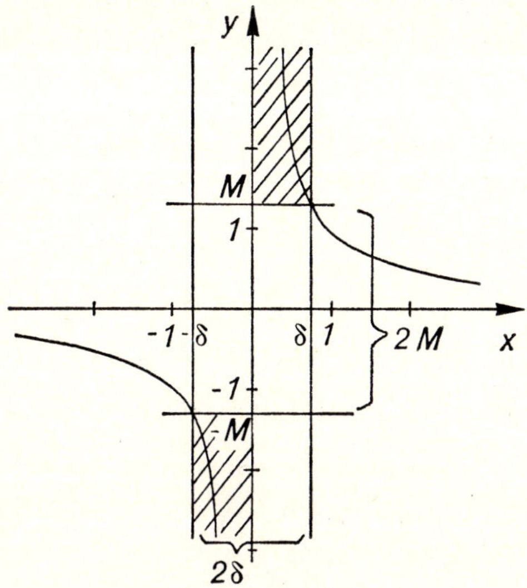

Abb. 5,7

b) $x < 0$: Zu jedem $M < 0$ gibt es ein $\delta > 0$, so daß $\frac{1}{x} < M$ ist für alle $0 < |x - 0| < \delta$.

Wegen $-x < \delta$ für $x < 0$, ist $\delta = -\frac{1}{M}$ und $\frac{1}{x} < -\frac{1}{\delta} = M$, also $0 < -x < \delta \Rightarrow \frac{1}{x} < M$.

2. $g: x \mapsto \frac{1}{x^2}$; $D_g = \mathbb{R} \setminus \{0\}$.

Zu jedem $M \in \mathbb{R}^+$ gibt es ein $\delta > 0$, so daß $\frac{1}{x^2} > M$ ist für $0 < |x - 0| < \delta$. Für $0 < |x| < \delta$ ist $\frac{1}{x^2} > \frac{1}{\delta^2} = M$, woraus man $\delta = \frac{1}{\sqrt{M}}$ erhält. Für alle $0 < |x| < \frac{1}{\sqrt{M}}$ gilt daher $\frac{1}{x^2} > M$.

Beide Beispiele zeigen noch eine Besonderheit der Definitionslücke $x_0 = 0$.

Bei der Funktion $f: x \mapsto \frac{1}{x}$ streben die Funktionswerte positiv über alle Schranken, wenn man sich der Stelle Null von rechts her nähert. Bei Annäherung von links an die Stelle Null streben die Funktionswerte negativ unter alle Schranken.

Demgegenüber wachsen die Funktionswerte bei der Funktion $g: x \mapsto \frac{1}{x^2}$ positiv über alle Schranken, ganz gleich, ob man sich von rechts oder von links der Stelle Null nähert. Für solche Fälle geben wir folgende

Definition 5.17:

Eine Funktion $f: x \mapsto f(x)$ divergiert an der Definitionslücke x_0 bestimmt gegen den linksseitigen „uneigentlichen Grenzwert" [rechtsseitigen „uneigentlichen Grenzwert"] genau dann, wenn gilt $\lim\limits_{x \to x_0 - 0} f(x) = \pm\infty$ $[\lim\limits_{x \to x_0 + 0} f(x) = \pm\infty]$.

Sind beide uneigentlichen Grenzwerte verschieden, so spricht man von einer „Unendlichkeitsstelle mit Vorzeichenwechsel", sind sie gleich, so liegt eine „Unendlichkeitsstelle ohne Vorzeichenwechsel" vor.

Die Gerade $g = \{P(x, y) \mid x = 0 \wedge y \in \mathbb{R}\}$, der sich die Graphen der Funktion f und g immer mehr nähern, nennt man (senkrechte) **Asymptote** der Graphen von f und g.

Weiteres

Beispiel:

$f: x \mapsto f(x) = 2^{\frac{1}{x}}$; $D_f = \mathbb{R} \setminus \{0\}$. (Abb. 5,8)

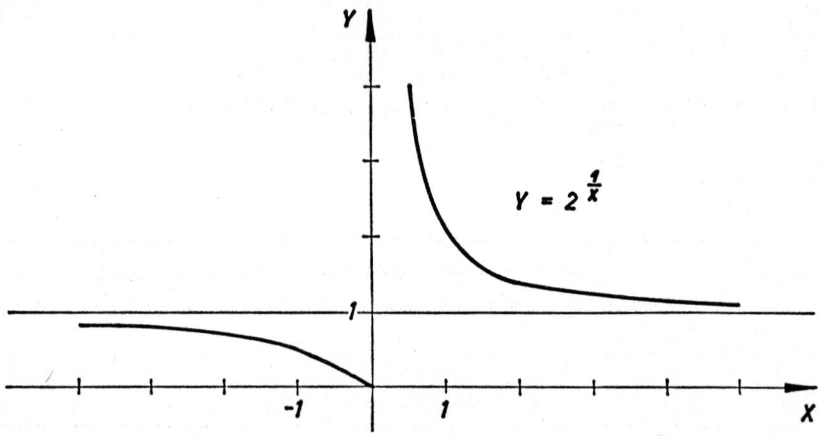

Abb. 5,8

Wir bilden die Einschränkungen

$f_1: x \mapsto f_1(x) = 2^{\frac{1}{x}}$; $D_1 = \{x \mid x = \frac{1}{n} \wedge n \in \mathbb{N}\} \subset D_f$ und

$f_2: x \mapsto f_2(x) = 2^{\frac{1}{x}}$; $D_2 = \{x \mid x = -\frac{1}{n} \wedge n \in \mathbb{N}\} \subset D_f$.

Mit $\lim\limits_{n \to \infty} \frac{1}{n} = 0$ ist $\lim\limits_{x \to 0} f_1(x) = \lim\limits_{n \to \infty} f_1\left(\frac{1}{n}\right) = \lim\limits_{n \to \infty} 2^n \to \infty$ und

$\lim\limits_{x \to 0} f_2(x) = \lim\limits_{n \to \infty} f_2\left(-\frac{1}{n}\right) = \lim\limits_{n \to \infty} 2^{-n} = 0.$

Die Funktion f divergiert als Fortsetzung von f_1 und f_2 rechtsseitig gegen ∞ und hat den linksseitigen Grenzwert Null.

Aufgaben

Untersuche folgende durch ihre Terme gegebenen Funktionen in ihren Definitionslücken auf Grenzwerte!

1. $f(x) = \frac{x + 2}{1 - x}$ **2.** $f(x) = \frac{1}{2|x|}$ **3.** $f(x) = \frac{1}{x|x| - 1}$

4. $f(x) = \frac{x^2}{x + 1}$ **5.** $f(x) = \frac{4}{1 + 3^{\frac{1}{1 - x}}}$

5.4.3 Grenzwertsätze für $x \to x_0$

Wir übertragen die Grenzwertsätze aus **5.3.2** für $x \to \infty$ auf den Fall $x \to x_0$ und formulieren

Satz 5.8:

Es seien $f: x \mapsto f(x)$; D_f und $g: x \mapsto g(x)$; D_g zwei Funktionen mit $f(x) \to f_0$ und $g(x) \to g_0$ für $x \to x_0$. Ferner sei $D = D_f \cap D_g$ und $U_\delta^*(x_0) \subset D$. Dann folgt für $x \to x_0$.

1. $\lim\limits_{x \to x_0} [f(x) \pm g(x)] = \lim\limits_{x \to x_0} f(x) \pm \lim\limits_{x \to x_0} g(x) = f_0 \pm g_0$
2. $\lim\limits_{x \to x_0} [f(x) \cdot g(x)] = \lim\limits_{x \to x_0} f(x) \cdot \lim\limits_{x \to x_0} g(x) = f_0 \cdot g_0$ und für $g_0 \neq 0$
3. $\lim\limits_{x \to x_0} \dfrac{f(x)}{g(x)} = \dfrac{\lim\limits_{x \to x_0} f(x)}{\lim\limits_{x \to x_0} g(x)} = \dfrac{f_0}{g_0}$

Die Beweise dieser Sätze erfolgen analog zu den Beweisen in 5.3.2. Die Beweise zu Satz 5.8,1 und Satz 5.8,3 werden als Aufgaben gestellt. Wir führen den Beweis zu Satz 5.8,2. Dazu benötigen wir den

Satz 5.9:

Für die Funktion $f: x \mapsto f(x)$ mit D_f sei $f(x) \to f_0$ für $x \to x_0$. Dann gibt es zu $\varepsilon > 0$ eine Umgebung $U_\delta^*(x_0) \subset D_f$, so daß $f(x)$ in einer solchen punktierten Umgebung $U_\delta^*(x_0)$ beschränkt ist, d. h.: Es gibt eine Zahl $M > 0$ mit $|f(x)| \leqq M$ für alle $x \in U_\delta^*(x_0)$.

Beweis:

Weil f_0 der Grenzwert der Funktion f für $x \to x_0$ ist, gibt es zu $\varepsilon > 0$ ein δ, so daß $|f(x) - f_0| < \epsilon$ für alle $x \in U_\delta^*(x_0)$ ist. Wegen $|f(x)| - |f_0| \leqq |f(x) - f_0| \Rightarrow$

$\Rightarrow |f(x)| - |f_0| < \varepsilon \Rightarrow |f(x)| < |f_0| + \varepsilon$ für alle $x \in U_\delta^*(x_0)$. Wir wählen $\varepsilon = 1$, das zugehörige δ sei δ_1. Mit $M = 1 + |f_0|$ ist $|f(x)| \leqq M$ für alle $x \in U_{\delta 1}^*(x_0)$.

Beweis zu Satz 5.8,2:

Es muß gezeigt werden, daß es zu jedem $\varepsilon > 0$ eine punktierte Umgebung $U_\delta^*(x_0)$ gibt, so daß $|f(x)\,g(x) - f_0 g_0| < \varepsilon$ ist für alle $x \in U_\delta^*(x_0)$.

Wir formen um: $|f(x)\,g(x) - f_0 g_0| = |[f(x) - f_0]\,g(x) + f_0[g(x) - g_0]|$.

Nach Satz 5.9 gibt es zu $\varepsilon_1 > 0$ eine punktierte Umgebung $U_{\delta_1}^*(x_0)$, in der $|g(x)| \leqq M$ ist.

Außerdem gibt es zu $\frac{\varepsilon}{2M} > 0$ eine Umgebung $U_{\delta_2}^*(x_0)$, so daß $|f(x) - f_0| < \frac{\varepsilon}{2M}$ für $x \in U_{\delta_2}^*(x_0)$ und zu $\frac{\varepsilon}{2|f_0|} > 0$ eine Umgebung $U_{\delta_3}^*(x_0)$, so daß $|g(x) - g_0| < \frac{\varepsilon}{2|f_0|}$ für $x \in U_{\delta_3}^*(x_0)$. Ist $h = \min(\delta_1, \delta_2, \delta_3)$, so ist schließlich für alle $x \in U_h^*(x_0)$

$|f(x)\,g(x) - f_0 g_0| < \frac{\varepsilon}{2M} \cdot M + |f_0| \frac{\varepsilon}{2 f_0} = \varepsilon.$

Anwendung der Grenzwertsätze

Beispiel 1:

$$\lim_{x \to 0{,}25} ([x - 1{,}5] + |x|) = \lim_{x \to 0{,}25} [x - 1{,}5] + \lim_{x \to 0{,}25} |x| = -2 + 0{,}25 = -1{,}75$$

Beispiel 2:

$$\lim_{x \to 3} \frac{x^2 - 6x + 9}{x^2 - 9} = \lim_{x \to 3} \frac{(x-3)^2}{(x-3)\,(x+3)} = \lim_{x \to 3} \frac{x-3}{x-3} \cdot \lim_{x \to 3} \frac{x-3}{x+3} = 1 \cdot 0 = 0$$

Beispiel 3:

$$\lim_{x \to 0} \frac{x^2 + 6x}{3x - 2x^2} = \lim_{x \to 0} \frac{x}{x} \cdot \lim_{x \to 0} \frac{x+6}{3-2x} = 1 \cdot 2 = 2$$

Beispiel 4:

$$\lim_{x \to 0} \frac{(x-1) \cdot \operatorname{sgn}(x+1)}{2 + x^2} = \frac{\lim\limits_{x \to 0} (x-1) \cdot \lim\limits_{x \to 0} \operatorname{sgn}(x+1)}{\lim\limits_{x \to 0} (2 + x^2)} = \frac{(-1) \cdot 1}{2} = -\frac{1}{2}.$$

Aufgaben

1. Berechne die Grenzwerte folgender Funktionen, die durch ihren Term gegeben sind, an der Stelle x_0!

   a) $f(x) = \frac{x^3 - 8}{x - 2}$; $x_0 = 2$ **b)** $f(x) = \frac{(x+2)^2}{x^2 - 4}$; $x_0 = -2, x_0 = 2$

   c) $f(x) = \frac{x^2 - 16}{(x+4)^2}$; $x_0 = -4, x_0 = 4$ **d)** $f(x) = \frac{\sqrt{x+2}}{x+2}$; $x_0 = -2$

2. Wie 1.

   a) $f(x) = \frac{x - 5}{\sqrt{x-5}}$; $x_0 = 5$ **b)** $f(x) = \frac{x - 2}{\sqrt{x^2 - 4}}$; $x_0 = -2, x_0 = 2$

   c) $f(x) = \frac{2x}{x^2 - x}$; $x_0 = 0, x_0 = 1$ **d)** $f(x) = \frac{1 + \sin x}{1 + \cos x}$; $x_0 = 0, x_0 = \frac{\pi}{2}, x_0 = \pi$

3. Beweise die Sätze 5.8,1 und 5.8,3!

5.5 Stetigkeit und Unstetigkeit einer Funktion

5.5.1 Stetigkeit an einer Stelle

Mit dem Begriff der Stetigkeit verbindet man gefühlsmäßig sofort den Begriff von etwas Zusammenhängendem. In unserem Fall denkt man etwa an die zu einer Funktion $x \mapsto f(x)$ gehörige Bildkurve, die man in einem Zug, d. h. ohne den Zeichenstift ab-

zusetzen zeichnen kann. Eine solche anschauliche Definition der Stetigkeit reicht jedoch für eine strenge mathematische Arbeitsweise nicht aus.
Von besonderer Bedeutung sind die Funktionen, bei denen der Grenzwert f_0 mit dem Funktionswert $f(x_0)$ übereinstimmt.

Definition 5.18:

Eine Funktion f heißt stetig an der Stelle x_0 ihrer Definitionsmenge, wenn
1. die Funktion f für $x \to x_0$ einen Grenzwert hat und
2. Grenzwert und Funktionswert für diese Stelle gleich sind, also $\lim\limits_{x \to x_0} f(x) = f(x_0)$.

Für die Argumente x, für welche f(x) nicht definiert ist, kann über Stetigkeit (oder Unstetigkeit) nichts ausgesagt werden. Beispiel $f(x) = \frac{1}{x}$ für $x = 0$.
Mit der Definition 5.10 des Grenzwertes einer Funktion für die Stelle x_0 können wir die Stetigkeit auch so definieren:

Definition 5.19:

Eine Funktion f heißt stetig für das Argument x_0 ihrer Definitionsmenge, wenn es zu jedem beliebig kleinen $\varepsilon > 0$ ein $\delta > 0$ gibt, so daß für alle x, für welche $|x - x_0| < \delta$ zutrifft, auch $|f(x) - f(x_0)| < \varepsilon$ gilt; dabei bedeutet $f(x_0)$ den **Funktionswert** für das Argument x_0.

Beachtet man, daß durch die Ungleichung $|f(x) - f(x_0)| < \varepsilon$ die Elemente der Bildmenge erfaßt werden, die in der ε-Umgebung $U_\varepsilon f(x_0)$ liegen und durch $|x - x_0| < \delta$ eine δ-Umgebung $U_\delta(x_0)$ definiert ist, so erhält man mit Hilfe des Begriffes der Umgebung die zur Definition 5.19 äquivalente

Definition 5.20:

Eine Funktion $f: x \mapsto f(x)$ mit D_f ist an einer Stelle $x_0 \in D_f$ stetig, wenn es zu jeder ε-Umgebung $U_\varepsilon(f[x_0])$ eine Umgebung $U_\delta(x_0) \subseteq Df$ gibt, so daß gilt $f(U_\delta[x_0]) \subseteq U_\varepsilon(f[x_0])$.

Für die Randstellen eines abgeschlossenen Intervalls erhält man mit Hilfe von Halbumgebungen die Definition der einseitigen Stetigkeit.
Ist eine Funktion f in x_0 nicht stetig, so heißt sie in x_0 unstetig.

Bemerkungen:

Da dem Anfänger solche mathematischen Definitionen meist große Schwierigkeiten bereiten, soll diese Definition der Stetigkeit an der Bildkurve zur Funktion f näher erläutert werden.
Man geht aus von einer beliebig kleinen Zahl $\varepsilon > 0$ und zeichnet die Parallelen zur x-Achse $y = f(x_0) + \varepsilon$ und $y = f(x_0) - \varepsilon$. Dabei muß es möglich sein, eine, wenn auch noch so kleine Zahl $\delta > 0$ zu finden, so daß **der Teil des Kurvenstücks,** der zwischen

den Parallelen zur y-Achse $x = x_0 - \delta$ und $x = x_0 + \delta$ liegt, auch zwischen den oben genannten Parallelen zur x-Achse liegt[1] (Abb. 5,9).
Kann man zu **jedem** $\varepsilon > 0$ ein solches $\delta > 0$ finden, dann ist die Funktion stetig für x_0. Ist das nicht möglich für jedes $\varepsilon > 0$, dann ist die Funktion an der Stelle x_0 unstetig (Abb. 5,10).

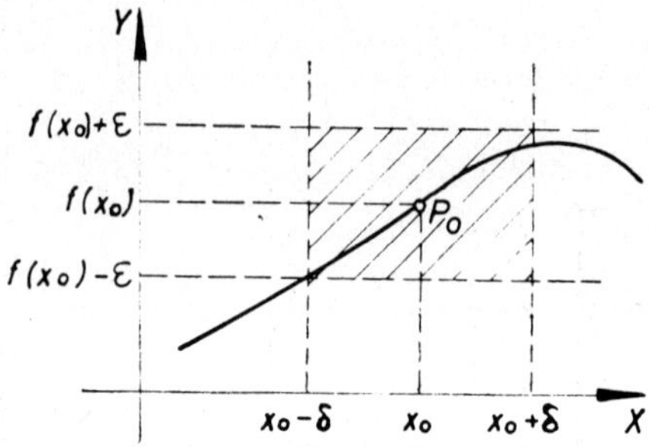

Abb. 5,9

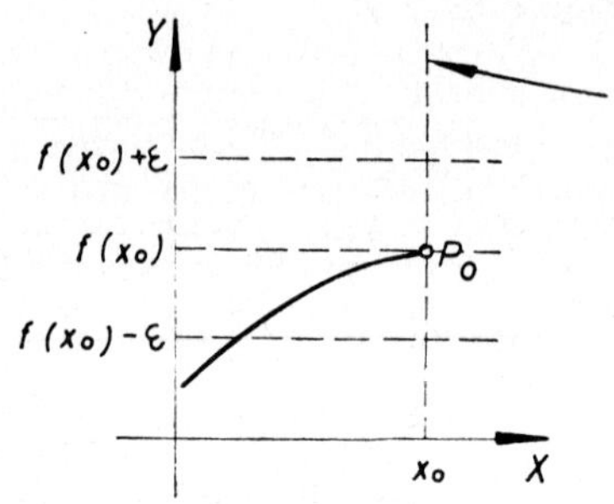

Abb. 5,10

Beispiele:

1. $y = f(x) = x^3$

Es ist $f(0) = 0$. Wir geben ein $\varepsilon > 0$ vor und suchen dazu ein $\delta > 0$, so daß $|x^3 - 0| < \varepsilon$ wird für $|x - 0| < \delta$. Wir erhalten $|x| < \sqrt[3]{\varepsilon}$, woraus sich $\delta = \sqrt[3]{\varepsilon}$ ergibt.

2. Daß Funktionen auch an solchen Stellen stetig sind, an denen ihre Bildkurven Ecken aufweisen, zeigt das Beispiel der Funktion $f(x) = |x - 1|$.
Nachweis der Stetigkeit für $x_0 = 1$. Es ist $f(1) = 0$.

Zu jedem $\varepsilon > 0$ soll ein $\delta > 0$ so gefunden werden, daß gilt: aus $|x - 1| < \delta \Rightarrow ||x - 1| - 0| < \varepsilon$. Man sieht, daß die Stetigkeitsbedingung erfüllt ist, wenn $\delta = \varepsilon$ ist.

Wir wollen den Stetigkeitsbegriff einer Funktion noch mit Hilfe des Begriffes der Umgebung nach Definition 5.20 veranschaulichen. Dazu betrachten wir die Funktion

$$f: x \mapsto f(x) = \begin{cases} \frac{1}{2}x + 2 & \text{für } x \geqq 4 \\ \frac{1}{4}x^2 & \text{für } x < 4 \end{cases} \text{ im Intervall } [-2; 8],$$

deren Graph in Abb. 5,11 gezeichnet ist.

Um die Funktion f an der Stelle x_0 auf Stetigkeit zu untersuchen, gehen wir von einer ε-Umgebung $U_\varepsilon(f[x_0])$ aus und untersuchen, ob es eine δ-Umgebung $U_\delta(x_0)$ gibt, so daß für das Bild dieser Umgebung $U_\delta(x_0)$ gilt $f(U_\delta[x_0]) \subseteq U_\varepsilon(f[x_0])$. In der Abb. 5,11 ist $x_0 = 4$, $f(x_0) = 4$ und $\varepsilon = \frac{3}{2}$ gewählt worden. Für das Urbild[2] von $U_{\frac{3}{2}}(f[4])$ erhält man aus der Zeichnung und durch Rechnung das Intervall $J =]3{,}2; 7[$. Wählen wir $\delta = 0{,}6$, so erhalten wir als Bild von $U_{0,6}(4)$ das Intervall $f(U_{0,6}[4]) = \{f(x) \mid 2{,}9 < f(x) < 4{,}3\} \subset \subset U_{\frac{3}{2}}(f[4])$.
Man ersieht aus der Zeichnung, was die Rechnung bestätigt, daß es zu jeder beliebig kleinen Umgebung $U_\varepsilon(f[4])$ eine δ-Umgebung $U_\delta(4)$ gibt, die die genannten Bedingungen erfüllt.

---

1) Horizontalstreifen $H_\varepsilon[f(x_0)]$
2) Das Urbild von $U_\varepsilon(f[x_0]) \subseteq W_f$ ist $J = \{x \mid f(x) \in]f(x_0) - \varepsilon; f(x_0) + \varepsilon[\}$.

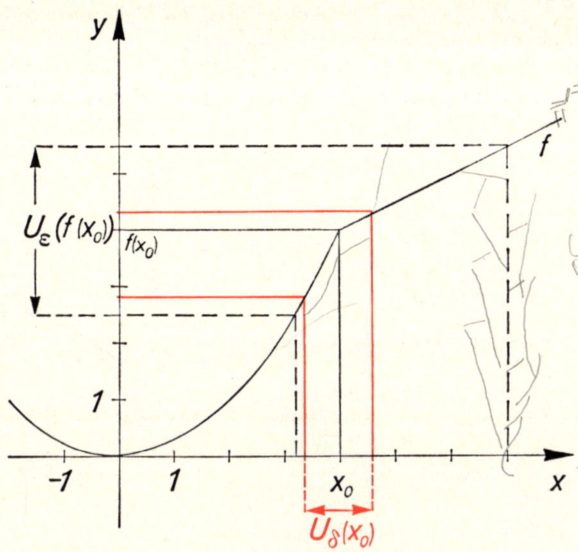

Abb. 5,11

Aufgaben

1. Bestimme zeichnerisch und rechnerisch bei folgenden Funktionen zur angegebenen Stelle x_0 und zum vorgegebenen $\varepsilon > 0$ ein $\delta > 0$, so daß gilt $f(U_\delta[x_0]) \subset U_\varepsilon(f[x_0])$.

a) $f(x) = \frac{1}{2}x$; $x_0 = 4$; $\varepsilon = 1$ **b)** $f(x) = \frac{1}{2}x^2$; $x_0 = 2$; $\varepsilon = 1$

c) $f(x) = \frac{1}{4}x^3$; $x_0 = 2$; $\varepsilon = 1$

2. Wie **1.**

a) $f(x) = \sqrt{2x}$; $x_0 = 2$; $\varepsilon = \frac{1}{2}$ **b)** $f(x) = 2 \sin x$; $x_0 = \frac{\pi}{4}$; $\varepsilon = \frac{1}{2}$

c) $f(x) = \tan x$; $x_0 = \frac{\pi}{4}$; $\varepsilon = 1$; $\varepsilon = \frac{1}{2}$

5.5.2 Stetigkeit in einem Intervall

Der in 5.5.1 definierte Begriff der Stetigkeit bezieht sich nur auf eine einzelne Stelle $x_0 \in D_f$ einer Funktion f. Er beschreibt eine lokale Eigenschaft der Funktion, aus der man keine Schlüsse auf andere Stellen $x \in D_f$ ziehen kann.

Definition 5.21:

Eine Funktion f heißt stetig über ihrer Definitionsmenge D_f, wenn sie an jeder Stelle $x \in D_f$ stetig ist.

Ist $D_f = [a, b]$, so ist f in a stetig, wenn der rechtsseitige Grenzwert $\lim\limits_{x \to a+0} f(x) = f(a)$ ist. Entsprechend ist f in b stetig, wenn der linksseitige Grenzwert $\lim\limits_{x \to b-0} f(x) = f(b)$ ist. Für $D_f =]a,b[$ kann weder von einer Stetigkeit in a noch in b gesprochen werden, weil die Funktion in a und b nicht definiert ist.

5.6 Unstetigkeitsstellen und Definitionslücken

5.6.1 Hebbare Unstetigkeitsstellen

Da der Begriff der Stetigkeit noch klarer wird, wenn man ihm den Begriff der Unstetigkeit gegenüberstellt, wollen wir diesen an einigen Beispielen erläutern.

a) Die Funktion $f\colon x \mapsto f(x) = \frac{x^2-1}{x-1}$, $D_f = \mathbb{R} \setminus \{1\}$ ist für $x = 1$ nicht definiert; sie hat für diese Stelle eine „Lücke". Setzen wir $f_1(1) = 1$, so erhalten wir eine **Fortsetzung** f_1 **von f**, die für alle $x \in \mathbb{R}$ definiert ist.

$$f_1\colon x \mapsto f(x) = \begin{cases} \frac{x^2-1}{x-1} & \text{für } x \neq 1 \\ 1 & \text{für } x = 1 \end{cases}$$

Für $x \to 1$ hat f_1 den Grenzwert 2. Die Funktion f_1 ist daher an der Stelle $x = 1$ unstetig, weil Funktionswert und Grenzwert verschieden sind.
Ordnen wir statt dessen der Stelle $x = 1$ den Grenzwert 2 als Funktionswert zu, so erhalten wir eine Funktion f_2 als **stetige Fortsetzung** von f. Eine solche Unstetigkeitsstelle, die durch eine Änderung des Funktionswertes behoben werden kann, heißt **hebbare Unstetigkeitsstelle.**
Zeichnet man die Bildkurve zu f_2, so stellt man fest, daß der so zugeordnete Funktionswert gut ins Bild der Kurve „hineinpaßt".

b) $f\colon x \mapsto x \cdot \sin \frac{1}{x}$; $D_f = \mathbb{R} \setminus \{0\}$.

Diese Funktion ist für $x = 0$ nicht definiert; wir setzen $f(0) = 1$. Hat sie einen Grenzwert für $x \mapsto 0$? Wir zeigen, daß er gleich 0 ist. Es sei $\varepsilon > 0$ beliebig vorgegeben; dann ist $\left|f(x) - 0\right| = \left|x \cdot \sin\frac{1}{x}\right| = \left|x\right| \cdot \left|\sin\frac{1}{x}\right| \leqq \left|x\right|$, weil $\left|\sin\frac{1}{x}\right| \leqq 1$ ist. Aus $|x| < \varepsilon \Rightarrow$ $\Rightarrow |f(x)| < \varepsilon$, weil $\delta = \varepsilon$ ist.
Ordnet man dem Argument $x_0 = 0$ diesen Grenzwert 0 als Funktionswert zu, so erhält man die Funktion

$$f_1\colon x \mapsto f_1(x) = \begin{cases} x \cdot \sin\frac{1}{x} & \text{für } x \neq 0 \\ 0 & \text{für } x = 0 \text{ mit } D_f = \mathbb{R} \end{cases}$$

als **stetige Fortsetzung** der Funktion f.

c) $f\colon x \mapsto \frac{\sin x}{x}$ (x im Bogenmaß); $D_f = \mathbb{R} \setminus \{0\}$

Diese Funktion f hat für $x = 0$ eine Definitionslücke. Wir untersuchen, ob sie für $x \to 0$ einen Grenzwert hat (Abb. 5,12).

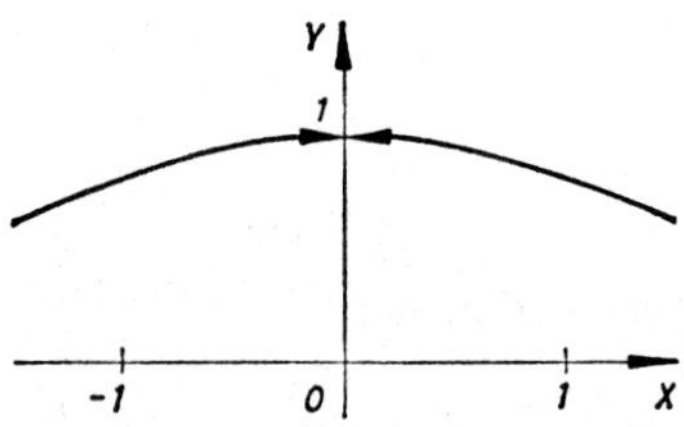

Abb. 5,12

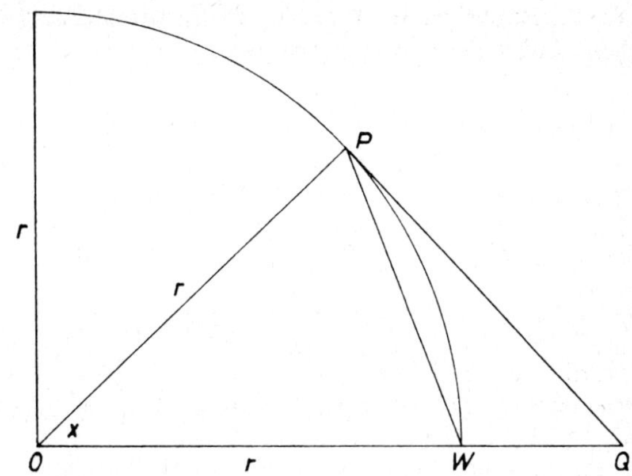

Abb. 5,13

Unsere Grenzwertsätze führen hier nicht zum Ziel, wir müssen daher einen anderen Weg suchen. Dazu bietet sich ein Flächenvergleich an.
Aus der Abb. 5,13 entnehmen wir, daß der Flächeninhalt des Dreiecks OPW kleiner als der Flächeninhalt des Kreissektors und dieser wieder kleiner als der Flächeninhalt des Dreiecks OPQ ist, wobei PQ die Tangente an den Kreis in P ist.

Daher gilt für $0 < x < \frac{\pi}{2}$ die Ungleichung:

$\frac{1}{2} r^2 \sin x < \frac{1}{2} r^2 x < \frac{1}{2} r^2 \tan x \Rightarrow \sin x < x < \tan x.$

Aus der Teilungleichung $\sin x < x$ folgt für $x > 0$
$\lim\limits_{x \to 0+0} \sin x = 0$ und nach Satz 5.8,2 auch $\lim\limits_{x \to 0+0} (\sin x)^2 = 0.$

Wegen $(\sin x)^2 = 1 - (\cos x)^2 = (1 + \cos x)(1 - \cos x)$ ist
$\lim\limits_{x \to 0+0} (1 + \cos x)(1 - \cos x) = 0 \Rightarrow \lim\limits_{x \to 0+0} \cos x = 1$, da $1 + \cos x > 1$ für $x \in [0; \frac{\pi}{2}[$ ist.

Dividieren wir obige Ungleichung durch $\sin x > 0$ für $x \in [0; \frac{\pi}{2}[$, so ist

$1 < \frac{x}{\sin x} < \frac{1}{\cos x} \Rightarrow 1 > \frac{\sin x}{x} > \cos x.$

Für den rechtsseitigen Grenzwert an der Stelle $x_0 = 0$ folgt daraus $\lim\limits_{x \leftarrow 0+0} \frac{\sin x}{x} = 1.$

Für die linksseitige Annäherung an die Stelle 0 ist $x < 0$ und $\sin x > x > \tan x$, woraus man durch Division durch $\sin x < 0$ erhält $\lim\limits_{x \to 0-0} \frac{\sin x}{x} = 1.$

Damit erhalten wir $\lim\limits_{x \to 0} \frac{\sin x}{x} = 1.$

Ordnen wir der Stelle $x = 0$ diesen Grenzwert 1 als Funktionswert zu, so erhalten wir als stetige Fortsetzung der Funktion f die Funktion

$$f_1\colon x \mapsto \begin{cases} \frac{\sin x}{x} & \text{für } x \neq 0 \\ 1 & \text{für } x = 0 \text{ mit } D_{f_1} = \mathbb{R} \end{cases}$$

5.6.2 Nicht stetig hebbare Definitionslücken

Wir unterscheiden 2 Fälle:

a) Bei der Funktion $x \mapsto f(x) = \frac{|x|}{x}$ sind links- und rechtsseitiger Grenzwert für $x_0 = 0$ vorhanden aber verschieden (Abb. 5,14). Diese Funktion hat also für $x = 0$ keinen (eindeutigen) Grenzwert; über den Funktionswert $f(x_0)$ ist dabei nichts ausgesagt.
Eine solche Stelle heißt eine **endliche Sprungstelle** der Funktion.

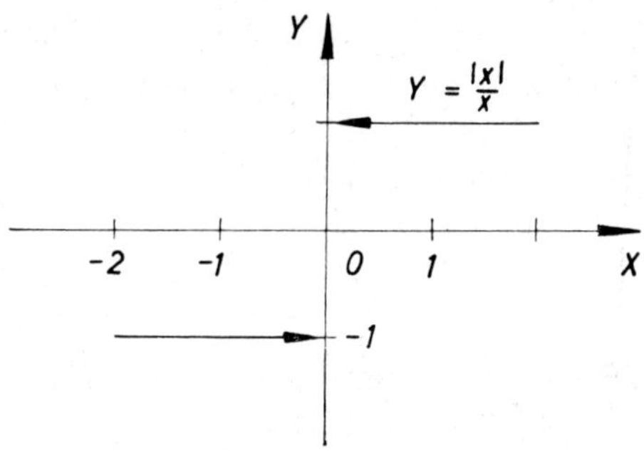

Abb. 5,14

b) Ein besonderes Verhalten zeigt die Funktion $x \mapsto f(x) = \sin \frac{1}{x}$ mit dem Funktionswert $f(0) = 0$ für $x_0 = 0$. Die Schnittpunkte ihrer Bildkurve mit der x-Achse haben die Abszissen $x = \pm \frac{1}{n\pi}$ für $n = 1, 2, 3, \ldots$ und kommen in immer enger werdenden Abständen von beiden Seiten beliebig nahe an den Ursprung heran.
Dasselbe gilt für $x = \frac{2}{(4n+1)\pi}$ bzw. $x = \frac{2}{(4n-1)\pi}$ für $n = 0; \pm 1; \pm 2; \pm 3; \ldots,$ für welche die Funktion die Werte $+1$ bzw. -1 annimmt. Man erkennt daraus, daß die Bildkurve zu dieser Funktion bei Annäherung an den Nullpunkt immer rascher zwischen den Werten $+1$ und -1 hin und her pendelt und daß sie in beliebiger Nähe des Nullpunktes beliebig viele „Schwingungen" ausführt (Abb. 5,15).
Eine solche Funktion heißt in $x = 0$ **„unbestimmt unstetig"**.

5.6.3 Linksseitige und rechtsseitige Stetigkeit

Beispiele:

1. Die Funktion $f: x \mapsto f(x) = \frac{|x|}{x}$ mit $D_f = \mathbb{R} \setminus \{0\}$ (Abb. 5,14) hat für $x = 0$ einen linksseitigen Grenzwert $f_l = -1$ und einen rechtsseitigen Grenzwert $f_r = 1$. Ordnen wir der Stelle $x_0 = 0$ den rechtsseitigen Grenzwert $f_r = 1$ als Funktionswert zu, also $f(0) = 1$, so erhalten wir als Fortsetzung von f die Funktion

$$f_1: x \mapsto f_1(x) = \begin{cases} \frac{|x|}{x} & \text{für } x \neq 0 \\ 1 & \text{für } x = 0 \end{cases} \text{ mit } D_{f_1} = \mathbb{R}$$

Da $\lim\limits_{x \to 0+0} f_1(x) = f_1(0) = 1$ bezeichnen wir diese Funktion rechtsseitig stetig an der Stelle $x_0 = 0$.

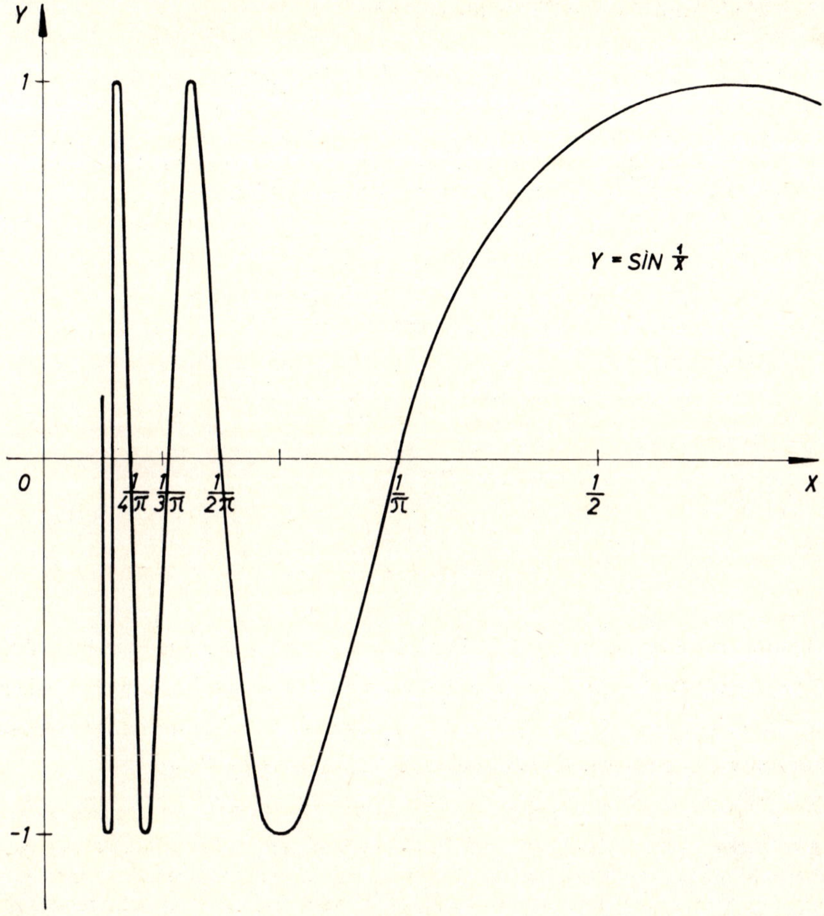

Abb. 5,15

2. Die Funktion $f: x \mapsto x - [x]$ mit $D_f = \mathbb{R}$ ist an ganzzahligen Stellen $z_0 \in D_f$ rechtsseitig stetig, weil $\lim\limits_{x \to z_0 + 0} (x - [x]) = 0$ gilt (Abb. 3,4).

3. Die Funktion $f: x \mapsto f(x) = \operatorname{sgn} x$ ist für $x_0 = 0$ weder rechtsseitig noch linksseitig stetig, da $f_l = -1$, $f_r = 1$, aber $f(0) = 0$ ist.

Definition 5.22:

Eine Funktion $f: x \mapsto f(x)$ mit D_f heißt an einer Stelle $x_0 \in D_f$ linksseitig stetig [rechtsseitig stetig], wenn $\lim\limits_{x \to x_0 - 0} f(x) = f(x_0)$ für alle $x \in U_l(x_0) = \{x \mid x_0 - x < \delta\}$ [$\lim\limits_{x \to x_0 + 0} f(x) = f(x_0)$] für alle $x \in U_r(x_0) = \{x \mid x - x_0 < \delta\}$ gilt.

Aufgaben

Untersuche folgende Funktionen auf Unstetigkeitsstellen. Von welcher Art sind sie? Bestimme gegebenenfalls rechts- und linksseitige Grenzwerte.

1. $f: x \mapsto \frac{|x|}{x} + x;\ f(0) = 1$

2. $f: x \mapsto \frac{|x|}{x} + |x|;\ f(0) = 0$

3. $f: x \mapsto |x| + \frac{x}{2}$

4. $f: x \mapsto [x]$

5. $f: x \mapsto [x] - x$

6. $f: x \mapsto (x - [x])^2$

7. $f: x \mapsto [x] - [-x]$

8. $f: x \mapsto [x] + \sqrt{x - [x]}$

9. $f: x \mapsto 2^{\frac{1}{x-1}};\ f(1) = 0$

10. $f: x \mapsto \frac{x(x+1)}{|x|};\ f(0) = 2$

11. $f: x \mapsto f(x) = \begin{cases} x^2 & \text{für } |x| \geqq 1 \\ x & \text{für } 0 \leqq x < 1 \\ -1 & \text{für } -1 < x < 0 \end{cases}$

12. $f: x \mapsto x^2 - |x^2 - 4|$

13. $f: x \mapsto |x^2 - 1| + 1$

14. $f: x \mapsto \frac{4|x|}{1 + |x|}$

15. $f: x \mapsto \frac{2}{1 + |x|}$

16. Untersuche folgende Funktionen auf Definitionslücken und zeichne die Graphen! Kann man die Funktionen stetig fortsetzen in den Definitionslücken?

a) $f: x \mapsto \frac{2x^2 - 5x + 3}{x^2 + x - 2}$ b) $f: x \mapsto \frac{2x^2 - 7x + 6}{x^2 - x - 2}$

17. Bestimme die Unstetigkeitsstellen der Funktion $f: x \mapsto \frac{4 - x^2}{x^2 - 9}$; $f(3) = 1$, $f(-3) = 2$. Welchen Grenzwert hat die Funktion für $x \to +\infty$? Von welchem Argument x an unterscheidet sich der Funktionswert von diesem Grenzwert um weniger als 10^{-6}?

18. An welchen Stellen x ist die Funktion $f: x \mapsto \frac{2x^2 + x - 3}{x^2 - 1}$ nicht definiert? Hat sie dort einen Grenzwert? Besitzt sie Nullstellen und Unendlichkeitsstellen? Von welcher Stelle x an unterscheidet sich der Funktionswert vom obigen Grenzwert um weniger als 10^{-6}? Von welchem Funktionswert f(x) an unterscheidet sich die Stelle x von der Unendlichkeitsstelle um weniger als 10^{-6}? Graph von f!

19. Untersuche die Funktion $f: x \mapsto \sqrt{\frac{x^2 - 4}{x - 2}}$; $f(2) = 4$ auf die größtmögliche Definitionsmenge sowie etwaige Unstetigkeitsstellen und zeichne den Graphen!

20. Hat die Funktion $f: x \mapsto \frac{x^2 - 4}{x^2 - 2x}$ Definitionslücken? Läßt sie sich dort stetig fortsetzen? Zeichne den Graphen!

21. Zeige, daß die Funktion $f\colon x \mapsto f(x) = \begin{cases} x, \text{ falls } x \neq 0 \text{ und } \frac{1}{x} \in \mathbb{N} \\ 0, \text{ falls } x = 0 \text{ oder } \frac{1}{x} \notin \mathbb{N} \end{cases}$

nur unstetig ist für alle $x = 1; \frac{1}{2}; \frac{1}{3}; \ldots \frac{1}{n}; \ldots$ mit $n \in \mathbb{N}$!

22. Zeige, daß die Funktion $f\colon x \mapsto f(x) = \begin{cases} x & \text{für } x \in \mathbb{Q} \\ 1 - x & \text{für } x \in \mathbb{R} \setminus \mathbb{Q} \end{cases}$ nur für $x_0 = \frac{1}{2}$ stetig, in allen anderen Stellen jedoch unstetig ist!

23. Untersuche die Funktion $f\colon x \mapsto (x^2 - 4) \cdot \operatorname{sgn} x + \operatorname{sgn}(x - 1)$ auf Unstetigkeitsstellen und zeichne den Graphen im Intervall $[-3; 3]$!

24. An welcher Stelle x ist die Funktion $f\colon x \mapsto x \cdot \operatorname{sgn}(x - 1)$ unstetig? Ist sie dort stetig fortsetzbar? Zeichne den Graphen in $[-2; 3]$!

Bestimme folgende Grenzwerte:

25. $\lim\limits_{h \to 0} \sin h;$ $\quad \lim\limits_{h \to 0} \cos h;$ $\quad \lim\limits_{h \to 0} \sin(x + h);$ $\quad \lim\limits_{h \to 0} \cos(x + h)$

26. $\lim\limits_{x \to 0} \dfrac{\sin 2x}{x};$ $\quad \lim\limits_{x \to 0} \dfrac{\sin x}{2x};$ $\quad \lim\limits_{x \to 0} \dfrac{\sin \frac{x}{2}}{x};$ $\quad \lim\limits_{x \to 0} \dfrac{\tan 2x}{x}$

27. $\lim\limits_{x \to 0} \dfrac{\sin x^2}{x^2};$ $\quad \lim\limits_{x \to 0} \dfrac{\sin x^2}{x};$ $\quad \lim\limits_{x \to 0} \dfrac{\tan x}{\sin 2x}$

28. $\lim\limits_{x \to 0} \dfrac{\sin x \cdot \sin 2x}{1 - \cos x};$ $\quad \lim\limits_{x \to 0} \dfrac{1 - \cos 4x}{1 - \cos 2x};$ $\quad \lim\limits_{x \to 0} \dfrac{1 - \cos 2x}{x^2}$

29. Zeige, daß $\lim\limits_{a^\circ \to 0^\circ} \dfrac{\sin a^\circ}{a^\circ} = \dfrac{\pi}{180^\circ}$!

30. Berechne: $\lim\limits_{h \to 0} \dfrac{\sin\left(\frac{\pi}{3} + h\right) - \sin \frac{\pi}{3}}{h};$ $\quad \lim\limits_{h \to 0} \dfrac{\cos\left(\frac{\pi}{6} + h\right) - \cos \frac{\pi}{6}}{h}$

(Anleitung: Benütze die Formeln für $\sin\alpha - \sin\beta$ bzw. $\cos\alpha - \cos\beta$)

31. Einem Kreis mit dem Radius r sind reguläre Vielecke einbeschrieben. Welchen Grenzwert hat das Verhältnis zwischen dem Flächeninhalt F_n des regulären n-Ecks und dem Quadrat seines Umfanges U_n, wenn die Seitenzahl n unbegrenzt wächst?

*Ein einfaches Beispiel aus der Elementargeometrie für eine unstetige Funktion

Wir konstruieren in einem beliebigen spitzwinkligen Dreieck ABC mit den Seiten a, b und c und den Winkeln α, β und γ den Höhenschnittpunkt H. Von diesem Punkt H aus erscheinen die Seiten a, b und c unter den Winkeln $(\beta + \gamma)$; $(\alpha + \gamma)$ und $(\alpha + \beta)$. Alle 3 Seiten zusammen erscheinen dann unter dem Winkel $\varphi = 2(\alpha + \beta + \gamma) = 360^\circ$ von H aus, was man auch sofort aus der Zeichnung ersieht (Abb. 5,16). Das gilt für alle spitzwinkligen Dreiecke, weil bei ihnen die Höhenschnittpunkte stets ins Innere des Dreiecks fallen.

Nehmen wir jetzt stumpfwinklige Dreiecke, bei denen z. B. der Winkel γ stumpf sein soll, so liegen alle Höhenschnittpunkte H außerhalb der Dreiecke. Für die Winkel, unter denen die Seiten a, b und c zusammen von H aus erscheinen, erhalten wir α, β und $(\alpha + \beta)$. Alle 3 Seiten zusammen erscheinen dann von H aus unter dem Winkel $\varphi = 2\,(\alpha + \beta)$ (Abb. 5,17).

Betrachten wir schließlich noch das rechtwinklige Dreieck mit dem Winkel $\gamma = 90°$, so fällt der Höhenschnittpunkt H mit der Ecke C zusammen. Die Seite c erscheint von $H \equiv C$ aus unter dem Winkel 90°, während die Winkel, unter denen die Seiten a und b von H aus erscheinen, nicht definiert sind. Man wird sie gleich 0° setzen dürfen. Dann

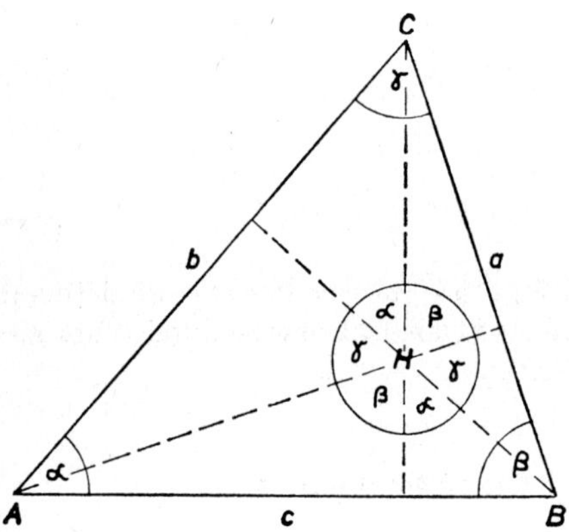

Abb. 5,16

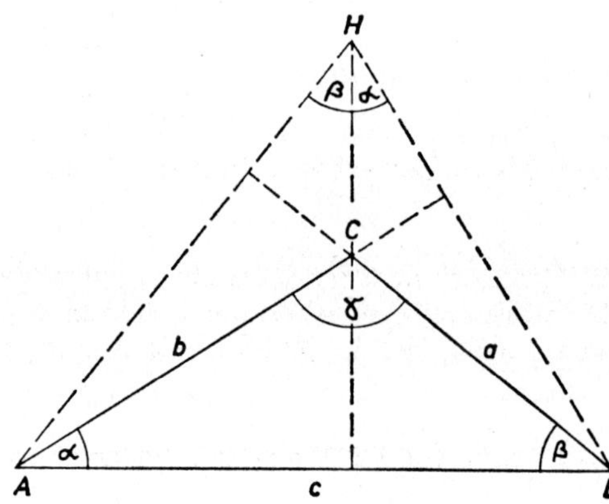

Abb. 5,17

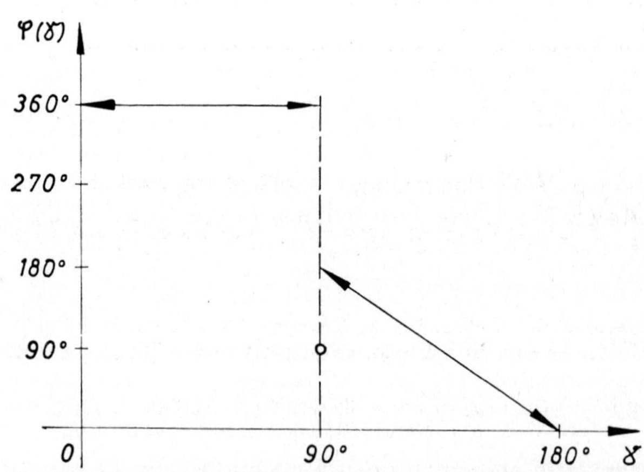

Abb. 5,18

erscheinen alle 3 Seiten zusammen unter dem Winkel $\varphi = 90°$. Wir können nun eine **Funktion** φ auf folgende Weise **definieren**: Wir setzen die Winkel α und β als spitz voraus und ordnen jedem Winkel γ den Winkel φ zu, unter dem die Dreiecksseiten zusammen vom Höhenschnittpunkt H aus erscheinen.

1. für $\gamma < 90°$ ist dann $\varphi(\gamma) = 360°$;
2. für $\gamma = 90°$ $\varphi(\gamma) = 90°$ und
3. für $\gamma > 90°$ ist $\varphi(\gamma) = 2(\alpha + \beta) = 360° - 2\gamma$.

Der Definitionsbereich dieser Funktion ist $0 < \gamma < 180°$. Sie ist unstetig an der Stelle $\gamma = 90°$ und hat dort den Funktionswert $\varphi(90°) = 90°$, den linksseitigen Grenzwert 360° und den rechtsseitigen Grenzwert 180°. Ihre Bildkurve ist in Abb. 5,18 dargestellt.

5.7 Stetigkeitssätze für Funktionen

In 3.6 haben wir durch Verknüpfung von zwei Funktionen neue Funktionen definiert. Wir wollen nun untersuchen, ob und unter welchen Bedingungen man durch Verknüpfung von stetigen Funktionen wieder stetige Funktionen erhält.

5.7.1 Summe, Differenz und Produkt von stetigen Funktionen

Satz 5.10:

Sind die beiden Funktionen $f: x \mapsto f(x)$ mit D_f und $g: x \mapsto g(x)$ mit D_g in $x_0 \in D_f \cap D_g$ stetig, dann sind auch die Funktionen $f + g$, $f - g$ und $f \cdot g$ in x_0 stetig.

Beweis:

Es sei $D = D_f \cap D_g$. Weil f und g in $x_0 \in D$ stetig sind, ist $\lim\limits_{x \to x_0} f(x) = f(x_0)$ und $\lim\limits_{x \to x_0} g(x) = g(x_0)$. Nach den Rechenregeln 1, 2 und 3 des Satzes 5.8 erhält man

1. $\lim\limits_{x \to x_0} (f[x] + g[x]) = \lim\limits_{x \to x_0} f(x) + \lim\limits_{x \to x_0} g(x) = f(x_0) + g(x_0)$
2. $\lim\limits_{x \to x_0} (f[x] - g[x]) = \lim\limits_{x \to x_0} f(x) - \lim\limits_{x \to x_0} g(x) = f(x_0) - g(x_0)$
3. $\lim\limits_{x \to x_0} (f[x] \cdot g[x]) = \lim\limits_{x \to x_0} f(x) \cdot \lim\limits_{x \to x_0} g(x) = f(x_0) \cdot g(x_0)$

5.7.2 Quotient von stetigen Funktionen

Satz 5.11:

Sind die beiden Funktionen f und g in $x_0 \in D_f \cap D_{\frac{1}{g}}$ stetig, dann ist auch die Funktion $\frac{f}{g}$ in x_0 stetig.

Beweis:

Aus $\lim\limits_{x \to x_0} f(x) = f(x_0)$ und $\lim\limits_{x \to x_0} g(x) = g(x_0)$ und $g(x_0) \neq 0$ folgt nach Satz 5.8 Regel 3

$$\lim_{x \to x_0} \frac{f(x)}{g(x)} = \frac{\lim\limits_{x \to x_0} f(x)}{\lim\limits_{x \to x_0} g(x)} = \frac{f(x_0)}{g(x_0)},$$ wobei $x_0 \in D_f \cap D_{\frac{1}{g}}$ ist.

Da f und g für alle $x \in D_f \cap D_g$ bzw. $D_f \cap D_{\frac{1}{g}}$ stetig sind, sind auch $f \pm g$, $f \cdot g$ in $D_f \cap D_g$ und $\frac{f}{g}$ in $D_f \cap D_{\frac{1}{g}}$ stetig.

5.7.3 Verkettung (Zusammensetzung) von stetigen Funktionen

Satz 5.12:

Für die Funktionen $f: x \mapsto f(x)$ mit D_f und $g: x \mapsto g(x)$ mit D_g soll gelten $W_g \subseteq D_f$. Ist g in x_0 und f in $g(x_0) \in D_f$ stetig, so ist auch die Funktion $f \circ g: x \mapsto f(g[x])$ in $x_0 \in D_{f \circ g} = \{x \in D_g \mid g(x) \in D_f\}$ stetig.

***1. Beweis:**

Es sei (x_n) eine Zahlenfolge mit $x_n \in D_g$ und dem Grenzwert x_0, also $\lim\limits_{n \to \infty} x_n = x_0$. Wegen der Stetigkeit von g in x_0 gilt $\lim\limits_{n \to \infty} g(x_n) = g(x_0) = z_0$. Nach Voraussetzung ist $g(x_n) = z_n \in D_f$ und $\lim\limits_{n \to \infty} z_n = \lim\limits_{n \to \infty} g(x_n) = g(x_0) = z_0$. Da f in z_0 stetig ist, ist $\lim\limits_{n \to \infty} f(z_n) = f(z_0)$. Also gilt für alle Zahlenfolgen (x_n) mit $x_n \in D_g$ $\lim\limits_{n \to \infty} f(g[x_n]) = \lim\limits_{n \to \infty} f(z_n) = f(z_0) = f(g[x_0])$.

2. Beweis (mit Hilfe von Umgebungen):

Es ist g an der Stelle x_0 und f an der Stelle $g(x_0) = z_0$ stetig. Dann gilt $x_0 \in D_g \wedge g(x_0) \in D_f$ und daher $x_0 \in D_{f \circ g}$.
Da f an der Stelle $g(x_0) = z_0$ stetig ist, gibt es zu jeder ε-Umgebung $U_\varepsilon(f[z_0])$ eine η-Umgebung $U_\eta(z_0)$, so daß $f(U_\eta[z_0]) \subseteq U_\varepsilon(f[z_0])$ ist. Wegen der Stetigkeit von g an der Stelle x_0 gibt es zu jeder η-Umgebung $U_\eta(g[x_0])$ eine δ-Umgebung $U_\delta(x_0)$ mit $g(U_\delta[x_0]) \subseteq U_\eta(g[x_0])$.Daraus folgt, daß es zu jeder ε-Umgebung $U_\varepsilon f(g[x_0])$ eine δ-Umgebung $U_\delta(x_0)$ gibt mit $f \circ g(U_\delta(x_0) \subseteq U_\varepsilon(f[x_0])$.

Beispiel:

Es ist $f \circ g: x \mapsto f(g[x]) = \sqrt{\frac{1}{2}x^2 + 1}$ mit $g(x) = \frac{1}{2}x^2$ und $f(z) = \sqrt{z+1}$. Für $x_0 = \sqrt{6}$ ist $g(x_0) = z_0 = 3$ und $f(g[x_0]) = f(z_0) = 2$. Zur ε-Umgebung $U_\varepsilon f(z_0) = \{f(z) \mid 1{,}4 < f(z) < 2{,}6\}$ gibt es eine η-Umgebung $U_\eta(z_0) = \{z \mid 1{,}5 < z < 4{,}5\}$, so daß $f(U_\eta[z_0]) \subset$

$\subset U_\varepsilon(f[z_0])$. Außerdem gibt es zur η-Umgebung $U_\eta(z_0) = U_\eta(g[x_0])$ eine δ-Umgebung $U_\delta(x_0) = \{x \mid 2 < x < 2{,}8\}$, so daß $g(U_\delta[x_0]) \subset U_\eta(g[x_0])$ ist. Daher gibt es zur ε-Umgebung $U_\varepsilon\{f(g[x_0])\}$ eine δ-Umgebung $U_\delta(x_0)$, für die gilt $f\{g(U_\delta[x_0])\} \subset U_\varepsilon\{f(g[x_0])\}$ (Abb. 5.19 a, b, c).

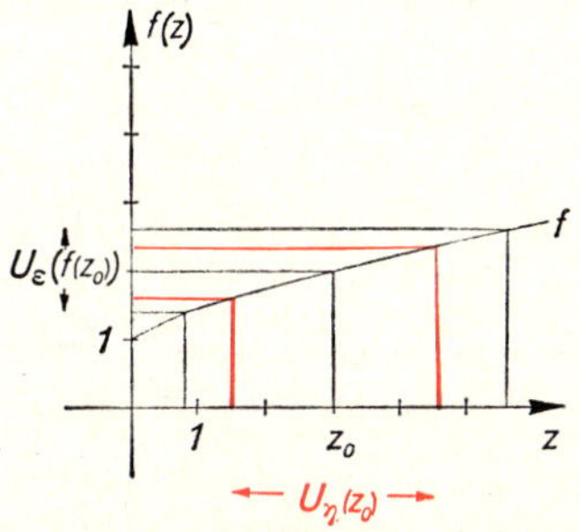

Abb. 5,19a

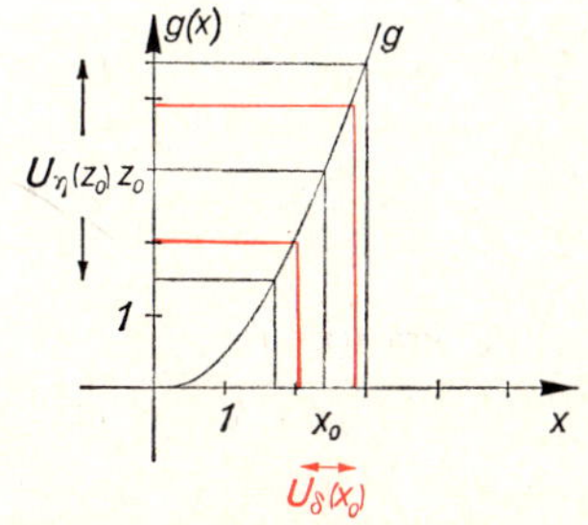

Abb. 5,19b

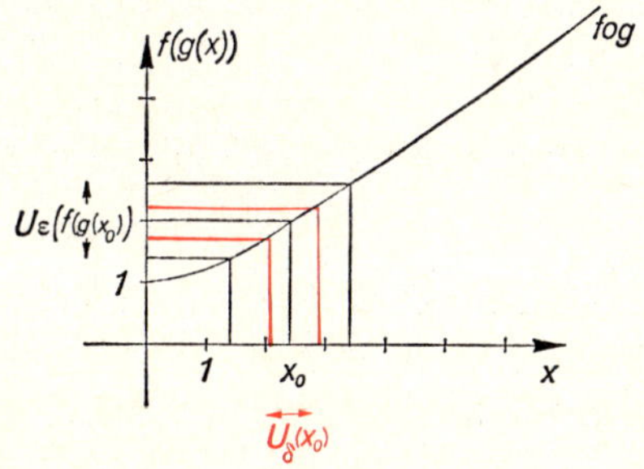

Abb. 5,19c

Aufgaben

1. In den folgenden Aufgaben sind die Funktionen f und g gegeben. Bilde jeweils $f + g$, $f - g$, $f \cdot g$, $\frac{f}{g}$, $f \circ g$ und $g \circ f$ und gib die Definitionsmengen für die so erhaltenen Funktionen an! Untersuche, ob sie darin stetig sind!

a) $f: x \mapsto \sqrt{x}$; $D_f = \mathbb{R}_0^+$; $g: x \mapsto 2x + 4$; $D_g = \mathbb{R}$

b) $f: x \mapsto 2x + 1$; $D_f = \mathbb{R}$; $g: x \mapsto x^2$; $D_g = \mathbb{R}$

c) $f: x \mapsto 2x$; $D_f = [0, 2\pi]$ $g: x \mapsto \sin x$; $D_g = [0, 2\pi]$

d) $f: x \mapsto \cos x$; $D_f = \left[0, \frac{\pi}{2}\right]$ $g: x \mapsto \sqrt{x}$; $D_g = \mathbb{R}_0^+$

2. Wie **1.**

a) $f: x \mapsto 1 + x^2$; $D_f = \mathbb{R}$ $g: x \mapsto \sqrt[3]{x}$; $D_g = \mathbb{R}_0^+$

b) $f: x \mapsto \frac{1}{x}$; $D_f = \mathbb{R} \setminus \{0\}$ $g: x \mapsto \sqrt{x}$; $D_g = \mathbb{R}_0^+$

c) $f: x \mapsto \frac{1}{1 + x}$; $D_f = \mathbb{R} \setminus \{-1\}$ $g: x \mapsto \sqrt{x}$; $D_g = \mathbb{R}_0^+$

3. Wie **1.**

a) f: $x \mapsto |x|$; $D_f = \mathbb{R}$ g: $x \mapsto \sqrt{2x}$; $D_g = \mathbb{R}_0^+$

b) f: $x \mapsto \sqrt{x}$; $D_f = \mathbb{R}_0^+$ g: $x \mapsto \sqrt{-x}$; $D_g = \mathbb{R}_0^-$

c) f: $x \mapsto \sqrt{1-x}$; $D_f = \{x \mid x \leqq 1\}$ g: $x \mapsto \sqrt{1+x}$; $D_g = \{x \mid x \geqq -1\}$

d) f: $x \mapsto \operatorname{sgn} x$; $D_f = [-\pi, \pi]$ g: $x \mapsto \sin x$; $D_g = [-\pi, \pi]$

5.7.4 Sätze über stetige Funktionen

Satz 5.13:

Ist eine Funktion f: $x \mapsto f(x)$ in einem abgeschlossenen Intervall [a, b] stetig, dann ist sie über [a, b] auch beschränkt, d. h. es gibt ein $K \in \mathbb{R}^+$, so daß $|f(x)| \leqq K$ für alle $x \in [a, b]$.

Beweis:

Wir führen den Beweis indirekt. Es sei also f über [a, b] nicht beschränkt. Wir halbieren das Intervall $[a, b] = [s_1, t_1]$ und erhalten mit $s_2 = \frac{a+b}{2}$ die beiden Intervalle $[s_1, s_2]$ und $[s_2, t_1]$. f ist dann sicher über einem dieser beiden Intervalle oder über beiden nicht beschränkt. Wir wählen ein Intervall aus, über dem f nicht beschränkt ist und bezeichnen es mit $[s_2, t_1]$. Durch Fortsetzung dieses Verfahrens erhalten wir eine Intervallschachtelung $[s_k, t_k]$, für die gilt $[s_{k+1}, t_{k+1}] \subset [s_k, t_k]$ und $t_k - s_k = 2^{1-k}(b-a)$. Durch diese Intervallschachtelung ist eine Zahl $x_0 \in [a, b]$ so bestimmt, daß in jeder ε-Umgebung $U_\varepsilon(x_0)$ von x_0 f nicht beschränkt ist, da die Intervalle so ausgewählt wurden. Andererseits folgt aus der Stetigkeit von f in [a, b] $\lim\limits_{x \to x_0} f(x) = f(x_0)$, wonach f in einer Umgebung $U_\varepsilon(x_0)$ beschränkt sein muß (siehe dazu Satz 5.9). Unsere Annahme hat daher zu einem Widerspruch geführt.

Beachte:

Dieser Satz gilt nicht in einem offenen, halboffenen oder uneigentlichen Intervall.

Beispiel:

f: $x \mapsto \frac{1}{x}$; $D_f =]0; 1]$ ist in D_f stetig, aber nicht beschränkt.

Satz 5.14:

Jede in einem abgeschlossenen Intervall $J = [a, b]$ stetige Funktion f: $x \mapsto f(x)$ nimmt sowohl ihre obere Grenze G wie auch ihre untere Grenze g wirklich an, d. h. es gibt ein $x_1 \in J$ mit $f(x_1) = \sup W_f$ und ein $x_2 \in J$ mit $f(x_2) = \inf W_f$.
Ist das Supremum einer Funktion f ein Element der Wertemenge W_f, so wird es **Maximum** von f genannt. Das Infimum einer Funktion f heißt **Minimum**, wenn es ein Element aus W_f ist.

Beweis:

Die Wertemenge der Funktion f sei also W_f. Nach Satz 5.13 ist f über J beschränkt und hat nach dem Vollständigkeitsaxiom V und nach Satz 1.14 in J eine untere Grenze g

(Infimum von W_f) und eine obere Grenze G (Supremum von W_f). Für alle $x \in J$ gilt daher

$$g \leqq f(x) \leqq G$$

Wir führen den Beweis für das Supremum G und zeigen, daß es mindestens ein $x \in J$ gibt, für das gilt $f(x) = \sup W_f = G \in W_f$.
Dazu nehmen wir an, es sei $f(x) < G$ für alle $x \in J$. Daraus folgt $G - f(x) > 0$. Wir bilden eine neue Funktion $g: x \mapsto g(x) = \frac{1}{G - f(x)}$ mit $D_g = D_f$ und $W_g \subset \mathbb{R}^+$. Nach Satz 5.11 ist mit f auch g eine stetige Funktion, die nach Satz 5.13 beschränkt sein muß. Da G obere Grenze von f ist, gibt es nach Definition 1.6 und dem Kennzeichen der oberen Grenze zu jeder Zahl $n \in \mathbb{N}$ ein $x_n \in J$, so daß gilt $f(x_n) > G - \frac{1}{n} \Rightarrow \frac{1}{n} > G - f(x_n) \Rightarrow n < \frac{1}{G - f(x_n)} = g(x_n)$.

Wegen $g(x_n) > n$ ist g nicht nach oben beschränkt im Widerspruch zu unserer Annahme. Es muß also wenigstens eine Zahl $x \in J$ geben, so daß $f(x) = G$ ist (Maximum). Auf dieselbe Weise kann man beweisen, daß es mindestens ein $x \in J$ gibt, so daß $f(x) = g$ ist (Minimum).

Beachte:

Dieser Satz sagt aus, daß bei jeder stetigen Funktion f über einem abgeschlossenen Intervall Maximum und Minimum als Funktionswerte existieren müssen. Er gilt nicht in offenen, halboffenen und uneigentlichen Intervallen, wie folgende Beispiele zeigen.

Beispiele:

1. Die Funktion $f: x \mapsto 2x$ mit $D_f =]0; 1[$ und $W_f =]0; 2[$ nimmt weder ihr Infimum 0 noch ihr Supremum 2 an.

2. Die Funktion $g: x \mapsto x - [x]$ mit $D_g = [0; 1]$ und $W_g = [0; 1[$ nimmt ihr Infimum 0 an, jedoch nicht ihr Supremum 1.

Satz 5.15 (Nullstellensatz):

Eine Funktion $f: x \mapsto f(x)$ sei in $D_f = [a, b]$ stetig. Außerdem sei $f(a) < 0$ und $f(b) > 0$ (bzw. $f(a) > 0$ und $f(b) < 0$). Dann gibt es mindestens ein $x_0 \in [a, b]$ mit $f(x_0) = 0$.

Beweis:

Es sei $f(a) < 0$ und $f(b) > 0$. Wir definieren durch fortgesetztes Halbieren des Intervalls $J = [a, b]$ eine Folge von Intervallen $[a_n, b_n]$. Für $n = 0$ sei $[a_0, b_0] = [a, b]$ und es sei $m_0 = \frac{1}{2}(a_0 + b_0)$. Wir unterscheiden folgende Fälle:

1. Ist $f(m_0) \geqq 0$, so sei $[a_1, b_1] = [a_0, m_0]$
2. Ist $f(m_0) < 0$, so sei $[a_1, b_1] = [m_0, b_0]$. Für $n = 1$ ist $b_1 - a_1 = 2^{-1}(a + b)$.

Für n sei $[a_n, b_n]$ definiert und $b_n - a_n = 2^{-n}(b - a)$. Außerdem sei $m_n = \frac{1}{2}(a_n + b_n)$. Auch hier unterscheiden wir folgende Fälle:

1. Ist $f(m_n) \geqq 0$, so sei $[a_{n+1}, b_{n+1}] = [a_n, m_n]$
2. Ist $f(m_n) < 0$, so sei $[a_{n+1}, b_{n+1}] = [m_n, b_n]$

Dann erhalten wir für $b_{n+1} - a_{n+1} = m_n - a_n = b_n - m_n = \frac{1}{2}(a_n + b_n) = \frac{1}{2} \cdot 2^{-n}(b - a) = 2^{-(n+1)}(b - a)$. Damit haben wir induktiv eine Folge von Intervallen definiert mit

(1) $b_n - a_n = 2^{-n}(b - a)$ für alle $n \in \mathbb{N}$
(2) $[a_{n+1}, b_{n+1}] \subset [a_n, b_n]$
(3) $f(a_n) \leqq 0$; $f(b_n) \geqq 0$, weil wir a_n und b_n so gewählt haben. Aus (1) und (2) folgt, daß die Folge (a_n) monoton wachsend und beschränkt und die Folge (b_n) monoton abnehmend und beschränkt ist. Also konvergieren beide Folgen und wegen (1) gilt $\lim\limits_{n\to\infty} a_n = \lim\limits_{n\to\infty} b_n = x_0$. Die Stetigkeit liefert $\lim\limits_{n\to\infty} f(a_n) = \lim\limits_{n\to\infty} f(b_n) = f(x_0)$ Nach Satz 5.5 und (3) gilt

$$f(x_0) = \lim_{n\to\infty} f(a_n) \leqq 0 \text{ und}$$
$$f(x_0) = \lim_{n\to\infty} f(b_n) \geqq 0, \text{ woraus folge } f(x_0) = 0.$$

Satz 5.16 (Zwischenwertsatz):

Sei $f: x \mapsto f(x)$ in $D_f = [a, b]$ stetig und $c \in [f(a), f(b)]$ oder $c \in [f(b), f(a)]$. Dann gibt es ein $x_0 \in [a, b]$ mit $f(x_0) = c$.

Beweis:

Sei etwa $f(a) < c < f(b)$ und eine Funktion g definiert durch $g: x \mapsto f(x) - c$ mit $D_g = [a, b]$. Dann ist g stetig in D_g und $g(a) < 0$ und $g(b) > 0$. Daher gibt es nach Satz 5.15 ein $x_0 \in [a, b]$ mit $g(x_0) = 0$, d. h. $f(x_0) - c = 0$, also $f(x_0) = c$.

Aufgaben

1. Bestimme bei folgenden durch Terme gegebenen Funktionen die zur Definitionsmenge gehörende Wertemenge und gegebenenfalls die obere und untere Grenze der Funktionswerte bzw. die Extremwerte!

a) $f(x) = \frac{x}{x + 1}$; $D_f =]-1; 5]$ **b)** $g(x) = \frac{2x^2 + 3}{x^2}$; $D_g = \mathbb{R} \setminus \{0\}$

c) $h(x) = x - \frac{4}{x}$; $D_h =]1; 6]$ **d)** $k(x) = -\sqrt{-x}$; $D_k = [-9; 0]$

2. Wie **1.**

a) $f(x) = \frac{1}{3}x^2$; $D_f =]0; 3[$ **b)** $g(x) = \frac{3}{4 - x}$; $D_g = [-2; 4[$

c) $h(x) = 2 \cdot \sin x$; $D_h = [0; 2\pi]$ **d)** $k(x) = \sin\frac{1}{x}$; $D_k = \left]0; \frac{6}{\pi}\right]$

3. Bestimme bei folgenden Funktionen die maximale Definitionsmenge und untersuche, ob sie eine Umkehrfunktion besitzen. Gegebenenfalls ist die Definitions- und Wertemenge dieser Umkehrfunktion anzugeben. Bestimme auch die obere bzw. die untere Grenze der Funktionswerte von f und f^{-1}, falls sie existieren!

a) $f(x) = \sqrt{x - 2}$ **b)** $f(x) = \frac{1}{\sqrt{4 - x}}$ **c)** $f(x) = \frac{1}{3}x^3$ **d)** $f(x) = \sqrt{-x}$

Zweiter Teil: Differentialrechnung (1)

6. Die Ableitung einer Funktion

6.1 Das Tangentenproblem

Die Mathematiker des 17. Jahrhunderts beschäftigten sich vorwiegend mit zwei Problemen, mit dem Tangentenproblem und — wie auch früher die Griechen — mit dem Flächenproblem.
Beim **Tangentenproblem** handelte es sich darum, in einem bestimmten Punkt an eine gegebene Kurve die Tangente zu legen. Dabei war nicht in erster Linie ein Konstruktionsverfahren gesucht, es sollte vielmehr ein rechnerisches Verfahren zur Aufstellung der Tangentengleichung angegeben werden.
Beim **Flächenproblem** war der Flächeninhalt einer Fläche zu berechnen, die von einer Kurve begrenzt ist. Dieses Problem ist mindestens so alt wie die Geometrie als Wissenschaft überhaupt. Bei der Verwandlung geradlinig begrenzter ebener Figuren in flächengleiche Quadrate gelangten die Griechen zu der Frage der Flächenberechnung krummlinig begrenzter Figuren. **Archimedes** (287—212 v. Chr.) fand dabei ein Verfahren zur Berechnung des Inhalts eines Flächenstücks, das von einer Parabel begrenzt ist. Für Flächen, die von Kreis-, Ellipsen- oder Hyperbelbögen begrenzt sind, wurden jedoch keine ähnlichen Lösungen wie bei der Parabel, sondern nur Näherungslösungen gefunden.
Entscheidend zur Lösung dieser beiden Hauptprobleme haben unabhängig voneinander **Leibniz** (1646—1716) und **Newton** (1643—1727) beigetragen, indem sie die Methoden der Differential- und Integralrechnung entwickelt haben.

Der Anstieg einer Geraden

Unter dem Anstieg einer Geraden durch die beiden Punkte $P_1\,(x_1; y_1)$ und $P_2\,(x_2; y_2)$ verstehen wir den Tangens des Winkels α, den die Gerade P_1P_2 mit der positiven x-Achse bildet (Abb. 6.1).

$$\tan\alpha = \frac{P_2Q}{P_1Q} = \frac{y_2 - y_1}{x_2 - x_1}.$$

Den **Anstieg** der Geraden bezeichnet man auch als **Steigung, Richtungsfaktor** oder auch **Steilheit** der Geraden.

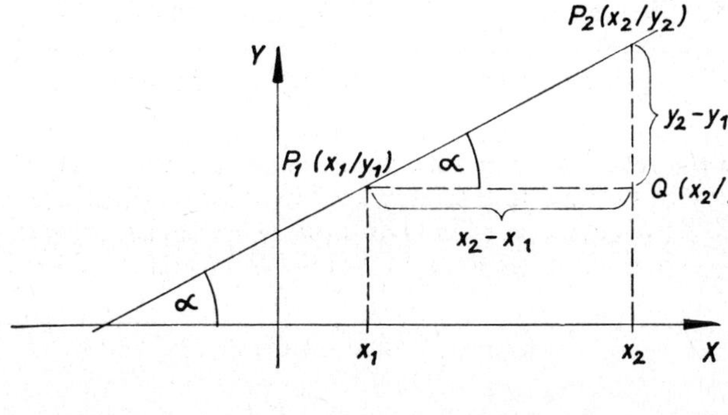

Abb. 6,1

Das Tangentenproblem

Wir zeichnen die Bildkurve zur Funktion $x \mapsto f(x) = \frac{x^2}{2}$ und gelangen auf folgende Weise zur Tangente im Punkt P_0 (2; 2) an die Kurve (Abb. 6,2).

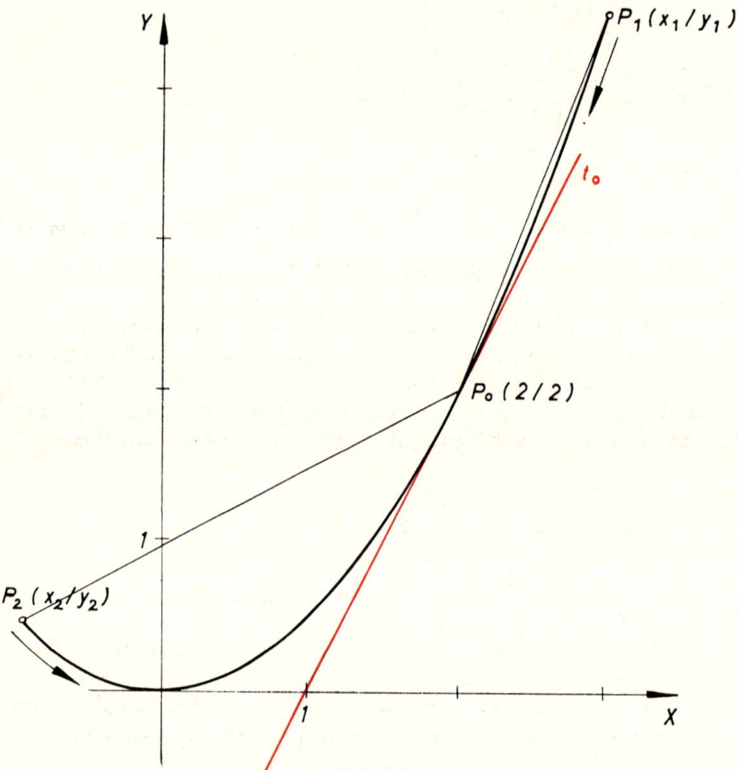

Abb. 6,2

Außer dem gegebenen Punkt P_0 nehmen wir auf der Kurve noch einen beliebigen Punkt $P_1 (x_1; y_1)$ an. Durch P_0 und P_1 ist eine Gerade P_0P_1 bestimmt, die wir als Sekante der Kurve bezeichnen (vgl. Sekante beim Kreis).

Wandert nun der Punkt P_1 auf der Kurve gegen den festen Punkt P_0, bis er mit diesem zusammenfällt, so entnehmen wir aus der Anschauung, daß sich die zugehörige Sekante um P_0 dreht und schließlich einer Grenzlage t_0 zustrebt.

Lassen wir noch einen zweiten Punkt P_2 von der anderen Seite her gegen P_0 wandern, so dreht sich auch die Sekante P_0P_2 um P_0 und strebt wieder einer Grenzlage t'_0 zu. Nur dann, wenn man in **beiden Fällen dieselbe Grenzlage** erhält ($t_0 = t'_0$), spricht man von einer **Tangente an die Kurve im Punkt** P_0.

Zahlenbeispiel:

$P_0\,(2;2)$; $f(x) = \frac{x^2}{2}$.

P_1 habe die Koordinaten $x_n = 2 + \frac{1}{n}$ und $y_n = f(x_n) = \frac{1}{2} \cdot \left(2 + \frac{1}{n}\right)^2$.

Durchläuft das Argument x_n die Zahlenfolge $\left(2 + \frac{1}{n}\right)$ mit dem Grenzwert 2, dann wandert der Punkt P_1 auf der Kurve von rechts her gegen P_0.

Für den Anstieg der Sekante P_0P_1 erhalten wir

$$\tan \alpha_n = \frac{y_n - 2}{x_n - 2} = \frac{\frac{1}{2}\left(2 + \frac{1}{n}\right)^2 - 2}{2 + \frac{1}{n} - 2} = \frac{4n + 1}{2n}$$

$$\text{Es ist } \lim_{n \to \infty} \tan \alpha_n = \lim_{n \to \infty} \frac{4n + 1}{2n} = 2$$

Wählen wir für x_n die Zahlenfolge $\left(2 - \frac{1}{n}\right)$, so erhalten wir die Annäherung des Punktes P_2 gegen P_0 von links. Die Durchführung der Rechnung (Aufgabe!) ergibt für den Anstieg denselben Grenzwert 2.

Nach unserer Definition des Grenzwertes bei Funktionen müßte die Untersuchung für alle möglichen Zahlenfolgen (x_n) mit dem Grenzwert 2 durchgeführt werden. Wir können aber hier ebenfalls vereinfachen, indem wir $x = 2 + h$ bzw. $x = 2 - h$ setzen $(h > 0)$. Dabei bedeutet das „+"-Zeichen die Annäherung von rechts, das „−"-Zeichen die Annäherung von links, wenn wir h grundsätzlich positiv annehmen. Dann ist

$$\tan \alpha = \lim_{h \to 0} \frac{\frac{1}{2}(2 + h)^2 - 2}{2 + h - 2} = \lim_{h \to 0} \frac{4h + h^2}{2h} = 2 \text{ bzw.}$$

$$\tan \alpha' = \lim_{h \to 0} \frac{\frac{1}{2}(2 - h)^2 - 2}{2 - h - 2} = \lim_{h \to 0} \frac{-4h + h^2}{2h} = 2 = \tan \alpha.$$

Aus $\tan \alpha = 2$ kann der Winkel α berechnet werden, den die Tangente in P_0 an die Kurve mit der positiven x-Achse bildet.

Führen wir die Rechnung für einen beliebigen Punkt $P_0(x_0; y_0)$ durch (Aufgabe!), so erhalten wir $\tan \alpha = x_0$. (Anleitung: setze $x = x_0 + h$ bzw. $x = x_0 - h$).

6.2 Die Ableitung einer Funktion

Sehen wir jetzt von der **geometrischen Deutung** ab und betrachten wir die Funktion $f: x \mapsto f(x) = \frac{1}{2}x^2$ mit $D_f = \mathbb{R}$.

Den Grenzwert $\lim\limits_{x_1 \to x_0} \frac{f(x_1) - f(x_0)}{x_1 - x_0} = \lim\limits_{x_1 \to x_0} \frac{\frac{x_1^2}{2} - \frac{x_0^2}{2}}{x_1 - x_0} = x_0$ bezeichnen wir als die **Ableitung** der Funktion f an der Stelle x_0. Dieser Grenzwert x_0 gibt die Steigung der Tangente im Punkt $P_0\,(x_0; \frac{1}{2}x_0^2)$ an.

Nun sei eine Funktion $f: x \mapsto f(x)$ mit D_f gegeben und außerdem eine Umgebung $U_h(x_0) \subseteqq D_f$. Wir bilden die Funktion $f_1: x \mapsto f_1(x) = \frac{f(x) - f(x_0)}{x - x_0}$, die nur in einer punktierten Umgebung $U_h^*(x_0)$ definiert ist. f_1 heißt Funktion des Differenzenquotienten und stellt geometrisch die Steigung der Sekante durch die Punkte $P(x_0; f[x_0])$ und $P(x; f[x])$ dar, die man auch als mittlere Steigung des Graphen von f zwischen den Punkten P_0 und P bezeichnet.

Existiert der Grenzwert $f'(x_0) = \lim_{x \to x_0} \frac{f(x) - f(x_0)}{x - x_0}$, so ist f' die stetige Fortsetzung der Funktion f_1 an der Stelle x_0.

Definition 6.1:

Die Funktion $f: x \mapsto f(x)$ mit D_f hat an der Stelle $x_0 \in D_f$ die Ableitung $f'(x_0)$, d. h., sie ist differenzierbar in x_0, wenn es eine Umgebung $U_h(x_0) \subseteqq D_f$ gibt, so daß $f'(x_0) = \lim_{x \to x_0} \frac{f(x) - f(x_0)}{x - x_0}$ für $x \in U_h(x_0)$ gilt.

Setzen wir $x = x_0 + h$ oder $x - x_0 = h$, so erhalten wir $f'(x_0) = \lim_{h \to 0} \frac{f(x_0 + h) - f(x_0)}{h}$.
Dabei ist (h) eine beliebige Nullfolge mit $h \neq 0$ und $x_0 + h \in U_h(x_0)$.

Der Grenzübergang $x \to x_0$ bzw. $h \to 0$ besagt geometrisch, daß die Folge der Sekanten durch den festen Punkt P_0 $(x_0; f(x_0))$ und den Punkt P $(x; f(x))$ mit $x \in D_f$ genau einer Grenzgeraden durch P_0 zustrebt, falls $f'(x_0)$ existiert. Eine solche Gerade heißt **Tangente** in P_0 an den Graphen von f.
Wir definieren:

Definition 6.2:

Eine Gerade t heißt Tangente in $P_0(x_0; f[x_0])$ an den Graphen der Funktion $f: x \mapsto f(x)$, wenn sie durch P_0 geht und ihre Steigung $m = f'(x_0)$ ist.
Die Gleichung der Tangente t ist $t: y = (x - x_0) \cdot f'(x_0) + y_0$.

6.2.1 Ableitung einfacher Funktionen an der Stelle x_0

1. Die konstante Funktion $f: x \mapsto c \in \mathbb{R}$; $D_f = \mathbb{R}$.
   Es ist $f(x_0) = c$ und $f(x_0 + h) = c$ und daher $\mathbf{f'(x_0)} = \lim_{h \to 0} \frac{c - c}{h} = \lim_{h \to 0} \frac{0}{h} = \lim_{h \to 0} 0 = \mathbf{0}$.

2. Die identische Funktion $f: x \mapsto x$; $D_f = \mathbb{R}$.
   Aus $f(x_0) = x_0$ und $f(x_0 + h) = x_0 + h$ erhält man $\mathbf{f'(x_0)} = \lim_{h \to 0} \frac{(x_0 + h) - x_0}{h} = \lim_{h \to 0} \frac{h}{h} = 1$.

3. Bei der quadratischen Funktion $f: x \mapsto x^2$; $D_f = \mathbb{R}$ ist
   $$\mathbf{f'(x_0)} = \lim_{h \to 0} \frac{(x_0 + h)^2 - x_0^2}{h} = \lim_{h \to 0} \frac{2x_0 h + h^2}{h} = \lim_{h \to 0} \frac{h}{h} \cdot \frac{(2x_0 + h)}{1} = \mathbf{2x_0}.$$

4. Die kubische Funktion $f: x \mapsto x^3$; $D_f = \mathbb{R}$.
   Aus $f(x_0) = x_0^3$ und $(f(x_0 + h) = (x_0 + h)^3$ erhält man
   $$\mathbf{f'(x_0)} = \lim_{h \to 0} \frac{(x_0 + h)^3 - x_0^2}{h} = \lim_{h \to 0} \frac{h}{h} (3x_0^2 + 3x_0 h + h^2) = \mathbf{3x_0^2}.$$

5. $f\colon x \mapsto \frac{1}{x}$; $D_f = \mathbb{R} \setminus \{0\}$.

$$f'(x_0) = \lim_{h \to 0} \frac{\frac{1}{x_0 + h} - \frac{1}{x_0}}{h} = \lim_{h \to 0} \frac{h}{h} \cdot \frac{-1}{x_0(x_0 + h)} = -\frac{1}{x_0^2}$$

6. $f\colon x \mapsto f(x) = \sqrt{x}$; $D_f = \mathbb{R}_0^+$

$$f'(x_0) = \lim_{h \to 0} \frac{\sqrt{x_0 + h} - \sqrt{x_0}}{h} = \lim_{h \to 0} \frac{(\sqrt{x_0 + h} - \sqrt{x_0})(\sqrt{x_0 + h} + \sqrt{x_0})}{h \cdot (\sqrt{x_0 + h} + \sqrt{x_0})} =$$

$$= \lim_{h \to 0} \frac{x_0 + h - x_0}{h(\sqrt{x_0 + h} + \sqrt{x_0})} = \lim_{h \to 0} \frac{h}{h} \cdot \frac{1}{\sqrt{x_0 + h} + \sqrt{x_0}} = \frac{1}{2\sqrt{x_0}}$$

Beachte:

1. Es ist $D_f = \mathbb{R}_0^+$, aber $D_{f'} = \mathbb{R}^+$.
2. Schreibt man $f(x_0) = \sqrt{x_0} = x_0^{\frac{1}{2}}$, so ist $f'(x_0) = \frac{1}{2} \cdot x_0^{-\frac{1}{2}} = \frac{1}{2} \cdot x_0^{\frac{1}{2} - 1}$

7. $f\colon x \mapsto \sin kx$; $D_f = \mathbb{R}$

$$f'(x_0) = \lim_{h \to 0} \frac{\sin k(x_0 + h) - \sin kx_0}{h} \text{[1]} = \lim_{h \to 0} \frac{2 \cos \frac{2kx_0 + kh}{2} \cdot \sin \frac{kh}{2}}{h} =$$

$$= \lim_{h \to 0} \left(\cos \left[kx_0 + \frac{kh}{2}\right] \cdot k \cdot \frac{\sin \frac{kh}{2}}{\frac{kh}{2}} \right) = \mathbf{k \cdot \cos kx_0}$$

Für $k = 1$ ist $f\colon x \mapsto \sin x$ und $f'\colon x \mapsto \cos x$.

8. $f\colon x \mapsto \cos kx$; $D_f = \mathbb{R}$

$$f'(x_0) = \lim_{h \to 0} \frac{\cos k(x_0 + h) - \cos kx_0}{h} \text{[2]} = \lim_{h \to 0} \frac{-2 \sin \frac{2kx_0 + kh}{2} \cdot \sin \frac{kh}{2}}{h} =$$

$$= \lim_{h \to 0} \left(-\sin \left[kx_0 + \frac{kh}{2}\right] \cdot k \cdot \frac{\sin \frac{kh}{2}}{\frac{kh}{2}} \right) = \mathbf{-k \cdot \sin kx_0}.$$

Aufgaben

Bilde die Ableitung der Funktion $f\colon x \mapsto f(x)$ für die angegebene Stelle x_0!

1. a) $f(x) = -3c$; $x_0 = 5$ **b)** $f(x) = 4x$; $x_0 = -2$
c) $f(x) = \frac{1}{4}x^2$; $x_0 = 4$; $x_0 = -2$ **d)** $f(x) = \frac{1}{6}x^3$; $x_0 = 3$

2. a) $f(x) = \frac{2}{x}$; $x_0 = 1$; $x_0 = -2$ **b)** $f(x) = 2\sqrt{x}$; $x_0 = 4$
c) $f(x) = \sin 2x$; $x_0 = \frac{\pi}{6}$ **d)** $f(x) = \cos 2x$; $x_0 = 0$; $x_0 = -\frac{\pi}{6}$

---

[1] $\sin\alpha - \sin\beta = 2\cos\frac{\alpha+\beta}{2} \cdot \sin\frac{\alpha-\beta}{2}$ [2] $\cos\alpha - \cos\beta = -2\sin\frac{\alpha+\beta}{2} \cdot \sin\frac{\alpha-\beta}{2}$

6.2.2 Linksseitige und rechtsseitige Ableitung an einer Stelle x_0

Beispiel:

Die Funktion $f: x \mapsto f(x) = |x|$ mit $D_f = \mathbb{R}$ ist überall in D_f stetig, auch an der Stelle $x_0 = 0$, an welcher der Graph einen Knick hat. Wir wollen untersuchen, ob sie an dieser Stelle eine Ableitung hat. Für $x_0 = 0$ ist $f(x_0) = 0$ und $f(x_0 + h) = |h|$; daher ist $f'(0) = \lim\limits_{h \to 0} \frac{|h| - 0}{h} = \lim\limits_{h \to 0} \frac{|h|}{h}$. Wir müssen jetzt zwei Fälle unterscheiden:

a) $h > 0$, d. h. bei der Nullfolge (h) dürfen nur Zahlen $h > 0$ gewählt werden.
Dann ist $f'_r(0) = \lim\limits_{h \to 0} \frac{h}{h} = 1$.

b) $h < 0$.
Dann ist $f'_l(0) = \lim\limits_{h \to 0} \frac{-h}{h} = -1$.

Es ist also die linksseitige Ableitung $f'_l(0) = -1$ und die rechtsseitige $f'_r(0) = 1$.

Definition 6.3:

Eine Funktion $f: x \mapsto f(x)$ mit D_f hat an einer Stelle $x_0 \in D_f$ eine linksseitige Ableitung $f'_l(x_0)$ (eine rechtsseitige Ableitung $f'_r[x_0]$), wenn für $h > 0$

$$f'_l(x_0) = \lim_{h \to 0} \frac{f(x_0 - h) - f(x_0)}{-h} \quad \text{für } x_0 - h \in D_f$$

$$(f'_r(x_0) = \lim_{h \to 0} \frac{f(x_0 + h) - f(x_0)}{h} \quad \text{für } x_0 + h \in D_f) \text{ existiert.}$$

Aus den Definitionen 6.1 und 6.3 folgt der

Satz 6.1:

Eine Funktion $f: x \mapsto f(x)$ ist an einer inneren Stelle $x_0 \in D_f$ genau dann differenzierbar, wenn sie an dieser Stelle eine linksseitige und eine rechtsseitige Ableitung besitzt und $f'_l(x_0) = f'_r(x_0)$ ist. Dann gilt $f'(x_0) = f'_l(x_0) = f'_r(x_0)$.

Beachte:

An einer Stelle, an der eine Funktion nicht definiert ist, kann sie auch keine Ableitung haben, auch keine rechtsseitige oder linksseitige. Insbesondere kann sie an einer nicht hebbaren Definitionslücke höchstens eine rechtsseitige **oder** linksseitige Ableitung haben. Die Funktion f_1 aus 5.6.3 Beispiel 1 hat an der Stelle $x_0 = 0$ nur eine rechtsseitige Ableitung $f'_r(0) = 0$.

Die Funktion f aus 5.6.3 Beispiel 2 besitzt an allen ganzzahligen Stellen $x_0 \in D_f$ nur die rechtsseitigen Ableitungen $f'_r(x) = 1$.

Aufgaben

Für welche Argumente x hat die Funktion $f: x \mapsto f(x)$ keine Ableitung? Bestimme gegebenenfalls die rechts- und linksseitigen Ableitungen! Zeichne die zugehörigen Bildkurven!

1. $f(x) = |x| + \frac{x}{2}$

2. $f(x) = \frac{1}{2}|x^2 - 1|$

3. $f(x) = |x^2 + 2x|$

4. $f(x) = |x + 1| - |x^2 - 1|$

5. $f(x) = \frac{1}{4}|x^3 - 9x|$

6. $f(x) = |x^2 - 4| - |x|$

7. $f(x) = (x - [x])^2;\ x \geqq 0$ (nur rechtsseitige Ableitung!)

8. $f(x) = [x] + (x - [x])^2;\ x \geqq 0$

6.3 Differenzierbarkeit in einem Intervall. Ableitungsfunktion

Definition 6.4:

Eine Funktion f heißt differenzierbar in ihrer Definitionsmenge D_f, wenn sie für alle $x \in D_f$ differenzierbar ist. Ist $D_f = [a, b]$, dann kann sie an der Stelle $x_0 = a$ nur eine rechtsseitige, an der Stelle $x_0 = b$ nur eine linksseitige Ableitung haben.
Ordnet man jeder Stelle $x_0 \in D_f$ die Ableitung an dieser Stelle $f'(x_0)$ zu, so erhält man eine neue Funktion $f': x \mapsto f'(x)$, die **Ableitungsfunktion** oder kurz **Ableitung** heißt.

Beachte:

Unterscheide deutlich zwischen der **Ableitung einer Funktion** für ein bestimmtes Argument x und ihrer **geometrischen Deutung** als **Anstieg der Tangente** in einem bestimmten Punkt der Bildkurve. Diesen Anstieg bezeichnet man auch als den **Anstieg der Bildkurve** in diesem Punkt.

Bemerkungen:

Den Übergang von der Funktion f zur Funktion f′ nennt man das **Ableiten** oder das Differenzieren. Die Rechenoperation heißt **Differentiation.** Eine Funktion f heißt **differenzierbar** für das Argument x, wenn sich die Ableitung f′ bilden läßt.
Wollen wir die **Ableitung** (Ableitungszahl) für ein bestimmtes Argument x_0 angeben, so schreiben wir entweder $y'(x = x_0)$ (lies: y Strich für $x = x_0$) oder kürzer $f'(x_0)$ (lies: f Strich x_0).

Beispiel:

$f(x) = x^2$ mit $D_f = [\frac{1}{2}; 2]$

Es ist $f'(x) = 2x$

Für $x = \frac{1}{2}$ ist die rechtsseitige Ableitung $f'(\frac{1}{2}) = 1$ und für
$x = 2$ die linksseitige $f(2) = 4.$

6.3.1 Differenzierbarkeit und Stetigkeit

Satz 6.2:

Ist eine Funktion f an einer Stelle x ihrer Definitionsmenge differenzierbar, dann ist sie dort auch stetig.

Erster Beweis:

Aus $\lim\limits_{h \to 0} \frac{f(x+h) - f(x)}{h} = f'(x)$ folgt die damit gleichbedeutende Schreibweise: $\left| \frac{f(x+h) - f(x)}{h} - f'(x) \right| = \varepsilon\,(x, h)$ (*). Diese besagt, daß es eine Funktion $\varepsilon: x \mapsto \varepsilon(x, h)$ gibt, die von dem Argument x und dem gewählten h abhängt und mit $h \to 0$ ebenfalls gegen Null strebt.

Durch Umformen des obigen Ausdrucks (*) erhalten wir

$$|f(x+h) - f(x) - h \cdot f'(x)| = |h| \cdot \varepsilon$$

Für $h \to 0$ erhalten wir $\lim\limits_{h \to 0} |f(x+h) - f(x)| = 0$ oder $\lim\limits_{h \to 0} f(x+h) = f(x)$, womit die Behauptung bewiesen ist.

Zahlenbeispiele für ε:

1. $f(x) = x^2$; $f'(x) = 2x$. Daher ist

$$\left| \frac{(x+h)^2 - x^2}{h} - 2x \right| = \left| \frac{x^2 + 2hx + h^2 - x^2 - 2hx}{h} \right| = \left| \frac{h^2}{h} \right| = \varepsilon$$

Bei diesem Beispiel ist die Funktion $\varepsilon = |h|$ und außerdem unabhängig von der Stelle x.

2. $f(x) = x^3$; $f'(x) = 3x^2$. Hier ist

$$\left| \frac{(x+h)^3 - x^3}{h} - 3x^2 \right| = \left| \frac{x^3 + 3x^2h + 3xh^2 + h^3 - x^3 - 3x^2h}{h} \right| = |3hx + h^2| = \varepsilon\,(x, h)$$

Außer von h ist die Funktion ε auch von x abhängig und es ist

$$\lim_{h \to 0} \varepsilon = \lim_{h \to 0} |3hx + h^2| = 0.$$

Zweiter Beweis:

Wir geben noch einen zweiten Beweis.

Nach der Voraussetzung hat der Grenzwert $\lim\limits_{h \to 0} \frac{f(x+h) - f(x)}{h} = f'(x)$ einen endlichen Wert für alle $x, x + h \in D_f$.

Wir bilden $\lim\limits_{h \to 0} \frac{f(x+h) - f(x)}{h} \cdot h = \lim\limits_{h \to 0} \frac{f(x+h) - f(x)}{h} \cdot \lim\limits_{h \to 0} h = f'(x) \cdot 0 = 0.$

Andererseits erhält man durch eine zulässige Umformung für $h \neq 0$

$$\lim_{h \to 0} \frac{f(x+h) - f(x)}{h} \cdot h = \lim_{h \to 0} [f(x+h) - f(x)] \cdot \frac{h}{h} = \mathbf{\lim_{h \to 0} [f(x+h) - f(x)]}$$

Aus dem Vergleich der beiden Ergebnisse folgt $\lim\limits_{h \to 0} [f(x+h) - f(x)] = 0$, also die Behauptung.

Beachte:

Die Umkehrung dieses Satzes gilt nicht, wie man am Beispiel der Funktion $f(x) = |x|$ erkennen kann. Diese Funktion ist zwar an der Stelle $x = 0$ stetig, aber nicht differenzierbar.

Für $x > 0$ ist $f(x) = x$ und daher $f'(x) = 1$;
für $x < 0$ ist $f(x) = -x$ und daher $f'(x) = -1$.

Der rechtsseitige Grenzwert ist

$$\lim_{x \to 0+0} f'(x) = 1 \text{ und der linksseitige } \lim_{x \to 0-0} f'(x) = -1.$$

Aufgaben

Berechne die Funktion $\varepsilon \mapsto \varepsilon(x, h)$ für folgende durch ihre Terme gegebenen Funktionen $f: x \mapsto f(x)$ und zeige, daß stets $\lim_{h \to 0} \varepsilon = 0$ ist!

1. $f(x) = x^4$ **2.** $f(x) = x$ **3.** $f(x) = \frac{1}{x}\ (x \neq 0)$.

6.3.2 Grundlegende Ableitungsregeln

Satz 6.3:

Die Funktion $f: x \mapsto f(x)$ sei in $x \in D_f$ differenzierbar. Dann ist auch die Funktion $g: x \mapsto f(x) + c$ in x differenzierbar und es ist $\mathbf{g'(x) = f'(x)}$.

Beweis:

Es ist $g'(x) = \lim_{h \to 0} \frac{f(x+h) + c - (f[x] + c)}{h} = \lim_{h \to 0} \frac{f(x+h) - f(x)}{h} = f'(x)$. Eine additive Konstante fällt also beim Differenzieren weg.

Satz 6.4:

Ist die Funktion $f: x \mapsto f(x)$ in $x \in D_f$ differenzierbar, dann ist auch die Funktion $g: x \mapsto a \cdot f(x)$ in x differenzierbar und es ist $\mathbf{g'(x) = a \cdot f'(x)}$.

Beweis:

Es ist $g'(x) = \lim_{h \to 0} \frac{a \cdot f(x+h) - a \cdot f(x)}{h} = \lim_{h \to 0} \frac{a\,(f[x+h] - f[x])}{h} = a \cdot f'(x)$.

Eine multiplikative Konstante bleibt erhalten.

Satz 6.5:

Sind die Funktionen $f: x \mapsto f(x)$ und $g: x \mapsto g(x)$ in $x \in D_f \cap D_g$ differenzierbar, so ist auch $F: x \mapsto f(x) + g(x)$ in x differenzierbar und es ist $\mathbf{F'(x) = f'(x) + g'(x)}$.

Beweis:

Es ist $F'(x) = \lim_{h \to 0} \frac{F(x+h) - F(x)}{h} = \lim_{h \to 0} \frac{f(x+h) + g(x+h) - (f[x] + g[x])}{h} =$

$= \lim_{h \to 0} \frac{f(x+h) - f(x) + g(x+h) - g(x)}{h} = \lim_{h \to 0} \frac{f(x+h) - f(x)}{h} + \lim_{h \to 0} \frac{g(x+h) - g(x)}{h} =$

$= f'(x) + g'(x)$.

Schluß jetzt

Ebenso erhält man für die Differenz $G(x) = f(x) - g(x)$ den Ableitungsterm
$\mathbf{G'(x) = f'(x) - g'(x)}$.

Ist schließlich $F(x) = f_1(x) + f_2(x) + f_3(x) + \ldots + f_n(x)$, so läßt sich mit Hilfe der vollständigen Induktion beweisen (Aufgabe!), daß $F'(x) = f'_1(x) + f'_2(x) + f'_3(x) + \ldots + f'_n(x)$ ist, falls die Ableitungen $f'_\nu(x)$; $\nu = 1; 2; 3; \ldots n$ vorhanden sind für $x \in D_{f_1} \cap D_{f_2} \cap \ldots \cap D_{f_n}$.

Satz 6.6 (Produktregel):

> Sind die Funktionen $f: x \mapsto f(x)$ mit D_f und $g: x \mapsto g(x)$ mit D_g in $x \in D_f \cap D_g$ differenzierbar, so ist auch die Funktion $F: x \mapsto F(x) = f(x) \cdot g(x)$ in x differenzierbar und es gilt $\mathbf{F'(x) = f(x) \cdot g'(x) + g(x) \cdot f'(x)}$.

Beweis:

Nach der Definition der Ableitung der Funktion $F: x \mapsto F(x)$ gilt

$$F'(x) = \lim_{h \to 0} \frac{F(x+h) - F(x)}{h} = \lim_{h \to 0} \frac{f(x+h) \cdot g(x+h) - f(x) \cdot g(x)}{h}$$

Zur Berechnung dieses Grenzwertes nehmen wir folgende Umformung vor:

$$\begin{aligned} & f(x+h) \cdot g(x+h) - f(x) \cdot g(x) = \\ & = f(x+h) \cdot g(x+h) - f(x+h) \cdot g(x) + f(x+h) \cdot g(x) - f(x) \cdot g(x) = \\ & = f(x+h)\,[g(x+h) - g(x)] + g(x)\,[f(x+h) - f(x)]; \end{aligned}$$

somit erhalten wir

$$F'(x) = \lim_{h \to 0} \left[f(x+h) \frac{g(x+h) - g(x)}{h} + g(x) \frac{f(x+h) - f(x)}{h} \right]$$

$$\mathbf{F'(x) = f(x) \cdot g'(x) + g(x) \cdot f'(x)}$$

oder in Worten

$F'(x) =$ **1. Faktor mal Ableitung des 2. Faktors plus 2. Faktor mal Ableitung des 1. Faktors.**

Satz 6.7 (Ableitung der Potenzfunktion):

> Für die Funktion $f_n: x \mapsto f_n(x) = x^n$ mit $D_f = \mathbb{R}$ und $n \in \mathbb{N}$ gilt: $f'_n(x) = \mathbf{n \cdot x^{n-1}}$.

Beweis (durch vollständige Induktion nach n):

Für $n = 1$ ist $f_1(x) = x$ und $f'_1(x) = 1$ (Induktionsanfang).
Nun sei $f'_n(x) = n \cdot x^{n-1}$ (Induktionsvoraussetzung). Dann ist zu zeigen, daß $f'_{n+1}(x) = (n+1) \cdot x^n$. Es ist $f_{n+1}(x) = f_1(x) \cdot f_n(x) = x \cdot x^n$.

Nach der Produktregel gilt

$$\begin{aligned} & f'_{n+1}(x) = f_1(x) \cdot f'_n(x) + f_n(x) \cdot f'_1(x) = x \cdot n \cdot x^{n-1} + x^n \cdot 1 = n \cdot x^n + 1 \cdot x^n = \\ & = \mathbf{(n+1) \cdot x^n}. \end{aligned}$$

In 3.6.3 haben wir die Verkettung zweier Funktionen f und g definiert, in 5.7.3 wurde bewiesen, daß verkettete stetige Funktionen wieder stetig sind. Wir wollen jetzt noch die Ableitungsregel für solche zusammengesetzte Funktionen ableiten.

Satz 6.8 (Kettenregel):

> Für die Funktionen $f: x \mapsto f(x)$ mit D_f und $g: x \mapsto g(x)$ mit D_g soll gelten $W_g \subseteq D_f$. Sind f und g in $D_{f \circ g} = \{x \in D_g \mid g(x) \in D_f\}$ differenzierbar, so ist auch die Funktion $F = f \circ g: x \mapsto F(x) = f(g[x])$ in $x \in D_{f \circ g}$ differenzierbar und es ist
> $$F'(x) = f'(g[x]) \cdot g'(x)$$

Beweis:

Es sei $g: x \mapsto z = g(x)$ in $x_0 \in D_g$ differenzierbar, also $\lim\limits_{x \to x_0} \frac{g(x) - g(x_0)}{x - x_0} = g'(x_0)$.

Da $f: z \mapsto y = f(z)$ in $z_0 \in D_f$ differenzierbar ist, gilt $\lim\limits_{z \to z_0} \frac{f(z) - f(z_0)}{z - z_0} = f'(z_0)$.

Nun betrachten wir den Differenzenquotienten

$$\frac{F(x) - F(x_0)}{x - x_0} = \frac{f(g[x]) - f(g[x_0])}{x - x_0} = \frac{f(z) - f(z_0)}{x - x_0}, \text{ wenn } z = g(x) \text{ und } z_0 = g(x_0) \text{ ist.}$$

Wir unterscheiden zwei Fälle:

a) Für alle $x \in D_g$, für die $z - z_0 \neq 0$ ist (das ist bei allen streng monotonen Funktionen der Fall), schreiben wir

(1) $$\frac{F(x) - F(x_0)}{x - x_0} = \frac{f(z) - f(z_0)}{z - z_0} \cdot \frac{z - z_0}{x - x_0}.$$

b) Für diejenigen $x \in D_g$, für die $z - z_0 = 0$, also $g(x) = g(x_0)$ ist, gilt auch $F(x) = f(g[x]) = f(g[x_0]) = F(x_0)$.
Das ist z. B. der Fall, wenn eine Parallele zur x-Achse den Graphen zu g in zwei Punkten schneidet. Für solche x mit $z = z_0$ gilt:

(2) $$\frac{F(x) - F(x_0)}{x - x_0} = h(z) \cdot \frac{z - z_0}{x - x_0} \text{ für jede Funktion h.}$$

Setzen wir insbesondere

$$h(z) = \begin{cases} \frac{f(z) - f(z_0)}{z - z_0} & \text{für } z \neq z_0 \\ f'(z_0) & \text{für } z = z_0, \end{cases}$$

so ist nach (1) die Gleichung (2) erfüllt für alle $x \in D_g$, $x \neq x_0$, und zwar unabhängig davon, ob $z = z_0$ oder $z \neq z_0$ ist.
Die Funktion h ist in $z = z_0$ stetig, denn es gilt $\lim\limits_{z \to z_0} h(z) = f'(z_0)$.
Wegen $\lim\limits_{x \to x_0} g(x) = g(x_0) = z_0$ ist auch $\lim\limits_{z \to z_0} h(g[x]) = \lim\limits_{z \to z_0} h(z) = f'(z_0)$.
Somit ist

$$\mathbf{F'(x_0)} = \lim_{x \to x_0} \frac{F(x) - F(x_0)}{x - x_0} = \lim_{x \to x_0} h(z) \cdot \frac{g(x) - g(x_0)}{x - x_0} = \mathbf{f'(z_0) \cdot g'(x_0)}$$

Beispiel:

$F: x \mapsto F(x) = (3x^2 + 2x)^7$. Setze $z = g(x) = 3x^2 + 2x$; dann ist $F(x) = f(z) = z^7$. Aus $g'(x) = 6x + 2$ und $f'(z) = 7z^6$ ergibt sich $F'(x) = 7z^6 \cdot (6x + 2) = 7\,(3x^2 + 2x) \cdot (6x + 2)$.

Aus der Regel für die Ableitung eines Produktes von zwei Funktionen (Produktregel) Satz 6.5 läßt sich auf folgende Weise die Quotientenregel für die Ableitung eines Quotienten zweier Funktionen bilden.

Satz 6.9 (Quotientenregel):

Die Funktionen $f: x \mapsto f(x)$ mit D_f und $g: x \mapsto g(x)$ mit D_g seien in $x \in D_f \cap D_g$ differenzierbar, und es sei $g(x) \neq 0$ für alle $x \in D_f \cap D_g$. Dann ist auch die Funktion $F: x \mapsto F(x) = \frac{f(x)}{g(x)}$ in x differenzierbar, und es ist

$$F'(x) = \frac{g(x) \cdot f'(x) - f(x) \cdot g'(x)}{(g[x])^2}$$

oder in Worten $F'(x) = \frac{\text{Nenner mal Ableitung des Zählers} - \text{Zähler mal Ableitung des Nenners}}{\text{Nenner im Quadrat}}$

Beweis:

Nach der Definition der Ableitung ist

$$F'(x) = \lim_{h \to 0} \frac{F(x+h) - F(x)}{h} = \lim_{h \to 0} \frac{\frac{f(x+h)}{g(x+h)} - \frac{f(x)}{g(x)}}{h}$$

Durch entsprechende Umformung des Zählers erhalten wir

$$\frac{f(x+h) \cdot g(x) - f(x) \cdot g(x+h)}{g(x+h) \cdot g(x)} = \frac{f(x+h) \cdot g(x) - f(x) \cdot g(x) - [f(x) \cdot g(x+h) - f(x) \cdot g(x)}{g(x+h) \cdot g(x)} =$$

$$= \frac{1}{g(x+h) \cdot g(x)} \cdot \left[g(x) \frac{f(x+h) - f(x)}{h} - f(x) \frac{g(x+h) - g(x)}{h}\right]$$

Durch Grenzübergang $h \to 0$ erhält man die **Quotientenregel:**

$$F(x) = \frac{g(x) \cdot f'(x) - f(x) \cdot g(x)}{g([x])^2}$$

Beispiel:

$F(x) = \frac{\sin x}{x}$ für $x \neq 0$. Es ist $F'(x) = \frac{x \cdot \cos x - \sin x}{x^2}$.

Ableitung der Potenzfunktion mit ganzzahligen Exponenten

Satz 6.10:

Ist $f: x \mapsto f(x) = x^{-n} = \frac{1}{x^n}$; $(n \in \mathbb{N})$ mit $D_f = \mathbb{R} \setminus \{0\}$, so ist $f'(x) = -nx^{-n-1}$.

Beweis:

Nach der Quotientenregel erhält man

$$f'(x) = \frac{x^n \cdot 0 - 1 \cdot n \cdot x^{n-1}}{x^{2n}} = \frac{-n}{x^{n+1}} = -n \cdot x^{-n-1}$$

Beispiel:

$f(x) = \frac{1}{x^6} = x^{-6}$; $f'(x) = -6 \cdot x^{-7} = \frac{-6}{x^7}$

Die Potenzregel gilt also für alle **ganzen Zahlen.**

Ist $f(x) = x^n$, wobei n eine **beliebige ganze** Zahl ist, so ist $f'(x) = n \cdot x^{n-1}$.

Aufgaben

Bilde die Ableitung der folgenden durch ihre Terme gegebenen Funktionen!

1. $f(x) = 0$; $f(x) = 3$; $f(x) = -8$; $f(x) = 5{,}7$; $f(x) = 2\frac{2}{3}$

2. $g(x) = -5x$; $g(x) = 3x - 7$; $g(x) = ax + b$; $g(x) = \frac{x}{2} + \sqrt{3}$

3. $h(t) = 4t^2$; $h(t) = 9t - 5t^2$; $h(t) = at^2 + bt$; $h(t) = mt^3$

4. $F(z) = 6z^5 - 4z^3 + z$; $F(z) = a + bz + cz^2 + dz^3 + ez^4$

5. $G(x) = (2x + 5)^2$; $G(x) = (3 - 7x)^2$; $G(x) = (3 - 4x)(3 + 4x)$

6. $H(x) = x^{2n}$; $H(x) = 3 \cdot x^{3n+2}$; $H(x) = n \cdot n^{n+2}$ (n natürliche Zahl!)

7. $f(x) = \frac{1}{3}x^3 - x^2 - 3x - \frac{11}{3}$; $f(x) = x^4 - 4x^2 + 5$

8. $g(x) = \frac{8}{5}(x^3 - \frac{3}{2}x^2 - 18x + 3)$; $g(x) = \frac{1}{5}x^5 - \frac{1}{4}x^4 + \frac{1}{3}x^3$

9. Stelle die Gleichungen der Tangenten und Normalen für die Bildkurven der folgenden Funktionen $x \mapsto y = f(x)$ in den angegebenen Punkten auf:

a) $y = 3x^2 - 2x + 1$; P (1; 2) **b)** $y = 2 + 4x - x^3$ für $x = 1$

c) $y = x^3 - 7x + 6$ in ihren Schnittpunkten mit der x-Achse

d) $y = x^3 - 3x^2 - 2$; P (1; −4); **e)** $y = (2x - 1)^3$ für $x = 1$

10. Wie lauten die Gleichungen der Tangenten an die Bildkurven zu $x \mapsto y = f(x)$ unter den angegebenen Bedingungen?

a) $y = x^3 - 2x + 3$; Tangente parallel zur Geraden g: $10x - y = 3$

b) $y = x^3 + 6x^2 + 10x + 8$; parallel zu g : $y = x$

c) $y = x^4 - 14x^2 + 17x + 40$; senkrecht zu g : $x - 7y = 4$

d) $y = x^4 + 2x^3 - 2x^2 - 3x + 3$; senkrecht zu g : $x - 3y = 2$

11. Bestimme die Koeffizienten a, b, c usw. so, daß die Bildkurven zu $x \mapsto y = f(x)$ die angegebenen Bedingungen erfüllen.

a) $y = ax^2 + bx + c$; die Bildkurve geht durch den Punkt A(2; 1) und berührt die Gerade $y = 2x + 4$ in B (1; 6)

b) $y = ax^3 + bx^2 + cx + d$; die Bildkurve geht durch die Punkte A (0; −6); B (1; −2) und berührt die Gerade g: $3x - y = 6$ in C (2; 0)

c) $y = ax^3 + bx^2 + cx + d$; die Kurve berührt die Gerade g: $y = 12x + 13$ in A (−1; 1) und hat in B (1; 5) eine waagrechte Tangente.

12. Die Kathete BC = a eines rechtwinkligen Dreiecks ABC mit der 2. Kathete AC = b liegt in der x-Achse. Das Dreieck wird so angelegt, daß die Hypotenuse die Bildkurve zu $y = x^n$ berührt. Welche Koordinaten haben der Punkt B und der Berührpunkt P?

13. Sind P_1 und P_2 zwei beliebige Punkte der Bildkurve zu $y = x^n$ und a und b die Achsenabschnitte der Sekante P_1P_2, so hat der Schnittpunkt der Tangenten in P_1 und P_2 die Koordinaten

$x = \frac{n-1}{n} \frac{x_1 \cdot x_2}{a}$; $y = (n-1)\frac{y_1 \cdot y_2}{b}$. Zeige dies!

14. In welchen Punkten der Bildkurve zu $y = x^n$ $(n > 1)$ ist die Tangente parallel zur Sehne durch A(0|0) und B(1|1)? Unterscheide die Fälle **a)** n gerade, **b)** n ungerade!

15. Die Tangenten an den Graphen der Funktion $f: x \mapsto a \cdot f(x)$, deren Berührpunkte für alle $a \in \mathbb{R}$ die **gleiche Abszisse** $x_0 \in D_f$ haben, gehen durch **einen** Punkt der x-Achse. Welche Abszisse hat er?

16. Bilde die Ableitung der durch folgende Terme gegebenen Funktionen:

a) $f(x) = x^2 + \sin x$; $D_f = \mathbb{R}$ **b)** $f(x) = \sqrt{x} + \sin 2x$; $D_f = \mathbb{R}_0^+$

c) $f(x) = -\frac{2}{x} + \cos x$; $D_f = \mathbb{R} \setminus \{0\}$ **d)** $f(x) = \frac{3}{x} - 2\sqrt{x}$; $D_f = \mathbb{R}^+$

17. Wie **16.**

a) $f(x) = x \cdot \sin x$; $D_f = \mathbb{R}$ **b)** $f(x) = \frac{1}{x} \cdot \cos x$; $D_f = \mathbb{R} \setminus \{0\}$

c) $f(x) = 2\sqrt{x} \cdot \sin 2x$; $D_f = \mathbb{R}^+$ **d)** $f(x) = \frac{-2}{x} \cdot \sqrt{x}$; $D_f = \mathbb{R}^+$

18. Leite mit Hilfe der Produktregel ab!

a) $f(x) = (x^2 - 2) \cdot \sqrt{x}$; $D_f = \mathbb{R}^+$ **b)** $f(x) = \sin x \cdot \cos x$; $D_f = \mathbb{R}$

c) $f(x) = \sin^2 x = \sin x \cdot \sin x$; $D_f = \mathbb{R}$

d) $f(x) = \cos^2 x = \cos x \cdot \cos x$; $D_f = \mathbb{R}$

19. Bilde die erste Ableitung! Beachte die Fallunterscheidungen!

a) $f(x) = |x| \cdot \sin x$; $D_f = [-\pi; \pi]$ **b)** $f(x) = \frac{1}{x} \cdot |x|$; $D_f = \mathbb{R} \setminus \{0\}$

c) $f(x) = \frac{1}{2}x^2 \cdot \operatorname{sgn} x$; $D = \mathbb{R}$ **d)** $f(x) = \frac{1}{2}x \cdot |x|$; $D_f = \mathbb{R}$

20. Leite nach der Kettenregel ab:

a) $f(x) = (2x + 1)^5$ **b)** $(2 - x)^4$ **c)** $(4x^2 + 3)^3$ **d)** $(5x^2 + 6x + 9)^3$

e) $(2x - 3x^3)^2$ **f)** $(2 - 5x^2)^6$ **g)** $(2ax + b)^n$ **h)** $(a^2x + b)^3$

i) $(px^2 - qx)^4$ **k)** $\sin(2x + 3)$ **l)** $\sin \frac{x}{2}$ **m)** $\cos(x^2 + 2x)$

n) $(\sin x)^2$ **o)** $\sin \frac{1}{x}$ **p)** $\sqrt{1 - x}$ **q)** $\sqrt{\sin x}$

21. Leite mit der Quotientenregel ab:

a) $f(x) = \frac{x}{x + 1}$ **b)** $\frac{x - 3}{x + 4}$ **c)** $\frac{x}{x^2 + 1}$ **d)** $\frac{x - 2}{x^2 + 9}$

e) $\frac{3x}{x^3 - 2x + 7}$ **f)** $\frac{4}{x^2 + 1}$ **g)** $\frac{x^n}{x + a}$ **h)** $a + \frac{b}{x^2 + b}$

i) $\frac{\sin x + 1}{\sin x - 1}$ **k)** $\frac{\cos x + x}{\sin x - x}$ **l)** $\frac{x^2}{x + 1}$ **m)** $\frac{2x + 3}{(x + 1)^2}$

n) $\frac{(x - 1)^2}{\sin 2x}$ **o)** $\frac{x}{\sqrt{1 + x}}$ **p)** $\frac{\sqrt{2 + x^2}}{2x}$

22. Bilde die Ableitung!

a) $f(x) = a^2x + \frac{1}{2ax^2}$ mit $a > 0$ **b)** $f(x) = \frac{x^3}{6a^2} + \frac{a^2}{2x}$; $a \neq 0$

c) $f(x) = \frac{1}{10}\left(x^2 + \frac{54}{x}\right)$ **d)** $f(x) = x - \frac{4}{x}$ **e)** $f(x) = \frac{2|x| - x}{|x| - x + 1}$

f) $f(x) = \frac{4x}{|x| - x + 4}$ **g)** $f(x) = \frac{|3x - 4|}{x + 2}$ **h)** $f(x) = x - \frac{10x}{x^2 + 1}$

i) $f(x) = \frac{16x}{x^2 - 6x + 25}$ **k)** $F(x) = x \cdot f(x)$ und $G(x) = \frac{f(x)}{x}$ für $f(x) = 2x - 3$

6.3.3 Ableitungen höherer Ordnung

Für die weiteren Untersuchungen von Funktionen werden Ableitungen höherer Ordnung benötigt, die wir an einigen Beispielen erläutern.

Beispiel 1:

$f\colon\ x \mapsto f(x) = 2x^3 + 5x^2 - 7x - 10$; $D_f = \mathbb{R}$. Es ist $f'(x) = 6x^2 + 10x - 7$. Da $f'\colon x \mapsto f'(x)$ wieder eine Funktion ist, kann man die Ableitung bilden und man erhält $[f'(x)]' = f''(x) = 12x + 10$. $f''(x)$ (lies: f zwei Strich x) heißt der Term der zweiten Ableitung von $f(x)$ und f'' die zweite Ableitung von f. Man kann fortfahren und erhält $f'''\colon\ x \mapsto f'''(x) = 12$ und schließlich $f^{(4)}\colon\ x \mapsto f^{(4)}(x) = 0$. f' heißt erste, f'' zweite, f''' oder $f^{(3)}$ dritte und $f^{(4)}$ vierte Ableitung der Funktion f. Die Definitionsmenge für alle Ableitungen ist hier gleich D_f.

Beispiel 2:

$g\colon x \mapsto g(x) = \sin kx$ mit $D_f = \mathbb{R}$ und $k \neq 0$. Es ergeben sich für die Ableitungen folgende Terme:

$f'(x) = k \cdot \cos kx$; $f''(x) = -k^2 \cdot \sin kx$; $f'''(x) = -k^3 \cdot \cos kx$; $f^{(4)}(x) = k^4 \sin kx$ usw. Auch hier sind alle Ableitungen in D_f definiert.

Wir betrachten nun eine Funktion $f\colon x \mapsto f(x)$ mit D_f. f sei in D_f differenzierbar mit der Ableitungsfunktion $f'\colon x \mapsto f'(x)$ und $D_{f'} \subseteq D_f$. Läßt sich auch f' in $D_{f'}$ ableiten, so erhält man die Funktion der zweiten Ableitung $f''\colon x \mapsto f''(x)$ mit $D_{f''} \subseteq D_f$. Kann man so fortfahren, so erhält man die dritte, vierte und höhere Ableitungen. Man kann schließlich durch n aufeinanderfolgende Ableitungen die n-te Ableitung oder Ableitung n-ter Ordnung $f^{(n)}$ in $D_{f^{(n)}} \subseteq D_f$ erhalten.

Definition 6.5:

Eine Funktion $f: x \mapsto f(x)$ mit D_f heißt an einer Stelle $x_0 \in D_f$ genau „n-mal differenzierbar", wenn in einer Umgebung $U(x_0)$ alle Ableitungen niedrigerer Ordnung existieren, also f', f'', $f^{(3)}$, $f^{(4)}$ ... $f^{(n)}$.
Gilt dies für alle Stellen aus einem Intervall $J \subseteqq D_f$, so heißt die Funktion f in J n-mal differenzierbar.

Aufgaben

1. Berechne die vier ersten Ableitungen folgender Funktionen mit den Termen f(x)!

a) $f(x) = \frac{2}{3}x^3 - 3x$ **b)** $f(x) = \frac{5}{12}x^4 - \cos x$ **c)** $f(x) = \sin 2x - \cos x$

d) $f(x) = 4 \sin \frac{x}{2} - \frac{2}{9} \cos 3x$ **e)** $f(x) = 2x^2 - 4x - 2 \sin x$

2. Berechne die erste und zweite Ableitung der Funktionen mit den Termen f(x)! An welchen Stellen sind diese Ableitungen nicht definiert?

a) $f(x) = x \cdot \sqrt{x}$ $D_f = \mathbb{R}_0^+$ **b)** $f(x) = x \cdot |x|$ $D_f = \mathbb{R}$

c) $f(x) = x \cdot \sin x$ $D_f = \mathbb{R}$ **d)** $f(x) = \sin x \cdot \cos x$ $D_f = \mathbb{R}$

7. Anwendung der Differentialrechnung auf die Untersuchung von Funktionen (Kurvendiskussion)

Es ist möglich, zu einer gegebenen Funktion f die Bildkurve zu zeichnen, indem man zu einer genügend großen Zahl von Argumenten x die Funktionswerte bestimmt. Dieses Verfahren ist aber oft sehr zeitraubend und ergibt meist nicht **die** Punkte der Kurve, in denen sie besonders **charakteristische Änderungen** in ihrem Verlauf erfährt. Wir suchen deshalb nach einem Verfahren, das uns die **besonderen Punkte der Kurve** liefert und uns rascher einen Überblick über den **ungefähren Gesamtverlauf** der Kurve gestattet.
Dazu benötigen wir noch einige Sätze, die wir im folgenden beweisen werden.

7.1 Die Mittelwertsätze der Differentialrechnung

7.1.1 Der Satz von Rolle

Satz 7.1:

Die Funktion f sei im abgeschlossenen Intervall $[a; b]$ überall stetig und im offenen überall differenzierbar. Ist außerdem $f(a) = 0$ und $f(b) = 0$, dann gibt es im offenen Intervall $]a; b[$ **mindestens ein Argument** ξ, für welches $f'(\xi) = 0$ ist.

Geometrisch bedeutet dieser Satz, daß eine **glatte Kurve**, d. i. eine Kurve, die in jedem Punkt des Intervalls $]a; b[$ eine Tangente besitzt und die x-Achse in den Punkten mit den Abszissen $x = a$ und $x = b$ schneidet, **mindestens eine Tangente parallel zur x-Achse** hat.

Beispiele:

1. Die Funktion $f: x \mapsto x^2 - 2x$ hat für $x = 0$ und $x = 2$ je eine Nullstelle; es ist also $f(0) = 0$ und $f(2) = 0$. Sie ist außerdem im Intervall $[0; 2]$ überall differenzierbar und daher auch stetig. Ihre Ableitung $f'(x) = 2x - 2$ verschwindet für $\xi = 1$ aus $]0; 2[$.
2. Die Funktion $f: x \mapsto \sin x$ hat Nullstellen für $x = \pi$ und $x = 2\pi$; es ist $f(\pi) = 0$ und $f(2\pi) = 0$. Sie ist im Intervall $[\pi; 2\pi]$ differenzierbar und stetig. Ihre Ableitung wird gleich Null für $\xi = \frac{3\pi}{2}$ aus $]\pi; 2\pi[$.

   In jedem dieser Beispiele war ein ξ mit $f'(\xi) = 0$ vorhanden.

Gegenbeispiele:

1. Der Satz von Rolle gilt nicht für die Funktion $f: x \mapsto 2 - |x|$, die Nullstellen für $x = 2$ und $x = -2$ hat und im Intervall $]-2; 2[$ überall stetig ist. Für $x = 0$ ist jedoch keine Ableitung vorhanden (Abb. 7,1).
2. Auf die Funktion $f: x \mapsto \begin{cases} x \text{ für } 0 \leqq x < 1 \\ 0 \text{ für } = 1 \end{cases}$

ist der Satz nicht anwendbar, weil sie für $x = 1$ unstetig ist, obwohl alle sonstigen Voraussetzungen erfüllt sind (Abb. 7.2).

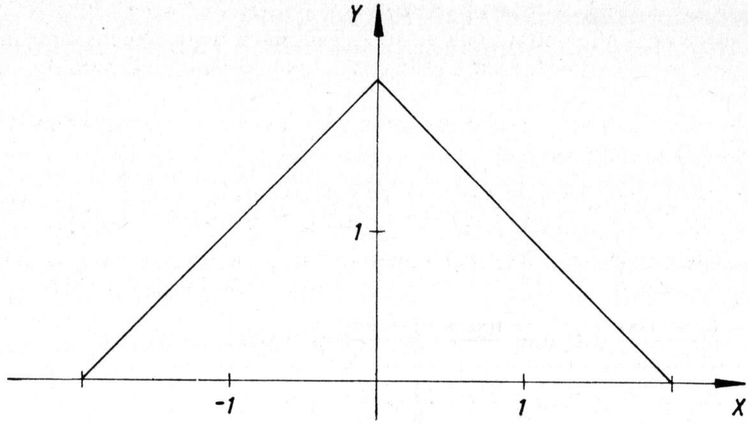

Abb. 7,1

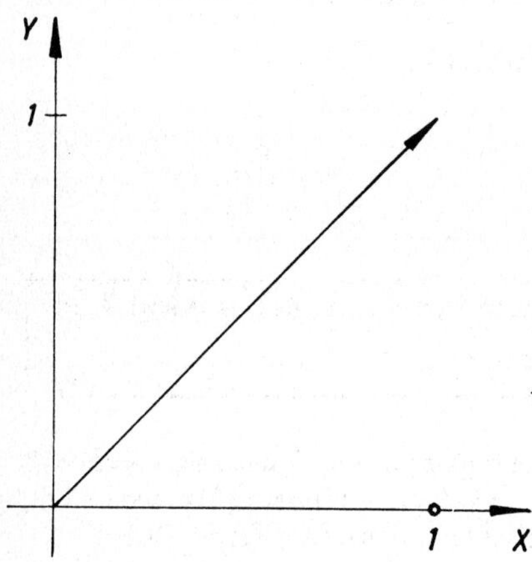

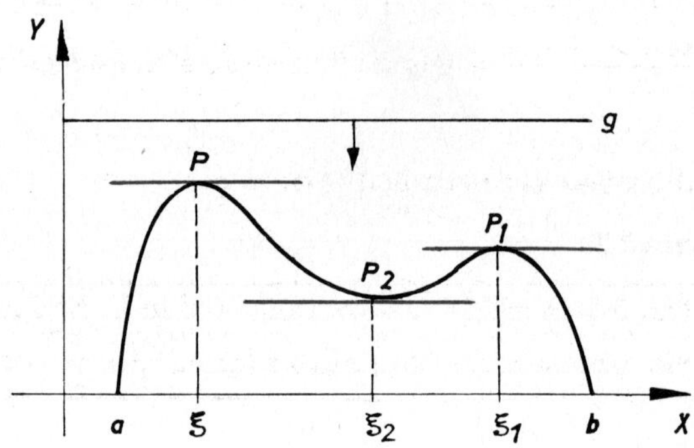

Abb. 7,2

Bevor wir den Beweis durchführen, wollen wir uns den Inhalt dieses Satzes anschaulich klar machen (Abb. 7.3).

Wir zeichnen eine Gerade g parallel zur x-Achse, die die Kurve nicht trifft. Das ist stets möglich, weil die Funktion stetig ist. Verschieben wir nun g parallel zu sich auf die Kurve zu, so muß sie bei einer bestimmten Lage zum ersten Mal mindestens einen Punkt P mit der Kurve gemeinsam haben. In diesem Punkt P kann die Kurve aber keine Ecke haben, da $f'(x)$ überall im Intervall vorhanden sein muß. Die Gerade muß deshalb eine Tangente an die Kurve in diesem Punkt sein, für dessen Abszissenwert ξ die Ableitung $f'(\xi) = 0$ ist. Bei unserer Skizze gibt es noch weitere Argumente ξ_1 und ξ_2, für welche $f'(\xi_1) = 0$ und $f'(\xi_2) = 0$ ist.

Beweis:

1. Fall: Ist für alle $x \in [a, b]$ $f(x) = 0$, dann ist $f'(x) = 0$ für alle $x \in]a, b[$.

2. Fall: Gibt es eine Stelle $x \in [a, b]$ mit $f(x) \neq 0$, so nimmt f nach Satz 5.14 im Intervall [a, b] sowohl das Maximum M als auch das Minimum m an. Wenigstens eine dieser Zahlen M oder m muß verschieden von Null sein und deshalb im Innern des Intervalls [a, b] liegen.
Es möge also das Maximum M oder das Minimum m von f in x_0 angenommen werden. Für $h > 0$ ist dann entweder

$$f(x_0 - h) - f(x_0) \leqq 0 \text{ und } f(x_0 + h) - f(x_0) \leqq 0 \text{ oder}$$
$$f(x_0 - h) - f(x_0) \geqq 0 \text{ und } f(x_0 + h) - f(x_0) \geqq 0, \text{ je nachdem ob } f(x_0)$$

der größte oder der kleinste Wert der Funktion f in]a, b[ist.
Daraus folgt entweder

$$\frac{f(x_0 - h) - f(x_0)}{-h} \geqq 0 \text{ und } \frac{f(x_0 + h) - f(x_0)}{h} \leqq 0 \text{ oder}$$

$$\frac{f(x_0 - h) - f(x_0)}{-h} \leqq 0 \text{ und } \frac{f(x_0 + h) - f(x_0)}{h} \geqq 0$$

Wenn die Funktion f in x_0 differenzierbar ist, ergeben alle Differenzenquotienten für $h \to 0$ in beiden Fällen $f'(x) = 0$, weil die Null innerhalb von $\frac{f(x_0 - h) - f(x_0)}{-h}$ und $\frac{f(x_0 + h) - f(x_0)}{h}$ liegen muß (nach dem Nullstellensatz 5.15).

7.1.2 Der einfache Mittelwertsatz:

Satz 7.2:

Ist die Funktion f in [a; b] stetig und in]a; b[differenzierbar, so gibt es **mindestens ein** ξ mit $a < \xi < b$, so daß $f'(\xi) = \frac{f(b) - f(a)}{b - a}$ ist.

Geometrisch leuchtet auch dieser Satz sofort ein, besagt er doch nichts anderes als daß es mindestens einen Kurvenpunkt P gibt, dessen Tangente zur Sehne AB parallel ist, wobei A und B die Endpunkte des betrachteten Kurvenstücks sind (Abb. 7.4).

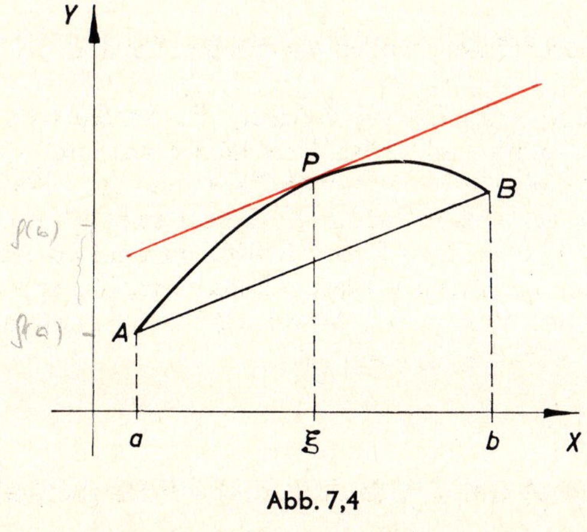

Abb. 7,4

Beispiel:

$f(x) = 6x - x^2$ in $[0; 4]$; $A(0; 0)$; $B(4; 8)$; $m_{AB} = 2$; $f'x) = 6 - 2x$; für $\xi = 2$ ist $f'(2) = 2 = m_{AB}$.

Beweis:

Zum Beweis bilden wir die Hilfsfunktion

$F\colon x \mapsto F(x) = \frac{f(b) - f(a)}{b - a} \cdot (x - a) - f(x) + f(a)$; diese Funktion ist in $[a; b]$ überall stetig und in $]a; b[$ differenzierbar. Es ist $F'(x) = \frac{f(b) - f(a)}{b - a} - f'(x)$.

Außerdem ist $F(a) = \frac{f(b) - f(a)}{b - a} \cdot 0 - f(a) + f(a) = 0$ und $F(b) = 0$.

Da die Voraussetzungen des Rolleschen Satzes erfüllt sind, gibt es ein ξ in $]a; b[$ so, daß $F'(\xi) = 0$ ist. Daraus folgt die Behauptung $f'(\xi) = \frac{f(b) - f(a)}{b - a}$.

Anmerkung:

Die Bedeutung dieser Sätze scheint sehr begrenzt zu sein, da durch sie nur die **Existenz** eines solchen Wertes ξ gesichert ist, sie aber keine Regel zu seiner Berechnung liefern. Wir werden aber die große Bedeutung dieser Sätze für die Lösung mancher Probleme wenigstens an einigen Beispielen kennenlernen.

Aufgaben

1. Weise nach, daß die Voraussetzungen des Rolleschen Satzes bei folgenden Funktionen mit den Termen $f(x)$ erfüllt sind und bestimme die Argumente ξ so, daß $f'(\xi) = 0$ ist.

a) $f(x) = x^3 - 3x$; $D = [-\sqrt{3}; \sqrt{3}]$ **b)** $f(x) = 6x^2 - x^3$; $D = [0; 6]$

c) $f(x) = \cos x$; $D = \left[\frac{\pi}{2}; \frac{3\pi}{2}\right]$ **d)** $f(x) = \frac{3x - x^2}{x^2 + 1}$; $D = [0; 3]$

e) $f(x) = \sin x - \cos x$; $D = \left[\frac{\pi}{4}; \frac{5\pi}{4}\right]$

2. Weise nach, daß die Voraussetzungen des einfachen Mittelwertsatzes der Differentialrechnung für folgende Funktionen mit den Termen $g(x)$ erfüllt sind und bestimme ein Argument ξ so, daß $g'(\xi) = \frac{g(b) - g(a)}{b - a}$!

a) $g(x) = x^2$; $D = [1; 2]$ **b)** $g(x) = \sqrt{x}$; $D = [1; 4]$

c) $g(x) = \frac{2}{x}$; $D = [1; 2]$ **d)** $g(x) = \sin x$; $D = \left[0; \frac{\pi}{2}\right]$

3. Untersuche, ob bei der Funktion $x \mapsto f(x) = \tan x$; $a = 0$; $b = \pi$ der Rollesche Satz anwendbar ist. Begründe die Antwort!

4. Gegeben ist die Funktion $x \mapsto f(x) = \frac{1}{x}$; $x \neq 0$; $a = -1$; $b = 1$.

Gibt es ein ξ in $]a; b[$ so, daß $f'(\xi) = \frac{f(b) - f(a)}{b - a}$? Begründe die Antwort!

5. Skizziere die Bildkurve zu folgenden Funktionen mit den Gleichungen $y = f(x)$ zwischen ihren Nullstellen und untersuche, ob die Bedingungen des Rolleschen Satzes erfüllt sind:

a) $y = f(x) = \begin{cases} 1 - x & \text{für } x > 0 \\ -(1 + x) & \text{für } x < 0 \end{cases}$ Einheit 3 cm!

b) $y = f(x) = 2 - \sqrt{|x|}$; Einheit 1 cm!

7.1.3 Einige Anwendungen der Mittelwertsätze

Satz 7.3:

Ist für eine in $[a; b]$ definierte Funktion f die 1. Ableitung $f'(x) = 0$ für alle x aus $]a; b[$, dann ist $f(x) = c$, wobei c eine Konstante ist.

Beweis:

Nach dem einfachen Mittelwertsatz gibt es für alle x aus $]a; b[$ ein $\xi \in\,]a; x[$ mit $f'(\xi) = \frac{f(x) - f(a)}{x - a}$. Wenn der Mittelwertsatz für das Intervall $[a; b]$ gilt, dann gilt er auch für jedes Teilintervall aus $[a; b]$. Nun ist $f'(\xi) = 0$ für alle ξ mit $a < \xi < b$ vorausgesetzt. Deshalb ist $f(x) - f(a) = 0$ oder $f(x) = f(a)$ für alle x aus $[a; b]$; $f(a)$ ist aber eine feste Zahl c.

Satz 7.4:

Gilt für jedes x aus $D = [a; b]$ $f'(x) = g'(x)$, so ist $f(x) = g(x) + C$.

Beweis:

Es ist $F'(x) = f'(x) - g'(x) = 0$ für alle x aus D. Nach unserem Satz 7.3 ist dann $F(x) = C$ und daher $f(x) - g(x) = C$ oder $f(x) = g(x) + C$.
Weitere Anwendungen der Mittelwertsätze werden uns noch in späteren Kapiteln beschäftigen.

7.2 Monotonie differenzierbarer Funktionen

7.2.1 Monotonie einer Funktion an einer Stelle x_0

Definition 7.1:

Eine Funktion $f: x \mapsto f(x)$ mit D_f heißt monoton wachsend an einer Stelle $x_0 \in D_f$, wenn für $h \in \mathbb{R}^+$ mit $x_0 - h, x_0 + h \in D_f$ gilt

$f(x_0 - h) \leqq f(x_0) \leqq f(x_0 + h)$. Ist dagegen
$f(x_0 - h) \geqq f(x_0) \geqq f(x_0 + h)$, so heißt die Funktion f monoton abnehmend.

Definition 7.2:

Eine Funktion $f: x \mapsto f(x)$ mit D_f heißt streng monoton wachsend [streng monoton abnehmend] an einer Stelle $x_0 \in D_f$, wenn für $h \in \mathbb{R}^+$ mit $x_0 - h, x_0 + h \in D_f$ gilt $f(x_0 - h) < f(x_0) < f(x_0 + h)$ [$f(x_0 - h) > f(x_0) < f(x_0 + h)$].

Beispiel:

$f: x \mapsto x^3$; $D_f = \mathbb{R}$. Diese Funktion ist für alle $x \in \mathbb{R}$ streng monoton wachsend, weil für $h > 0$ gilt $(x - h)^3 < x^3 < (x + h)^3$.

Für Funktionen, die in einer Umgebung einer Stelle x_0 differenzierbar sind, gilt der

Satz 7.5:

Ist die Funktion $f: x \mapsto f(x)$ mit D_f an einer Stelle $x_0 \in D_f$, differenzierbar und gilt: $f'(x_0) > 0$ [$f'(x_0) < 0$], so wächst f [nimmt f ab] an der Stelle x_0.

Beweis:

1. Wir führen den Beweis zunächst für das Wachsen der Funktion f beim Durchgang durch die Stelle $x_0 \in D_f$. Aus der Ungleichung $f(x_0 - h) < f(x_0) < f(x_0 + h)$ für $h > 0$ folgern wir sowohl $f(x_0 - h) - f(x_0) < 0$ als auch $f(x_0 + h) - f(x_0) > 0$. Weil $h > 0$ ist, ergibt sich daraus $\frac{f(x_0 - h) - f(x_0)}{-h} > 0$ und $\frac{f(x_0 + h) - f(x_0)}{h} > 0$.
Wächst die Funktion f beim Durchgang durch die Stelle x_0, so sind die beiden Differenzenquotienten positiv, die Ableitung

$$f'(x_0) = \lim_{h \to 0} \frac{f(x_0 - h) - f(x_0)}{-h} \quad \text{bzw.} \quad f'(x_0) = \lim_{h \to 0} \frac{f(x_0 + h) - f(x_0)}{h}$$

kann daher nicht negativ sein, sondern positiv oder gleich Null. Als **notwendige Bedingung** für das monotone Wachsen einer Funktion f an einer Stelle x_0 erhalten wir $f'(x_0) \geqq 0$.
Für das Abnehmen einer Funktion f an einer Stelle x_0 erhalten wir auf dieselbe Weise die **notwendige Bedingung** $f'(x_0) \leqq 0$.

2. Sei nun $f'(x_0) > 0$ vorausgesetzt (das Gleichheitszeichen ist also ausgeschlossen!). Wegen $f'(x_0) = \lim_{h \to 0} \frac{f(x_0 - h) - f(x_0)}{-h}$ bzw. $f'(x_0) = \lim_{h \to 0} \frac{f(x_0 + h) - f(x_0)}{h}$ gilt für eine Umgebung $U_h(x_0)$ sowohl $\frac{f(x_0 - h) - f(x_0)}{-h} > 0$ als auch $\frac{f(x_0 + h) - f(x_0)}{h} > 0$, $h > 0$.

Für genügend keines $h > 0$ folgt daraus

$$f(x_0 - h) - f(x_0) < 0 \Rightarrow f(x_0 - h) < f(x_0) \text{ und}$$
$$f(x_0 + h) - f(x_0) > 0 \Rightarrow f(x_0 + h) > f(x_0)$$

(Beachte, daß die 1. Ungleichung mit der negativen Zahl $(-h)$ multipliziert worden ist!).
Eine **hinreichende Bedingung** dafür, daß eine Funktion f an einer Stelle x_0 **streng monoton wächst**, ist also $\mathbf{f'(x_0) > 0}$.
Auf dieselbe Weise erhält man die **hinreichende Bedingung** dafür, daß eine Funktion f an einer Stelle x_0 **streng monoton abnimmt** $f'(x_0) < 0$.

Bemerkung:

Für den Graphen der Funktion f gilt dann:
Notwendige Bedingung für eine **„Steigstelle x_0"** ist $f'(x_0) \geqq 0$, für eine **„Fallstelle x_0"** $f'(x_0) \leqq 0$.
Hinreichende Bedingung für eine **„Steigstelle x_0"** ist $f'(x_0) > 0$, für eine **„Fallstelle x_0"** $f'(x_0) < 0$.

7.2.2 Monotonie einer Funktion in einem Intervall

Nach der Definition 3.4 der Monotonie einer Funktion aus 3.3.3 ist die Funktion $f: x \mapsto f(x)$ in $D_f = [a, b]$ monoton wachsend [monoton abnehmend], wenn für alle $x_1, x_2 \in D_f$ mit $x_1 < x_2$ gilt $f(x_1) \leqq f(x_2)$ $[f(x_1) \geqq f(x_2)]$.
Gelten nur die Ungleichheitszeichen, so ist die Funktion f streng monoton wachsend [streng monoton abnehmend].

Für Funktionen, die in einem Intervall differenzierbar sind, gilt folgender

Satz 7.6:

Ist die Funktion $f: x \mapsto f(x)$ in $D_f =]a, b[$ differenzierbar, so ist sie genau dann monoton wachsend [monoton abnehmend] in D_f, wenn $f'(x) \geqq 0$ $[f'(x) \leqq 0]$ für alle $x \in D_f$ ist.

Beweis:

Wir beweisen den Satz für den Fall des monotonen Wachsens. Es sei f monoton wachsend in D_f. Für ein beliebiges $x_0 \in D_f$ und $h > 0$ gilt dann

$$f(x_0 - h) - f(x_0) \leqq 0 \text{ und } f(x_0 + h) - f(x)_0 \geqq 0 \text{ mit } x_0 + h,\ x_0 - h \in D_f.$$

Dann gilt $\frac{f(x_0 - h) - f(x_0)}{-h} \geqq 0$ und $\frac{f(x_0 + h) - f(x_0)}{h} \geqq 0$.

Durch den Grenzübergang $h \to 0$ folgt daraus $f'(x_0) \geqq 0$ für ein beliebiges $x_0 \in D_f$.

Sei nun umgekehrt $f'(x) \geqq 0$ für alle $x \in D_f$. Zu zwei beliebigen Zahlen $x_1, x_2 \in D_f$, $x_1 < x_2$ gibt es nach dem Mittelwertsatz (7.2) eine Stelle $\xi \in]x_1\, x_2[\subset D_f$, so daß gilt $f'(\xi) = \frac{f(x_2) - f(x_1)}{x_2 - x_1}$. Nach Voraussetzung ist $f'(\xi) \geqq 0$ und außerdem $x_2 - x_1 > 0$.
Daher muß $f(x_2) - f(x_1) \geqq 0 \Rightarrow f(x_2) \geqq f(x_1)$ sein.

Für die **strenge Monotonie** einer Funktion gilt der

Satz 7.7:

Es sei $f: x \mapsto f(x)$ in $]a, b[$ differenzierbar. Wenn für alle $x \in]a, b[$ $f'(x) > 0$ $[f'(x) < 0]$ gilt, so ist f in $]a, b[$ streng monoton wachsend [streng monoton abnehmend].

Beweis:

Für $x_1, x_2 \in]a, b[$ mit $x_1 < x_2$ gibt es nach dem Mittelwertsatz (7.2) ein $\xi \in]a, b[$, so daß gilt $\frac{f(x_2) - f(x_1)}{x_2 - x_1} = f'(\xi) \Rightarrow f(x_2) = f(x_1) + (x_2 - x_1) \cdot f'(\xi)$.

Wegen der Voraussetzung $f'(\xi) > 0$ und $x_2 - x_1 > 0$ folgt aus $x_1 < x_2$ die Ungleichung $f(x_1) < f(x_2)$.
Auf die gleiche Weise beweist man den Satz für das streng monotone Abnehmen einer Funktion.

Beachte:

Für das streng monotone Wachsen oder Abnehmen einer Funktion ist $f'(x) > 0$ bzw. $f'(x) < 0$ nur eine **hinreichende**, aber keine notwendige Bedingung, wie folgendes Beispiel zeigt.

Beispiel:

$f: x \mapsto x^3$; $D_f = \mathbb{R}$ ist streng monoton wachsend, da für $x_1 < x_2$ auch $x_1^3 < x_2^3$ für alle $x \in \mathbb{R}$ gilt. Es ist aber $f'(0) = 0$.

Beispiel:

Wir betrachten die Funktion $x \mapsto f(x) = \frac{1}{4}(x^3 - 9x^2 + 15x - 4)$, deren Bildkurve in Abb. 7.5 gezeichnet ist.
Es ist $f'(x) = \frac{3}{4}(x^2 - 6x + 5) = \frac{3}{4}(x - 1)(x - 5)$.
Die Kurve steigt für alle $x < 1$ und für $x > 5$ und fällt für $1 < x < 5$. Aus der Faktorenzerlegung der Ableitung ersehen wir, daß im 1. Fall die Ableitung nur positive, im 2. Falle nur negative Werte annimmt. Für $x = 1$ und $x = 5$ ist die Ableitung gleich Null; die Kurve hat dort Tangenten parallel zur x-Achse.

7.3 Extremwerte bei Funktionen

7.3.1 Relative (lokale) und absolute Extremwerte

Wir betrachten den Graphen der Funktion $f: x \mapsto \frac{1}{4}(x^3 - 9x^2 + 15x - 4)$ (Abb. 7,5). An der Stelle $x = 1$ nimmt die Funktion ihren **größten** Funktionswert $f(1) = \frac{3}{4}$ in bezug auf eine Umgebung $U_\delta(1)$ und an der Stelle $x = 5$ ihren **kleinsten** Funktionswert $f(5) = -\frac{29}{4}$ in bezug auf eine Umgebung $U_\delta(5)$ an. Die Stelle $x = 1$ bezeichnet man als **relatives (lokales) Maximum**, die Stelle $x = 5$ als **relatives (lokales) Minimum** der Funktion f.

Anmerkung:

Maxima und **Minima** einer Funktion faßt man auch unter dem Oberbegriff **Extrema** zusammen.

Wir betrachten die Funktion $f: x \mapsto |x - 1|$ im Intervall $[0; 3]$ (Abb. 7,6). Sie hat für $x = 1$ das relative Minimum $f(1) = 0$, da für jeden beliebigen Wert von $h > 0$ sowohl $f(1 + h) > 0$ als auch $f(1 - h) > 0$ ist.
Diese Funktion hat aber noch 2 relative Maxima, die man Randmaxima nennt, da sie in den Randpunkten des Definitionsbereiches angenommen werden.

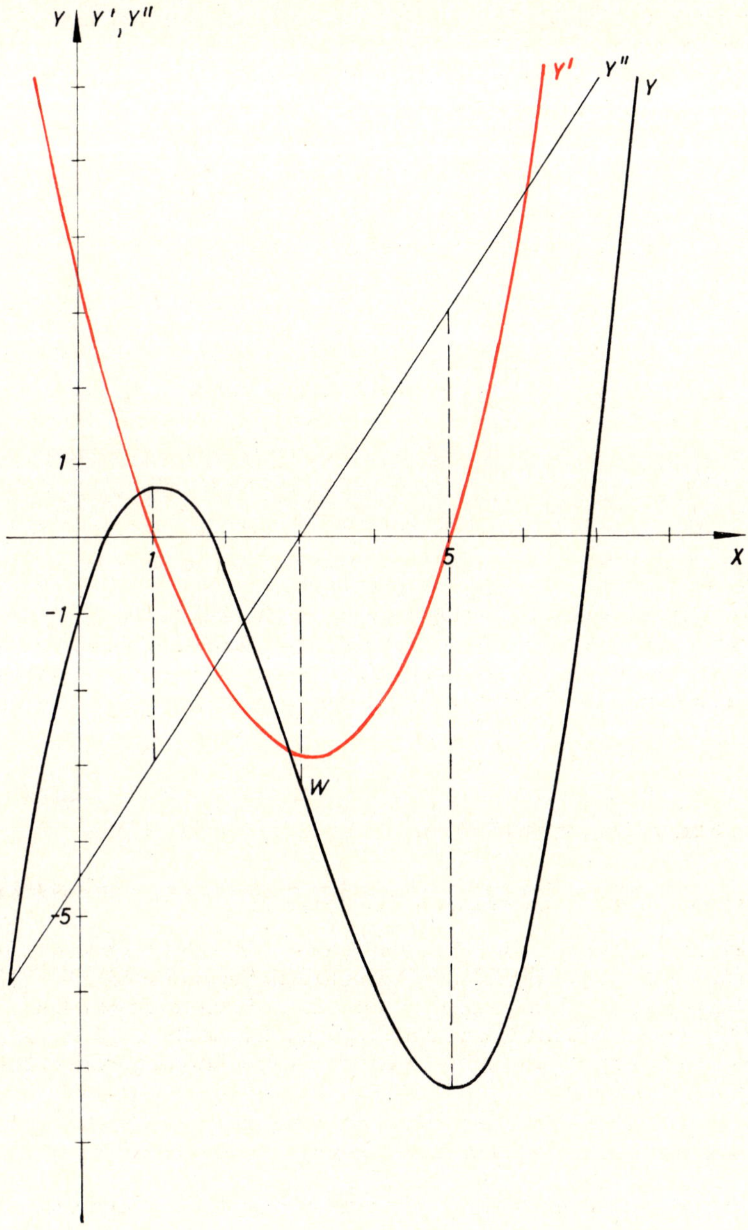

Abb. 7,5

Für x = 3 nimmt die Funktion f den absolut größten Funktionswert 2 und für x = 1 den absolut kleinsten Funktionswert 0 an. Solche Extremwerte nennt man deshalb auch absolute Extreme.

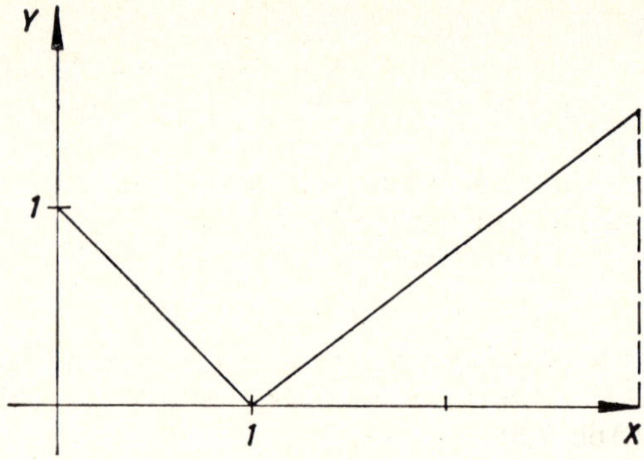

Abb. 7,6

Definition 7.3:

Eine Funktion $f: x \mapsto f(x)$ mit D_f hat in $x_0 \in D_f$ ein **relatives Maximum** (ein **relatives Minimum**) genau dann, wenn es eine Umgebung $U_\delta(x_0) \subseteqq D_f$ gibt, so daß für alle $x \in U_\delta(x_0)$ $f(x) \leqq f(x_0)$ $(f[x] \geqq f[x_0])$ gilt.

Anmerkung:

Ist x_0 ein linker Randpunkt von D_f, so kann es nur eine rechtsseitige Umgebung $U_r(x_0) = \{x \mid x - x_0 < \delta\}$, $\delta > 0$ geben. Ist x_0 ein rechter Randpunkt von D_f, so kann es nur eine linksseitige Umgebung $U_l(x_0) = \{x \mid x_0 - x < \delta\}$, $\delta > 0$ geben.

Definition 7.4:

Eine Funktion $f: x \mapsto f(x)$ mit D_f hat in $x_0 \in D_f$ ein **absolutes Maximum (absolutes Minimum)**, wenn für alle $x \in D_f$ $f(x) \leqq f(x_0)$ $[f(x) \geqq f(x_0)]$ gilt.

7.3.2 Kriterien für relative Extremwerte bei differenzierbaren Funktionen

Satz 7.8:

Ist die Funktion $f: x \mapsto f(x)$ in $x_0 \in D_f$ differenzierbar und hat sie in x_0 einen relativen Extremwert, so gilt $f'(x_0) = 0$.

Beweis:

f habe in x_0 ein relatives Maximum. Dann gibt es eine Umgebung $U_\delta(x_0)$, so daß für alle $x \in U_\delta(x_0)$ gilt $f(x) \leqq f(x_0)$. Für $h > 0$ und $x_0 + h$, $x_0 - h \in U_\delta(x_0)$ ist

$$\frac{f(x_0 - h) - f(x_0)}{-h} \geqq 0 \text{ und } \frac{f(x_0 + h) - f(x_0)}{h} \leqq 0.$$

Für die links- und rechtsseitigen Ableitungen erhält man

$$f'_l(x_0) = \lim_{h \to 0} \frac{f(x_0 - h) - f(x_0)}{-h} \geqq 0 \text{ und } f'_r = \lim_{h \to 0} \frac{f(x_0 + h) - f(x_0)}{h} \leqq 0.$$

Da f an der Stelle x_0 differenzierbar ist, gilt $f'_l(x_0) = f'_r(x_0) = f'(x_0) = 0$.
Für ein relatives Minimum wird der Satz analog bewiesen (Aufgabe!).

Beachte:

$f'(x_0) = 0$ ist nur eine notwendige, aber nicht hinreichende Bedingung für ein relatives Extremum. Die Funktion $f: x \mapsto f(x) = x^3$ hat kein Extremum für $x_0 = 0$, obwohl $f'(0) = 0$ ist.
Wir fragen jetzt nach **hinreichenden** Bedingungen für die Existenz von Extremwerten einer Funktion. Dazu betrachten wir folgende

Beispiele:

1. Die Funktion $f: x \mapsto f(x) = \frac{1}{4}(x^3 - 9x^2 + 15x - 4)$ ist für alle $x \in [0; 7]$ stetig und differenzierbar. Ihre Ableitung $f': x \mapsto f'(x) = \frac{3}{4}(x^2 - 6x + 5)$ ist gleich Null für $x = 1$ und $x = 5$ (Abb. 7,5).
   Für ein beliebig kleines $h > 0$ ist
   $$f'(1-h) = \tfrac{3}{4}([1-h)^2 - 6(1-h] + 5) = \tfrac{3}{4}(4h + h^2) > 0 \text{ und } f'(1+h) = \tfrac{3}{4}(h - 4h) < 0.$$
   An der Stelle $x = 1$ hat die Funktion ein Maximum und es ist $f'(1) = 0$. Beim Durchgang durch diese Stelle wechselt die **erste Ableitung f'** ihr Vorzeichen von plus nach minus.
2. Bei der Funktion $f: x \mapsto |x - 1|$; $D_f = \mathbb{R}$ ist für alle $x > 1$ $f(x) = x - 1$ und $f'(x) = 1$ und für $x < 1$ ist $f(x) = -x + 1$ und daher $f'(x) = -1$.
   Ist $h > 0$, so ist $f'(1 + h) = 1$ und $f'(1 - h) = -1$. $f'(1)$ ist nicht vorhanden, aber auch hier wechselt die 1. Ableitung beim Durchgang durch die Stelle $x = 1$ ihr Vorzeichen, dieses Mal von minus nach plus. An der Stelle $x = 1$ hat die Funktion ein Minimum.

Satz 7.9:

Eine Funktion $f: x \mapsto f(x)$ mit D_f hat in $x_0 \in D_{f'} \subseteq D_f$ ein **relatives Maximum** [ein **relatives Minimum**], wenn $f'(x_0) = 0$ ist und wenn es eine Umgebung $U(x_0) \subseteq D_f$ gibt, für die gilt: $x < x_0 \wedge x \in U(x_0) \Rightarrow f'(x) > 0$ und zugleich $x > x_0 \wedge x \in U(x_0) \Rightarrow$ $\Rightarrow f'(x) < 0$ [$x < x_0 \wedge x \in U(x_0) \Rightarrow f'(x) < 0$ und zugleich $x > x_0 \wedge x \in U(x_0) \Rightarrow f'(x) > 0$].

Beweis:

Wir beweisen den Satz für das Maximum.

Wir betrachten das Intervall

$]x; x_0[\subseteq U(x_0)$ mit $x < x_0$	$]x_0; x[\subseteq U(x_0)$ mit $x_0 < x$;

dann gibt es nach dem Mittelwertsatz der Differentialrechnung (Satz 7.2)

ein $\xi_1 \in]x; x_0[$	ein $\xi_2 \in]x_0; x[$

so daß wegen des Vorzeichens der Ableitung nach Voraussetzung gilt

$\dfrac{f(x_0) - f(x)}{x_0 - x} = f'(\xi_1) > 0$	$\dfrac{f(x) - f(x_0)}{x - x_0} = f'(\xi_2) < 0$
Da $x_0 - x > 0$	Da $x - x_0 > 0$

ergibt sich daraus

$f(x_0) - f(x) > 0 \Rightarrow f(x_0) > f(x)$	$f(x) - f(x_0) < 0 \Rightarrow f(x_0) > f(x)$

für alle $x \in U(x_0)$.

Nach Definition 7.3 hat die Funktion in f in x_0 ein relatives Maximum. Auf die gleiche Weise wird der Beweis für das Minimum geführt (Aufgabe).

Bemerkung:

An der Stelle x_0 liegt ein Vorzeichenwechsel der 1. Ableitung vor, der hinreichend, aber nicht notwendig für ein relatives Extremum ist. So hat die Funktion

$$f: x \mapsto f(x) = \begin{cases} x^2\left(1 + \sin \frac{1}{x}\right) \text{ für } x \neq 0 \\ 0 \text{ für } x = 0 \end{cases}$$

für $x = 0$ ein Minimum, obwohl $f'(x)$ beim Durchgang durch die Stelle $x = 0$ das Vorzeichen nicht wechselt. Der Nachweis kann mit Hilfe der Kettenregel (Satz 6.8) geführt werden (Aufgabe!).
Wie das Beispiel der Funktion $f: x \mapsto |x|$ zeigt, kann auch eine stetige Funktion relative Extrema an Stellen x_0 haben, an denen sie nicht differenzierbar ist. Für solche besonderen Extrema gilt der

Satz 7.10:

Ist eine Funktion $f: x \mapsto f(x)$ mit D_f stetig an einer Stelle $x_0 \in D_f$ und differenzierbar in einer punktierten Umgebung $U^*(x_0) \subseteqq D_f$, so hat sie ein relatives Maximum [Minimum], wenn für $x \in U^*(x_0)$ gilt: $x < x_0 \Rightarrow f'(x) > 0$ und zugleich $x > x_0 \Rightarrow f'(x) < 0$ [$x < x_0 \Rightarrow f'(x) < 0$ und zugleich $x > x_0 \Rightarrow f'(x) > 0$].

Der Beweis dieses Satzes erfolgt wie der von Satz 7.9, wobei nur die Stetigkeit von f an der Stelle x_0 benötigt wird.

Bemerkung:

Setzen wir $x = x_0 + h$, $h \in \mathbb{R} \setminus \{0\}$, dann erhält **Satz 7.10** folgende Fassung:
Ein relatives Maximum [relatives Minimum] bei einer Funktion $f: x \mapsto f(x)$ mit D_f liegt vor, wenn für $x + h \in U^*(x_0)$ gilt:

$$h < 0 \Rightarrow f'(x_0 + h) > 0 \text{ und } h > 0 \Rightarrow f'(x_0 + h) < 0$$
$$[h < 0 \Rightarrow f'(x_0 + h) < 0 \text{ und } h > 0 \Rightarrow f'(x_0 + h) > 0].$$

Für die Randpunkte von D_f einer Funktion f gilt der

Satz 7.11:

Ist die Funktion $f: x \mapsto f(x)$ mit $D_f = [a, b]$ in den Randpunkten rechtsseitig bzw. linksseitig differenzierbar, so gilt:

Im linken Randpunkt a liegt ein Randmaximum, wenn $f'(a + h) < 0$, ein Randminimum, wenn $f'(a + h) > 0$ für $h \geqq 0$ und $(a + h) \in D_f$ ist.
Im rechten Randpunkt b liegt ein Randmaximum, wenn $f'(b + h) > 0$, ein Randminimum, wenn $f'(b + h) < 0$ für $h \geqq 0$ und $(b + h) \in D_f$ ist.

7.3.3 Krümmung von Kurven

Wir haben in 7.3.2 hinreichende Bedingungen zur Ermittlung von Extremwerten einer Funktion gefunden, wobei nur die 1. Ableitung verwendet wurde. Weitere hinreichende

Bedingungen erhält man, wenn man die Krümmung der Graphen betrachtet. Dazu benötigt man höhere Ableitungen von f (siehe 6.3.4).
Denkt man sich auf dem Graphen zu f einen Punkt in Richtung wachsender x-Werte wandern, dann spricht man von einer **Linkskrümmung** oder **konkaver Krümmung** (von oben) oder von einer **Rechtskrümmung** oder **konvexer Krümmung** (von oben) des Graphen, wenn folgendes gilt.
Für die Krümmung eines Graphen geben wir folgende

Definition 7.5:

Der Graph einer Funktion $f: x \mapsto f(x)$ mit D_f heißt in D_f **rechtsgekrümmt** (konvex von oben) [**linksgekrümmt** (konkav von oben)], wenn jede Sehne unterhalb [oberhalb] des zugehörigen Kurvenbogens liegt.

Aus dieser Definition ergibt sich der

Satz 7.12:

Ist der Graph einer Funktion $f: x \mapsto f(x)$ für $D_f = [a, b]$ konkav [konvex] (von oben), so wächst [nimmt ab] $f'(x)$ für alle $x \in D_f$ monoton.

Beweis:

Wir führen den Beweis für die konkave Krümmung des Graphen. Dazu betrachten wir drei Stellen $x_1, x_2, x_3 \in [a, b]$ mit $x_1 < x_2 < x_3$. Für die Differenzenquotienten erhält man $\frac{f(x_2) - f(x_1)}{x_2 - x_1} \leqq \frac{f(x_3) - f(x_2)}{x_3 - x_2}$ (Abb. 7.7).

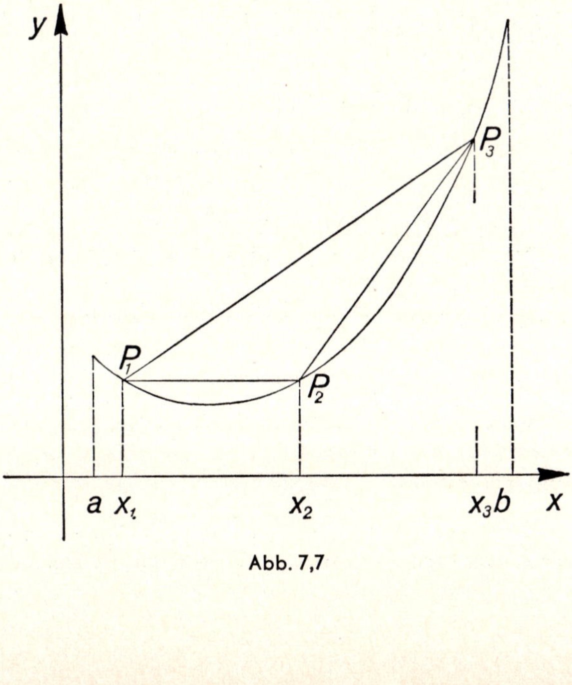

Abb. 7,7

Anmerkung:

Diese Ungleichung erhält man auch, wenn man den Flächeninhalt des Dreiecks $P_1P_2P_3$ berechnet, das in dieser Reihenfolge positiv orientiert ist (Aufgabe!).

Nach dem Mittelwertsatz 7.2 gibt es ein $\xi_1 \in]x_1, x_2[$ und ein $\xi_2 \in]x_2, x_3[$, so daß

$$\frac{f(x_2) - f(x_1)}{x_2 - x_1} = f'(\xi_1) \text{ und } \frac{f(x_3) - f(x_2)}{x_3 - x_2} = f'(\xi_2)$$

Damit erhält man aus obiger Ungleichung

$$f'(\xi_1) \leqq f'(\xi_2) \text{ für } \xi_1 < \xi_2.$$

Da x_1, x_2, x_3 beliebige Stellen aus $[a, b]$ sind, die nur der Bedingung $x_1 < x_2 < x_3$ unterliegen, gilt für alle $x_1, x_2 \in [a, b]$ $x_1 < x_2 \Rightarrow f'(x_1) \leqq f'(x_2)$.

Auf dieselbe Weise beweist man den Satz für konkave Kurven.

Ist die Funktion $f: x \mapsto f(x)$ in $[a, b]$ zweimal differenzierbar, so gilt folgender

Satz 7.13:

Ist $f: x \mapsto f(x)$ in $[a, b]$ zweimal differenzierbar, so ist der Graph zu f in $[a, b]$ konkav [konvex], wenn $f''(x) > 0$ [$f''(x) < 0$] für alle $x \in [a, b]$ ist.

Zum Beweis des Satzes 7.13 benötigen wir die Umkehrung des Satzes 7.12, die lautet:

Satz 7.12a:

Wächst [fällt] die Ableitung f' einer Funktion $f: x \mapsto f(x)$ in $D_f = [a, b]$ streng monoton, so ist der Graph von f linksgekrümmt [rechtsgekrümmt] in $[a, b]$.

Beweis:

Wir betrachten drei Stellen $x_1, x_2, x_3 \in [a, b]$ mit $x_1 < x_2 < x_3$. Dann gibt es nach dem Mittelwertsatz 7.2

ein $\xi_1 \in]x_1, x_2[$, so daß $\dfrac{f(x_2) - f(x_1)}{x_2 - x_1} = f'(\xi_1)$ und

ein $\xi_2 \in]x_2, x_3[$, so daß $\dfrac{f(x_3) - f(x_2)}{x_3 - x_2} = f'(\xi_2)$ ist.

Nach Voraussetzung gilt

$$\xi_1 < \xi_2 \Rightarrow f'(\xi_1) < f'(\xi_2) \Rightarrow$$

$$\Rightarrow x_1 < \xi_1 < x_2 < \xi_2 < x_3 \Rightarrow \frac{f(x_2) - f(x_1)}{x_2 - x_1} < \frac{f(x_3) - f(x_2)}{x_3 - x_2},$$

d. h. aber, daß f in $[a, b]$ linksgekrümmt ist.

Auf dieselbe Weise erfolgt der Beweis für die Rechtskrümmung (Aufgabe!)

Beweis des Satzes 7.13 (für konkave Krümmung):

Ist $f''(x) > 0$ für alle $x \in [a, b]$, so ist f' nach Satz 7.7 streng monoton wachsend und nach Satz 7.12a ist der Graph zu f konkav.

Ist umgekehrt der Graph zu f konkav, gilt also für alle $x_1, x_2 \in [a, b]$: $x_1 < x_2 \Rightarrow f'(x_1) < f'(x_2)$, so gibt es nach dem Mittelwertsatz ein $\xi \in]x_1, x_2[$ für das gilt $\dfrac{f'(x_2) - f'(x_1)}{x_2 - x_1} = f''(\xi)$.

Da die Differenzenquotienten stets positiv sind, ist $f''(x) \geqq 0$ für alle $x \in [a, b]$.

Beachte:

Die Bedingungen dieses Satzes sind für die Krümmung einer Kurve nur hinreichend, aber nicht notwendig. So ist die Kurve zu $f: x \mapsto x^4$ in einer Umgebung der Stelle $x = 0$ konkav, obwohl $f''(0) = 0$ ist.

Merkregel:

> Ist $f''(x) > 0$, also positiv, dann liegt Linkskrümmung vor, ist $f''(x) < 0$, also negativ, dann liegt Rechtskrümmung vor.

7.3.4 Hinreichende Bedingung für Extremwerte mit Hilfe höherer Ableitungen. Wendepunkte

Satz 7.14:

> Die Funktion $f: x \mapsto f(x)$ sei in einer Umgebung $U(x_0)$ zweimal differenzierbar und es sei $f'(x_0) = 0$. Ist dann $\mathbf{f''(x_0) > 0}$, so hat f in x_0 ein (relatives) **Minimum**, ist $\mathbf{f''(x_0) < 0}$, so hat sie in x_0 ein (relatives) **Maximum**.

Beweis für das Minimum:

Es sei $f''(x_0) > 0$. Da $f''(x_0) = \lim\limits_{h \to 0} \frac{f'(x_0 + h) - f'(x_0)}{h}$ mit $x_0 + h \in U(x_0)$ und $f''(x_0) > 0$ ist, gilt $\frac{f'(x_0 + h) - f'(x_0)}{h} > 0$. Aus $f'(x_0) = 0$ folgt für $h > 0$ $f'(x_0 + h) > 0$ und für $h < 0$ $f'(x_0 + h) < 0$, d.h. f ist rechts von x_0 streng monoton wachsend und links von x_0 streng monoton fallend. Daher hat f nach Satz 7.9 in x_0 ein relatives Minimum. Der Beweis für das Maximum ist analog zu führen (Aufgabe!).

Bemerkung:

1. Dieser Satz gibt nur eine hinreichende, aber nicht notwendige Bedingung für ein relatives Extremum an. $f: x \mapsto f(x) = x^4$ besitzt in $x = 0$ ein relatives Minimum, es ist jedoch $f''(0) = 0$.
2. Ist $f''(x_0) = 0$, so ist eine Entscheidung zwischen Maximum oder Minimum mit Hilfe der 2. Ableitung nicht möglich. Es kann auch ein Wendepunkt mit horizontaler Tangente vorliegen, wie wir gleich sehen werden. In einem solchen Fall untersuchen wir $f''(x_0 - h)$ und $f''(x_0 + h)$ für $h > 0$. Beispiel: $f: x \mapsto f(x) = x^3$ für $x_0 = 0$.

Wendestellen (Wendepunkte)

Betrachten wir die Graphen zur Funktion $f: x \mapsto \frac{1}{4}(x^3 - 9x^2 + 15x - 4)$ und ihrer ersten Ableitung f' (Abb. 7,5 aus 7.2.2), so stellen wir fest, daß der Graph von f an der Stelle $x = 3$ von einer Rechtskrümmung in eine Linkskrümmung übergeht. Der Graph zur ersten Ableitung f' hat an dieser Stelle $x = 3$ ein eigentliches relatives Minimum. Zeichnet man die Graphen zur Funktion $g: x \mapsto \sin x$ in $D_g = \left[-\frac{\pi}{2}; \frac{\pi}{2}\right]$ und ihrer Ableitung g', so zeigt der Graph zu g in $x = 0$ einen Übergang von einer Linkskrümmung in eine Rechtskrümmung, während g' an der Stelle $x = 0$ ein eigentliches relatives Maximum hat. Solche Stellen wie hier $x = 3$ oder $x = 0$, an denen der Graph einer Funktion von einer Rechtskrümmung in eine Linkskrümmung oder umgekehrt übergeht heißt **Wendestelle** der **Funktion** oder **Wendepunkt des Graphen.**

Aus diesen anschaulichen Überlegungen geben wir für die Wendestelle einer Funktion folgende

Definition 7.6:

Eine Funktion f, die in einer Umgebung $U(x_0) \subseteqq D_f$ differenzierbar ist, hat an der Stelle x_0 eine Wendestelle, wenn x_0 eine relative Extremstelle von f' ist.

Diese Definition für Wendestellen einer Funktion erweist sich als sehr zweckmäßig, da sie es gestattet, alle Sätze, die wir über Extrema bewiesen haben, auf Wendestellen zu übertragen.

Aus Satz 7.8 erhalten wir

Satz 7.15:

Ist eine Funktion $f\colon x \mapsto f(x)$ in einer Umgebung $U(x_0) \subseteqq D_f$ zweimal differenzierbar, wobei die Stetigkeit der zweiten Ableitung nicht vorausgesetzt wird, dann hat sie für x_0 nur dann einen Wendepunkt, wenn $f''(x_0) = 0$ ist.

Diese Bedingung ist zwar **notwendig**, aber **nicht hinreichend** für eine Wendestelle, wie das Beispiel der Funktion $f\colon x \mapsto x^4$ zeigt. Obwohl $f''(0) = 0$ ist, hat der Graph für $x = 0$ keinen Wendepunkt.

Aus Satz 7.10 ergibt sich

Satz 7.16:

An einer Stelle $x_0 \in D_f$ einer Funktion $f\colon x \mapsto f(x)$ liegt eine Wendestelle vor, wenn für alle $h \in \mathbb{R}^+$ mit $x_0 + h,\ x_0 - h \in U^*(x_0)$ gilt:

$$f''(x_0 - h) < 0 \wedge f''(x_0 + h) > 0 \text{ oder}$$
$$f''(x_0 - h) > 0 \wedge f''(x_0 + h) < 0.$$

Es liegt ein Vorzeichenwechsel der zweiten Ableitung beim Durchgang durch die Stelle x_0 vor. Die zweite Ableitung braucht für die Stelle x_0 nicht zu existieren.

Beispiel:

$f\colon x \mapsto \frac{1}{2}x \cdot |x|$ (Abb. 7,8; S. 141) an der Stelle $x_0 = 0$.

Aus Satz 7.14 ergibt sich

Satz 7.17:

Die Funktion $f\colon x \mapsto f(x)$ sei in einer Umgebung $U(x_0) \subseteqq D_f$ dreimal differenzierbar und es sei $f''(x_0) = 0$. Ist dann $f'''(x_0) \neq 0$, so hat f in x_0 eine Wendestelle.

Beispiel:

$f\colon x \mapsto x^3$ hat an der Stelle $x_0 = 0$ eine Wendestelle, da $f'''(0) = 6 \neq 0$ ist. Außerdem ist $f''(0) = 0$ erfüllt.

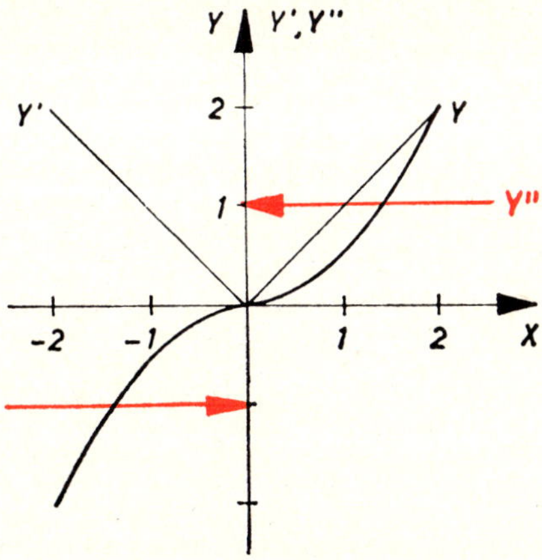

Abb. 7,8

Gegenbeispiel:

$g: x \mapsto x^4$ hat an der Stelle $x_0 = 0$ keinen Wendepunkt, da zwar $g''(0) = 0$, aber auch $g'''(0) = 0$ ist.

Anmerkung:

Gilt an den Wendestellen noch zusätzlich $f'(x_0) = 0$, so nennt man den betreffenden Punkt des Graphen einen **„Sattelpunkt"** oder **„Terrassenpunkt"**.

Beispiel:

$f(x) = \frac{1}{2}x \cdot |x|$

Für $x > 0$ ist $f(x) = \frac{x^2}{2}$; $f'(x) = x$ und $f''(x) = +1$;

für $x < 0$ ist $f(x) = -\frac{x^2}{2}$; $f'(x) = -x$ und $f''(x) = -1$.

Da die 2. Ableitung dieser Funktion beim Durchgang durch die Stelle $x = 0$ das Vorzeichen wechselt, liegt dort ein Wendepunkt der Kurve vor (Abb. 7,8).

Diskussion von Funktionen (Kurvendiskussion)

Ehe wir die bisher besprochenen Eigenschaften von Funktionen auf die Diskussion von Funktionen anwenden, geben wir noch eine Übersicht über die notwendigen und hinreichenden Bedingungen für diese Eigenschaften.

Eigenschaft	Notwendige Bedingung	Hinreichende Bedingung
Monotones Wachsen	$f'(x) \geqq 0$	$f'(x) \geqq 0$
Monotones Abnehmen	$f'(x) \leqq 0$	$f'(x) \leqq 0$
Rechtskrümmung (konvex)	$f''(x) \leqq 0$	$f''(x) < 0$
Linkskrümmung (konkav)	$f''(x) \geqq 0$	$f''(x) > 0$

Maximum	$f'(x) = 0$	$f'(x) = 0 \wedge f''(x) < 0$ **oder:** Vorzeichenwechsel bei f'x) von plus nach minus
Minimum	$f'(x) = 0$	$f'(x) = 0 \wedge f''(x) >$ **oder:** Vorzeichenwechsel bei f'(x) von minus nach plus
Wendestelle	$f''(x) = 0$	$f''(x) = 0 \wedge f'''(x) \neq 0$ **oder:** Vorzeichenwechsel bei f''(x)

Die Diskussion von Funktionen (Graphen) wird zweckmäßig etwa nach folgender Gliederung durchgeführt, wobei nicht immer alle Punkte vorkommen werden.

a) Bestimmung der maximalen Definitionsmenge, falls nicht vorgegeben,
b) Symmetrieverhältnisse,
c) Schnittpunkte des Graphen mit den Koordinatenachsen (Nullstellen der Funktion),
d) Definitionslücken, Unstetigkeitsstellen, Unendlichkeitsstellen,
e) Monotonie der Funktion in einzelnen Intervallen,
f) Maxima, Minima der Funktion (Hoch- und Tiefpunkte des Graphen),
g) Art der Krümmung des Graphen in einzelnen Punkten oder Intervallen,
h) Wendestellen der Funktion (Wendepunkte des Graphen),
i) Verhalten der Funktion am Rande der Definitionsmenge bzw. für sehr große und sehr kleine x-Werte.

Aufgaben

Untersuche folgende Funktionen und zeichne die zugehörigen Graphen. Gegebenenfalls sollen zur genaueren Skizze des Graphen die Koordinaten einzelner Punkte zusätzlich berechnet werden.

Beispiel 1:

$f: x \mapsto f(x) = \frac{1}{2}x + \sin x;\ D_f = [-\pi; \pi]$

a) $D_{f\max} = \mathbb{R}$

b) Es ist $f(-x) = \frac{1}{2}(-x) + \sin(-x) = -\frac{1}{2}x - \sin x = -f(x)$; der Graph liegt daher punktsymmetrisch zum Ursprung 0.

c) Der Graph geht durch den Ursprung 0.

e) $f': x \mapsto f'(x) = \frac{1}{2} + \cos x;\ D_f$. f ist monoton wachsend für $\frac{1}{2} + \cos x \geqq 0 \Rightarrow \cos x \geqq -\frac{1}{2}$, das ist für alle $x \in \left[-\frac{2\pi}{3}; \frac{2\pi}{3}\right]$. f ist monoton abnehmend für $\frac{1}{2} + \cos x \leqq 0 \Rightarrow \cos x \leqq -\frac{1}{2}$, das ist für alle $x \in \left[-\pi; -\frac{2\pi}{3}\right]$ oder $x \in \left[\frac{2\pi}{3}; \pi\right]$.

f) Extremwerte. Es ist $f'(x) = \frac{1}{2} + \cos x$ und $f''(x) = -\sin x$ mit D_f.

Notwendige Bedingung: $f'(x) = 0;\ \cos x = -\frac{1}{2} \Rightarrow x = -\frac{2\pi}{3} \wedge x = \frac{2\pi}{3}$.

Hinreichende Bedingung: $f''\left(-\frac{2\pi}{3}\right) = -\sin\left(-\frac{2\pi}{3}\right) > 0$, also Minimum

$f''\left(\frac{2\pi}{3}\right) = -\sin\left(\frac{2\pi}{3}\right) < 0$, also Maximum.

Der Tiefpunkt hat die Koordinaten $T\left(-\frac{2\pi}{3}; -\left[\frac{\pi}{3}+\frac{\sqrt{3}}{2}\right]\right)$ der Hochpunkt $H\left(\frac{2\pi}{3}; \frac{\pi}{3}+\frac{\sqrt{3}}{2}\right)$.

g) Krümmung. $f''(x) \geqq 0$, also Linkskrümmung für $-\sin x \geqq 0 \Rightarrow \sin x \leqq 0$ d. ist für alle $x \in [-\pi; 0]$. $f''(x) \leqq 0$, also Rechtskrümmung für $\sin x \geqq 0$, das ist für alle $x \in [0; \pi]$.

h) Wendestellen. Notwendige Bedingung $f''(x) = 0$, also $\sin x = 0 \Rightarrow x = 0$. Hinreichende Bedingung: $f'''(x) = -\cos x$; es ist $-\cos 0 = -1 \neq 0$. Wendepunkt ist der Ursprung 0.

Beispiel 2:

$f: x \mapsto f(x) = (x^2 - 2x) \cdot \operatorname{sgn} x$; $D_f = [-1; 3]$ (Abb. 7,9)

a) $D_{f\max} = \mathbb{R}$

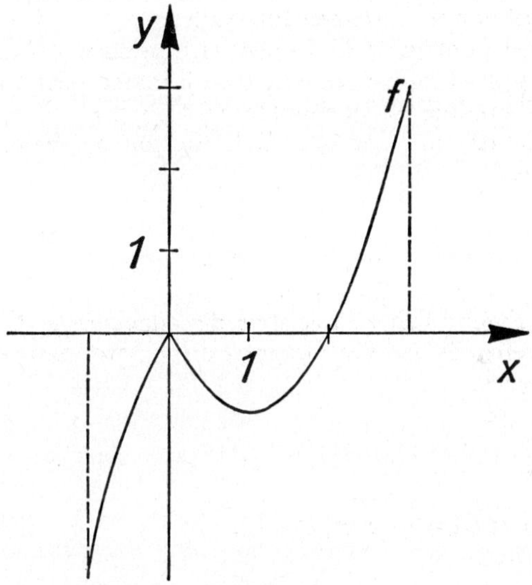

Abb. 7,9

c) Nullstellen von f: $f(x) = 0$; $(x^2 - 2x) \cdot \operatorname{sgn} x = 0$. Daraus erhalten wir die Nullstellen $x_1 = 0$, $x_2 = 2$.

d) Es ist $f(x) = \begin{cases} x^2 - 2x & \text{für } x > 0 \\ 0 & \text{für } x = 0 \\ -x^2 + 2x & \text{für } x < 0 \end{cases}$

Da $\lim\limits_{x \to 0} f(x) = \lim\limits_{x \to 0} (x^2 - 2x) \cdot \operatorname{sgn} x = 0$ ist, wenn man den links- oder rechtsseitigen Grenzwert bildet, ist f in D_f überall stetig.

e) Für die Ableitung erhalten wir

$$f': x \mapsto f'(x) = \begin{cases} 2x - 2 & \text{für } x > 0 \\ -2x + 2 & \text{für } x < 0 \end{cases}$$

Untersuchen wir die links- und rechtsseitige Ableitung an der Stelle $x = 0$, so erhalten wir

$$f'_l(0) = \lim_{x \to 0-0} (-2x + 2) = 2 \text{ und } f'_r(0) = \lim_{x \to 0+0} (2x - 2) = -2$$

Da $f_l'(0) \neq f'_r(0)$ ist f an der Stelle $x = 0$ nicht differenzierbar. Sie hat aber dort ein relatives Maximum, weil f' beim Durchgang durch diese Stelle von plus nach minus wechselt.

An der Stelle $x = -1$ hat f das absolute Minimum $m = -3$, weil $f'(-1 + h) = 4 - 2h > 0$ ist für kleine positive h. An der Stelle $x = 3$ liegt ein absolutes Maximum vor, weil $f'(3 - h) = 4 - 2h > 0$ ist für kleine $h > 0$. Das absolute Maximum ist $M = 3$. An der Stelle $x = 1$ liegt ein relatives Minimum $m_2 = -1$, da $f''(1) = 2 > 0$ ist.

f) Wegen $f'(x) > 0$ für $x \in [-1; 0]$ oder $x \in [1; 3]$ ist f in diesen Intervallen streng monoton wachsend und wegen $f'(x) < 0$ in $[0; 1]$ nimmt sie streng monoton ab in diesem Intervall.

Aufgaben

1. Bestimme den Schnittpunkt mit der y-Achse, Hoch- und Tiefpunkte, Wendepunkte mit Wendetangente für die Graphen folgender Funktionen! Zeichne die Graphen! Die Funktionen sind durch ihre Terme gegeben.

a) $f(x) = x + \sin x$ **b)** $f(x) = -\frac{x}{2} + \cos x$

c) $f(x) = 2 \sin x + \cos x$ **d)** $f(x) = 1 + \sin x + \cos x$

2. Bestimme die Schnittpunkte mit den Achsen, Hoch- und Tiefpunkte, Wendepunkte mit Wendetangente des Graphen zu folgenden Funktionen $x \mapsto f(x)$ und zeichne ihn!

a) $f(x) = \sin x + \cos x$ **b)** $f(x) = \cos x - 1$

c) $f(x) = \sin x - \cos x$ **d)** $f(x) = (\sin x)^2 = \sin x \cdot \sin x$

e) $f(x) = (\cos x)^2 = \cos x \cdot \cos x$ **f)** $f(x) = \sin x (\sin x + 1)$

3. Gegeben ist die Funktion $f: x \mapsto f(x) = 3 \sin x + \sqrt{3} \cos x$ mit $D_f = [0; 2\pi]$. Zeichne den Graphen zu f durch Überlagerung aus Einzelgraphen. Berechne die Schnittpunkte des Graphen mit den Koordinatenachsen, Hoch- und Tiefpunkte, sowie Wendepunkte mit Wendetangente! $\pi \approx 3$.

4. Die Funktion $f: x \mapsto ax^3 + bx$ hat für $x = \frac{3\pi}{2}$ den gleichen Funktionswert und die gleiche Ableitung wie die Funktion $g: x \mapsto \sin x$. Berechne daraus die Konstanten a und b und zeichne den ungefähren Verlauf der beiden Graphen! (Einheit auf der x-Achse 1 cm, auf der y-Achse 2 cm).

5. Bestimme die Monotonieintervalle der Funktion $f: x \mapsto f(x) = x - \sin x$ für $D_f = [0; 3\pi]$!

6. Der Graph zur Funktion $x \mapsto \frac{1}{2}(ax + b + a \cdot \cos x)$ geht durch den Ursprung 0 und besitzt für $x = \pi$ eine Tangente, die mit der positiven x-Achse den Winkel 135° einschließt. Berechne a und b und skizziere den Graphen durch Überlagerung im Bereich $0 \leqq x \leqq 3\pi$!

7. Der der Funktion $x \mapsto ax + b \sin x$ entsprechende Graph geht durch den Punkt $P\left(\frac{\pi}{2}; 1 - \frac{\pi}{4}\right)$ und hat dort die Steigung $-\frac{1}{2}$. Berechne a und b! Diskutiere die Funktion im Bereich $-2\pi \leqq x \leqq \pi$ und zeichne den Graphen durch Überlagerung!

8. Wie Aufgabe 7 für $x \mapsto ax + b \cdot \cos x$ und $P\left(-\frac{\pi}{2}; \frac{\pi}{4}\right)$ mit der Steigung $+\frac{1}{2}$. In welchen Punkten hat der Graph die Steigung -1? Gibt es auch Kurvenpunkte mit der Steigung $+1$? Welche Werte kann die Steigung der Kurve annehmen? (Begründung!)

9. Diskutiere die Funktion $x \mapsto \sin^2 x + \sin x$ im Bereich $-\frac{\pi}{2} \leqq x \leqq 2\pi$ und zeichne den Graphen! Unter welchen Winkeln schneidet er die x-Achse?

10. Die Graphen zu $x \mapsto \sin x$ und $x \mapsto \sin(x - \nu)$, wobei die Konstante ν kein Vielfaches von 2π ist, sollen auf die Koordinaten ihrer Schnittpunkte in Abhängigkeit von ν im Bereich $-2\pi \leqq x \leqq 2\pi$ untersucht werden. Wo hat die Überlagerungskurve zu $x \mapsto \sin x + \sin(x - \nu)$ Extrempunkte und Wendepunkte im obigen Bereich (in Abhängigkeit von ν)?

11. Diskutiere folgende Funktionen $x \mapsto f(x)$ und zeichne die Graphen!

$f(x) = \cos x + \sin^2 x$; $f(x) = x - \sin 2x$; $f(x) = a \cdot \tan x + \frac{b}{\tan x}$

$f(x) = a \cos^2 x + b \cdot \sin^2 x$

(Wähle für a und b geeignete Zahlenwerte!)

12. Diskutiere die Funktion $x \mapsto |\sin x| + \cos x$ für $0 \leqq x \leqq 2\pi$ und zeichne den zugehörigen Graphen (Überlagerung!) Für welches Argument x hat die Funktion keine Ableitung? Hat sie dort links- und rechtsseitige Ableitungen?

13. Bestimme die Nullstellen, Extremwerte, Monotonieintervalle und das Krümmungsverhalten folgender Funktionen! An welchen Stellen ist die Funktion nicht differenzierbar? Zeichne die Graphen!

a) $f: x \mapsto f(x) = |\sin x|$; $D_f = [-\pi; \pi]$

b) $g: x \mapsto g(x) = x^2 - |x^2 - 4|$; $D_f = [-4; 4]$

c) $h: x \mapsto h(x) = x + \frac{1}{x}$; $D_h = [-3; 4] \setminus \{0\}$

d) $k: x \mapsto k(x) = \frac{x}{|x|} - \frac{1}{x}$; $D_k = [-4; 4] \setminus \{0\}$

(c) und (d) ohne zweite Ableitung!)

14. Bestimme die Nullstellen, Extremwerte, Unstetigkeitsstellen und Monotonieintervalle folgender Funktionen und zeichne die Graphen!

a) $f: x \mapsto f(x) = x^2 + \operatorname{sgn}(x - 1)$; $D_f = [-3; 2\frac{1}{2}]$

b) $g: x \mapsto g(x) = x^2 \cdot \operatorname{sgn}(x - 1)$; $D_g = [-2; 2]$

c) $h: x \mapsto h(x) = \sqrt{x} + \frac{\sqrt{2}}{x}$; $D_h =]0; 4]$

8. Ganz-rationale Funktionen (Polynomfunktionen)

*8.1 Erklärung. Hornersches Schema

*8.1.1 Erklärung

Diese Klasse von Funktionen ist von besonderer Bedeutung, weil mit ihnen leicht zu rechnen ist. Bei vielen Problemen ersetzt man deshalb allgemeine Funktionen durch geeignet gewählte ganze rationale Funktionen.

Definition 8.1:

Es seien $a_0, a_1, a_2, a_3, \ldots a_n$ fest gewählte reelle Zahlen, wobei $a_n \neq 0$ ist; einzelne a_ν, $\nu = 0; 1; 2; \ldots (n-1)$ dürfen aber auch gleich Null sein.
Man bezeichnet den Ausdruck (Term)

$$f_n(x) = a_0 + a_1x + a_2x^2 + a_3x^3 + \ldots a_nx^n$$

als ein **Polynom in x vom Grad n,** wobei n eine natürliche Zahl oder auch 0 sein darf. Ordnet man jeder beliebigen reellen Zahl **x den Wert** $f_n(x)$ zu, den man durch Einsetzen von x in obigen Term erhält, so wird dadurch eine **ganz-rationale Funktion vom Grad n**

$$f: x \mapsto f_n(x) = a_0 + a_1x + a_2x^2 + \ldots + a_nx^n$$

definiert. Meist bezeichnet man die so definierte Funktion als eine Polynomfunktion.

Einfache Beispiele:

1. Für $n = 1$ erhält man die **lineare Funktion** $x \mapsto a_0 + a_1 x$, deren Bildkurven Geraden sind. Ist $a_0 = 0$, so gehen die Geraden durch den Ursprung ($a_1 \neq 0$;) für $a_1 = 0$ erhält man Geraden parallel zur x-Achse im Abstand a_0.
$x \mapsto f(x) = a_0$ heißt konstante Funktion oder ganze rationale Funktion vom Grad Null.

2. Ist $n = 2$, so erhält man die aus dem Unterricht der Mittelstufe bekannte **quadratische Funktion** $x \mapsto a_0 + a_1x + a_2x^2$; ihre Bildkurven sind Parabeln.

3. **Die reinen Potenzfunktionen** n-ter Ordnung $x \mapsto x^n$
Die zugehörigen Bildkurven bezeichnet man als **reine Parabeln** n-ter Ordnung (Abb. 8,1; 8,2; S. 147).
Man unterscheidet deutlich zwei verschiedene Arten von Bildkurven, je nachdem n **gerade** oder **ungerade** ist.
Ist n gerade, dann liegt zu jedem Punkt P (x; y) auch der Spiegelpunkt Q (−x; y) bezüglich der y-Achse auf der Kurve, d. h. die y-Achse ist eine **Symmetrieachse** dieser Kurve.
Für ungerades n liegt zu jedem Punkt P(x; y) auch der Spiegelpunkt Q(−x; −y) bezüglich des Ursprungs 0 auf der Kurve. Der Ursprung 0 ist ein **Symmetriezentrum.**
Alle Kurven (n gerade oder ungerade) schmiegen sich mit wachsendem n im Ursprung 0 immer stärker an die x-Achse an. Sie gehen alle durch den Punkt (1; 1) und verlaufen für $|x| > 1$ mit wachsendem n immer steiler.

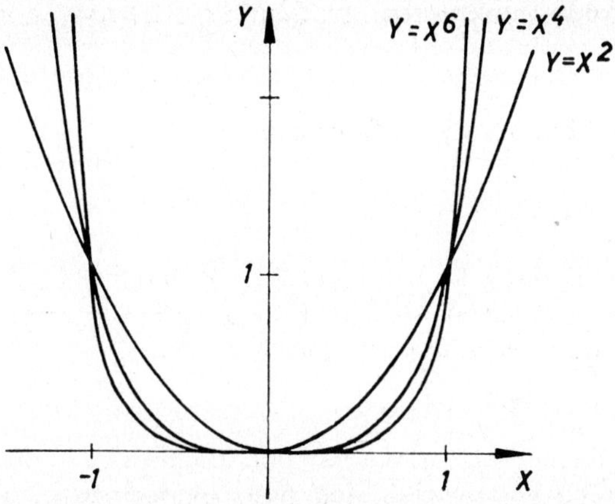

Abb. 8,1

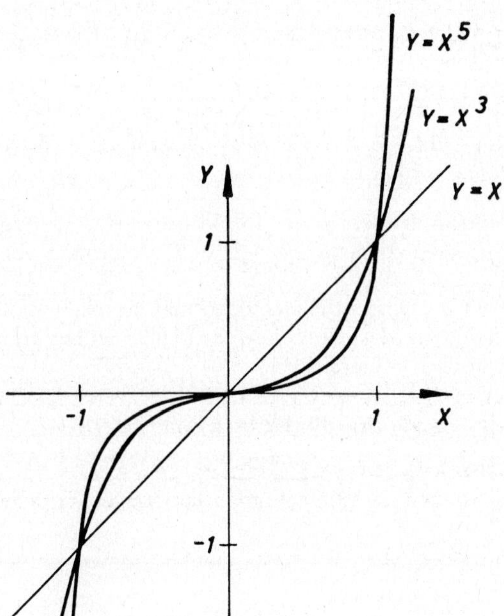

Abb. 8,2

Gerade und ungerade Funktionen

Das Symmetrieverhalten der reinen Parabeln liegt auch bei den Graphen vieler anderer Funktionen vor, den **geraden** und **ungeraden** Funktionen (siehe 3.3.2).

Eine Funktion f heißt **gerade**, wenn für alle $x \in D_f \Rightarrow (-x) \in D_f$ gilt: $\mathbf{f(-x) = f(x)}$ und
ungerade, wenn $\mathbf{f(-x) = -f(x)}$.

Im ersten Fall ist die y-Achse eine Symmetrieachse der Bildkurve, im zweiten Fall ist der Ursprung ein Symmetriezentrum der Kurve.

*8.1.2 Das Hornersche Schema

Um die Bildkurve zu einer gegebenen Funktion zeichnen zu können, braucht man die Funktionswerte für eine ausreichende Zahl von Argumenten x. Bei den ganzen rationalen Funktionen erweist sich das Hornersche Schema als sehr geeignet, da es die ganze Rechnung auf eine Kette von einfachen Multiplikationen und Additionen zurückführt.

Beispiele:

1. $y = ax^2 + bx + c$; $y = x\,(ax + b) + c$

2. $y = ax^3 + bx^2 + cx + d$; $y = x\,[ax^2 + bx + c] + d$; $y = x\,[x\,(ax + b) + c] + d$

3. $y = ax^4 + bx^3 + cx^2 + dx + e = x\,(ax^3 + bx^2 + cx + d\} + e = x\,\{x\,[ax^2 + bx + c] +$
$+ d) + e = x\,\{x\,[x\,(ax + b) + c] + d) + e$.

Soll z. B. für die Funktion 4. Grades der Funktionswert zum Argument x_0 berechnet werden, dann berechnet man zunächst $ax_0 + b = A_1$; setzt man oben ein, so erhält man schließlich $y_0 = f(x_0) = x_0A_3 + e$.
Die ganze Rechnung wird übersichtlicher, wenn man in die 1. Zeile eines rechteckigen Schemas[1] die Koeffizienten des Polynoms schreibt, wobei fehlende Koeffizienten durch Nullen ersetzt werden müssen.

Koeffizienten	a	b	c	d	e
x_0	a	$\underbrace{x_0 \cdot a + b}_{A_1}$	$\underbrace{x_0A_1 + c}_{A_2}$	$\underbrace{x_0A_2 + d}_{A_3}$	$x_0A_3 + e$ $f(x_0)$

Beispiel:

$y = f(x) = 5x^4 - 7x^3 + 6x^2 + 8x + 4$

Koeffiz.	5	−7	6	8	4
$x_0 = 2$	5	$2 \cdot 5 - 7 = 3$	$2 \cdot 3 + 6 = 12$	$2 \cdot 12 + 8 = 32$	$2 \cdot 32 + 4 = 68 = f(2)$
$x_1 = -2$	5	$(-2) \cdot 5 - 7 = -17$	$(-2) \cdot (-17) + 6 = 40$	$(-2) \cdot 40 + 8 = (-72)$	$(-2) \cdot (-72) + 4 = 148 = f(-2)$
$x_3 = 1{,}2$	5	$1{,}2 \cdot 5 - 7 = (-1)$	$1{,}2 \cdot (-1) + 6 = 4{,}8$	$1{,}2 \cdot 4{,}8 + 8 = 13 \cdot 76$	$1{,}2 \cdot 13{,}76 + 4 = 20{,}50 = f(1{,}2)$

---

[1] Hornersches Schema

Aufgaben

Berechne mit Hilfe des Hornerschen Schemas zu einigen Argumenten x die zugehörigen Funktionswerte.

1. $f(x) = x^3 - 3x^2 + 2x$

2. $f(x) = x^3 - 9x^2 + 23x - 15$

3. $f(x) = 2x^3 - 12x^2 - 30x + 102$

4. $f(x) = x^3 + 2x^2 - 4x - 3$

5. $f(x) = x^3 - 6x^2 + 9x + 1$

6. $f(x) = x^4 - 4x^2 + 5$

7. $f(x) = 0{,}1\, x^3 + 0{,}4x^2 - 0{,}3x + 1$

8. $f(x) = 0{,}5x^3 - 0{,}5x^2 - 4x + 4$

9. $f(x) = \frac{1}{3}(x^4 - 8x^3 + 18x^2)$

10. $f(x) = \frac{1}{9}(2x^3 - 3x^2 - 12x + 11)$

*8.1.3 Verhalten der ganz-rationalen Funktionen für große Absolutwerte des Argumentes x

$$f(x) = a_n x^n + a_{n-1}x^{n-1} + \ldots + a_1 x + a_0$$

Durch Ausklammern der höchsten Potenz von x und Division erhalten wir

$$\frac{f(x)}{a_n x^n} = 1 + \frac{a_{n-1}}{a_n x} + \ldots + \frac{a_0}{a_n x^n}$$

Für sehr große Absolutwerte von x werden die Brüche auf der rechten Seite beliebig klein, da sie alle den Grenzwert Null haben; daher ist

$$\lim_{x \to \infty} \frac{f(x)}{a_n x^n} = \lim_{x \to \infty}\left(1 + \frac{a_{n-1}}{a_n x} + \ldots + \frac{a_0}{a_n x^n}\right) = 1.$$

Ergebnis:

Für große absolute Werte von x bestimmt das Glied mit der höchsten Potenz $a_n x^n$ das Verhalten der ganzen rationalen Funktion.
Ist also $a_n > 0$ und n gerade, dann wachsen die Funktionswerte für genügend große $|x|$ über jede **beliebig große positive Zahl.**
Ist $a_n < 0$ und n gerade, dann nehmen die Funktionswerte für große $|x|$ unter jede **beliebig große negative Zahl** ab.
Für ungerades n und $a_n > 0$ wächst die Funktion für positive x über jede beliebig große positive und für negative x nimmt sie unter jede beliebig große negative Zahl ab.
Für ungerades n und $a_n < 0$ ist es umgekehrt.

8.2 Gleichungen n-ten Grades

8.2.1 Lösung einfacher Gleichungen

Mit dem Hornerschen Schema ist es verhältnismäßig einfach, zu einem gegebenen Argument x_0 den zugeordneten Funktionswert $f(x_0)$ einer ganzen rationalen Funktion n-ten Grades zu berechnen.
Sehr viel schwieriger ist dagegen die umgekehrte Frage zu beantworten: Für welchen Wert der Variablen x nimmt die Funktion f einen vorgegebenen festen Wert c an oder in welchen Punkten schneidet die Parabel n-ter Ordnung die Parallele zur x-Achse $y = c$?

Die **Schnittpunkte der Kurve mit der x Achse** liefern die **Nullstellen der Funktion** $x \mapsto f(x)$ bzw. die **Lösungen der Gleichung f(x) = 0.**
Für die linearen und quadratischen Gleichungen kennen wir die Lösungsmethoden. Allgemeine Gleichungen 3. und 4. Grades sind zwar auch noch mit Hilfe von Wurzeltermen aus den Koeffizienten der Gleichung ausdrückbar, doch sind diese Methoden sehr umständlich und umfangreich und werden daher im Unterricht nicht behandelt. Für allgemeine Gleichungen vom 5. und höheren Grad hat Nils Henrik **Abel** (1802 bis 1829) gezeigt, daß sie überhaupt nicht algebraisch auflösbar, d. h. nicht durch Wurzelzeichen darstellbar sind.
In besonderen Fällen, auf die wir uns beschränken wollen, lassen sich auch die Lösungen von Gleichungen 3. und höheren Grades verhältnismäßig einfach finden.

Zahlenbeispiele:

1. Bei der Gleichung $x^3 - 3x^2 + 2x = 0$ kann man durch Ausklammern von x zu einer quadratischen Gleichung gelangen:

$$x(x^2 - 3x + 2) = 0 \text{ mit } x = 0 \text{ oder } x^2 - 3x + 2 = 0.$$

Die Lösungen dieser Gleichung sind dann: 0; 1; 2.

2. Bei der Gleichung $x^4 - 7x^3 + 12x^2 = 0$ kann man x^2 ausklammern und erhält folgende Lösungen:

0 (Doppellösung); 3; 4.

3. Setzt man in der Gleichung $x^4 - 8x^2 + 15 = 0$ $x^2 = z$, so erhält man die quadratische Gleichung in z: $z^2 - 8z + 15 = 0$; die Lösungen der gegebenen Gleichung sind:

$$\sqrt{3};\ -\sqrt{3};\ \sqrt{5};\ -\sqrt{5}.$$

8.2.2 Division eines Polynoms durch einen Linearfaktor

Für die ganze rationale Funktion $x \mapsto f(x) = x^3 - 3x^2 - 2x + 6$ erhalten wir nach dem Hornerschen Schema:

	1	−3	−2	6
x = 1	1	−2	−4	2 = f(1)
x = 2	1	−1	−4	−2 = f(2)
x = 3	1	0	−2	0 = f(3)
x = −2	1	−5	8	−10 = f(−2)

Wir führen nun folgende Divisionen durch (Aufgabe!) und erhalten:

1. $(x^3 - 3x^2 - 2x + 6) : (x - 1) = x^2 - 2x - 4 + \frac{2}{x - 1}$

2. $(x^3 - 3x^2 - 2x + 6) : (x - 2) = x^2 - x - 4 - \frac{2}{x - 2}$

3. $(x^3 - 3x^2 - 2x + 6) : (x - 3) = x^2 - 2$

4. $(x^3 - 3x^2 - 2x + 6) : (x + 2) = x^2 - 5x + 8 - \frac{10}{x + 2}$

Daraus ersehen wir, daß bei der Division des gegebenen Polynoms durch die Linearfaktoren $(x - 1)$; $(x - 2)$; $(x - 3)$ und $(x + 2)$, die den Argumenten x = 1; 2; 3 und − 2 entsprechen, sich ein Polynom von einem um 1 niederen Grad ergibt. Seine

Koeffizienten sind die Zahlen des Hornerschen Schemas. Der Divisionsrest ist jeweils gleich dem Funktionswert für das zugehörige Argument.
Für $x \neq 2$ kann man also auch schreiben

$$\frac{x^3 - 3x^2 - 2x + 6}{x - 2} = x^2 - x - 4 - \frac{2}{x - 2} \text{ oder}$$
$$x^3 - 3x^2 - 2x + 6 = (x^2 - x - 4)(x - 2) - 2.$$

Hier liegt eine Identität vor, wie man durch Ausmultiplizieren bestätigen kann.
Untersuchen wir noch etwas genauer den Fall, bei dem der Divisionsrest Null wird.

Für $x \neq 3$ ist $\frac{x^3 - 3x^2 - 2x + 6}{x - 3} = x^2 - 2 \Rightarrow x^3 - 3x^2 - 2x + 6 = (x^2 - 2)(x - 3)$.

Wir ersehen daraus, daß $x = 3$ eine Nullstelle der gegebenen Funktion f ist und daß weitere Nullstellen nur unter den Nullstellen von $g: x \mapsto g(x) = x^2 - 2$ gefunden werden können.
Dieses Beispiel zeigt:

1. Ist $x = 3$ eine Nullstelle der Funktion $f: x \mapsto x^3 - 3x^2 - 2x + 6$, so ergibt ihre Division durch $(x - 3)$ die ganze rationale Funktion $g: x \mapsto x^2 - 2$ vom zweiten Grad.
2. Etwaige weitere Nullstellen von f sind die Nullstellen von g. Wir beweisen, daß dies allgemein gilt.

Satz 8.1:

Ist a eine Nullstelle der Polynomfunktion $f_n: x \mapsto f_n(x) = a_n x^n + a_{n-1} x^{n-1} + \ldots + a_1 x + a_0$, also $f_n(a) = 0$, so ist das Polynom $f_n(x)$ durch $(x - a)$ teilbar. Es gilt die Zerlegung $f_n(x) = (x - a) \cdot f_{n-1}(x)$, wobei $f_{n-1}(x) = b_{n-2} x^{n-1} + b_{n-1} x^{n-2} + \ldots + b_0$ ist mit $b_0, b_1 \ldots b_{n-1} \in \mathbb{R}$.

Beweis:

Wie bei den Beispielen aus 8.2.2 ergibt die Division von $f_n(x)$ durch den Linearfaktor $(x - a)$ ein Polynom $f_{n-1}(x)$ vom Grad $(n - 1)$ und einen Rest $r \in \mathbb{R}$, also für $x \neq a$

$$\frac{f_n(x)}{x - a} = f_{n-1}(x) + \frac{r}{x - a} \Rightarrow f_n(x) = (x - a) f_{n-1}(x) + r.$$

Setzen wir jetzt $x = a$, so erhalten wir $r = 0$, weil $f_n(a) = 0$ ist nach Voraussetzung. Damit gilt

$$f_n(x) = (x - a) \cdot f_{n-1}(x)$$

Hat f_n eine weitere Nullstelle b, so muß sie auch Nullstelle von f_{n-1} sein und nach Satz 8.1 gilt

$f_{n-1}(x) = (x - b) f_{n-2}(x)$, wobei $f_{n-2}(x) = c_{n-2} x^{n-2} + c_{n-3} x^{n-3} + \ldots + c_0$ mit $c_0, c_1, \ldots c_{n-2} \in \mathbb{R}$. So fortfahrend, kann man zur Zerlegung der ganzen linearen Funktion f_n in **Linearfaktoren** kommen, wenn $a_1, a_2, \ldots a_n$ die n Nullstellen von f_n sind.

$$\mathbf{f_n(x) = a_n(x - a_1)(x - a_2) \ldots (x - a_n)}$$ [1)]

Aus dem Beweis und seinen Folgerungen ersieht man, daß eine ganze rationale Funktion n-ten Grades höchstens n Nullstellen haben kann, wobei sie sogar mehrfach auftreten können, wie folgende Beispiele zeigen:

1) Diese Zerlegung in Linearfaktoren ist eindeutig

Beispiel 1:

Die Funktion $f: x \mapsto f_3(x) = x^3 - x^2 - 8x + 12$ hat die Nullstellen 2 (zweifach) und 3; daher gilt die Zerlegung

$$f_3(x) = x^3 - x^2 - 8x + 12 = (x-2)^2 (x-3).$$

Beispiel 2:

Die Funktion $f: x \mapsto f_3(x) = x^3 + 9x^2 + 27x + 27$ hat die dreifache Nullstelle -3, also gilt

$$f_3(x) = x^3 + 9x^2 + 27x + 27 = (x+3)^3.$$

Beispiel 3:

$f: x \mapsto f_4(x) = x^4 + x^2 - 2$. Dieses Beispiel zeigt, daß man nicht jede ganze rationale Funktion niederen Grades weiter in Linearfaktoren zerlegen kann. Diese Funktion hat die Nullstellen -1, 1 und es gilt die Zerlegung

$$f_4(x) = (x+1)(x-1)(x^2+2), \text{ weil die Funktion } g: x \mapsto x^2 + 2$$

keine Nullstellen in $\mathbb{R}$ hat.

Aus allen Überlegungen ergibt sich

Satz 8.2:

Eine ganze rationale Funktion n-ten Grades hat in der Menge $\mathbb{R}$ höchstens n Nullstellen.

8.2.3 Bestimmung der Nullstellen bei einer einfachen Klasse von Polynomfunktionen

Wie schon in 8.2.1 ausgeführt wurde, ist das Lösungsverfahren für Gleichungen 3. und höheren Grades sehr umständlich und umfangreich, wenn überhaupt möglich. Wir wollen einen Satz beweisen, der uns in vielen Fällen die Berechnung von Nullstellen ermöglicht.

Satz 8.3:

Ist a eine ganzzahlige Nullstelle der Polynomfunktion $f: x \mapsto f_n(x) = x^n + a_{n-1}x^{n-1} + \ldots + a_1 x + a_0$ mit ganzzahligen, teilerfremden Koeffizienten $a_0, a_1, \ldots a_{n-1}, a_n = 1$ und $D_f = \mathbb{R}$, so muß a notwendig unter den Teilern des konstanten Gliedes a_0 vorkommen.

Beweis:

Da $a \in \mathbb{Z}$ Nullstelle von $f_n(x)$ sein soll, gilt

$$f_n(a) = 0, \text{ also } a^n + a_{n-1} \cdot a^{n-1} + a_{n-2} \cdot a^{n-2} + \ldots + a_1 \cdot a + a_0 = 0 \Rightarrow$$
$$\Rightarrow a(a^{n-1} + a_{n-1} \cdot a^{n-2} + a_{n-2} \cdot a^{n-3} + \ldots + a_1) + a_0 = 0.$$

Nach den Voraussetzungen unseres Satzes muß der Term in der Klammer eine ganze Zahl sein. Die letzte Gleichung stellt nur dann eine wahre Aussage dar, wenn a_0 durch a teilbar ist.

Beachte:

Der Satz sagt nur aus: Wenn $x \mapsto f_n(x)$ eine ganzzahlige Nullstelle hat, muß sie Teiler (positiv oder negativ) von a_0 sein. Wir wollen nun diesen Satz und die vorhergehenden an einem Beispiel erläutern.

Beispiel:

$f: x \mapsto f_4(x) = x^4 + 2x^3 + x^2 - 4;\ D_f = \mathbb{R}$
Als ganzzahlige Nullstellen dieser Funktion kommen nur die Teiler ± 1; ± 2; ± 4 in Betracht. Da 1 Nullstelle ist, dividieren wir $f_4(x)$ durch $(x - 1)$ und erhalten $f_3(x) = x^3 + 3x^2 + 4x + 4$. Weitere Nullstelle von $x \mapsto f_3(x)$, also auch von $x \mapsto f_4(x)$ ist (-2). Die Division von $f_3(x)$ durch $(x + 2)$ ergibt $f_2(x) = x^2 + x + 2$. Diese Funktion $x \mapsto f_2(x)$ hat keine Nullstelle mehr, wie man durch Lösen der quadratischen Gleichung $x^2 + x + 2 = 0$ feststellen kann. Daher ist $f_2(x)$ nicht weiter in Linearfaktoren zerlegbar. Insgesamt erhalten wir die Zerlegung $f_4(x) = x^4 + 2x^3 + x^2 - 4 = (x - 1)(x + 2)(x^2 + x + 2)$.

Aufgaben

Bestimme die Nullstellen der folgenden Polynome:

1. $f(x) = x^3 + 6x^2 + 3x - 10$

2. $f(x) = x^3 + 2x^2 - x - 2$

3. $f(x) = x^3 - 3x + 2$

4. $f(x) = x^3 - 2x^2 - 2x + 1$

5. $f(x) = x^4 + 3x^3 + 15x^2 - 19x$

6. $f(x) = x^4 - 2x^3 + 2x - 1$

7. $f(x) = x^5 - 3x^4 - x^3 + 11x^2 - 12x + 4$

8. $f(x) = 8x^4 - 14x^3 - 11x^2 + 11x + 6.$

8.3 Differenzierbarkeit und Stetigkeit der ganz-rationalen Funktionen

8.3.1 Stetigkeit

Jede ganzrationale Funktion $f: x \mapsto f_n(x) = a_n x^n + a_{n-1} x^{n-1} + \ldots + a_0$ ist zusammengesetzt aus endlich vielen Summen- und Produktbildungen aus der konstanten Funktion $k: x \mapsto k(x) = c$ und der identischen Funktion $i: x \mapsto i(x) = x$ mit den Definitionsmengen $\mathbb{R}$.
Wir beweisen daher zunächst folgende Sätze:

Satz 8.4:

Jede konstante Funktion $k: x \mapsto k(x) = c$ ist stetig in $\mathbb{R}$.

Beweis:

Es ist $k(x) = c$ für alle $x \in \mathbb{R}$; daher ist $\lim\limits_{x \to x_0} c = c$.

Satz 8.5:

Die identische Funktion $i: x \mapsto i(x) = x$ ist stetig über $\mathbb{R}$. Es ist $i(x_0) = x_0$ für jedes $x_0 \in \mathbb{R}$; außerdem ist $\lim\limits_{x \to x_0} x = x_0$.

Satz 8.6:

Jede ganz-rationale Funktion $f: x \mapsto f_n(x) = a_n x^n + a_{n-1} x^{n-1} + \ldots + a_0$ ist stetig über $\mathbb{R}$.

Beweis:

Da sich die Funktion $f: x \mapsto f_n(x)$ durch Summen- und Produktbildung aus den stetigen Funktionen $x \mapsto c$ und $x \mapsto x$ zusammensetzen läßt, ist sie nach den Sätzen aus 5.7.1 ebenfalls stetig.

8.3.2 Differenzierbarkeit

Für die Funktionen $k: x \mapsto k(x) = c$, $i: x \mapsto i(x) = x$ und $p: x \mapsto p(x) = x^n$ gilt für alle $x \in \mathbb{R}$ und $n \in \mathbb{N}$ $k'(x) = 0$, $i'(x) = 1$ und $p'(x) = n \cdot x^{n-1}$.
Da sich die ganz-rationale Funktion $f: x \mapsto f_n(x) = a_n x^n + a_{n-1} x^{n-1} + \ldots + a_0$ durch Summen- und Produktbildung aus den Funktionen k, i und p, die über $\mathbb{R}$ differenzierbar sind, zusammensetzen läßt, gilt nach den Sätzen aus 6.3.2 der

Satz 8.7:

Jede ganz-rationale Funktion $f: x \mapsto f_n(x)$ ist über $\mathbb{R}$ differenzierbar.

8.4 Diskussion der ganz-rationalen Funktion. Berechnung des Funktionsterms aus gegebenen Bedingungen

Zeichne die Bildkurven zu folgenden Funktionen für geeignet gewählte Intervalle! Verfahre dabei möglichst nach folgender Gliederung:

a) Symmetrieverhältnisse,
b) Schnittpunkt der Kurve mit den Koordinatenachsen, falls einfach zu berechnen,
c) Hoch- und Tiefpunkte,
d) Wendepunkte mit Wendetangente,
e) Art der Krümmung in einzelnen Punkten oder Intervallen.

Gegebenenfalls sind zur Vervollständigung des Kurvenbildes noch die Koordinaten einzelner Punkte zu berechnen.

Aufgaben

1. $y = \frac{1}{3}(x^3 - 3x^2 - 9x + 11)$

2. $y = \frac{1}{4}(x^4 - 8x^2)$

3. $y = \frac{1}{3}(4x^3 - 18x^2 + 15x)$

4. $y = 4 + 3x - x^3$

5. $y = \frac{1}{10}(x^3 + 6x^2)$

6. $y = x^2(9 - x^2)$

7. $y = 3x^5 - 5x^3$
8. $y = 25x - x^5$
9. $y = x^3 + 3x^2 - 2$
10. $y = x^4 - 4x^2 + 4$
11. $y = 2x^3 - 15x^2 + 24x$
12. $y = x(x-3)^2$
13. $y = \frac{x^2}{2} - \frac{x^3}{18}$
14. $y = \frac{1}{10}(x^3 - 3x^2 - 24x + 10)$
15. $y = 4x + x^2 - \frac{x^3}{2}$
16. $y = \frac{1}{8}(x+1)(x-5)^2$
17. $y = \frac{1}{4}(x^3 - 11x^2 + 24x)$
18. $y = \frac{1}{2}(x-3)^2(x+1)$
19. $y = \frac{1}{8}(x+3)^2(6-x)$
20. $y = x^3 - 9x^2 + 23x - 15$
21. $y = x^3 - 3x^2 + 2x$
22. $y = \frac{x^3}{2} - \frac{x^2}{2} - 4x + 4$
23. $y = \frac{1}{3}(x+1)(x-1)(x-3)$
24. $y = \frac{x^3}{3} + \frac{x^2}{4} - 3x$
25. $y = \frac{1}{2} + \frac{x^2}{4} - \frac{x^4}{32}$
26. $y = \frac{x^3}{4} - \frac{x^2}{2} - 5x$
27. $y = x^3 - 7x - 6$
28. $y = \frac{1}{5}(x^3 - 12x + 16)$
29. $y = \frac{1}{10}(2x^3 - 5x^2 - 12x)$
30. $y = \frac{1}{6}(x^3 - 9x^2 + 18x)$
31. $y = \frac{1}{8}(6x^2 - x^3)$
32. $y = \frac{x^3}{3} - x^2$
33. $y = \frac{x^3}{8} - \frac{3x^2}{2} + \frac{9x}{2}$
34. $y = \frac{1}{8}(x^3 - 6x^2 + 32)$
35. $y = \frac{x^4}{20} - \frac{6x^2}{5} + 4$
36. $y = (-\frac{1}{4}x^2 + \frac{2}{3})^2$

37. Berechne die Werte der Koeffizienten der ganzen rationalen Funktion so, daß die zugehörige Bildkurve die angegebenen Bedingungen erfüllt. Bestimme die fehlenden charakteristischen Punkte der Kurve!

A. Ganze rationale Funktionen 2. Grades $y = ax^2 + bx + c$

1. Die Kurve geht durch den Punkt A (−3/0) und hat in B (2/−5) einen Tiefpunkt.
2. Sie geht durch den Ursprung 0 und den Punkt A (2/3) und hat in A den Anstieg 2.
3. Sie geht durch den Ursprung 0 und berührt die Gerade
   g: $6x - 5y + 4 = 0$ im Punkt P $(2/3\frac{1}{5})$.
4. Die Kurve schneidet die x-Achse in den Punkten A und B mit den Abszissen $x_1 = -2$ und $x_2 = 4$. In B hat sie eine Tangente mit dem Anstieg −2.

B. Ganze rationale Funktionen 3. Grades $y = ax^3 + bx^2 + cx + d$

1. Die Kurve geht durch den Punkt P (1/0), hat für $x = -1$ einen Hochpunkt und für $x = -\frac{1}{3}$ einen Wendepunkt (Kurvenschar!).
2. Sie hat in P (1/9) eine zur x-Achse parallele Tangente und in Q (3/1) einen Wendepunkt.
3. Der Wendepunkt liegt in 0, der extreme Punkt (Hoch- oder Tiefpunkt) in P (−1/4).
4. Sie hat horizontale Tangenten in 0 und in P (−4/4).
5. Die Kurve berührt die x-Achse in 0 und schneidet sie in P (−6/0) mit dem Anstieg $\frac{9}{2}$.
6. Wendepunkt in 0, Tiefpunkt in P (3/−2).

7. Die Kurve schneidet die y-Achse im Punkt A $(0/\frac{174}{5})$, hat einen Wendepunkt in B (1/14) und einen Hochpunkt für $x = -2$.
8. Die Kurve geht durch den Punkt P (−2/3) und durch 0; die Tangente in P bildet mit der + x-Achse den Winkel 45°; der Koeffizient $a = \frac{1}{4}$.
9. Sie geht durch den Punkt A (1/4), hat in B (3/6) einen Wendepunkt und für $x = 4$ eine horizontale Tangente.
10. Sie geht durch 0 und hat in A (6/2) einen Wendepunkt; die Wendetangente schließt mit der x-Achse einen Winkel von 135° ein.
11. Die Kurve hat im Punkt A (2/?) einen Wendepunkt mit der Wendetangente $3x + y = 6$ und geht außerdem durch den Punkt B (0/−2).
12. Es ist $a = 1$; die Kurve hat für $x = -2$ einen Hochpunkt, für $x = -\frac{2}{3}$ einen Wendepunkt und schneidet die x-Achse in $x = -3$.
13. Die Kurve hat in A (3/6) die Gerade $11x - y - 27 = 0$ als Tangente und in B (1/0) einen Wendepunkt.
14. Die Kurve geht durch den Punkt A (0/1) und hat dort den Anstieg 2; für $x = 2$ und $x = -2$ hat sie Tangenten parallel zur x-Achse.
15. Die Kurve hat in 0 einen Wendepunkt und berührt die Gerade $3x - 4y - 4 = 0$ im Punkt P $(2/\frac{1}{2})$.

C. Ganze rationale Funktion 4. Grades $y = ax^4 + bx^3 + cx^2 + dx + e$

1. Die Kurve hat für $x = 1$ den Anstieg 2 und für $x = \frac{\sqrt{2}}{2}$ einen Wendepunkt. Der Koeffizient $e = 4$, die Koeffizienten b und d sind gleich Null.
2. Die Kurve ist symmetrisch zur y-Achse und hat in P (2/0 eine Wendetangente mit dem Anstieg −2. Wo wird die Kurve von der Tangente im Hochpunkt außerdem noch getroffen?
3. Sie geht durch den Punkt A (0/4), hat in B (4/0) einen Tiefpunkt und ist symmetrisch zur y-Achse.
4. Die Parabel 4. Ordnung hat in A (0/−3) einen Wendepunkt mit waagerechter Tangente und berührt die x-Achse in B (3/0).
5. Die Kurve hat in 0 einen Wendepunkt mit der x-Achse als Tangente; ein weiterer Wendepunkt ist W (1/−1).
6. Sie berührt die x-Achse in A (2/0), hat in 0 einen Wendepunkt mit dem Anstieg 1.
7. Die Kurve hat den Hochpunkt H (0/4,8) und im Wendepunkt W (2/0) eine zur Geraden $4x + y = 0$ parallele Tangente.
8. Die Konstante a der Funktion $y = \frac{1}{2}(x^4 - ax^2)$ soll so gewählt werden, daß die zugehörige Bildkurve für $x = 1$ einen Wendepunkt hat.
9. Die Kurve liegt symmetrisch zur y-Achse und hat in P (1/2) einen Wendepunkt, dessen Wendetangente durch den Ursprung 0 geht.
10. Die Kurve hat in 0 einen Wendepunkt mit der Wendetangente $y = 2x$; für $x = 3$ und $x = -2$ hat sie waagerechte Tangenten.

Vermischte Aufgaben:

1. Gegeben ist die Parabel $y = f(x) = ax^2 + bx + c$. Zieht man eine Sekante durch die Punkte A und B der Bildkurve mit den Abszissen x_A bzw. x_B, so berührt die zur Sehne AB parallele Tangente die Parabel im Punkt P mit der Abszisse $x = \frac{x_A + x_B}{2}$.

2. Gegeben ist die Funktion $y = \frac{1}{3}x^3 - x^2 + 2$. Bestimme die Gleichungen derjenigen Tangenten an die zugehörige Bildkurve, die auf der Wendetangente senkrecht stehen. Welche Koordinaten haben die Berührpunkte?

3. Die Funktion $y = ax^3 + bx^2 + cx + d$ hat dieselben Nullstellen wie die Funktion $y = \frac{1}{2}x^3 - 2x$. Die beiden zugehörigen Bildkurven stehen im Ursprung 0 aufeinander senkrecht. Bestimme die Koeffizienten a; b; c und d!

4. Welche Parabel 3. Ordnung hat in A $(0/\frac{4}{3})$ eine waagerechte Tangente und für $x = 1$ eine Wendetangente parallel zur Winkelhalbierenden des II. Quadranten? Untersuche die Kurve!

5. Eine Parabel 3. Ordnung geht durch den Ursprung 0. Ihre Tangente im Wendepunkt W (2/1) hat die Steigung − 1,5. Stelle ihre Gleichung auf und untersuche die Kurve!

6. Die Parabel $y = ax^2 + bx + c$ schneidet die x-Achse im Punkt A (3/0); sie geht durch den Punkt B $(\frac{3}{2}/\frac{3}{2})$ und hat im Punkt $C\left(2 - \frac{\sqrt{3}}{4}/?\right)$ eine Tangente, die mit der positiven x-Achse einen Winkel von 60° bildet. Bestimme die Koeffizienten a, b und c!

7. Gegeben ist die kubische Parabel $y = x^3 + ax^2 + bx + c$. Zeige, daß diese Parabel stets einen Wendepunkt hat (a, b und $c \neq 0$) und bestimme seine Koordinaten! Welche Beziehung muß zwischen a und b bestehen, damit die Kurve je einen Hoch- und Tiefpunkt besitzt? Transformiere die obige Parabel durch eine Parallelverschiebung so, daß der Wendepunkt im Ursprung des neuen Koordinatensystems liegt. Beweise dann, daß die Extrempunkte symmetrisch zum Wendepunkt liegen!

8. Eine ganze rationale Funktion 3. Grades hat die Nullstellen α, β und γ. Beweise, daß die Tangente an die zugehörige Bildkurve durch einen Punkt mit der Abszisse $\frac{\alpha + \beta}{2}$; $\frac{\beta + \gamma}{2}$ oder $\frac{\alpha + \gamma}{2}$ jeweils durch den 3. Schnittpunkt der Kurve mit der x-Achse geht, also durch die Punkte mit den Abszissen α, β oder γ! (Anleitung: Zur Vereinfachung der Rechnung lege man eine Nullstelle in den Ursprung 0.)

9. Untersuche die Bildkurve zur Funktion $y = x^3 - \frac{x^4}{4}$ und zeichne sie! Bestimme insbesondere die Steigung in den Schnittpunkten mit der x-Achse und die Gleichung der Wendetangente! In welchen Punkten schneidet die Gerade durch die Wendepunkte die Kurve?

9. Anwendung der Differentialrechnung

9.1 Anwendung der Differentialrechnung auf Extremwertaufgaben in der Mathematik

Beispiel:

Von einer rechteckigen Glasplatte mit den Seiten a und b ist eine Ecke in der Form eines rechtwinkligen Dreiecks mit den Katheten $p < a$ und $q < b$ abgebrochen. Aus dem Reststück soll eine möglichst große rechteckige Platte herausgeschnitten werden (Abb. 9,1).

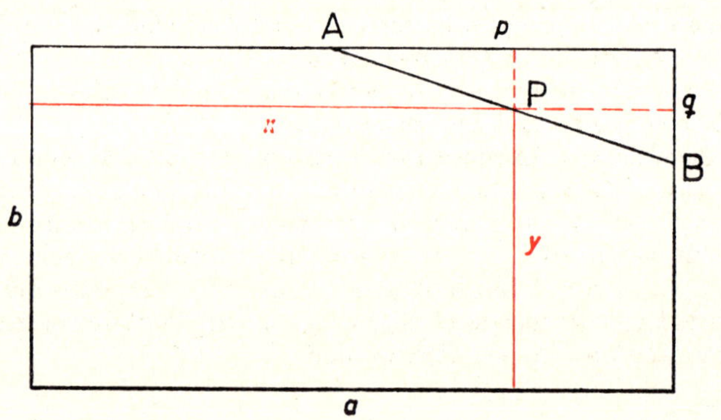

Abb. 9,1

Die Fläche des gesuchten Rechtecks ist $F = x \cdot y$; sie ist eine Funktion von x und y. Wir nennen sie die **Hauptfunktion.**
Da der Punkt P auf AB liegen muß, erhalten wir mit Hilfe des Vierstreckensatzes für die Seiten x und y des Rechtecks folgende **Nebenbedingung**:

$$(b - y) : q = (x - [a - p]) : p. \text{ Hieraus erhält man}$$

$$y = b - \frac{q}{p}x + \frac{aq}{p} - q \text{ und } F = -\frac{q}{p} \cdot x^2 + x\left(\frac{aq}{p} + b - q\right)$$

Die Fläche ist jetzt nur noch eine Funktion $F(x)$ der einen Rechteckseite x.
Wir bilden die Ableitungen $F'(x) = -\frac{2q}{p}x + \frac{aq}{p} + b - q$ und $F''(x) = -\frac{2q}{p}$.
Aus der notwendigen Bedingung $F'(x) = 0$ und der hinreichenden $F''(x) < 0$ erhalten wir für die Seiten des Rechtecks mit größtem Flächeninhalt

$$x = \frac{aq + bp - pq}{2q} \text{ und } y = \frac{aq + bp - pq}{2p}.$$

Zahlenbeispiele:

1. $a = 40$ cm; $b = 30$ cm; $p = 10$ cm; $q = 8$ cm
   $x = 33{,}75$ cm; $y = 27$ cm
2. $a = 40$ cm; $b = 30$ cm; $p = 10$ cm; $q = 5$ cm
   $x = 45$ cm(!); $y = 22{,}5$ cm

Während das 1. Zahlenbeispiel „vernünftige" Werte für die gesuchten Rechteckseiten x und y liefert, ist beim 2. Beispiel die Seite x größer als die ursprüngliche Seite a = 40 cm. Zeichnet man in beiden Fällen die Bildkurven zu den Funktionen (Aufgabe!)

Beispiel 1: $F_1(x) = -\frac{4}{5}x^2 + 54x$ und

Beispiel 2: $F_2(x) = -\frac{1}{2}x^2 + 45x$, so stellt man fest, daß im 1. Fall das relative Maximum der Funktion $F_1(x)$ im zulässigen Intervall $a \geqq x \geqq a - p$ liegt, im 2. Fall dagegen außerhalb. Das Maximum wird hier im Randpunkt des Intervalls erreicht (Randmaximum). Im 2. Fall ist also die Lösung x = 40 cm und y = 25 cm.

Aufgaben dieser Art, bei denen also der größte oder der kleinste Wert gesucht wird, den eine Größe annehmen kann, nennen wir kurz **Extremwertaufgaben**. Ihre Lösung erfolgt am zweckmäßigsten in folgenden Schritten:

1. Man stellt die Größe, die einen extremen Wert annehmen soll, als Funktion einer oder mehrerer Variablen dar **(Hauptfunktion)**.
2. Kommen mehrere Variablen vor, so liefert die gestellte Aufgabe genügend Beziehungen zwischen ihnen **(Nebenbedingungen)**.
3. Mit Hilfe dieser Nebenbedingungen stellt man die Hauptfunktion als Funktion einer einzigen Variablen dar und untersucht in der üblichen Weise auf Extremwerte.
4. Fallen die erhaltenen Werte außerhalb der zulässigen Definitionsmenge, so liegen in der Regel **Randextreme** vor, die gesondert untersucht werden müssen.
5. Für die Bestimmung von **absoluten** Extremwerten fehlen hinreichende Bedingungen. Eine Entscheidung kann nur durch den Vergleich der Funktionswerte an den in Betracht kommenden Stellen getroffen werden.

Anmerkung:

Bei vielen Aufgaben kann die Entscheidung, ob ein Maximum oder ein Minimum vorliegt, auf eine einfache Art getroffen werden, die außerdem geistvoller ist als das mechanische Bilden der 1. und 2. Ableitung. Soll z. B. einem Dreieck das Rechteck mit größtem Flächeninhalt einbeschrieben werden, so erkennt man sofort, daß für eine sehr kleine Rechteckshöhe auch der Flächeninhalt sehr klein wird. Ist die Rechteckshöhe nur wenig verschieden von der Dreieckshöhe, dann ist der Flächeninhalt ebenfalls beliebig klein. Dazwischen muß der Flächeninhalt ein Maximum haben, zumal dann, wenn $F'(x) = 0$ nur **einen** Wert liefert.

Bei einigen der folgenden Aufgaben ergeben sich Wurzelfunktionen. Derartige Aufgaben können auf einfache Weise gelöst werden, wenn man folgenden Satz benützt:

Satz 9.1:

Die Funktion $f: x \mapsto f(x)$ sei in [a; b] differenzierbar und habe relative Extreme. Dann hat auch die Funktion $F: x \mapsto F(x) = [f(x)]^2$ in [a; b] **mindestens** für dieselben Argumente ebenfalls Extreme.
Ist insbesondere $f(x) > 0$ für alle $x \in [a; b]$, so haben f und F Extreme **gleicher Art** für dieselben Argumente.
Ist $f(x) < 0$, so haben f und F Extreme für die gleichen Argumente, doch entsprechen den Maxima und Minima von f Minima und Maxima von F.
Hat f Nullstellen mit Zeichenwechsel in [a; b], so hat F in diesen **zusätzliche Extreme**.

Beweis (für $f(x) < 0$):

Für x_0 sei $f(x_0) < 0$ und $f'(x_0) = 0$. Ist $f'(x_0 - h) > 0$ und $f'(x_0 + h) < 0$ $(h > 0)$, so hat $f(x)$ in x_0 ein Maximum.
Nach der Produktregel ergibt sich

$$F'(x) = f'(x) \cdot f(x) + f(x) \cdot f'(x) = 2f(x) \cdot f'(x).$$

Wegen $f'(x_0) = 0$ ist auch $F'(x_0) = 0$; da aber für alle $x \in [a, b]$ $f(x) < 0$ ist, erhält man $F'(x_0 - h) < 0$ und $F'(x_0 + h) > 0$. $F(x)$ hat daher für x_0 ein Minimum.

Aufgabe

Führe den Beweis für die restlichen Fälle durch!

Beispiel:

$y = f(x) = \cos x$ für $[0; 2\pi]$; $y = F(x) = \cos^2 x$.

Führe die Rechnung durch und skizziere die beiden Bildkurven zu $f(x)$ und $F(x)$ in dasselbe Achsenkreuz!

Erhält man bei den Aufgaben z. B. die Funktion $x \mapsto f(x) = x\sqrt{4 - x^2}$, so wird die Rechnung wesentlich einfacher, wenn man die Funktion $x \mapsto F(x) = 4x^2 - x^4$ untersucht und nach obigem Satz verfährt.

Aufgaben

1. Welches Rechteck mit gegebenem Umfang u hat den größten Flächeninhalt?

2. In ein Dreieck mit der Grundlinie c und der Höhe h soll ein Rechteck von möglichst großem Flächeninhalt einbeschrieben werden.

3. Von einem Kreissektor ist der Umfang U gegeben. Wie groß sind Kreisradius und Mittelpunktswinkel, wenn die Sektorfläche am größten ist?

4. Einem Quadrat mit der Seite a soll ein Quadrat von kleinstem Flächeninhalt einbeschrieben werden.

5. Aus 3 Brettern von je a cm Breite soll eine Rinne von trapezförmigem Querschnitt hergestellt werden, die möglichst viel Wasser fassen kann. Unter welchem Winkel ist das Seitenbrett gegen die Grundfläche geneigt? Um wieviel % ist dieser Querschnitt größer als die Fläche des Quadrats mit der Seite a? (Anleitung: Benütze den Winkel φ zwischen dem Seitenbrett und der Vertikalen!)

6. Ein rechteckiges Feld von der gegebenen Größe A, das an einem geraden Bach liegt, soll eingezäunt werden. Welche Ausmaße muß das Feld haben, damit der Zaun möglichst kurz wird, wenn längs des Baches kein Zaun errichtet wird?

7. Eine Strecke a ist so in zwei Teile zu zerlegen, daß das Rechteck aus den Längen der Abschnitte möglichst groß wird.

8. Auf der Seite AB = c eines Dreiecks ABC mit der Höhe h auf AB ist ein Punkt M gegeben. Eine Parallele zu AB soll AC in D und BC in E schneiden. In welchem Abstand von AB muß die Parallele gezogen werden, damit der Flächeninhalt des Dreiecks MDE möglichst groß wird?

9. Welches Rechteck vom Flächeninhalt a^2 hat den kleinsten Umfang?

10. Aus einem quadratischen Blechstück mit der Seite a sind an den Ecken 4 gleiche Quadrate herauszuschneiden. Die übrig gebliebenen Rechtecke sind so umzubiegen, daß eine (oben offene) Schachtel entsteht. Wie groß muß die Seite des herausgeschnittenen Quadrats sein, damit die Schachtel ein möglichst großes Volumen hat?

11. Die Mantellinie eines geraden Kreiskegels ist s. Wie groß ist die Höhe, wenn das Volumen ein Maximum sein soll?

12. Einem Kegel (gerade) mit dem Grundkreisradius r und der Höhe h soll ein Zylinder mit größtem Volumen einbeschrieben werden. Wie groß sind Radius und Höhe des Zylinders?

13. Einer Kugel vom Radius r soll ein Kegel von größtem Volumen einbeschrieben werden. Wie groß sind Grundkreisradius und Höhe des Kegels?

14. Aus einem Stamm mit kreisförmigem Querschnitt (Radius r) soll ein rechteckiger Balken mit größter Tragfähigkeit herausgeschnitten werden. Wie groß sind die Seiten des Rechtecks zu wählen, wenn die Tragfähigkeit proportional der Grundseite und dem Quadrat der Rechteckshöhe ist?

15. Ein oben offener Behälter besteht aus einem senkrechten Kreiszylinder mit einem unten angesetzten geraden Kreiskegel vom Öffnungswinkel $2\varphi = 120°$. Er soll $V = 2000\ m^3$ fassen. Wie sind die Ausmaße zu wählen, damit die Oberfläche möglichst klein wird?

16. Ein oben offener Behälter besteht aus einem senkrechten Kreiszylinder (Mantellinie 2s) mit unten angesetztem geraden Kreiskegel (Mantellinie 6s). Für welche Höhe des Kegels hat der Behälter seinen größten Rauminhalt?

17. Ein geschlossenes Gefäß besteht aus einem senkrechten Kreiszylinder mit einer angesetzten Halbkugel. Wie sind die Maße zu wählen, damit das Volumen möglichst groß wird, wenn die Oberfläche 0 ist?

18. Der innere Querschnitt eines Entwässerungskanals ist ein Rechteck mit aufgesetztem Halbkreis. Wie groß müssen die Rechteckseiten sein, wenn bei gegebenem Umfang u des Querschnitts die Querschnittsfläche möglichst groß wird?

19. Eine Ölkanne besteht aus einem Zylinder, auf den ein Kegel aufgesetzt ist, dessen Höhe $\frac{2}{3}$ des Durchmessers ist. Zeige, daß bei vorgegebem Volumen V am wenigsten Material benötigt wird, wenn die Zylinderhöhe gleich der Kegelhöhe ist!

20. Einer Halbkugel mit dem Radius r sollen **a)** ein gerader Kreiskegel und **b)** eine quadratische Pyramide von größtem Rauminhalt so eingeschrieben werden, daß die Spitzen dieser Körper mit dem Kugelmittelpunkt zusammenfallen. Wie groß sind die Rauminhalte dieser Körper?

21. Aus einem Kreis vom Radius r soll ein Sektor so ausgeschnitten werden, daß der übrigbleibende Teil der Kreisfläche, als Kegelmantel verwendet, einen Kegel von möglichst großem Volumen bestimmt. Wie groß wird die Kegelhöhe, wie groß der Halbmesser der Kegelbasis? Berechne auch den Zentriwinkel des herausgeschnittenen Sektors!

22. Ein Kessel aus Kupferblech soll die Form einer oben offenen Halbkugel mit aufgesetztem Zylindermantel haben. Er soll 45π Liter (das sind ca. 141 Liter) fassen. Wie groß müssen Durchmesser und Gesamthöhe des Kessels werden, wenn zu seiner Herstellung einschließlich eines ebenen Deckels möglichst wenig Material verbraucht werden soll? Berechne den Materialverbrauch!

23. Von einer regelmäßigen quadratischen Pyramide ist die Höhe der Seitenflächen h gegeben. Welche von den Pyramiden dieser Art hat das größte Volumen? Bestimme die Höhe H und die Grundkante g dieser Pyramide. Untersuche, ob die Seitenflächen gleichseitige Dreiecke sind!

24. Einem geraden Kreiskegel mit dem Radius r und der Höhe h soll der gerade Kreiszylinder mit größter Mantelfläche einbeschrieben werden. Welche Abmessungen hat dieser Zylinder?

25. Aus einem $l = 72$ cm langen Draht soll ein Kantenmodell eines Quaders mit quadratischer Grundfläche von möglichst großem Volumen hergestellt werden. Wie groß sind die Kanten und das Volumen des Quaders?

26. Aus einem rechteckigen Kartenblatt mit den Seiten a und b ($a > b$) sollen an den Ecken kongruente Quadrate herausgeschnitten werden. Aus der Restfläche soll durch Aufklappen der seitlichen Rechtecke eine oben offene Schachtel von möglichst großem Volumen hergestellt werden. Welche Maße hat die Schachtel und wie groß ist das Volumen?

27. Unter allen Drehkegeln, die einer Kugel mit dem Radius r umbeschrieben werden können, ist derjenige mit dem kleinsten Volumen zu bestimmen.

28. Welche gerade quadratische Pyramide mit der Seitenkante a hat den größten Rauminhalt und wie groß ist er?

29. Bestimme Radius und Höhe eines geraden Kreiszylinders, der bei gegebenem Volumen V die kleinste Oberfläche hat. Zur Oberfläche sollen gehören **a)** Mantel, Grundfläche und Deckfläche, **b)** Mantel und Grundfläche.

30. Die Summe der Kanten eines geraden Prismas mit quadratischer Grundfläche beträgt 48 cm. Drücke das Volumen V dieses Prismas als Funktion der Grundkante x aus und zeichne das Bild dieser Funktion V (x)! Für welches x ist das Volumen ein Maximum?

31. Einer Kugel mit dem Radius r soll ein gerades Prisma mit einem gleichseitigen Dreieck als Grundfläche so einbeschrieben werden, daß das Volumen ein Maximum wird.

32. Bei welchen von den Kugeln, deren Mittelpunkte auf der Oberfläche einer gegebenen Kugel vom Radius R liegen, befindet sich der größte Bruchteil ihrer Oberfläche innerhalb der gegebenen Kugel?
$\left(\text{Ergebnis: Radius der gesuchten Kugel } x = \frac{4R}{3}\right)$

33. Von einem geraden Kreiszylinder ist die Diagonale e des Achsenschnittes gegeben. Wie groß sind die Seiten des Achsenschnittes zu wählen, damit das Volumen des Zylinders möglichst groß wird?

34. Gegeben ist ein Tetraeder ABCD (Grundfläche g, Höhe h). Parallel zur Grundfläche ABC soll ein ebener Schnitt so gelegt werden, daß das Schnittdreieck A'B'C' mit seiner senkrechten Projektion auf die Grundfläche ABC ein Prisma von möglichst großem Volumen bildet. In welchem Verhältnis steht das Volumen des Prismas zum Volumen des Tetraeders?

35. Einer Kugel vom Radius r soll ein Quader mit quadratischer Grundfläche so einbeschrieben werden, daß **a)** der Mantel, **b)** das Volumen des Quaders je den größten Wert annimmt.

Aufgaben aus der Analytischen Geometrie

36. Durch einen Punkt $P_0(x_0; y_0)$ der Bildkurve zu $y = (x - a)^2 a > 0$ werden die Parallelen zu den Koordinatenachsen gezogen, die mit diesen ein Rechteck bilden. Berechne das Rechteck maximaler Fläche! Für welchen Punkt P_0 erhält man ein Quadrat?

37. Die Bildkurve zur Funktion $x \to y = ax + bx$ geht durch die Punkte A(1; 1) und B(t; 0) mit $t > 1$. Bestimme die Koeffizienten a und b als Funktionen von t. Für welche Werte von t hat die Funktion ihr Minimum in $P_0\ (1/y_0)$? Wie groß ist y_0?

38. Von allen gleichschenkligen Dreiecken, die ihre Spitze im Ursprung 0 und zwei Ecken auf der Bildkurve zur Funktion $x \to y = \frac{a}{x^2 + 1}$ $(a > 0)$ haben, ist das mit dem größten Flächeninhalt zu bestimmen.

39. Ein Parabelsegment (Parabel $y^2 = 2px$) wird durch eine zur x-Achse senkrechte Sehne BC begrenzt, deren Abstand vom Scheitel A gleich a ist. Eine zweite Sehne MN soll parallel zur ersten innerhalb des Segments so gezogen werden, daß das Rechteck mit der Seite MN und der Gegenseite auf BC die größte Fläche besitzt.

40. Wie 39, jedoch soll der Umfang des Rechtecks einen extremen Wert annehmen.

41. Eine Seite eines Rechtecks liegt auf der x-Achse. Die beiden anderen Ecken liegen auf den Geraden $g : y = 2x$ und $h : y = 30 - 3x$. Welche Koordinaten haben die Eckpunkte, wenn das Rechteck seinen größten Flächeninhalt hat?

42. In das Flächenstück zwischen den beiden Parabeln $3y = 12 - x^2$ und $6y = x^2 - 12$ soll ein Rechteck maximalen Inhalts einbeschrieben werden, dessen Seiten zu den Achsen parallel sind. Wie groß ist die Fläche des Rechtecks?

43. Zwei Ecken eines gleichschenkligen Trapezes liegen in den Punkten $A(-6/0)$ und $B(6/0)$. Die beiden anderen Ecken liegen auf der Parabel $x^2 + 4y = 36$. Für welche Punkte der Kurve hat das Trapez seinen größten Flächeninhalt und wie groß ist er?

44. In einer Ellipse mit den Halbachsen a und b soll das größte Rechteck eingezeichnet werden, dessen Seiten zu den Achsen der Ellipse parallel laufen. Welche Koordinaten haben die Eckpunkte? (Benütze die Parameterdarstellung der Ellipse!)

45. Gegeben sind die beiden Funktionen $x \mapsto y = 1 + \sin x$ und $x \mapsto y = 1 + \cos x$ im Bereich $0 \leqq x \leqq 2\pi$. Für welche Abszisse x ist die Ordinatendifferenz der zugehörigen Bildkurven am größten?

Randextremwerte

Die folgenden Aufgaben sollen zeigen, wie notwendig es ist, die **Definitionsmenge** der betrachteten Funktionen zu **beachten.** Kommen in der Hauptfunktion zwei oder mehrere Variable vor, so soll die Aufgabe auf mehrfache Weise gelöst werden, indem man die Hauptfunktion als Funktion **jeder** vorkommenden Variablen allein darstellt. In jedem Falle skizzierte man den ungefähren Verlauf der Bildkurve zur Hauptfunktion.

46. Von einem Kegelstumpf sind der große Radius R sowie die Höhe h gegeben. Der kleine Radius r soll so bestimmt werden, daß der Mantel des Kegelstumpfs möglichst klein wird. Rechne zuerst allgemein und setze dann für R und h folgende Zahlenwerte ein:

a) $R = 6;\ h = 3\sqrt{2}$ **b)** $R = 6;\ h = 4$

c) $R = 6;\ h = 6$ **d)** $R = 6;\ h = 2\sqrt{3}$

47. Aus einem Zylinder mit dem Grundkreisradius r und der Höhe h soll ein zweiter konzentrisch herausgeschnitten werden (Radius x), so daß die gesamte Oberfläche (innerer und äußerer Mantel sowie die beiden Kreisringe) möglichst groß wird. Welche Beziehung muß zwischen h und r bestehen, damit die Aufgabe eine Lösung hat?

48. In einen Rotationskegel (Grundkreisradius R, Höhe H) ist ein Zylinder (r; h) mit größter Oberfläche einzubeschreiben. Man untersuche die Fälle **a)** $R > H$, **b)** $R = H$, **c)** $\frac{1}{2} H \leqq R < H$, **d)** $0 < R < \frac{H}{2}$. Wähle selbst geeignete Zahlenbeispiele!

49. Gegeben ist der Kreis $x^2 + y^2 = r^2$. Auf der x-Achse befinde sich in der Entfernung e vom Mittelpunkt 0 ein Punkt P. An einem in P befindlichen Stift sei ein Gummifaden befestigt. Eine Hand faßt das andere Ende und führt es auf dem Kreis herum, wobei der Faden stets gespannt bleibt. Bestimme mit Hilfe der Differentialrechnung, in welcher Lage der Faden seine kleinste bzw. größte Länge hat. (Rechne auch mit Polarkoordinaten!)

50. Welche Punkte der Ellipse $b^2x^2 + a^2y^2 = a^2b^2$ $(a > b)$ haben vom Nebenscheitel $C(0/-b)$ die größte Entfernung? Welche Beziehung muß zwischen a und b bestehen, damit ein Randmaximum vorliegt?
$\left(\text{Ergebnis: } 1 < \frac{a}{b} \leqq \sqrt{2}\right)$

51. Welcher Punkt der Parabel $y^2 = 2px$ $(p > 0)$ hat vom zugehörigen Brennpunkt F die kleinste Entfernung?

52. Gegeben ist die Parabel $y^2 = 2px$ $(p > 0)$ und der Punkt $A(a; 0)$ $(a \gtrless 0)$. Welche Punkte der Parabel haben von A extreme Entfernungen? Untersuche insbesondere die Fälle $|a| = p$; $|a| < p$ und $|a| > p$!

53. Welcher Punkt der Hyperbel $x^2 - y^2 = a^2$ liegt dem Ursprung 0 am nächsten? Drücke die Entfernung sowohl als Funktion von x als auch von y aus!

54. Aus dem von den Koordinatenachsen und den Geraden $x = 3$ und $y = 6$ begrenzten Rechteck wird durch die Parabel $y = a - x^2$ ein Stück herausgeschnitten. Dem Reststück soll das Rechteck größter Fläche mit einer Ecke in P (3/6) einbeschrieben werden.
Zahlenbeispiele: **a)** $a = 3$; **b)** $a = 4$; **c)** $a = \frac{10}{3}$

55. In das Segment, das von der Parabel $y^2 = -2(x - a)$ $(a > 0)$ und der y-Achse begrenzt wird, soll ein gleichschenkliges Dreieck mit der Spitze in 0 einbeschrieben werden. Untersuche auf Extremwerte (Art ?) **a)** die Fläche A des Dreiecks; **b)** den Mantel des Kegels bei Rotation des Dreiecks um die Parabelachse. Für welche Werte von a liegen Randextreme vor?
Zahlenbeispiele: **a)** $a = 8$; **b)** $a = 0{,}5$

56. Gegeben ist der Kreis $x^2 + y^2 = r^2$. Vom linken Schnittpunkt des Kreises mit der x-Achse werden Sehnen gezogen. Bestimme mittels Differentialrechnung die längste Sehne!

9.2 Anwendungen in der Physik

9.2.1 Geschwindigkeit und Beschleunigung bei geradlinigen Bewegungen

Wir betrachten einen Körper oder einen Massenpunkt, der sich auf einer geraden Bahn bewegt. Seine Bewegung können wir durch eine Zeit-Weg-Funktion $s\colon t \mapsto s(t)$ beschreiben, wenn wir Bezugspunkte für die Messung der Entfernung s und die Messung der Zeit t festgelegt haben. Außerdem sind noch die Basiseinheiten 1 m für die Längenmessung und 1 s für die Zeitmessung festgelegt.

1. Die gleichförmige geradlinige Bewegung

Die einfachste Bewegung ist die gleichförmige geradlinige. Eine solche liegt vor, wenn in gleichen Zeitintervallen Δt gleiche Wege Δs zurückgelegt werden.

Definition 9.1:

Unter einer gleichförmigen Bewegung verstehen wir eine geradlinige Bewegung, bei der in beliebiggroßen gleichen Zeitintervallen Δt gleich große Wege Δs zurückgelegt werden. Den konstanten Quotienten $\frac{\Delta s}{\Delta t}$ nennt man die Geschwindigkeit v der gleichförmigen Bewegung, also $v = \frac{\Delta s}{\Delta t}$.

Anmerkungen:

1. In der Physik, aber auch in der Mathematik werden Differenzen wie hier Zeitdifferenzen oder Wegdifferenzen oder Volumendifferenzen mit dem griechischen Buchstaben Δ (delta) bezeichnet, also Δ t, Δ s, ΔV (lies: delta t, delta s, delta V!).

2. Weg, Geschwindigkeit, Beschleunigung und andere physikalische Größen sind eigentlich Vektoren, weil es bei ihnen auch auf die Richtung ankommt, im Gegensatz zu den Skalaren wie Zeit, Temperatur, die durch Angabe **einer** Maßzahl bestimmt sind. Da wir nur geradlinige Bewegungen behandeln, rechnen wir nur mit Beträgen.
Aus der obigen Definition 9.1 ergibt sich als abgeleitete Einheit der Geschwindigkeit das Meter durch Sekunde (m/s oder ms^{-1}). Bezeichnet man den in der Zeit t zurückgelegten Weg mit s, so kann man die Definitionsgleichung für die Geschwindigkeit v auch schreiben $v = \frac{s}{t} \Rightarrow s = v \cdot t$ und für die Zeit-Weg-Funktion der gleichförmigen Bewegung erhält man $s\colon x \mapsto s(t) = v \cdot t$.
Im (t, s)-Achsenkreuz wird ihr Graph durch eine vom Ursprung ausgehende Strecke dargestellt, deren Steigung die Maßzahl der Geschwindigkeit v angibt.

2. Die ungleichförmige geradlinige Bewegung

Fährt ein Auto oder ein Zug an oder startet ein Flugzeug, so ist in allen drei Fällen die Geschwindigkeit am Anfang Null und erreicht nach einigen Sekunden Werte von 20 ms^{-1} und mehr, wobei die Bahn noch gerade sein kann. Solche und ähnliche Bewegungen kommen in Natur und Technik fast ständig vor. Auf sie trifft jedenfalls die Definition der Geschwindigkeit für gleichförmige Bewegungen nicht zu.
Wir denken uns eine ungleichförmige geradlinige Bewegung durch eine Zeit-Weg-Funktion $s\colon t \mapsto s(t)$ gegeben, wobei s eine stetige Funktion sein soll. Um zu einer Definition für die Geschwindigkeit einer ungleichförmigen Bewegung zu kommen, definieren wir zunächst eine mittlere oder Durchschnittsgeschwindigkeit.

Definition 9.2

Unter der mittleren Geschwindigkeit $\overline{v}$ der geradlinigen Bewegung mit der Weg-Zeit-Gleichung $s\colon t \mapsto s(t)$ mit D_t eines Massenpunktes im Zeitintervall $[t_1; t_2] \subset D_t$ versteht man den Quotienten

$$\overline{v} = \frac{s(t_2) - s(t_1)}{t_2 - t_1} = \frac{\Delta s}{\Delta t} \text{ (Abb. 9,2).}$$

Aus Abb. 9,2 erkennt man, daß die mittlere Geschwindigkeit $\overline{v}$ diejenige Geschwindigkeit darstellt, die ein Massenpunkt haben müßte um bei gleichförmiger Geschwindigkeit $\overline{v}$ in derselben Zeit $(t_2 - t_1)$ von P_1 nach P_2 zu gelangen.

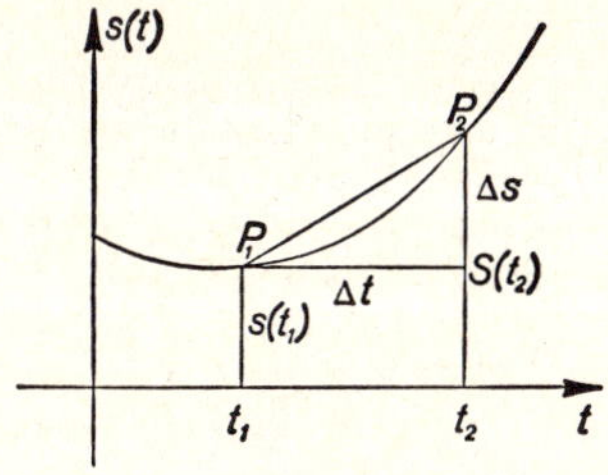

Abb. 9,2

Die mittlere Geschwindigkeit $\overline{v}$ in einem Intervall $[t_1; t_2]$ hängt von t_1 wie auch von t_2 ab. Sie sagt daher wenig über die Momentangeschwindigkeit zum Zeitpunkt t_1 oder t_2 aus. Dazu gelangen wir durch Grenzwertbildung.

Definition 9.3

Unter der Momentangeschwindigkeit $v(t_0)$ einer Bewegung $s: t \mapsto s(t)$ mit D_t zu einem Zeitpunkt $t_0 \in D_t$ versteht man den Grenzwert

$$v(t_0) = \lim_{\Delta t \to 0} \frac{s(t_0 + \Delta t) - s(t_0)}{\Delta t} = \lim_{\Delta t \to 0} \frac{\Delta s}{\Delta t} = \dot{s}(t_0).$$

Anmerkung:

1. Damit der Begriff der Momentangeschwindigkeit einen Sinn hat, setzen wir voraus, daß die Funktion s differenzierbar ist.

2. Die Ableitung der Zeit-Weg-Funktion nach der Zeit t bezeichnet man mit einem Punkt, also $\dot{s}(t)$ (siehe Anmerkung Seite 231!).

3. Die Beschleunigung bei einer geradlinigen Bewegung

Das Beispiel eines anfahrenden Zuges auf einer geraden Strecke zeigt, daß sich die Geschwindigkeit einer Bewegung ändern kann. Als Maß für diese Geschwindigkeitsänderung gilt die Beschleunigung, für welche wir folgende Definition geben.

Definition 9.4:

Unter der Momentanbeschleunigung a der geradlinigen Bewegung eines Massenpunktes mit der Zeit-Weg-Funktion $s: t \mapsto s(t)$ und der Zeit-Geschwindigkeitsfunktion $\dot{s}: t \mapsto \dot{s}(t)$ versteht man den Grenzwert

$$a(t) = \ddot{v}(t) = \lim_{\Delta t \to 0} \frac{v(t + \Delta t) - v(t)}{\Delta t} = \lim_{\Delta t \to 0} \frac{\Delta v}{\Delta t}$$

Aus dieser Definition ergibt sich die abgeleitete Einheit der Beschleunigung zu $1\ m/s^2$ oder $1\ ms^{-2}$.

Anmerkung:

1. Wir setzen voraus, daß die Zeit-Weg-Funktion zweimal differenzierbar ist, damit die oben definierte Beschleunigung sinnvoll ist.
2. Für die zweite Ableitung der Funktion $s: t \mapsto s(t)$ schreiben wir $\ddot{s}: t \mapsto \ddot{s}(t)$.
3. Auch die Beschleunigung eines Massenpunktes ist ein Vektor. Aus dem gleichen Grund wie in 9.2.1 rechnen wir nur mit den Beträgen.

Definition 9.5:

Nimmt bei einer geradlinigen Bewegung die Geschwindigkeit in beliebigen gleichen Zeitintervallen Δt um gleiche Beträge Δv zu, so spricht man von einer gleichförmig beschleunigten geradlinigen Bewegung.

Zusammenfassung:

Ist eine geradlinige Bewegung durch die zweimal differenzierbare Zeit-Weg-Funktion $s: t \mapsto s(t)$ mit D_t gegeben, so stellt die erste Ableitung $\dot{s}: t \mapsto \dot{s}(t)$ die Geschwindigkeit und die zweite Ableitung $\ddot{s}: t \mapsto \ddot{s}(t)$ die Beschleunigung zur Zeit t dar.

Beispiel:

Aus Beobachtungen und Messungen eines (im luftleeren Raum) frei fallenden Körpers erhält man die Zeit-Weg-Funktion $s: t \mapsto s(t) = \frac{1}{2} g t^2$, wobei $g = 9{,}81 \text{ ms}^{-2}$ die (konstante) Fallbeschleunigung ist.
Man erhält: $v(t) = \dot{s}(t) = g \cdot t$ und $a = \dot{v}(t) = \ddot{s}(t) = g$

9.2.2 Harmonische Schwingungen

Projiziert man einen Massenpunkt, der eine gleichförmige Kreisbewegung ausführt, durch paralleles Licht auf eine Ebene senkrecht zur Ebene der Kreisbahn, so führt der Schatten des Massenpunktes eine harmonische Schwingung aus. Die Zeit-Weg-Funktion für diese Schwingung lautet $s: t \mapsto s(t) = s_m \sin \frac{2\pi t}{T}$, wenn s_m die größte Auslenkung aus der Mittellage (Amplitude) und T die Zeit für einen vollen Umlauf auf dem Kreis bedeutet. Zur Zeit $t = 0$ befindet sich der Massenpunkt in der Mittellage (Gleichgewichtslage).
Für die Zeit-Geschwindigkeits-Funktion erhält man

$$\dot{s}: t \mapsto \dot{s}(t) = \frac{2\pi}{T} s_m \cdot \cos \frac{2\pi t}{T}$$

und für die Zeit-Beschleuningungs-Funktion

$$\ddot{s}: t \mapsto \ddot{s}(t) = -\left(\frac{2\pi}{T}\right)^2 \cdot s_m \cdot \sin \frac{2\pi t}{T}$$

Bezeichnet man die Kreisfrequenz $\frac{2\pi}{T} = \omega$, so lauten

das Zeit-Weggesetz	$s = s_m \cdot \sin \omega t$
das Zeit-Geschwindigkeitsgesetz	$v(t) = \dot{s}(t) = s_m \omega \cos \omega t$
das Zeit-Beschleunigunggesetz	$a(t) = \ddot{s}(t) = -s_m \omega^2 \cdot \sin \omega t.$

Aus diesen Gleichungen ergeben sich folgende wichtige Eigenschaften der harmonischen Schwingungen:

1. Die Ausweichung (Elongation) aus der Mittellage (Nullage) ist eine periodische Funktion der Zeit t.
2. Der Betrag der Geschwindigkeit ist ebenso wie der Betrag der Beschleunigung eine periodische Funktion der Zeit t.
3. Beim Nulldurchgang hat die Geschwindigkeit ihren maximalen Wert $v_{max} = s_m \cdot \omega$, aber die Beschleunigung a den Betrag Null.
4. An den Umkehrpunkten hat die Geschwindigkeit den Betrag Null, aber die Beschleunigung den maximalen Wert $a_{max} = s_m \cdot \omega$.

Multiplizieren wir das Zeit-Beschleunigungsgesetz mit der Masse m, erhalten wir $m \cdot a = -m\omega^2 s \Rightarrow F = -Ds$, wobei D als „Richtgröße" bezeichnet wird.
Diese letzte Gleichung sagt aus, daß die Rückstellkraft F proportional der Elongation s, aber ihr entgegengesetzt gerichtet ist. Man kann auch umgekehrt diese Gleichung $F = -Ds$ als Definitionsgleichung der hamonischen Schwingung aufstellen und daraus mit Hilfe der Integralrechnung die Gesetze für Zeit-Weg, Zeit-Geschwindigkeit und Zeit-Beschleunigung ableiten.

9.2.3 Der Wechselstromkreis

Nach dem Ohmschen Gesetz ruft eine Gleichspannung in einem Stromkreis mit dem Widerstand R eine Stromstärke $J = \frac{Q}{R}$ A hervor. Enthält der Stromkreis weder Spulen noch Kondensatoren, sondern nur den Widerstand R, dann gilt das Ohmsche Gesetz auch für Wechselstrom. Dabei gilt für die im Zeitpunkt t vorliegende

Spannung $U(t) = U_0 \sin \omega t$ und für die
Stromstärke $J(t) = J_0 \sin \omega t$, wenn U_0 die Scheitelspannung und J_0 die Scheitelstromstärke ist.

Aufgrund der Definition der Basiseinheit 1 Ampere (1 A) für die Stromstärke J erhält man für die elektrische Ladung Q nach der Definitionsgleichung $Q = J \cdot t$ die Einheit der Ladung 1 Coulomb (1 C) aus $1\,C = 1\,A \cdot 1s$. 1 C ist demnach die Elektrizitätsmenge, die in 1 s bei gleichbleibender Stromstärke 1 A durch den Querschnitt eines Leiters fließt.
Wird in t s die Ladung Q C durch den Querschnitt eines Leiters transportiert, so ist die Stromstärke $J = \frac{Q}{t}$ A konstant, wenn im gleichen Zeiten Δt gleiche Ladungen ΔQ durch den Querschnitt fließen.
Ist die durch den Querschnitt eines Leiters transportierte Ladung durch die Funktion $Q\colon t \mapsto Q(t)$ gegeben, die überall differenzierbar sein soll, so kann man nur noch von einer mittleren Stromstärke in einem Zeitintervall $[t_1, t_2]$ $\overline{J} = \frac{Q(t_2) - Q(t_1)}{t_2 - t_1}$ sprechen.
Um die momentane Stromstärke zu einem bestimmtem Zeitpunkt t zu erhalten, muß man den Grenzwert bilden.

$$J(t) = \lim_{\Delta t \to 0} \frac{Q(t + \Delta t) - Q(t)}{\Delta t} = \dot{Q}(t)$$

Wird ein Kondensator mit der Kapazität C F auf die Spannung U V aufgeladen, so erhält er die Ladung Q C nach der Definitionsgleichung $Q = C\,U$.
Wir bilden einen Stromkreis, dessen ohmscher Widerstand vernachlässigt werden kann, mit einem Kondensator mit der Kapazität C F und einer Spannungsquelle mit der Wechselspannung $U = U_0 \sin \omega t$,

Wegen $J(t) = \dot{Q}(t)$ erhalten wir

$$J(t) = C \cdot \dot{U}(t) = C \cdot \omega U_0 \cdot \cos \omega t = \omega C U_0 \sin\left(\omega t + \frac{\pi}{2}\right)$$

Mit $J_0 = \omega C U_0$ erhalten wir $J(t) = J_0 \sin\left(\omega t + \frac{\pi}{2}\right)$.

Vergleichen wir J(t) und U(t), so stellen wir fest, daß für $t = 0$ $U = 0$ aber $J = J_0$ ist, d. h. wenn die Stromstärke ihren Scheitelwert J_0 bereits erreicht hat, ist die Spannung Null. Die Spannung U nimmt erst zu, wenn die Stromstärke wieder abnimmt, und es ist $U = U_0$, wenn $J = 0$ ist.

Aufgaben

1. Die Zeit-Weg-Funktion für die geradlinige Bewegung eines Körpers sei gegeben durch $s: t \mapsto s(t) = qt + rt^2$.

   a) Die Geschwindigkeit zur Zeit $t_1 = 5$ s beträgt $v_1 = 12\ \text{ms}^{-1}$ und zur Zeit $t_2 = 15$ s $v_2 = 20\ \text{ms}^{-1}$. Berechne daraus p und q! Wie groß ist die Anfangsgeschwindigkeit v_0 und wie groß ist die Beschleunigung a? Wann hat sich die Anfangsgeschwindigkeit verdreifacht und welchen Weg hat der Körper bis dahin zurückgelegt?

   b) Zur Zeit $t_1 = 6$ s ist die Geschwindigkeit $v_1 = 27\ \text{ms}^{-1}$ und zur Zeit $t_2 = 10$ s $v_2 = 25\ \text{ms}^{-1}$. Berechne daraus p und q sowie die Anfangsgeschwindigkeit v_0 und die Beschleunigung(!). Wann hat der Körper die Geschwindigkeit $v = 0\ \text{ms}^{-1}$ und welchen Weg hat er bis dahin zurückgelegt?

2. Ein Lichtstrahl soll von einem Punkte A eines Mediums mit der Lichtgeschwindigkeit c_1 durch eine Grenzfläche zu einem Punkt B im Medium 2 mit der Lichtgeschwindigkeit c_2 gelangen. Nach dem **Fermatschen Prinzip** wählt das Licht seinen Weg so, daß er in der kürzesten Zeit zurückgelegt werden kann. Leite daraus das Brechungsgesetz $\frac{\sin\alpha}{\sin\beta} = \frac{c_1}{c_2}$ ab! Anleitung (Abb. 9,3): Für die Zeit t erhält man $t(x) = \frac{\sqrt{a^2 + x^2}}{c_1} + \frac{\sqrt{(d - x)^2 + b^2}}{c_2}$; außerdem ist $\sin\alpha = \frac{x}{\sqrt{a^2 + x^2}}$, und $\sin\beta = \frac{d - x}{\sqrt{(d - x)^2 + b^2}}$.

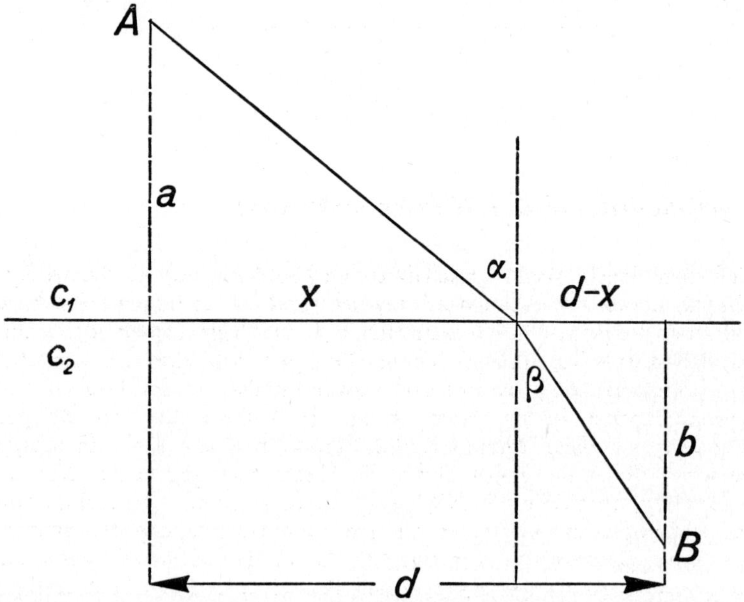

Abb. 9,3

3. Die Gasgleichung für reale Gase lautet $\left(p + \frac{a}{v^2}\right)(v - b) = RT$. Darin bedeuten p den Gasdruck (in Nm^{-2}), v das Volumen (in m^3mol^{-1}), T die Temperatur (in K) und R die universelle Gaskonstante $R = 8{,}3143\ JK^{-1}mol^{-1}$. a und b sind für jedes reale Gas charakteristische Materialkonstanten. Versuche haben gezeigt, daß es für jedes reale Gas eine „kritische Temperatur T_k" gibt, oberhalb welcher es auch bei Anwendung stärkster Drücke keine Verflüssigung des Gases mehr gibt. Diese Temperatur T_k ist dadurch bestimmt, daß im (v, p)-Achsenkreuz der Graph zur Funktion $p: v \mapsto p(v)$ einen Wendepunkt mit waagrechter Tangente besitzt. Berechne daraus das „kritische Volumen v_k" den „kritischen Druck p_k" und die „kritische Temperatur T_k" (Abb. 9,4).

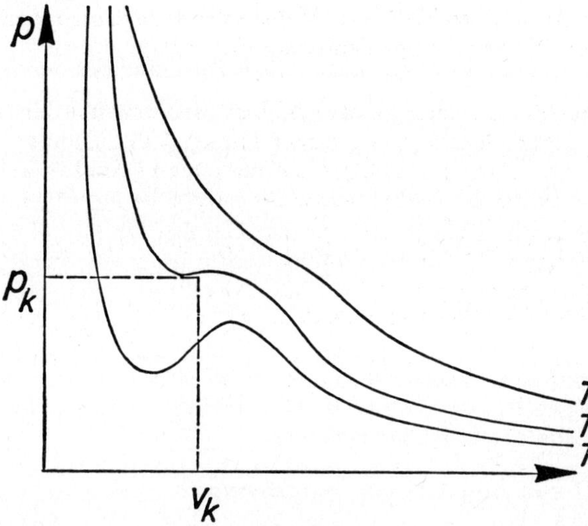

Abb. 9,4

9.3 Anwendungen in der Wirtschaftstheorie

Im Ablauf einer freien Marktwirtschaft treten Probleme und Gesetzmäßigkeiten aus dem Wirtschaftsleben auf, die sich mit mathematischen Methoden erfassen lassen. Die Vorgänge in der Wirtschaft laufen zwar nicht nach Naturgesetzen ab, das schließt jedoch nicht aus, daß durch weitgehende Vereinfachungen Probleme der Wirtschaftstheorie mit Hilfe mathematischer Sätze und Arbeitsweise gelöst werden können.
In der wirtschaftlichen Praxis liegen häufig nur Wertetabellen vor. Bei graphischen Darstellungen geben diese Werte einzelne Punkte in einem Koordinatensystem. Zur mathematischen Behandlung des durch die Wertepaare gegebenen Zusammenhangs ist es zweckmäßig, durch diese Punkte geeignete Kurven zu legen und die zugehörigen Funktionsgleichungen zu bestimmen, die man durch zusätzliche Beobachtungen noch verbessern kann. Weiterhin setzen wir für unsere Betrachtungen voraus, daß diese Funktion differenzierbar in dem gegebenen Bereich und daher auch stetig sind. Wir gehen in den folgenden einfachen Fällen stets von solchen Funktionen aus.

9.3.1 Angebot. Nachfrage. Marktpreis

In der freien Marktwirtschaft wird im allgemeinen der Preis einer Ware durch Angebot und Nachfrage bestimmt. Das Angebot wird um so höher sein, je höher der dafür erzielte Preis ist. Er kann durch die **Angebotsfunktion** $f_A: x \mapsto f_A(x)$ beschrieben werden, die der angebotenen Warenmenge x (in Mengeneinheiten ME) den Preis pro ME $y_A = f_A(x)$ DM/ME zuordnet. Der Graph dieser Funktion f_A ist monoton steigend, weil bei höheren Preisen der Erzeuger mehr Ware anbietet. Die Definitionsmenge ist $D_{f_A} = [a_u; a_o]$ wobei a_u die kleinste Menge ist, die bei einem bestimmten Preis noch angeboten wird. Es ist $a_u > 0$. Die größte Menge a_o hängt davon ab, wieviel Ware geliefert werden kann.

Nimmt der Preis einer Ware ab, so wird die Nachfrage nach der Ware zunehmen, und es wird mehr gekauft. Die Nachfrage kann ebenfalls durch eine Funktion, die **Nachfragefunktion** $f_N: x \mapsto f_N(x)$ dargestellt werden. Ihr Graph ist monoton fallend, weil mit höherem Preis die Bereitschaft zu kaufen abnimmt. Es ist $D_{f_N} = [b_u; b_o]$; dabei ist b_u durch die Höhe des Preises und b_o durch die Sättigung des Bedürfnisses bestimmt.

Beispiel:

Für eine Ware seien die Angebotsfunktion f_A und die Nachfragefunktion f_N gegeben durch $f_A: x \mapsto y_A = f_A(x) = x + 1$ und $f_N: x \mapsto f_N(x) = 9 - \frac{x^2}{4}$ mit $D_{f_A} = D_{f_N} = [0; 6]$.

Wie Abb. 9.5 zeigt, schneiden sich die beiden Graphen zu f_A und f_N in einem Punkt G(4; 5). Dieser Punkt heißt **Gleichgewichtspunkt**, da er das Marktgleichgewicht angibt, also jene angebotene Menge $x_G = 4$ ME darstellt, die zum Preis $y_G = 5$ DM/ME verkauft wird. Man bezeichnet diesen Preis y_G als den **Marktpreis**.

Bei einem höheren Preis $y_1 > y_G$ wäre $x_{1A} > x_{1N}$, also das Angebot um $(x_{1A} - x_{1N})$ ME größer als die Nachfrage. In einem solchen Falle werden die Preise sinken. Ist der Preis dagegen niedriger, also $y_2 < y_G$, so wäre die Nachfrage um $(x_{2N} - x_{2A})$ ME größer als das Angebot, die Preise werden steigen.

9.3.2 Elastizität von Angebot und Nachfrage

Das Beispiel aus 9.3.1 hat gezeigt, daß eine Preisänderung eine Änderung der Mengen bewirkt, die durch Angebots- und Nachfragefunktion bestimmt sind. Wir wollen jetzt einen quantitativen Zusammenhang zwischen Preis- und Mengenänderungen untersuchen. Dazu führen wir den Begriff der **Elastizität** einer Funktion ein.

Definition 9,6:

Eine Funktion $f: x \mapsto f(x)$ sei für $x \in D_f$ differenzierbar, und es sei $f'(x) \neq 0$. Dann heißt der Grenzwert des Quotienten der relativen Änderung der Argumente $\frac{\Delta x}{x}$ und der relativen Änderung der Funktionswerte $\frac{f(x + \Delta x) - f(x)}{f(x)}$, also

$$\varepsilon: x \mapsto \varepsilon(x) = \lim_{\Delta x \to 0} \frac{\frac{\Delta x}{x}}{\frac{f(x + \Delta x) - f(x)}{f(x)}} = \lim_{\Delta x \to 0} \frac{f(x)}{x} \cdot \frac{1}{\frac{f(x + \Delta x) - f(x)}{\Delta x}} = \frac{f(x)}{x} \cdot \frac{1}{f'(x)}\ ^{1)}$$

die Funktion des Elastizitätskoeffizienten an der Stelle x.

---

1) Man definiert auch: $\eta = \frac{f'(x)}{\frac{f(x)}{x}}$; demnach ist $\eta = \frac{1}{\varepsilon}$.

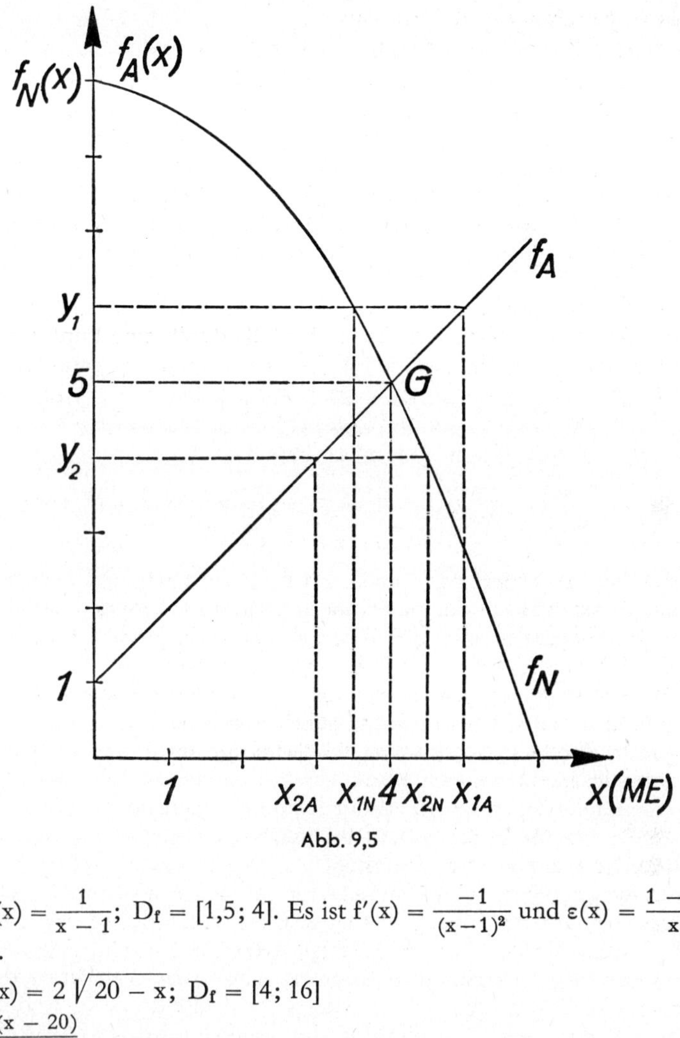

Abb. 9,5

Beispiele:

1. $f: x \mapsto f(x) = \frac{1}{x-1}$; $D_f = [1{,}5; 4]$. Es ist $f'(x) = \frac{-1}{(x-1)^2}$ und $\varepsilon(x) = \frac{1-x}{x}$ mit $D = D_f$.

2. $f: x \mapsto f(x) = 2\sqrt{20-x}$; $D_f = [4; 16]$

   $\varepsilon(x) = \frac{2(x-20)}{x}$

Übertragen wir die Definition 9.6 für die Elastizität einer Funktion f auf die Angebotsfunktion f_A und die Nachfragefunktion f_N, so erhalten wir

a) für die Funktion des Elastizitätskoeffizienten für die Angebotsfunktion

$$\varepsilon_A: x \mapsto \varepsilon_A(x) = \frac{f_A(x)}{x \cdot f'_A(x)}$$ und für die Nachfragefunktion

b) $$\varepsilon_N: x \mapsto \varepsilon_N(x) = \frac{f_N(x)}{x \cdot f'_N(x)}.$$

Da f_A streng monoton wachsend ist, ist $f'_A(x) > 0$ und außerdem sowohl $x > 0$ als auch $f_A(x) > 0$, weshalb auch $\varepsilon_A(x) > 0$ ist für alle $x \in D_\varepsilon$.
Nach den gleichen Überlegungen ist $\varepsilon_N(x) < 0$ für alle $x \in D_\varepsilon$.

Wir wollen die Funktionswerte der Funktionen ε_A und ε_N genauer betrachten und definieren:

Definition 9,7:

> Das Angebot mit der Angebotsfunktion
> $f_A: x \mapsto f_A(x)$ mit D_{f_A} heißt für $x \in D_{f_A}$
> elastisch, wenn $\varepsilon_A(x) > 1$,
> fließend, wenn $\varepsilon_A(x) = 1$ und
> unelastisch, wenn $\varepsilon_A(x) < 1$ gilt.

Definition 9.8:

> Die Nachfrage mit der Nachfragefunktion
> $f_N: x \mapsto f_N(x)$ mit D_{f_N} heißt für $x \in D_{f_N}$
> elastisch, wenn $\varepsilon_N(x) < -1$,
> fließend, wenn $\varepsilon_N(x) = -1$ und
> unelastisch, wenn $\varepsilon_N(x) > -1$ gilt.

Angebot bzw. Nachfrage sind nach diesen Definitionen elastisch, wenn die relative Mengenänderung größer als die zugehörige relative Preisänderung ist. Ist $\varepsilon_A(x)$ bzw. $\varepsilon_N(x)$ sehr groß, so ändern sich die Preise selbst bei relativ starker Mengenänderung nur relativ wenig. Daraus ergibt sich, daß die Nachfrage nach einer Ware um so elastischer ist, je entbehrlicher sie ist oder je leichter sie durch andere ersetzt werden kann. Das trifft z. B. zu auf Schmuck, Kunstgegenstände, Genußmittel u.a.
Umgekehrt ist die Nachfrage um so unelastischer, je unentbehrlicher die Ware ist und je schwerer sie ersetzt werden kann, wie z. B. Lebensmittel und Medikamente. Selbst große Preisänderungen bewirken nur kleine Mengenänderungen.
Nur bei fließender Nachfrage bzw. bei fließendem Angebot ist die relative Mengenänderung gleich der relativen Preisänderung.

Anmerkung:

Bei der Definition des Elastizitätskoeffizienten wurde das Verhältnis der relativen Warenmengenänderung zur relativen Änderung der Preise gewählt, weil das Verhältnis der absoluten Änderungen in vielen Fällen wenig aussagt, wenn man dieselben kleinen Preisänderungen bei billigen und teueren Artikeln ins Verhältnis setzt.

Beispiel:

Für die Nachfragefunktion $f_N: x \mapsto f_N(x) = 9 - \frac{1}{4}x^2$ mit $D_{f_N} = [0; 6]$ soll der Term für den Elastizitätskoeffizienten $\varepsilon_N(x)$ bestimmt werden. Ferner sind die Bereiche zu bestimmen, in denen die Nachfrage elastisch bzw. unelastisch ist. Schließlich ist der Graph zu $\varepsilon_N(x)$ zu zeichnen (Abb. 9,6).

Für $f_N(x) = 9 - \frac{1}{4}x^2$ ist $\varepsilon_N(x) = \dfrac{x^2 - 36}{2x^2}$.

Die Nachfrage ist elastisch für $\varepsilon_N(x) < -1 \Rightarrow x < 2\sqrt{3}$, sie ist unelastisch für $\varepsilon_N(x) > 1 \Rightarrow 2\sqrt{3} < x < 6$.

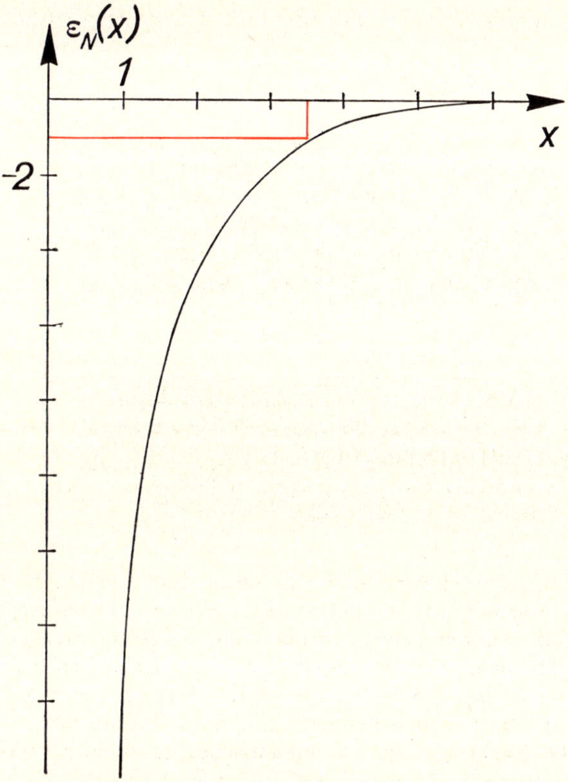

Abb. 9,6

9.3.3 Produktionskosten. Grenzkosten

Die Kosten K, die einem Unternehmen bei der Herstellung einer Ware erwachsen, bezeichnet man als **Produktionskosten** (oder Gesamtkosten). Man teilt sie auf in fixe Kosten K_f und variable Kosten K_v. Es ist also $\mathbf{K = K_f + K_v}$.

Die fixen Kosten fallen an, unabhängig davon wieviel oder ob überhaupt produziert wird. Zu ihnen gehören die Steuern und Abgaben für Gebäude und Grundstücke sowie die Kosten für die Erhaltung der Produktionsanlage.

Variable Kosten sind solche, die nur während der Produktion entstehen, wie Lohnkosten, Material- und Energiekosten. Während die fixen Kosten normalerweise für längere Zeit ungefähr gleich bleiben, steigen die variablen Kosten am Anfang der Produktion wegen der Beschaffung der Rohstoffe und der Einstellung von Arbeitskräften steil an. Mit zunehmender Produktion verlangsamt sich der Kostenanstieg, steigt aber bei Annäherung an die Kapazitätsgrenze des Betriebs wieder stärker an. Die Ursachen dafür sind erhöhte Einzelkosten für Überstunden, für stärkeren Verschleiß der Maschinen u. a.

Die Zuordnung der erzeugten Warenmengen zu den Produktionskosten wird durch die monoton wachsende **Kostenfunktion K**[1]: $x \mapsto K(x) = K_f(x) + K_v(x)$

---

[1] Bemerkung: Die Kostenfunktionen beschreiben **nicht** die Änderungen von Kosten und Ausbringung in der Zeit

beschrieben, wobei $x > 0$ ist. Als eine solche Kostenfunktion wird meist eine ganzrationale Funktion 3. Grades gewählt, weil sie eine Wendestelle besitzt, nicht notwendig aber Extremwerte.
Ein wesentlich anderes Verhalten zeigt die Funktion der **Durchschnittskosten** K_D, die man erhält, wenn man der Menge x den Quotienten aus den Gesamtkosten K(x) und der dazugehörigen Menge x zuordnet. Es ist also

$$K_D: x \mapsto \frac{K(x)}{x} \text{ mit } x > 0.$$

Beispiel:

Die Gesamtkosten eines Betriebs, der ein wertvolles Metall herstellt, betragen $K(x) = x^3 - 30x^2 + 500x + 3000$ DM. Zeichne den Graphen der Funktion der Durchschnittskosten K_D sowie den Graphen der Ableitung K' der Kostenfunktion $x \mapsto K(x)$ für $D_K = [4; 30]$ in dasselbe Achsenkreuz (Abb. 9,7)!

Man sieht aus der Abb. 9,7 daß bei kleinen Produktionsmengen der Graph zu K_D fällt und bei größeren Produktionsmengen wieder steigt.

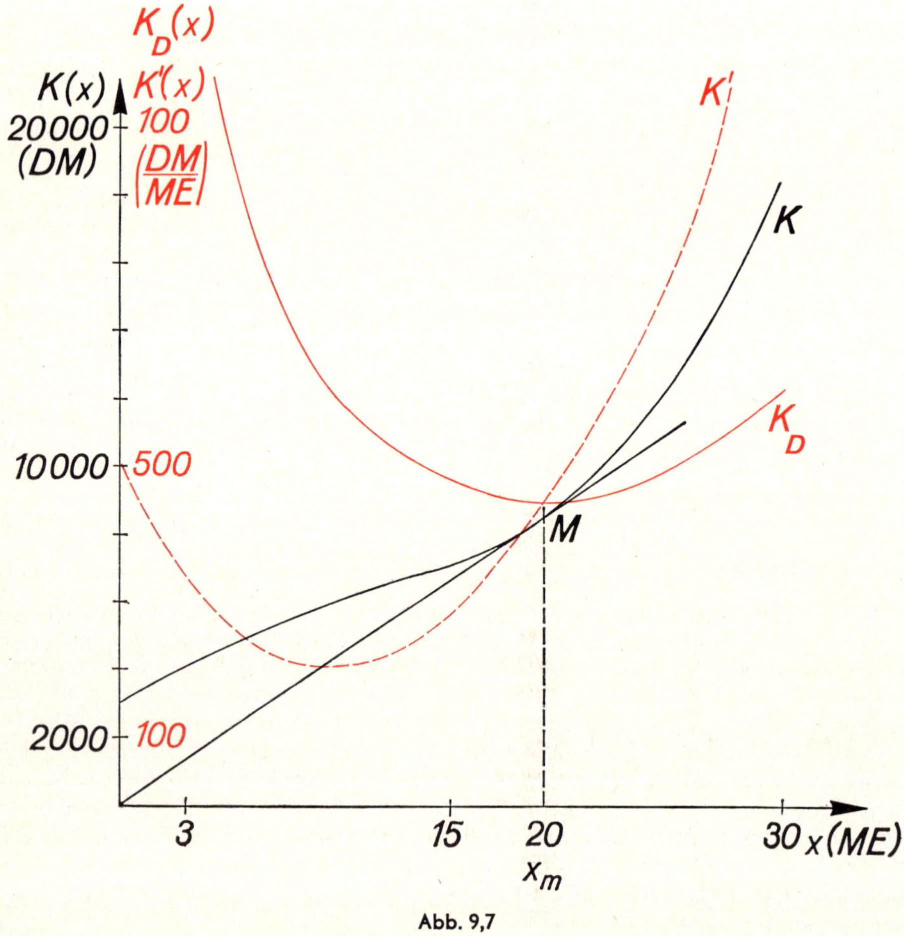

Abb. 9,7

Schließlich betrachten wir noch den Quotienten aus der Änderung der Gesamtkosten $\Delta K(x) = K(x + \Delta x) - K(x)$ und der zugehörigen Änderung der Warenmenge Δx, also $\frac{K(x + \Delta x) - K(x)}{\Delta x}$ für eine bestimmte Menge x. Den Grenzwert dieses Quotienten für $\Delta x \to 0$ für alle $x \in D_K$ nennt man die **Grenzkostenfunktion G_K** und es ist

$$G_K: x \mapsto \lim_{\Delta x \to 0} \frac{K(x + \Delta x) - K(x)}{\Delta x} = K'(x).$$

Zeichnen wir in die Abb. 9,7 für die Durchschnittskosten noch den Graphen für die Grenzkosten ein, so vermuten wir den

Satz 9.2:

Der Graph für die Grenzkosten schneidet den Graphen für die durchschnittlichen Gesamtkosten in deren Tiefpunkt.

Beweis:

Es sei $K: x \mapsto K(x)$ die Kostenfunktion; dann ist $K_D: x \mapsto \frac{K(x)}{x}$ die Funktion der durchschnittlichen Gesamtkosten. Es ist $x \cdot K_D(x) = K(x)$. Mit Hilfe der Produktregel erhält man $x \cdot K'_D(x) + K_D(x) = K'(x) \Rightarrow x \cdot K'_D(x) = K'(x) - K_D(x) \Rightarrow$

$$\Rightarrow K'_D(x) = \frac{x \cdot K'(x) - K(x)}{x^2}.$$

Damit die Funktion K_D ein Minimum hat, ist notwendig, daß $K'_D(x) = 0$ ist. Aus $x \cdot K'(x) - K(x) = 0$ ergibt sich $K'(x) = \frac{K(x)}{x}$.

Betrachten wir nun den Graphen zu Funktion K, der ebenfalls in Abb. 9,7 gezeichnet ist. Laut Definition besteht zwischen den Gesamtkosten K(x) und den Durchschnittskosten $K_D(x)$ folgende Gleichung: $K_D(x) = \frac{K(x)}{x}$. Verbindet man irgendeinen Punkt P_0 des Graphen von K mit dem Ursprung 0, so gibt die Steigung dieser Geraden OP_0 den Funktionswert $K_D(x_0)$ an. Diese Steigung hat aber ihren kleinsten Wert im Punkt M mit der Abszisse x_m, in welchem die Gerade OM Tangente an K ist. Wegen $K'(x_m) = \frac{K(x_m)}{x_m}$ kann das Extremum von K_D an der Stelle x_m nur ein Minimum sein.

9.3.4 Der Gewinn

Die Produzenten werden im allgemeinen bestrebt sein, einen Gewinn zu erzielen, der möglichst groß sein soll. Zur Behandlung dieses Gewinn-Maximierungsprinzips führen wir noch einige Begriffe ein.

1. Gesamterlös. Gesamtgewinn

Unter dem Gesamterlös E(x) verstehen wir das Produkt aus der abgesetzten Warenmenge x und dem Verkaufspreis $f_N(x)$, also $E(x) = x \cdot f_N(x)$. Ordnet man der verkauften Warenmenge x mit dem Warenpreis $f_N(x)$ den zugehörigen Erlös zu, so erhält man die **Erlösfunktion** $E: x \mapsto E(x) = x \cdot f_N(x)$.

Für die **Gewinnfunktion G** ergibt sich dann $G: x \mapsto G(x) = E(x) - K(x)$, wenn K(x) der Term der Kostenfunktion ist.

2. Grenzerlös. Grenzgewinn

Unter dem **Grenzerlös** verstehen wir den Grenzwert des Quotienten aus der Änderung des Erlöses $\Delta E(x) = E(x + \Delta x) - E(x)$ und der zugehörigen Änderung der Menge Δx,

also $\lim\limits_{\Delta x \to 0} \frac{E(x + \Delta x) - E(x)}{\Delta x} = E'(x)$.

Entsprechend ist der **Grenzgewinn**

$$G'(x) = \lim_{\Delta x \to 0} \frac{G(x + \Delta x) - G(x)}{\Delta x}.$$

Beispiel:

Zur Herstellung einer Ware entstehen einem Betrieb Fixkosten in Höhe von 3 GE. Die variablen Kosten und die Nachfrage sind durch die Funktion K_V und f_N bestimmt. Es ist $K_V\colon x \mapsto K_V(x) = 0{,}2x^3 - 2x^2 + 10x$ und $f_N\colon x \mapsto f_N(x) = -0{,}6x + 9$.
1 GE (Geldeinheit) = 1000 DM.

Berechne:
1. Die Gesamtkosten $K(x)$, die durchschnittlichen Gesamtkosten $K_D(x)$ und die Grenzkosten $K'(x)$,
2. den Gesamterlös und den Grenzerlös,
3. den Gesamtgewinn und den Grenzgewinn, sowie den Maximalgewinn!

Lösung:

Gesamtkosten $K(x) = 0{,}2x^3 - 2x^2 + 10x + 3$ GE.
Durchschnittliche Gesamtkosten $K_D(x) = 0{,}2x^2 - 2x + 10 + \frac{3}{x}$ GE/ME.
Grenzkosten $K'(x) = 0{,}6x^2 - 4x + 10$ GE/ME. Gesamterlös $E(x) = x\,(-0{,}6x + 9)$ GE.
Grenzerlös $E'(x) = -1{,}2x + 9$ GE/ME.
Gesamtgewinn $G(x) = -0{,}2x^3 + 1{,}4x^2 - x - 3$ GE.
Grenzgewinn $G'(x) = -0{,}6x^2 + 2{,}8x - 1$ GE/ME.
Maximalgewinn $G_{max} = 2{,}3$ GE.

Aufgaben

1. Die Gesamtkosten zur Herstellung einer Ware betragen $K(x) = (\frac{1}{15}x^3 - \frac{4}{5}x^2 + \frac{16}{5}x + 4)$ GE. Die Nachfrage sei durch die Funktion $f_N\colon x \mapsto f_N(x) = -\frac{1}{5}x + 3$ bestimmt. Berechne die durchschnittlichen Gesamtkosten, den Gesamterlös und den Gesamtgewinn und zeichne die zugehörigen Graphen in dasselbe Koordinatensystem. Bei welcher Produktionsmenge wird der größte Gewinn erzeugt und wie groß ist der „beste Preis“? Berechne noch den Grenzerlös und den Grenzgewinn!

2. Bei der Produktion von Wohnwagen entstehen je Woche fixe Kosten von 3000,— DM, für die variablen Kosten werden für 5 Wagen je Woche 7500,— DM geschätzt. Für diese Menge seien die Grenzkosten Null DM. Außerdem werde angenommen, daß der Preis bei einer Produktion von 0 bis 15 Stück je Woche linear falle, dabei werde bei einer Produktion von 5 Wagen je Woche ein Preis von 3000,— DM und bei 10 Wagen ein Preis von 1800,— DM angenommen. Stelle aus diesen Angaben zu-

nächst die Gleichungen für die variablen und die Gesamtkosten sowie für die Nachfrage auf. Wie lautet die Gleichung für den Gewinn und wie groß ist der Maximalgewinn? (Anleitung: Nach 9.3.3 wählen wir $K_V(x) = ax^3 + bx^2 + cx$. Die Geldeinheit 1 GE = 1000 DM. Dann ist $K_V(5) = 7{,}5$, $K'_V(5) = 0$ und $K''_V(5) = 0$, weil $K_V(x)$ für $x = 5$ zwar einen Wendepunkt, aber keinen Extremwert haben soll. Teilergebnis: $K_V(x) = 0{,}06x^3 - 0{,}9x^2 + 4{,}5x$ GE).

3. Ein Fabrikant erzeugt eine Ware, deren gesamte Herstellungskosten durch die Kostenfunktion $K: x \mapsto K(x) = (x + c)^2$ bestimmt sind. Es muß $c > 0$ sein, da auch ein stillgelegter Betrieb Kosten verursacht. Die Nachfrage wird durch die Nachfragefunktion $f_N: x \mapsto -\frac{b}{a}x + b$ dargestellt. Berechne die Gewinnfunktion und den maximalen Gewinn für $a = 10000$, $b = 5000$ und $c = 750$!

4. In einer Fabrik werden Radiogeräte hergestellt. Wenn wöchentlich x Geräte abgesetzt werden, betragen die gesamten variablen Kosten $(30x + 0{,}4x^2)$ DM. Die fixen Kosten je Woche sind 1000 DM. Zeige, daß die durchschnittlichen variablen Kosten mit wachsendem Absatz zunehmen! Wie groß ist der niedrigste Wert der durchschnittlichen Gesamtkosten? Zeige, daß die Durchschnittskosten in ihrem niedrigsten Wert gleich den Grenzkosten sind!

Dritter Teil: Integralrechnung

10. Das bestimmte Integral

10.1 Der Flächeninhalt einer ebenen Figur

Nach der Behandlung des **Tangentenproblems**, das uns zu dem wichtigen Begriff der Ableitung einer Funktion geführt hat, wenden wir uns nun dem **Flächenproblem** zu. Wir stellen uns die Aufgabe, die Fläche zu berechnen, die zwischen der Bildkurve zu einer gegebenen Funktion, der x-Achse und zwei zur y-Achse parallelen Geraden liegt. Dabei gehen wir von der naiven Anschauung aus, daß eine krummlinig begrenzte Fläche auch wirklich einen Flächeninhalt hat. Bisher war ein solcher Flächeninhalt[1] nur für geradlinig begrenzte ebene Figuren definiert. Um eine kurze Ausdrucksweise zur Verfügung zu haben, nennen wir die gesuchte Fläche kurz „die Fläche unter der Kurve" zum Intervall [a; b], wenn $x = a$ und $x = b$ die Gleichungen der beiden Geraden sind.

Beispiele:

1. Gegeben ist die Funktion $f: x \mapsto f(x) = x$ im Intervall $[0; a]$; $a > 0$. Gesucht ist die Maßzahl der Fläche unter der Kurve zwischen $x = 0$ und $x = a$.

Man kann sofort den gesuchten Flächeninhalt $A = \frac{a^2}{2}$ angeben. An diesem Beispiel soll jedoch derjenige Weg aufgezeigt werden, den wir bei der Berechnung krummlinig begrenzter Flächen werden gehen müssen.

Dazu teilen wir das Intervall $[0; a]$ in n gleiche Teile und ziehen durch die Teilpunkte die Parallelen zur y-Achse. Das Flächenstück wird so in n Parallelstreifen von der Breite $h = \frac{a}{n}$ zerlegt. Ziehen wir durch die Kurvenpunkte noch Parallelen zur x-Achse, so erhalten wir eine „untere Treppenfläche", die ganz in der gesuchten Fläche enthalten ist und eine „obere", die die gesuchte vollständig enthält (Abb. 10,1).

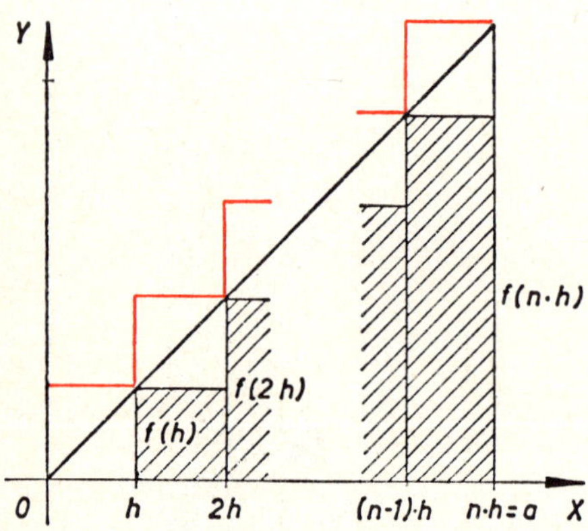

Abb. 10,1

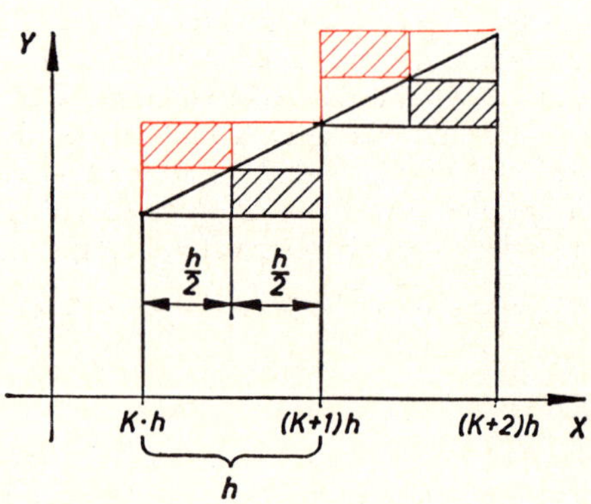

Abb. 10,2

---

[1] Wir beschäftigen uns nur mit den Flächenmaßzahlen ebener Flächen.

Für den Flächeninhalt der unteren Treppenfläche erhalten wir

$$s_n = h \cdot h + h \cdot 2h + h \cdot 3h + \ldots + h \cdot (n-1)\,h = h^2 \cdot [1 + 2 + 3 + \ldots + (n-1)]$$

für den der oberen erhalten wir

$$S_n = h \cdot h + h \cdot 2h + h \cdot 3h + \ldots + h \cdot nh = h^2\,(1 + 2 + 3 + \ldots + n).$$

Aus der Anschauung entnehmen wir, daß folgende Ungleichung besteht, wenn A den gesuchten Flächeninhalt bedeutet:

$$s_n < A < S_n$$

Wählt man n beliebig groß, so kann man auch die Rechtecke beliebig schmal machen. Wie man aus Abb. 10,2 ersieht, bei der die Zahl n verdoppelt wurde, nimmt der Flächeninhalt der unteren Treppenfigur mit wachsendem n zu, der der oberen ab. Mit Benützung der Summenformel für die (n − 1) bzw. n ersten natürlichen Zahlen erhält man

$s_n = \frac{h^2}{2} n\,(n-1) = \frac{a^2}{n^2} \cdot \frac{n(n-1)}{2}$ bzw. $S_n = \frac{a^2}{n^2} \cdot \frac{n(n+1)}{2}$, wenn $h = \frac{a}{n}$ eingesetzt wird.
Als Grenzwerte für $n \to \infty$ erhalten wir

$\lim\limits_{n \to \infty} s_n = \frac{a^2}{2}$ und $\lim\limits_{n \to \infty} S_n = \frac{a^2}{2}$; wegen der obigen Ungleichung ist daher

$$\boxed{A = \frac{a^2}{2}}$$

Soll die Maßzahl der Fläche zwischen den Geraden x = a und x = b (b > a) berechnet werden, so erhält man $\boxed{A = \frac{b^2}{2} - \frac{a^2}{2}}$;

auch diese Fläche kann elementar leicht berechnet werden.

2. Berechne die Maßzahl der Fläche unter der Bildkurve zu $f(x) = x^2$ zwischen $x = 0$ und $x = a$ $(a > 0)$ (Abb. 10,3)!

Ehe wir den gesuchten Flächeninhalt A berechnen, geben wir für ihn eine rohe Abschätzung. A ist sicher kleiner als die Maßzahl der Fläche des rechtwinkligen Dreiecks mit den Katheten a und a^2, das die gesuchte Fläche enthält. Andererseits ist sie größer als die Maßzahl der Fläche eines Rechtecks unter dem Graphen mit den Seiten $\frac{a}{2}$ und $\frac{a^2}{4}$. Daher gilt $\frac{a^3}{8} < A < \frac{a^3}{2}$.

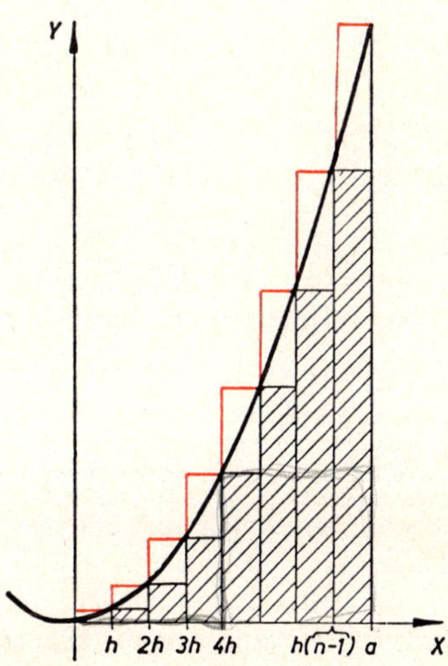

Abb. 10,3

Wie im vorigen Beispiel teilen wir das Intervall $[0; a]$ in n gleiche Teile $h = \frac{a}{n}$ und berechnen die **Untersumme** s_n und die **Obersumme** S_n.

$$s_n = h \cdot h^2 + h \cdot (2h)^2 + h \cdot (3h)^2 + \ldots + h \cdot [(n-1)h]^2 = h^3 [1 + 2^2 + \ldots +$$
$$+ (n-1)^2] = h^3 \cdot \frac{n(n-1)(2n-1)}{6} = \frac{a^3 \cdot n\,(n-1)\,(2n-1)}{6n^3} \quad \text{(siehe 2.2!)}$$

$$S_n = h \cdot h^2 + h \cdot (2h)^2 + h \cdot (3h)^2 + \ldots + h \cdot (nh)^2 = h^3 \frac{n(n+1)(2n+1)}{6} =$$
$$= \frac{a^3 n\,(n+1)\,(2n+1)}{6n^3}.$$

Als Grenzwerte für $n \to \infty$ erhält man $\lim\limits_{n \to \infty} s_n = \frac{a^3}{3}$ und $\lim\limits_{n \to \infty} S_n = \frac{a^3}{3}$.

Wegen der Ungleichung $s_n < A < S_n$ ist daher

$$\boxed{A = \frac{a^3}{3}}.$$

Für die Maßzahl der Fläche zwischen den Geraden $x = a$ und $x = b$ $(b > a)$ erhält man

$$\boxed{A = \frac{b^2}{3} - \frac{a^3}{3}}.$$

Aufgaben

1. Berechne durch Grenzwertbildung die Maßzahl der Fläche unter der Kurve für die angegebenen Intervalle $(b > a)$:

a) $y = \frac{x}{2}$; $[0, a]$; **b)** $y = \frac{x}{3}$; $[a, b]$; **c)** $y = 2x$; $[a, b]$;

d) $y = \frac{2x}{3}$; $[a, b]$ **e)** $y = \frac{x^2}{2}$; $[0, a]$; **f)** $y = \frac{x^2}{3}$; $[a, b]$;

g) $y = 2x^2$; $[\frac{1}{2}; 2]$; **h)** $y = \frac{3}{4}x^2$; $[1; 3]$; **i)** $y = x^3$; $[0; 2]$;

k) $y = x^3$; $[a; b]$ $\left(\text{Benütze } \sum\limits_{\nu=1}^{n} \nu^3 = \frac{n^2 \cdot (n+1)^2}{4}\right)$

2. Gegeben ist die Funktion $f\colon x \mapsto y = 1 + \frac{x^2}{10}$ $(x > 0)$.

Die Fläche zwischen der zugehörigen Bildkurve, den Koordinatenachsen und der Geraden $g\colon x - a = 0$ soll durch geeignete Rechteckseinteilung angenähert berechnet werden. Wie groß muß n gewählt werden, damit die Differenz zwischen Ober- und Untersumme $< \frac{a^2}{100}$ ist? Berechne den Flächeninhalt durch Grenzwertbestimmung!

3. Gegeben ist die Funktion $x \mapsto y = \frac{1}{10}x^3$.

Berechne den Inhalt der Fläche zwischen der zugehörigen Bildkurve, der x-Achse und der Geraden $g\colon x - 5 = 0$ durch eine geeignete Rechteckseinteilung! Wie groß ist n zu wählen, damit der Unterschied zwischen Ober- und Untersumme $< \frac{1}{10}$ F. E. beträgt? Bestimme den Grenzwert für die Obersumme!

4. Berechne den Inhalt des Flächenstücks, das von der Bildkurve zur Funktion $x \mapsto y = \frac{1}{x^2}$, der x-Achse und den Geraden $x = 1$ und $x = 2$ eingeschlossen wird! Benütze dazu eine äquidistante Intervalleinteilung und wähle die Zwischenwerte ξ_ν $(x_{\nu-1} < \xi_\nu < x_\nu)$ derart, daß $f(\xi_\nu) = \sqrt{f(x_{\nu-1}) \cdot f(x_\nu)}$ ist!
Verwende bei der Summenbildung außerdem die Identität $\frac{1}{n(n+1)} = \frac{1}{n} - \frac{1}{n+1}$ aus 5.2, Aufgabe 2a!

10.2 Definition des Flächeninhalts

Aus den bisher behandelten Beispielen und Aufgaben haben wir erfahren, wie man in besonderen Fällen den der Anschauung nach vorhandenen Flächeninhalt für teilweise krummlinig begrenzte Figuren berechnen kann. Streng genommen wird der **Flächeninhalt** durch die Berechnung erst **definiert.**
Es sei nun f eine im Intervall [a; b] beschränkte und monoton wachsende Funktion, wobei $f(x) \geqq 0$ für alle x aus [a; b) sein soll.
Wie soll der Flächeninhalt unter der Kurve für das Intervall [a; b] definiert werden? Wir zerlegen das Intervall [a; b] durch die Teilpunkte $a = x_0; x_1; x_2; \ldots; x_n = b$ in n Teile, die nicht notwendig gleich sein müssen. Die Parallelen zur y-Achse zerlegen die gesuchte Fläche in n Streifen. Legt man durch die so erhaltenen Kurvenpunkte Parallelen zur x-Achse, so erhält man wieder Rechtecke (Abb. 10,4).

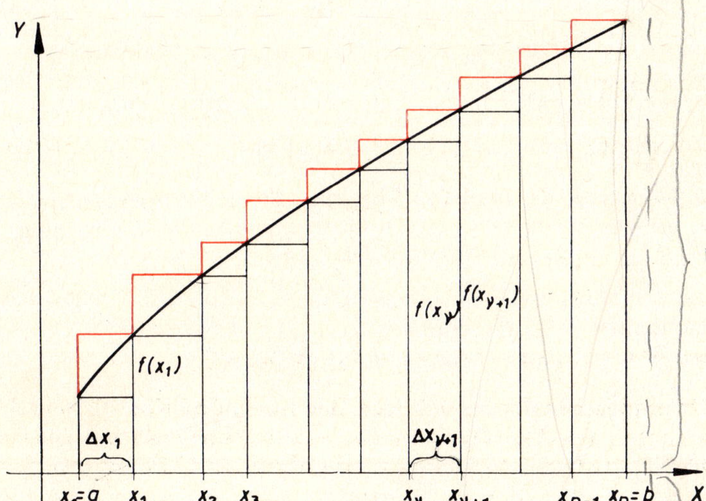

Abb. 10,4

Die Untersumme s_n ist

$$s_n = (x_1 - x_0)\, f(x_0) + (x_2 - x_1)\, f(x_1) + \ldots + (x_n - x_{n-1})\, f(x_{n-1}) =$$
$$= \sum_{\nu=0}^{n-1} (x_{\nu+1} - x_\nu)\, f(x_\nu) \text{ und } \textbf{die Obersumme } S_n \text{ ist}$$

$$S_n = (x_1 - x_0)\, f(x_1) + (x_2 - x_1)\, f(x_2) + \ldots + (x_n - x_{n-1})\, f(x_n) =$$
$$= \sum_{\nu=0}^{n-1} (x_{\nu+1} - x_\nu)\, f(x_{\nu+1}).$$

Bezeichnet man noch die Differenz $(x_{\nu+1} - x_\nu)$ mit $\Delta x_{\nu+1}$, so daß $\Delta x_{\nu+1}$ die Breite des $(\nu + 1)$ten Rechtecks ist, dann kann man beide Summen schreiben

$$s_n = \sum_{\nu=0}^{n-1} f(x_\nu) \cdot \Delta\, x_{\nu+1} \text{ und } S_n = \sum_{\nu=0}^{n-1} f(x_{\nu+1})\, \Delta\, x_{\nu+1} \text{ mit } \Delta x_\nu \to 0 \text{ für alle } \nu.$$

Da f in [a, b] beschränkt ist, gibt es ein $K > 0$ mit $f(x) \leqq K$ für alle $x \in [a, b]$. Dann gilt: $s_n \leqq K \sum_{\nu=0}^{n-1} x_{\nu+1} = K(b-a)$ und $S_n \geqq (-K)\,(b-a)$. Die Menge aller Untersummen s_n hat also $K(b-a)$ als eine obere Schranke und die Menge O aller Obersummen S_n hat $(-K)\,(b-a)$ als eine untere Schranke. Nach dem Vollständigkeitsaxiom V gibt es eine obere Grenze $\sup U = \lim\limits_{n\to\infty} s_n$ und nach Satz 1.14 eine untere Grenze $\inf O = \lim\limits_{n\to\infty} S_n$, und im allgemeinen ist $\sup U \leqq \inf O$. Man kann beweisen, daß unter den gegebenen Voraussetzungen $\sup U = \lim\limits_{n\to\infty} s_n = \lim\limits_{n\to\infty} S_n = \inf O$ ist. Wir führen diesen Beweis nicht, sondern beschränken uns auf den Beweis für äquidistante Teilungen des Intervalls [a, b].

Wir wählen also eine äquidistante Teilung des Intervalls [a; b] mit $x_{\nu+1} - x_\nu = \Delta x = \frac{b-a}{n}$ für $\nu = 0, 1, 2, \ldots (n-1)$. Dann ist $s_n = \Delta x \sum_{\nu=0}^{n-1} f(x_\nu)$ und $S_n = \Delta x \sum_{\nu=0}^{n-1} f(x_{\nu+1})$.

Für die Differenz aus Obersumme S_n und Untersumme s_n gilt offenbar

$$S_n - s_n = \Delta x(f[x_1] + f[x_2] + \ldots + f[x_n] - f[x_0] - f[x_1] - \ldots - f[x_{n-1}]) =$$
$$= \frac{b-a}{n}(f[b] - f[a]).$$

Bilden wir den Grenzwert $\lim\limits_{n\to\infty}(S_n - s_n) = \lim\limits_{n\to\infty} \frac{b-a}{n}(f[b] - f[a]) = 0$, so erhalten wir $\lim\limits_{n\to\infty} s_n = \lim\limits_{n\to\infty} S_n$, weil f in [a; b] beschränkt ist.

Wegen der Monotonie der Funktion f besteht außerdem zwischen der Fläche A unter der Kurve, der Untersumme s_n und der Obersumme S_n die Ungleichung

$$s_n < A < S_n$$

Wir definieren deshalb den gemeinsamen Grenzwert der beiden Folgen (s_n) und (S_n) als den **Flächeninhalt A** und schreiben

$$\lim_{n\to\infty} s_n = \lim_{n\to\infty} S_n = A$$

Diese anschaulichen Überlegungen führen uns zur folgenden

Definition 10.1:

Es sei f eine monotone und beschränkte Funktion $x \mapsto f(x)$ mit $D_f = [a; b]$ und $f(x) \geqq 0$ für alle $x \in D_f$. Haben die Folgen der Untersummen (s_n) und die der Obersummen (S_n) bei äquidistanter Einteilung für $n \to \infty$ denselben Grenzwert, so schreibt man: $\lim\limits_{n\to\infty} s_n = \lim\limits_{n\to\infty} S_n = \int_a^b f(x)dx = A$.

(lies: Integral f(x)dx von a bis b!). $\int_a^b f(x)dx$ heißt „das bestimmte Integral" der Funktion f über dem Intervall [a; b]. a ist die untere, b die obere **Integrationsgrenze.**

f(x) heißt der **Integrand** und x ist die **Integrationsvariable.** Das wird dadurch ausgedrückt, daß hinter dem Integranden das Symbol dx steht, das nicht vergessen werden soll. Dieses dx heißt Integrationsdifferential und weist nur auf die Integrationsvariable x hin. Es ist keinesfalls ein Produkt aus d und x.

Das **Integrationszeichen** $\int$ (Integralzeichen), das aus einem S entstanden ist, erinnert an die Summenbildung.

Den Ausdruck f(x)dx kann man sich formal aus $f(x_\nu)\Delta x$ der Summe entstanden denken.

Aus unserer Herleitung ist noch ersichtlich, daß das bestimmte Integral als Maßzahl einer Fläche eine **wohlbestimmte Zahl** und keine **Funktion** darstellt.

Wir haben das bestimmte Integral einer Funktion vorerst nur für monotone und beschränkte Funktionen definiert, wobei wir äquidistante Einteilungen des Intervalls [a; b] benutzt haben.

Ehe wir zu einer Verallgemeinerung dieser Definition übergehen, zeigen wir noch an einem Beispiel, daß es manchmal zweckmäßiger ist die Teilpunkte nicht äquidistant zu wählen (siehe auch Aufgabe 4 aus 10.1!)

Beispiel:

$f\colon x \mapsto f(x) = \sqrt{x}$ mit $D_f = [0; b]$. Wir setzen $x_\nu = \frac{\nu^2 b}{n^2}$. Es ist dann

$$s_n = \sum_{\nu=1}^{n-1}\left(\frac{(\nu+1)^2 b}{n^2} - \frac{\nu^2 b}{n^2}\right)\sqrt{\frac{\nu^2 b}{n^2}} = \frac{b\sqrt{b}}{n^3}\sum_{\nu=1}^{n-1}(2\nu^2+\nu) =$$

$$= \frac{b\sqrt{b}}{n^3}\left(\frac{(n-1)\,n\,(2n-1)}{3} + \frac{n\,(n-1)}{2}\right) \text{ und}$$

$$\lim_{n\to\infty} s_n = \lim_{n\to\infty}\frac{b\sqrt{b}}{3}\left[\left(1-\frac{1}{n}\right)\left(2-\frac{1}{n}\right)+\frac{1}{2n}\left(1-\frac{1}{n}\right)\right] = \frac{2b\sqrt{b}}{3}.$$

Berechnet man auch noch den Grenzwert der Folge der Obersummen (S_n) für $n \to \infty$, so erhält man ebenfalls $\lim\limits_{n\to\infty} S_n = \frac{2b\sqrt{b}}{3}$.

10.3 Integraldefinition nach Riemann[1)]

Wir betrachten eine Funktion $f\colon x \mapsto f(x)$, von der wir nur voraussetzen, daß sie in ihrer Definitionsmenge $D_f = [a; b]$ beschränkt ist. Mit Hilfe von (n – 1) Teilungspunkten $a = x_0 < x_1 < x_2 < \ldots < x_n = b$ teilen wir das Intervall [a; b] in die Teilintervalle $[x_\nu; x_{\nu+1}]$ für $\nu = 0; 1; 2; \ldots; n-1$. Die Menge der Teilungspunkte $Z = \{x_0; x_1; \ldots, x_n\}$ nennen wir eine **Zerlegung** des Intervalls [a; b] (Abb. 10,5).

Da die Funktion f als beschränkt in [a; b] vorausgesetzt ist, hat sie in jedem Teilintervall $[x_\nu; x_{\nu-1}]$ sowohl eine obere Grenze M_ν wie auch eine untere m_ν.

Wir bilden die Folge der Untersummen $(s_n) = \sum\limits_{\nu=0}^{n-1}(x_{\nu+1} - x_\nu)\, m_\nu$ und die der

$$\text{Obersummen } (S_n) = \sum_{\nu=0}^{n-1}(x_{\nu+1} - x_\nu)\, M_\nu.$$

1) Riemann, Bernhard (1826—1866).

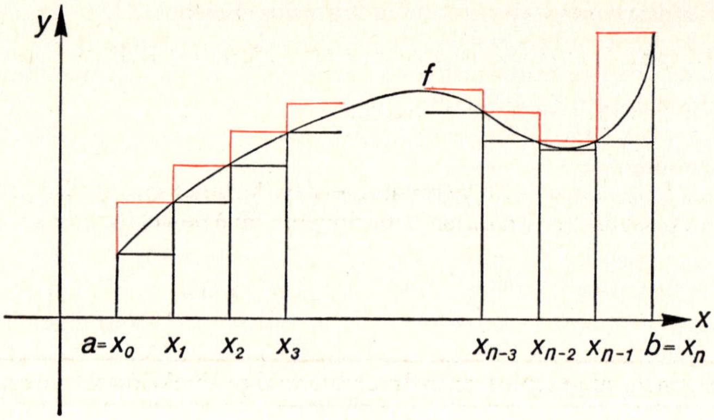

Abb. 10,5

Setzen wir noch $x_{\nu+1} - x_\nu = \Delta x_\nu$, so ist

$$(s_n) = \sum_{\nu=0}^{n-1} m_\nu \Delta x_\nu \text{ und } (S_n) = \sum_{\nu=0}^{n-1} M_\nu \Delta x_\nu \text{ für } \nu = 0; 1; 2; \ldots; n-1.$$

Man kann diese Zerlegung beliebig „verfeinern", wenn man die Zahl der Teilungspunkte vergrößert und gleichzeitig die Intervallbreite Δx_ν so verkleinert, daß für $n \to \infty$ das größte Δx_ν den Grenzwert 0 hat. Im allgemeinen ist $\lim\limits_{n\to\infty} s_n \leqq \lim\limits_{n\to\infty} S_n$. Sind beide Grenzwerte gleich, so heißt der gemeinsame Grenzwert „das bestimmte Integral" von f über [a, b]. Aus diesen Überlegungen gelangen wir zur folgenden

Definition 10.2:

Eine im Intervall [a; b] definierte und beschränkte Funktion $f: x \mapsto f(x)$ heißt **integrierbar** über [a; b] genau dann, wenn bei jeder beliebigen Verfeinerung einer Zerlegung Z mit $\max \Delta x_\nu \to 0$ für $n \to \infty$ gilt $\lim\limits_{n\to\infty} s_n = \lim\limits_{n\to\infty} S_n$. Dieser gemeinsame Grenzwert heißt das „bestimmte Integral" der Funktion f über dem Intervall [a; b] und wird geschrieben $\int_a^b f(x)dx$.

Anmerkung:

Eine Funktion f heißt über [a; b] **integrierbar**, wenn das bestimmte Integral $\int_a^b f(x)dx$ existiert.

Daß nicht jede beschränkte Funktion f integrierbar ist, zeigt das

Beispiel:

$$f: x \mapsto f(x) = \begin{cases} 1, \text{ falls x rational} \\ 0, \text{ falls irrational} \end{cases} \quad \text{mit } D_f = [0; 1]$$

Für alle irrationalen x ist m = 0 und für alle rationalen x ist M = 1; daher ist die Untersumme $s_n = 0$ und die Obersumme $S_n = 1$.

Bemerkung zur Schreibweise:

Anstelle der Integrationsvariable x können auch andere Buchstaben verwendet werden.

$$\int_a^b f(x)dx = \int_a^b f(t)dt = \int_a^b f(z)dz = \int_a^b f(u)du$$

Aus der Definition 10.2 und dem nachfolgenden Beispiel ergibt sich die Frage nach der Integrierbarkeit von beschränkten Funktionen. Ohne Beweis geben wir dazu folgende Sätze an:

Satz 10.1:

Jede in einem abgeschlossenen Intervall stetige Funktion ist integrierbar.

Satz 10.2:

Jede in einem abgeschlossenen Intervall monotone Funktion ist integrierbar.

Satz 10.3:

Jede in einem abgeschlossenen Intervall „stückweise" monotone Funktion, das ist eine, die sich in endlich viele monotone Teilstücke zerlegen läßt, ist integrierbar.

Satz 10.4:

Jede in einem abgeschlossenen Intervall stückweise stetige und beschränkte Funktion ist integrierbar.

10.4 Sätze über bestimmte Integrale

Wir haben bisher stillschweigend $a < b$ vorausgesetzt, was auch in der Schreibweise $[a; b] = \{x \mid a \leqq x \leqq b\}$ zum Ausdruck kommt. Die Definition des bestimmten Integrals läßt sich auch auf den Fall $a > b$, d. h. auf das Intervall [b, a] übertragen. Die Teilungspunkte bilden jetzt eine abnehmende statt eine wachsende Folge
$a = x_0 > x_1 > x_2 > \ldots x_{n-1} > x_n = b$. Alle Differenzen $x_{\nu+1} - x_\nu = \Delta x_\nu$ sind negativ, weshalb ihre Summe der Produkte $m_\nu \cdot \Delta x_\nu$ bzw. $M_\nu \cdot \Delta x_\nu$ ebenfalls negativ wird.
Bilden wir die Ober- und Untersummen wie in **10.3**, so unterscheiden diese sich wegen $\Delta x_\nu < 0$ von den dortigen Summen durch das Vorzeichen, das sich auch auf die Grenzwerte überträgt.
Das ergibt den

Satz 10.5:

Ist f in [b; a] integrierbar, so gilt $\int_a^b f(x)dx = -\int_b^a f(x)dx$, d.h. ein bestimmtes Integral wechselt beim Vertauschen der Integrationsgrenzen sein Vorzeichen.

Sind die obere und die untere Integrationsgrenze eines bestimmten Integrals gleich, also a = b, so definiert man

Definition 10.3:

$$\int_a^a f(x)dx = 0$$

Diese Definition steht im Einklang mit Satz 10.5 wie auch mit der Anschauung, da die „Fläche unter der Kurve“ eine Strecke parallel zur y-Achse darstellt.

Satz 10.6 (Linearität des Integrals):

> Sind f und g über [a; b] integrierbar, dann gilt
>
> $$\int_a^b (f[x] + g[x])\, dx = \int_a^b f(x)dx + \int_a^b g(x)dx \text{ und für } c \in \mathbb{R} \int_a^b cf(x)dx = c\int_a^b f(x)dx$$

Beweis:

Wir betrachten eine beliebige Zerlegung $Z = \{a = x_0, x_1 \dots x_n = b\}$. Im Intervall $[x_\nu; x_{\nu+1}]$ mit der Intervallänge Δx_ν sei $\inf f = m_\nu(f)$, $\inf g = m_\nu(g)$ und $\sup f = M_\nu(f)$ und $\sup g = M_\nu(g)$. Dann gilt für die Folgen der Untersummen $(s_n(f))$ und $(s_n(g))$ sowie die der Obersummen $(S_n(f))$ und $(S_n(g))$

$$s_n(f) + s_n(g) = \sum_{\nu=0}^{n-1} m_\nu(f)\Delta x_\nu + \sum_{\nu=0}^{n-1} m_\nu(g)\Delta x_\nu = \sum_{=0}^{n-1}(m_\nu[f] + m_\nu[g])\Delta x_\nu \leqq \sum_{\nu=0}^{n-1} m'_\nu \Delta x_\nu$$

und

$$S_n(f) + S_n(g) = \sum_{\nu=0}^{n-1} M_\nu(f)\Delta x_\nu + \sum_{\nu=0}^{n-} M_\nu(g)\Delta x_\nu = \sum_{\nu=0}^{n-1}(M_\nu[f] + M_\nu[g]\Delta x_\nu) \geqq \sum_{\nu=0}^{n\ 1} M'_\nu \Delta x_\nu,$$

wobei m'_ν die untere und M'_ν die obere Grenze der Funktion (f + g) im Intervall $[x_\nu; x_{\nu+1}]$ ist. Es gilt also $s_n(f) + s_n(g) \leqq s_n(f + g)$ und
$S_n(f) + S_n(g) \geqq S_n(f + g)$.

Außerdem ist $s_n(f + g) \leqq S_n(f + g)$. Wir erhalten so die Ungleichungskette:
$s_n(f) + s_n(g) \leqq s_n(f + g) \leqq S_n(f + g) \leqq S_n(f) + S_n(g)$

Aus den Grenzwertsätzen ergibt sich

$$\lim_{n\to\infty} (s_n[f] + s_n[g]) = \lim_{n\to\infty} s_n(f) + \lim_{n\to\infty} s_n(g) \text{ und}$$

$$\lim_{n\to\infty} (S_n[f] + S_n[g]) = \lim_{n\to\infty} S_n(f) + \lim_{n\to\infty} S_n(g).$$

Weil f und g integrierbar über [a, b] vorausgesetzt sind, ist

$$\lim_{n\to\infty} s_n(f) = \lim_{n\to\infty} S_n(f) = \int_a^b f(x)dx \text{ und}$$

$$\lim_{n\to\infty} s_n(g) = \lim_{n\to\infty} S_n(g) = \int_a^b g(x)dx \text{ und daher}$$

$$\int_a^b (f[x] + g[x])dx = \int_a^b f(x)dx + \int_a^b g(x)dx$$

Ebenso beweist man Teil 2 des Satzes 10.6 (Aufgabe!).
Den ersten Teil des Satzes 10.6 kann man für eine beliebige endliche Anzahl p von Summanden erweitern

$$\int_a^b \sum_{k=1}^n f_k(x)dx = \sum_{k=1}^n \int_a^b f_k(x)dx)$$ und man erhält den

Satz 10.7:

Man darf eine endliche Summe integrierbarer Funktionen gliedweise integrieren.

Es gilt noch der Satz 10.8, der als Aufgabe gestellt wird.

Satz 10.8:

Es sei $a < c < b$. Wenn f über $[a; c]$ und über $[c; b]$ integrierbar ist, so ist f auch über $[a; b]$ integrierbar und es gilt

$$\int_a^c f(x)dx + \int_c^b f(x)dx = \int_a^b f(x)dx$$

Beachte:

Dieser Satz gilt auch, wenn a, b und c ganz beliebig zueinander liegen, wenn nur f in den betrachteten Teilintervallen integrierbar ist. Schließlich gilt er auch wenn zwischen a und b endlich viele Zwischenstellen $c_1, c_2, \ldots, c_n$ eingeschaltet werden.

Aufgabe

Zeige am Beispiel der Funktionen $f\colon x \mapsto f(x) = x$ und $g\colon x \mapsto g(x) = 5 - 2x$ mit $D_f = D_g = [0; 2]$, daß gilt: $\inf f + \inf g \leqq \inf(f + g)$ und $\sup f + \sup g \geqq \sup(f + g)$!

11. Der Hauptsatz oder Fundamentalsatz der Differential- und Integralrechnung

11.1 Die Stammfunktion zu einer Funktion

Aus den Beispielen und Aufgaben zur Berechnung von bestimmten Integralen haben wir ersehen, daß dieser Weg über Obersummen und Untersummen mühsam und zeitraubend ist. Wir wollen jetzt einen Weg kennenlernen, der einfacher und rascher zum Ziel führt und außerdem zeigt, welcher Zusammenhang zwischen den Begriffen Ableitung und Integral besteht.
Wir betrachten zwei Beispiele:

1. Es sei die Funktion $F: x \mapsto F(x) = x^2$ gegeben. Ihre Ableitung F' ergibt eine neue Funktion $f: x \mapsto f(x) = F'(x) = 2x$. Ist umgekehrt $f(x) = 2x$ gegeben, so ist $F(x) = x^2$ ein Funktionsterm mit $F'(x) = 2x = f(x)$.

2. Ist $f: x \mapsto f(x) = \cos x$, so gibt es ein $F(x) = \sin x$, so daß $F'(x) = f(x) = \cos x$ ist.

Schon diese Beispiele zeigen, daß es sich bei der Lösung dieser Aufgabe offenbar um die **Umkehrung des Ableitungsprozesses** handelt. Dort war eine Funktion gegeben und ihre Ableitung gesucht, hier ist die Ableitung einer noch unbekannten Funktion F gegeben und diese Funktion F gesucht, so daß F' gleich der gegebenen Funktion f ist.

Definition 11.1:

Eine differenzierbare Funktion F heißt „Stammfunktion zu einer Funktion f" mit gleicher Definitionsmenge, wenn gilt:

$$F'(x) = f(x)$$

In unseren Beispielen sind demnach $F: x \mapsto F(x) = x^2$ und $G: x \mapsto G(x) = \sin x$ Stammfunktionen der beiden Funktion $f: x \mapsto f(x) = 2x$ und $g: x \mapsto g(x) = \cos x$. Betrachten wir die Funktion $F_C: x \mapsto F(x) + C = x^2 + C$ mit $C \in \mathbb{R}$, dann gilt $F'_C(x) = 2x = F'(x)$. Es gilt allgemein der

Satz 11.1:

Ist $F: x \mapsto F(x)$ eine Stammfunktion von $f: x \mapsto f(x)$, so ist auch $F_C: x \mapsto F(x) + C$ eine Stammfunktion von f.

Beweis:

Es ist $F'(x) = f(x) = F'_C(x)$.
Daß man auf diese Weise **alle** Stammfunktionen von f erhält, ergibt

Satz 11.2:

Ist $F: x \mapsto F(x)$ eine Stammfunktion von $f: x \mapsto f(x)$, so stellt $F_C: x \mapsto F(x) + C$ mit $C \in \mathbb{R}$ die Menge aller Stammfunktionen von $f: x \mapsto f(x)$ dar.

Beweis:

Es ist $F'(x) = F'_C(x) = f(x)$. Sind umgekehrt F und F_C Stammfunktionen von f, also $F'_C(x) = F'(x) \Rightarrow F'_C(x) - F'(x) = 0$, so gilt nach Satz 7.4 $F_C(x) - F(x) = C \Rightarrow F_C(x) = F(x) + C$.

Anmerkung:

Man bezeichnet die Menge aller Stammfunktionen F_C von f auch als „unbestimmtes Integral" von f und schreibt $\int f(x)dx = F(x) + C$ (lies: Integral f von x dx gleich $F(x) + C$!)

Beispiele:

1. $\int 2x\,dx = x^2 + C$
2. $\int \cos x\,dx = \sin x + C$; $C \in \mathbb{R}$ heißt **Integrationskonstante.**

Aus folgenden Gründen werden wir diese Schreibweise möglichst vermeiden. Sie erweckt den Eindruck, als ob es zu f nur einen Repräsentanten des unbestimmten Integrals gäbe, obwohl zu 2x u.a. $x^2 + C$, $(x + a)(x - a) + b$ und $\frac{x^2 + a}{b} + C$ ebenfalls Repräsentanten sind. Zum anderen gilt die Transitivität der Gleichheitsbeziehung nicht. So folgt aus $\int x dx = \frac{1}{2}x^2 + 1$ und $\int x dx = \frac{1}{2}x^2 + 10$ für alle $x \in \mathbb{R}$ $\frac{1}{2}x^2 + 1 \neq \frac{1}{2}x^2 + 10$.

Grundformeln der Integralrechnung

Wie findet man zu einer Funktion f eine Stammfunktion F von f? Überprüfen wir die bisher behandelten Ableitungsregeln für Funktionen, so können wir zu jeder Ableitungsfunktion eine Stammfunktion angeben, wie folgende Zusammenstellung zeigt.

1. $f(x) = x^n$; $n \in \mathbb{Z}$	$f'(x) = n \cdot x^{n-1}$	$f(x) = x^n = F'(x)$; $n \in \mathbb{Z}$; $n \neq -1$	$F(x) = \frac{x^{n+1}}{n+1} + C$
2. $f(x) = \frac{1}{x}$; $x \neq 0$	$f'(x) = \frac{-1}{x^2}$	$f(x) = \frac{-1}{x^2} = F'(x)$;	$F(x) = \frac{1}{x} + C$
3. $f(x) = \sin x$	$f'(x) = \cos x$	$f(x) = \sin x$;	$F(x) = -\cos x + C$
4. $f(x) = \cos x$	$f'(x) = -\sin x$	$f(x) = \cos x$;	$F(x) = \sin x + C$
5. $f(x) = \sqrt{x}$; $x \geqq 0$	$f'(x) = \frac{1}{2\sqrt{x}}$; $x > 0$	$f(x) = \frac{1}{2\sqrt{x}}$;	$F(x) = \sqrt{x} + C$
6. $f(x) = \tan x$ ($\cos x \neq 0$)	$f'(x) = \frac{1}{(\cos x)^2}$	$f(x) = \frac{1}{(\cos x)^2}$;	$F(x) = \tan x + C$
7. $f(x) = \cot x$ ($\sin x \neq 0$)	$f'(x) = \frac{-1}{(\sin x)^2}$	$f(x) = \frac{-1}{(\sin x)^2}$;	$F(x) = \cot x + C$

Die Probe auf die Richtigkeit dieser Integralformeln erfolgt durch Ableiten der Funktionen F.

Wir werden noch weitere Funktionen kennenlernen; auch bei ihnen entspricht jeder Ableitungsfunktion eine Stammfunktion. Es wird sich dabei zeigen, daß es zu jeder Funktion f eine Ableitungsfunktion in geschlossener Form gibt, jedoch nicht zu jeder Funktion f eine Stammfunktion F. Beispielsweise gibt es zur Funktion f: $x \mapsto \frac{\sin x}{x}$ **keine Stammfunktion** in geschlossener Form. In solchen Fällen sind nur **Näherungsfunktionen** möglich.

Für das unbestimmte Integral aus einer Summe von Funktionen gilt (ohne Beweis):

$$\int \sum_{\nu=1}^{n} f_\nu(x)dx = \sum_{\nu=1}^{n} \int f_\nu(x)dx + C,$$

wenn die Funktionen $f_\nu: x \mapsto f_\nu(x)$ in der gemeinsamen Definitionsmenge D_f integrierbar sind. Die zu den einzelnen Integralen gehörenden Integrationskonstanten kann man zu einer einzigen C zusammenfassen.

Aufgaben

Bestimme die Stammfunktionen zu folgenden durch ihre Terme gegebenen Funktionen!

1. a) $5x$ **b)** $\frac{1}{3}x$ **c)** $0{,}75x$ **d)** ax **e)** $\sqrt{3}\,x$

2. a) $3x^2$ **b)** $5x^3$ **c)** $0{,}4x^4$ **d)** $\sqrt{2}\,x^{n-1}$

3. a) $\frac{3}{x^2}$ **b)** $\frac{-5}{x^3}$ **c)** $\frac{7}{3x^2}$ **d)** $0{,}9x^{-2}$ **e)** $\frac{4}{5}x^{-5}$

4. a) $2x + 5$ **b)** $x^2 - 1$ **c)** $x + \frac{1}{x^2}$ **d)** $x^3 + 4x^2 - 6$ **e)** $\frac{3}{x^3} - \frac{3}{x^2}$

5. a) $\sin x + 1$ **b)** $\sin x + \cos x$ **c)** $\frac{x}{2} + \cos x$ **d)** $\frac{8}{\cos^2 x}$

6. a) $(x + 1)^2$ **b)** $(2x - 3)^2$ **c)** $(2 - 5x)(2 + 5x)$ **d)** $(2x + \frac{1}{2})(3x - \frac{1}{3})$

11.2 Das Integral als Funktion der oberen Grenze (Integralfunktion)

Wir gehen von dem bestimmten Integral $\int_a^b x^2dx = \frac{1}{3}(b^3 - a^3)$ mit $a < b$ aus. Für alle a, $b \in \mathbb{R}$ stellt dieses Integral eine eindeutig bestimmte Zahl $F \in \mathbb{R}$ dar. Z. B. ist für $a = 3$, $b = 6$

$\int_3^6 x^2dx = \frac{1}{3}(216 - 27) = 63$ und für $a = 1$ und $b = -3$ ist $\int_1^{-3} x^2dx = \frac{1}{3}(-27 - 1) = \frac{-28}{3}$

Wir halten nun die untere Grenze a fest und fassen die obere Grenze b als Variable x aus [a; b] auf und wollen alle möglichen Flächeninhalte unter dem Graphen zwischen $x = a$ (a fest) und $x = b$ (b variabel) berechnen. Weil es aber nicht zweckmäßig ist, die obere Grenze und die Integrationsvariable mit dem gleichen Buchstaben x zu bezeichnen, wählen wir für die Integrationsvariable t und erhalten eine neue Funktion

$F: x \mapsto F(x) = \int_a^x t^2dt$. Jedem x aus der Definitionsmenge D_f von $f(x) = x^2$ wird diejenige Zahl F zugeordnet, die durch das Integral $\int_a^x f(t)dt$ bestimmt ist. Daher ist $D_F = D_f$.

Definition 11.2:

Es sei $f: x \mapsto f(x)$ über $D_f = [a; b]$ integrierbar. Bei festem $c \in D_f$ wird durch das Integral $\int\limits_c^x f(t)dt$ eine Funktion $F: x \mapsto F(x) = \int\limits_c^x f(t)dt$ mit $x \in [a; b]$ definiert, die man als Funktion F der oberen Grenze oder **Integralfunktion** bezeichnet. Es ist $D_F = D_f$.

Beispiele:

1. $f: x \mapsto f(x) = 3x^2$; $D_f = [1; 5]$. Für $c \in D_f$ ist $F_c(x) = \int\limits_c^x 3t^2 dt = x^3 - c^3$. Für $c = 1$ ist $F_1(x) = x^3 - 1$, für $c = 3$ ist $F_3(x) = x^3 - 27$. Bilden wir die Ableitungen dieser Funktionen, so erhalten wir $F'(x) = 3x^2 = f(x)$.
2. $g: x \mapsto g(x) = \cos x$ mit $D_g = [0; 2\pi]$. Mit $c \in D_g$ ist $G_c(x) = \int\limits_c^x \cos t\, dt =$ $= \sin x - \sin c$. Auch hier ist $G'_c(x) = g(x)$.

Aus diesen Beispielen vermuten wir, daß die Integralfunktionen von f über D_f Stammfunktionen von f sind.

11.3 Der Hauptsatz der Differential- und Integralrechnung

Satz 11.3 (Hauptsatz):

Die Funktion $f: x \mapsto f(x)$ sei in $D_f = [a; b]$ stetig; dann ist die Integralfunktion $F: x \mapsto F(x) = \int\limits_c^x f(t)dt$ mit beliebigem aber festem $c \in [a; b]$ für alle $x \in [a; b]$ differenzierbar und es ist $F'(x)$ gleich dem Wert des Integranden an der oberen Grenze, also $F'(x) = f(x)$.

Beweis:

Wir führen den Beweis auf die Definition der Ableitung zurück.
Es ist $F(x) = \int\limits_c^x f(t)dt$ und $F(x + h) = \int\limits_c^{x+h} f(t)dt$ und daher $F(x + h) - F(x) = \int\limits_c^{x+h} f(t)dt - \int\limits_c^x f(t)dt = \int\limits_x^c f(t)dt + \int\limits_c^{x+h} f(t)dt = \int\limits_x^{x+h} f(t)dt$ (nach den Sätzen 10.5 und 10.8). Da die Funktion f in $[a; b]$ stetig ist, ist sie es auch im Intervall $[x; x + h] \subseteq [a; b]$ und nimmt dort sowohl ihren größten Wert G_h als auch ihren kleinsten Wert g_h an. Dann gilt (Abb. 11,1)

a) für $h > 0$

(1) $h \cdot g_h \leqq F(x + h) - F(x) \leqq h \cdot G_h$

$\Rightarrow g_h \leqq \dfrac{F(x + h) - F(x)}{h} \leqq G_h$ und

b) für $h < 0$

(2) $h \cdot g_h \geqq F(x + h) - F(x) \geqq h \cdot G_h$

$\Rightarrow g_h \leqq \dfrac{F(x + h) - F(x)}{h} \leqq G_h$.

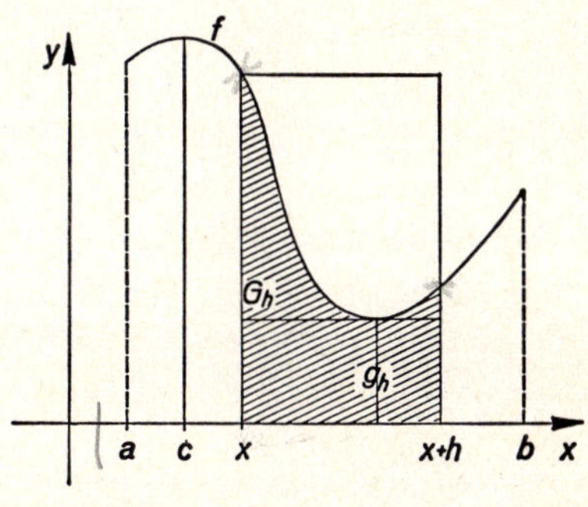

Abb. 11,1

Wegen der Stetigkeit von f für alle $x \in [a; b]$ gilt $\lim\limits_{h \to 0} g_h = \lim\limits_{h \to 0} G_h = f(x)$. Bilden wir den Grenzwert für $h \to 0$, so erhalten wir $\lim\limits_{h \to 0} g_h \leqq \lim\limits_{h \to 0} \frac{F(x + h) - F(x)}{h} \leqq \lim\limits_{h \to 0} G_h \Rightarrow$
$\Rightarrow f(x) \leqq F'(x) \leqq f(x)$, also $F'(x) = f(x)$ für alle $x \in [a; b]$.
Aus dem Hauptsatz 11.3 folgt, daß jede Integralfunktion mit $F(x) = \int\limits_c^x f(t)dt$ zur Funktion f mit $D_f = [a; b]$ eine Stammfunktion von f ist, weil $F'(x) = f(x)$ gilt. Wir wollen jetzt untersuchen, ob man mit Hilfe der Integralfunktionen **alle** Stammfunktionen zu einer Funktion erhält. Dazu wählen wir folgendes Beispiel.

Beispiel:

Zur Funktion f mit $f(x) = 2x$ und $D_f = [1; 4]$ ist $F_c(x) = \int\limits_c^x 2\,t\,dt = x^2 - c^2$. Für jedes $c \in [1; 4]$ erhält man eine andere Stammfunktion. So ist $F_1(x) = x^2 - 1$, $F_2(x) = x^2 - 4$, $F_{2,5}(x) = x^2 - 6{,}25$.
Für alle c aus [1; 4] erhält man nur die Stammfunktionen mit $F(x) = x^2 + C$, für die gilt $-1 \geqq C \geqq -16$. Man erhält aber z. B. nicht $F(x) = x^2 + 2$. Aus diesem Beispiel und den Aufgaben ergibt sich

Satz 11.4:

Ist die Funktion $f: x \mapsto f(x)$ über $D_f = [a; b]$ integrierbar, so lassen sich durch $F_c(x) = \int\limits_c^x f(t)dt$ mit $c \in [a; b]$ nur diejenigen Stammfunktionen von f darstellen, die in [a; b] Nullstellen besitzen. Die Menge der Integralfunktionen ist also eine Teilmenge der Menge der Stammfunktionen von f.

Aufgaben

1.[1] Ermittle die Stammfunktionen $F(x) = \int\limits_c^x f(t)dt$ für die angegebenen Werte von c und zeichne die zugehörigen Bildkurven jeweils in dasselbe Achsenkreuz ein! Welche Werte kann die Konstante K nur annehmen, wenn man diese Stammfunktion zu f(x) in der Form des unbestimmten Integrals $\int f(x)dx = F(x) + K$ anschreibt?

a) $y = f(x) = \frac{x}{2}$; $J = [-2; 4]$; $c = 0; 2; 4$

b) $y = f(x) = 1 - \frac{x}{3}$; $J = [-3; 3]$; $c = -3; -1; 2$

c) $y = f(x) = \frac{1}{40}(x^2 + 2x - 80)$; $J = [0; 8]$; $c = 0; 2; 4$

d) $y = f(x) = \cos x$; $J = [0; \pi]$; $c = 0; \frac{\pi}{6}; \frac{2\pi}{3}$

2. Wie Aufgabe 1, jedoch mit variabler unterer Grenze $[F(x) = \int\limits_x^c f(x)dt]$.

a) $y = f(x) = \frac{1}{x^2}$; $J =]0; 4]$; $c = 1; 2; 4$ (Einheit 2 cm)

b) $y = f(x) = \frac{x}{2} + \frac{2}{x^2}$; $J =]0; 4]$; $c = 1; 2; 4$

---

[1] Die Funktionen sind durch die Gleichungen $y = f(x)$ gegeben

c) $y = f(x) = \sin x$; $J = [0; \pi]$; $c = \frac{\pi}{2}; \frac{2\pi}{3}; \pi$

d) $y = f(x) = \frac{1}{\cos^2 x}$; $J = \left[-\frac{\pi}{3}; \frac{\pi}{3}\right]$; $c = -\frac{\pi}{6}; 0; \frac{\pi}{3}$

3. Gegeben ist die Funktion $x \mapsto y = f(x) = |x|$ im Intervall $[-2; 3]$. Zeige, daß die Funktion

$$x \mapsto F(x) = \int_{-1}^{x} |t|\,dt = \begin{cases} -\frac{x^2}{2} + \frac{1}{2} & \text{für } x \leqq 0 \\ \frac{1}{2} + \frac{x^2}{2} & \text{für } x \geqq 0 \end{cases}$$

im Intervall $[-2; 3]$ differenzierbar ist, obwohl der Integrand $f(x) = |x|$ für $x = 0$ keine Ableitung hat (Integration „glättet")! Berechne ebenso $F(x) = \int_c^x |t|dt$ für $c = -2; 0; 1$ und 2 und zeichne alle Bildkurven in dasselbe Achsenkreuz ein (Einheit 2 cm)!

4. Wie Aufgabe 3 für

$F(x) = \int_x^c |\sin t|\,dt$ im Intervall $[0; 2\pi]$ für $c = \frac{\pi}{2}; \frac{2\pi}{3}; \pi; \frac{4\pi}{3}$ und $\frac{11\pi}{6}$.

11.4 Anwendung des Hauptsatzes auf die Berechnung des bestimmten Integrals

Wir haben bereits für einige Funktionen den Flächeninhalt unter der zugehörigen Bildkurve berechnet. Dabei stellten wir fest, daß die Ermittlung des Wertes der auftretenden Summen in der Regel schwieriger oder wenigstens mühsamer ist als die Bestimmung des Grenzwertes für die Ableitung einer Funktion.
Mit dem Hauptsatz wird die Berechnung des bestimmten Integrals und damit die Berechnung von Flächeninhalten wesentlich vereinfacht.

Berechnung des bestimmten Integrals

Die Funktion f sei in $[a; b]$ stetig; gesucht ist das bestimmte Integral $\int_a^b f(x)dx$.

$G(x) = \int_a^x f(t)dt$ sei eine beliebige Stammfunktion von $f(x)$ in $[a; b]$. Stammfunktionen erhält man durch Addition einer beliebigen Konstanten C. Es sei also

$$F(x) = G(x) + C$$

Für $x = a$ wird $\int_a^a f(t)dt = 0$, so daß sich $F(a) = C$ ergibt.

Für $x = b$ erhält man $F(b) = \int_a^b f(t)dt + C = \int_a^b (t)dt + F(a)$.

Daraus ergibt sich für das bestimmte Integral

$$\int_a^b f(t)dt = F(b) - F(a).$$

Mit dieser Formel ist zugleich der Flächeninhalt unter der Kurve zur Funktion f(x) zwischen x = a und x = b bestimmt, falls $f(x) \geqq 0$ für alle $x \in [a; b]$ ist.

Man schreibt $$\int_a^b f(x)dx = \Big[\, F(x) \,\Big]_a^b = F(b) - F(a)$$

$\Big[\, F(x) \,\Big]_a^b$ ist zu lesen: F(x) zwischen den Grenzen b und a. Beachte, daß zuerst die **obere Grenze** einzusetzen ist!

Die **Berechnung des bestimmten Integrals** $\int_a^b f(x)dx$ erfolgt also in der praktischen Arbeit sehr oft in folgenden Schritten:

1. Man sucht irgendeine Stammfunktion zur Funktion $x \mapsto f(x)$, etwa $x \mapsto F(x) + C$ wobei C eine beliebige Konstante ist.
2. Für diese Stammfunktion berechnet man zuerst den Funktionswert für die obere Grenze und dann für die untere Grenze und bildet die Differenz.

$$\int_a^b f(x)dx = [F(b) + C] - [F(a) + C] = F(b) - F(a).$$

Wie man sieht, fällt die Konstante C wieder heraus, weshalb man sie der Einfachheit halber von vornherein gleich wegläßt.

11.5 Anwendung der Integralrechnung auf die Berechnung von Flächeninhalten

11.5.1 Flächen zwischen der x-Achse und dem Graph einer Funktion

Wie wir in **10.1** festgestellt haben, hat die Aufgabe, den Flächeninhalt einer ebenen Figur zu bestimmen, zum Integralbegriff geführt. Wir wollen nun zeigen, wie man mit Hilfe des bestimmten Integrals diese Aufgabe lösen kann. Dazu unterscheiden wir drei Fälle.

1. $f(x) \geqq 0$ für alle $x \in [a; b]$

Für den Flächeninhalt A „unter dem Graphen von f" zwischen x = a und x = b ergibt sich

$$A = \int_a^b f(x)dx = F(b) - F(a) \geqq 0$$

Beispiel:

$f: x \mapsto f(x) = 3x^2;\ a = 0;\ b = 2$

$$\int_0^2 3x^2dx = [x^3]_0^2 = 8$$

2. $f(x) \leqq 0$ für alle $x \in [a; b]$

Hier ist $\int_a^b f(x)dx \leqq 0$. Für den Flächeninhalt „unter dem Graphen von f" erhält man $A = \left| \int_a^b f(x)dx \right|$, da der Flächeninhalt nicht negativ sein kann.

Beispiel:

$f: x \mapsto f(x) = \cos x;\ D_f = \left[\frac{\pi}{2}; \frac{3\pi}{2}\right]$. $\int\limits_{\frac{\pi}{2}}^{\frac{3\pi}{2}} \cos x\,dx = [\sin x]_{\frac{\pi}{2}}^{\frac{3\pi}{2}} = \sin\frac{3\pi}{2} - \sin\frac{\pi}{2} = -2.$

Der Flächeninhalt $A = |-2| = 2$

3. Hat die Funktion f im Intervall [a; b] eine oder mehrere Nullstellen, so zerlegt man das Intervall [a; b] in Teilintervalle, in denen f(x) beständig größer oder gleich null oder kleiner oder gleich null ist.

Beispiel:

$f: x \mapsto f(x) = 2 - \frac{x^2}{2};\ D_f = [0; 3]$

Die Funktion hat in [0; 3] die Nullstelle 2. Für den Flächeninhalt „unter dem Graphen von f" erhält man

$$A = \left|\int\limits_0^2 \left(2 - \frac{x^2}{2}\right)dx\right| + \left|\int\limits_2^3 \left(2 - \frac{x^2}{2}\right)dx\right| = \left|\left[2x - \frac{x^3}{6}\right]_0^2\right| + \left|\left[2x - \frac{x^3}{6}\right]_2^3\right| =$$

$$= \left|\tfrac{8}{3}\right| + \left|-\tfrac{7}{6}\right| = 3\tfrac{5}{6}$$

11.5.2 Flächen zwischen den Graphen zu zwei Funktionen

Gegeben sind zwei Funktionen $f: x \mapsto f(x)$ und $g: x \mapsto g(x)$ mit $D_f = D_g = [a; b]$ und $f(x) \geqq g(x)$ für alle $x \in [a; b]$ (Abb. 11.2).

Um den gesuchten Flächeninhalt zu erhalten, kann man den Flächeninhalt unter dem Graphen von f $A_1 = \int\limits_a^b f(x)dx$ und den unter dem Graphen von g $A_2 = \int\limits_a^b g(x)dx$ berechnen. Der gesuchte Flächeninhalt ist

$\mathbf{A} = A_1 - A_2 = \int\limits_a^b f(x)dx - \int\limits_a^b g(x)dx = \int\limits_a^b \mathbf{[f(x) - g(x)]dx}$ (nach Satz 10.6).

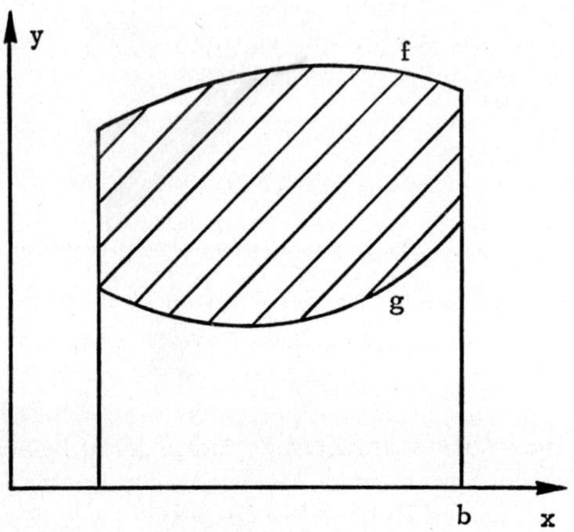

Abb. 11,2

Beispiel:

Berechne den Inhalt des Flächenstücks zwischen den Schnittpunkten der Graphen von $f: x \mapsto f(x) = 2 - x^2$ und $g: x \mapsto g(x) = x^2 - 2x - 2$! (Abb. (11,3)
Aus $2 - x^2 = x^2 - 2x - 2 \Rightarrow 2x^2 - 2x - 4 = 0 \Rightarrow x^2 - x - 2 = 0 \Rightarrow x = -1 \vee x = 2$ erhält man die Koordinaten der beiden Schnittpunkte $P_1(-1;\ 1)$ und $P_2(2;\ -2)$. Für die Maßzahl der Fläche zwischen den beiden Graphen von f und g gilt

$$A = \int_{-1}^{2} [(2 - x^2) - (x^2 - 2x - 2)]\,dx = \int_{-1}^{2} (4 + 2x - 2x^2)\,dx = [4x + x^2 - \tfrac{2}{3}x^3]_{-1}^{2} = 9$$

Schneiden sich die Graphen der beiden Funktionen f und g innerhalb des Intervalls [a; b], so muß man das Intervall in Teilintervalle zerlegen, in denen $f(x) - g(x)$ beständig positiv oder null oder beständig negativ oder null ist. Sind z. B. die Abszissen der Schnittpunkte $c, d \in [a;\ b]$, so ist der Flächeninhalt zwischen den Graphen (Abb. 11,4)

$$A = \left| \int_a^c [f(x) - g(x)]dx \right| + \left| \int_c^d [f(x) - g(x)]dx \right| + \left| \int_d^b [f(x) - g(x)]dx \right|$$

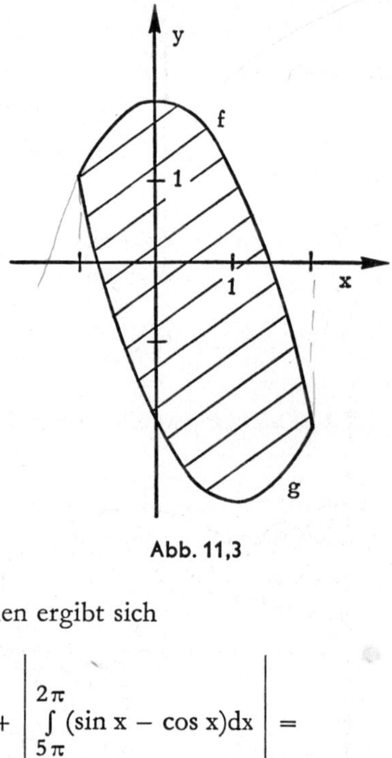

Abb. 11,3

Beispiel:

$f: x \mapsto f(x) = \sin x;\ g: x \mapsto g(x) = \cos x;$
$D_f = D_g = [0;\ 2\pi]$
Aus $\sin x = \cos x$ erhält man in $[0;\ 2\pi]$ zwei Schnittpunkte mit den Abszissen $x = \frac{\pi}{4}$ und $x = \frac{5\pi}{4}$. Für den Flächeninhalt zwischen den Graphen ergibt sich

$$A = \left| \int_0^{\frac{\pi}{4}} (\sin x - \cos x)dx \right| + \left| \int_{\frac{\pi}{4}}^{\frac{5\pi}{4}} (\sin x - \cos x)dx \right| + \left| \int_{\frac{5\pi}{4}}^{2\pi} (\sin x - \cos x)dx \right| =$$

$$= \left| [-(\cos x + \sin x)]_0^{\frac{\pi}{4}} \right| + \left| [-(\cos x + \sin x)]_{\frac{\pi}{4}}^{\frac{5\pi}{4}} \right| + \left| [-(\cos x + \sin x)]_{\frac{5\pi}{4}}^{2\pi} \right| =$$

$$= \left| -\sqrt{2} + 1 \right| + \left| \sqrt{2} + \sqrt{2} \right| + \left| -1 + (-\sqrt{2}) \right| = 4\sqrt{2} \text{ (Abb. 11,5)}$$

Anmerkung:

In den beiden letzten Beispielen schneiden die Graphen zu den Funktionen f und g die x-Achse, so daß Teile des betrachteten Flächenstücks unterhalb der x-Achse liegen. Diese Tatsache hat jedoch keinen Einfluß auf die Berechnung des Flächeninhalts, da man das Flächenstück parallel zur y-Achse soweit nach oben schieben kann, daß es wieder ganz

oberhalb der x-Achse liegt. Da die Ordinatendifferenz für alle $x \in [a; b]$ gleich bleibt, ändert sich am Flächeninhalt nichts.
Im letzten Beispiel muß noch beachtet werden, daß die Ordinatendifferenz $f(x) - g(x)$ in den Teilintervallen verschiedene Vorzeichen hat. Man verfährt dann wie in 3. aus 11.5.1.

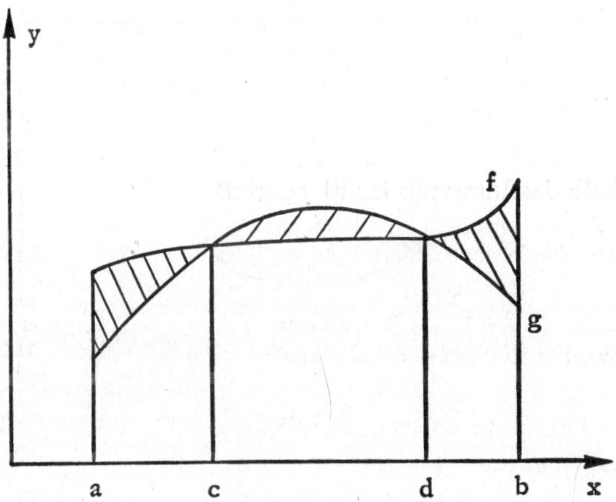

Abb. 11,4

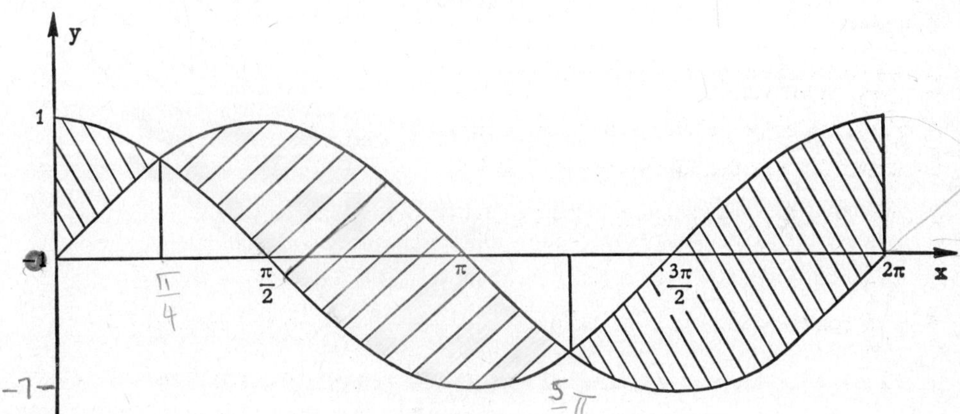

Abb. 11,5

Aufgaben

1. Wende unsere Regel zur Berechnung bestimmter Integrale auf die bisher behandelten Beispiele und Aufgaben an!

2. Bestimme die Stammfunktionen zu folgenden Funktionen mit den Termen:
   a) $5x - 1$ **b)** $\frac{4}{3}x$ **c)** $0{,}75x - 0{,}5$ **d)** $ax + b$

3. **a)** $3x^2 + 4$ **b)** $5x^3 - 2x$ **c)** $0{,}4x^4 + 3x^2$ **d)** $\sqrt{2}\,x^{n-1}$

4. **a)** $\frac{3}{x^2} + x$ **b)** $\frac{-5}{x^3} - \frac{1}{x^2}$ **c)** $\frac{7}{3x^3} + 2x$ **d)** $0{,}9x^{-2} - x^2$

5. **a)** $2x - 5$ **b)** $x^2 + 1$ **c)** $x - \frac{1}{x^2}$ **d)** $x^3 + 4x - 6$

6. **a)** $\sin x - 2$ **b)** $\sin x - \cos x$ **c)** $\frac{x}{2} - \cos x$ **d)** $\frac{8}{\cos^2 x} + \sin x$

7. **a)** $(x - 1)^2$ **b)** $(2x + 3)^2$ **c)** $(3 - 5x)(2 + 5x)$ **d)** $(2x - \frac{1}{2})(3x - \frac{1}{3})$

8. Berechne die bestimmten Integrale:

a) $\int_1^5 x\,dx$ **b)** $\int_0^4 (x^2 + 2x)dx$ **c)** $\int_{-5}^0 (2 - x)\,dx$ **d)** $\int_{-2}^2 (2x^2 - 5)\,dx$

e) $\int_{-3}^{-1} \frac{dx}{x^2}$ **f)** $\int_{0.5}^2 \frac{2dx}{x^3}$ **g)** $\int_0^{\frac{\pi}{2}} \sin x\,dx$ **h)** $\int_{\frac{\pi}{6}}^{\frac{\pi}{3}} \cos x\,dx$

i) $\int_{-1}^1 x \cdot |x|\,dx$ **k)** $\int_{-2}^2 |x^2 - 1|\,dx$ **l)** $\int_0^{2\pi} |\sin x|\,dx$ **m)** $\int_0^{2\pi} |\cos x|\,dx$

9. Berechne die Maßzahl der Fläche zwischen der Bildkurve und der x-Achse für folgende Funktionen mit den Gleichungen:

a) $y = x^2 - 4$ **b)** $y = 6 - x - x^2$ **c)** $y = \frac{1}{10}(x^2 + 3x - 40)$

d) $y = -\frac{1}{5}x^2 + 2x$ **e)** $y = -\frac{1}{3}(x^2 - 2x - 8)$ **f)** $y = ax^2 - x^3$

g) $y = 4x + x^2 - \frac{x^3}{2}$ **h)** $y = \frac{1}{4}(x^3 - 11x^2 + 24x)$

10. Berechne die Maßzahl der Fläche zwischen der Bildkurve, der x-Achse und den angegebenen Geraden für folgende Funktionen mit den Gleichungen:

a) $y = 9 - x^3;\ x = 0;\ x = 3;$ **b)** $y = x^3 + 3x^2 + 2x;\ x = -3;\ x = 3$

c) $y = x^2 + x + 1;\ x = 2;\ x = 3$ **d)** $y = 2x + \frac{1}{x^2};\ x = 1;\ x = 4$

e) $y = x^2 + 4x;\ x = -4;\ x = -2$ **f)** $y = 4x - x^2;\ x = 1;\ x = 3$

11. Zeige, daß die beiden endlichen Flächenstücke, die von der Bilkurve zu $y = \frac{1}{8}(x^3 - 6x^2 + 32)$ und der Geraden $g: x - 2y + 2 = 0$ begrenzt sind, gleichen Flächeninhalt haben!

12. Verbinde den Ursprung 0 mit dem Hochpunkt H der Bildkurve zu $y = -\frac{1}{18}x^3 + \frac{1}{2}x^2$ und zeige, daß die beiden Segmente zwischen der Kurve und dieser Geraden gleichen Flächeninhalt haben!

13. Berechne den Flächeninhalt des größten Flächenstücks, das von den Bildkurven zu den beiden Funktionen f und g mit $f(x) = -\frac{x^2}{4} + \frac{3}{2}$ und $g(x) = \left(-\frac{x^2}{4} + \frac{3}{2}\right)^2$ eingeschlossen wird!

14. Wie groß sind die Maßzahlen der Flächen, die von der x-Achse, der Geraden $x = \frac{1}{2}$ und den Bildkurven zu **a)** $y = \sin x$, **b)** $y = x - \frac{x^3}{6}$ eingeschlossen werden?

15. Berechne die Maßzahl des Flächenstücks oberhalb der x-Achse, das von den Bildkurven zu den Funktionen $x \mapsto a - \frac{x^2}{a}$ und $x \mapsto a^3 - ax^2$ $(a > 0;\ a \neq 1)$ begrenzt wird. Für welchen Wert von a $(0 < a < 1)$ hat diese Fläche den größten Inhalt? Wie groß ist er?

16. Berechne das bestimmte Integral $\int_0^3 \left(3 - \frac{c^3}{2}x - \frac{1}{4}x^2 + \frac{c}{3}x^3\right) dx$ und untersuche, für welche $c \in \mathbb{R}$ es seinen größten bzw. kleinsten Wert annimmt. Wie groß sind diese Werte?

17. Berechne die Maßzahl eines der Flächenstücke zwischen der Bildkurve zu $y = -\frac{x}{2} + \cos x$ und der Geraden $y = -\frac{x}{2}$!

18. Berechne die Maßzahl der Fläche zwischen der Bildkurve zu $y = \frac{1}{2}x + \sin x$, der x-Achse sowie den Geraden $x = 0$ und $x = \frac{\pi}{2}$!

19. Berechne die Maßzahl der Fläche zwischen der Bildkurve zu $y = \sin x + \cos x$ und den beiden Koordinatenachsen!

20. Wie groß ist die Maßzahl der Fläche zwischen der Bildkurve zu $y = 2 \sin x + \cos x$, den beiden Achsen und der Geraden $x = \frac{\pi}{2}$?

21. Berechne die Maßzahl der Fläche zwischen der Bildkurve zu $y = \cos x - 1$ und der x-Achse zwischen 0 und 2π!

22. Gesucht ist die Maßzahl der Fläche zwischen der Bildkurve zu $y = 2x^3 - 12x^2 - 30x + 120$ und der Verbindungsstrecke des Hochpunkts mit dem Wendepunkt.

23. Berechne die Maßzahl der Fläche zwischen den Bildkurven zu $y = \frac{1}{8}(36 + 4x - x^2)$ und $y = 4{,}5$!

24. Wie 23 für $y = \frac{1}{6}(36 - x^2)$ und $y = \frac{1}{2}(6 - x)$.

25. Die Bildkurve zur Funktion $x \mapsto \lambda x^3 + ax^2 + bx$ hat für $x = 1$ einen Hochpunkt und für $x = 2$ einen Wendepunkt. Drücke zunächst die Koeffizienten a und b durch λ aus und bestimme dann λ so, daß die Bildkurve mit der x-Achse eine Fläche vom Inhalt 4 Flächeneinheiten bildet!

26. Berechne die Maßzahl der von den Bildkurven zu folgenden Funktionen eingeschlossenen Fläche:

a) $y = x^3;\ y = x$ **b)** $y = x^3;\ y = x^2$ **c)** $y = 1 + x^2;\ y = 3 - x^2$
d) $y = \frac{1}{2}(x^2 + x + 1);\ y = \frac{1}{2}(9 + x - x^2)$ **e)** $y = x^2 + x + 1;\ y = 7 - x^2$.

27. Berechne die Maßzahl der Fläche zwischen der Bildkurve zu $y = 6 + 4x - x^2$ und der Sehne durch die Punkte $A(-2 \mid ?)$ und $B(4 \mid ?)$!

28. Wie lautet die zur Funktion f gehörende Stammfunktion (Integralfunktion) F, deren Funktionswert für das angegebene Argument bekannt ist?

a) $f(x) = \frac{1}{10}(2x + 5)$; $F(2) = 4$ **b)** $f(x) = \frac{3}{8}x(4 - x)$; $F(4) = 4$

c) $f(x) = x^3 - 6x^2 + 8x$; $F(4) = 0$ **d)** $f(x) = \frac{x}{4} + \frac{1}{x^2}$; $F(2) = 0$

e) $f(x) = -\frac{x}{8}$; $F(2) = \frac{19}{4}$ **f)** $f(x) = x^3 - 4x$; $F(1) = 2{,}25$

g) $f(x) = 2 \cdot \sin x + x \cdot \sqrt{2}$; $F(0) = 1$.

29. Gegeben sind die beiden Funktionen f und g mit $f(x) = x^2$ und $g(x) = 1 - \lambda x^2$; $\lambda > 0$. Bestimme λ so, daß das von den zugehörigen Bildkurven eingeschlossene Flächenstück den Inhalt $\frac{2}{3}$ Flächeneinheiten hat!

30. Berechne den Flächeninhalt des von den Bildkurven zu $y = \frac{1}{16}(x^3 + 2x^2)$ und $y = \frac{1}{4}(3x^3 - 10x)$ eingeschlossenen Flächenstückes für $x \geqq 0$!

31. Bestimme den Inhalt eines der Flächenstücke, das die Bildkurve zu $y = 3x - x^3$ mit ihrer Normalen im Wendepunkt einschließt!

32. Die Bildkurve zu einer Funktion $x \mapsto f(x)$ hat in jedem ihrer Punkte den Anstieg $m = 2\left(\frac{x}{3} - 1\right)$. Die Fläche, die von der Bildkurve zu $y = f(x)$, den beiden positiven Koordinatenachsen und der Geraden $x = 9$ eingeschlossen wird, hat den Inhalt 36 Flächeneinheiten. Wie lautet die Funktion?

33. Die Gerade $y - 7{,}5 = 0$ schneidet die Parabel $y = 4x - \frac{x^2}{2}$ in zwei Punkten A und B. Berechne den Inhalt der beiden Flächenstücke, die von der y-Achse, der Parabel und den Tangenten in A bzw. B begrenzt werden!

34. Die Bildkurve zur Funktion $x \mapsto \frac{x^4}{20} - \frac{6x^2}{5} + 4$ sei C_1, die zur Funktion $x \mapsto -\frac{4}{5}x^2 + \frac{16}{5}$ sei C_2. Welchen Inhalt hat das von beiden Kurven eingeschlossene Flächenstück? In welchem Verhältnis teilt die Kurve C_1 das von ihren beiden Wendetangenten und der Kurve C_2 eingeschlossene Flächenstück?

35. Berechne den Flächeninhalt des Kurvenzweiecks, das von den Bildkurven zu folgenden Funktionen gebildet wird:

a) $x \mapsto \sin x$; $y = 1 - \sin x$ für $0 \leqq x \leqq \pi$,

b) $x \mapsto \cos x$; $y = 1 - \cos x$ für $-\frac{\pi}{2} \leqq x \leqq \frac{\pi}{2}$

36. Die Parabel $y = \frac{1}{4}x^2$ schneidet eine Gerade g: $y = mx + t$ im Punkt P (4; 4). Für welche Werte von m und t beträgt der Inhalt des Flächenstücks zwischen der Parabel, der Geraden g und der y-Achse(!) $A = \frac{20}{3}$ FE?

37. Berechne den Inhalt des Flächenstücks zwischen der Bildkurve zu $y = \frac{1 + x^2}{x^2}$, der positiven x-Achse und den Geraden $y = 2x$ und $x = 2$!

38. Berechne den Inhalt des Flächenstücks, das von der Bildkurve zu $y = f(x) = x + \frac{4}{x^2}$ $(x > 0)$, den Geraden $x_1 = 1$ und $x_2 = x$ eingeschlossen wird, wobei x jeden beliebigen positiven Wert annehmen darf! Welcher Zusammenhang besteht zwischen der so erhaltenen Funktion $x \mapsto F(x)$ und der gegebenen Funktion $x \mapsto f(x)$? Zeichne die Bildkurven zu beiden Funktionen in dasselbe Achsenkreuz ein! Wie ändert sich die Funktion $x \mapsto F(x)$, wenn die Fläche von irgendeinem anderen Wert $x_1 > 0$ an berechnet wird?

39. Die Fläche zwischen der Bildkurve zu $y = a \cdot \sin x \left(0 \leqq x \leqq \frac{\pi}{2}\right)$, der x-Achse und der Geraden $x = \frac{\pi}{2}$ soll durch eine Parallele zur y-Achse halbiert werden. Gleichung dieser Parallele?

40. Die Fläche zwischen der Bildkurve zu $y = a \cdot \sin x$ $(0 \leqq x \leqq \pi)$ und der x-Achse soll durch zwei Parallele zur y-Achse in 3 flächengleiche Teile zerlegt werden.

41. Wo und unter welchen Winkeln schneidet die Bildkurve C zur Funktion $x \mapsto 1 - \frac{4}{x^2}$ die x-Achse? Bestimme ihre Asymptoten und etwa vorhandene Extremwerte! Eine Parabel P mit der y-Achse als Symmetrieachse berührt die Kurve C in ihren Schnittpunkten mit der x-Achse. Wie lautet ihre Gleichung? Wie groß ist der Inhalt des wannenähnlichen Flächenstücks, das von der Parabel P, den anschließenden Bögen der Kurve C und der Geraden $y = \frac{1}{2}$ eingeschlossen wird?

11.6 Anwendung der Integralrechnung auf die Physik und die Wirtschaftstheorie

11.6.1 Arbeit. Energie

Aus der Physik wissen wir, daß immer dann Arbeit verrichtet wird, wenn eine Kraft F längs eines Weges s wirkt. Für die geleistete Arbeit W ergibt sich $W = F \cdot s$. Einheit der Arbeit 1 J (Joule) = 1 Nm. Einheit der Kraft 1 N = 1 kgms^{-2}.

1. Beschleunigungsarbeit

Man versteht darunter die Arbeit, die man aufwenden muß, um die Geschwindigkeit eines Körpers zu vergrößern. Wir beschränken uns auf den Fall der gleichförmig beschleunigten Bewegung (siehe 9.2.1!) Für sie gilt das Grundgesetz der Dynamik $F = m \cdot a$, wobei a die (konstante) Beschleunigung in ms^{-2} darstellt.
Wirkt die (konstante) Kraft F während des Weges Δs, so ist die geleistete Arbeit $\Delta W = F \cdot \Delta s = ma \cdot \Delta s$. Die mittlere Geschwindigkeit während dieser Zeit ist $v_m = \frac{\Delta s}{\Delta t}$ mit $\lim\limits_{\Delta t \to 0} \frac{\Delta s}{\Delta t} = v$. Die Geschwindigkeitszunahme Δv während der Zeit Δt ist $\Delta v = a \cdot \Delta t$.
Aus diesen letzten Gleichungen erhalten wir $\Delta s = \frac{v \cdot \Delta v}{a}$ und $\Delta W = mv \cdot \Delta v$.
Soll die Geschwindigkeit von v_1 auf v_2 erhöht werden, so ist die **Gesamtarbeit** $W = \int\limits_{v_1}^{v_2} mv\,dv = \frac{1}{2}m\,(v_2^2 - v_1^2)$ notwendig.

2. Spannungsarbeit bei einer Feder

Nach dem Hookeschen Gesetz ist die beim Spannen einer Feder auftretende rücktreibende Kraft F proportional zur jeweiligen Federdehnung x, also $F = D \cdot x$. Dabei bedeutet D die Federkonstante, die von der Beschaffenheit der Feder abhängt.
Um eine gespannte Feder um die Strecke Δx zu dehnen, muß man die Arbeit $\Delta W = Dx \cdot \Delta x$ leisten, wenn man annimmt, daß bei dieser Strecke Δx die rücktreibende Kraft konstant bleibt. Für die Spannungsarbeit bei einer Dehnung einer Feder von der Länge x_1 auf die Länge x_2 muß die Arbeit $\mathbf{W} = \int_{x_1}^{x_2} Dxdx = \frac{1}{2}\,\mathbf{D(x_2^2 - x_1^2)}$ geleistet werden.

3. Energie

Wird einem Körper oder einem physikalischen System Arbeit zugeführt, so erhält dieses System einen Vorrat an Arbeitsvermögen, den man Energie nennt. Man spricht u.a. von der Bewegungsenergie $\frac{1}{2}mv^2$, der Spannungsenergie $\frac{1}{2}Dx^2$, der potentiellen Energie mgh.

11.6.2 Der Energieinhalt eines Kondensators

Zwischen der Ladung Q (Coulomb), der Spannung U (Volt) und der Kapazität (Farad) eines Kondensators besteht die Gleichung $Q = C \cdot U$. Wird einem anfangs ungeladenen Kondensator die Ladungsmenge ΔQ zugeführt und dieser Vorgang wiederholt, so ist $\Delta W_e = U \cdot \Delta Q$ die dazu aufzuwendende Arbeit. U ist die jeweils herrschende Spannung des Kondensators, die mit zunehmender Ladung Q wächst.

Aus dem Grenzwert $\lim\limits_{\Delta Q \to 0} \frac{\Delta W_e}{\Delta Q} = U(Q) = W'(Q)$ ergibt sich durch Integration für die auf dem Kondensator gespeicherte elektrische Energie

$$W_e = \int_0^{Q_E} U dQ = \frac{1}{C}\int_0^{Q_E} Q dQ = \frac{1}{2} \cdot \frac{Q_E^2}{C}.$$

Setzen wir noch $\frac{Q}{C} = U$, so erhalten wir für die auf dem Kondensator gespeicherte elektrische Energie $\mathbf{W_e = \frac{1}{2}\,CU^2}$.

11.6.3 Der Energieinhalt des Magnetfeldes einer Spule

Legt man an einen Stromkreis, der eine Spule mit der Induktivität J (Henry) und einen ohmschen Widerstand R enthält, eine Spannung U, so wird darin eine Gegenspannung $U_{ind} = -L\frac{\Delta J}{\Delta t}$ induziert, wenn $\frac{\Delta J}{\Delta t}$ die Änderung der Stromstärke in der Zeiteinheit bedeutet. Für die Stromstärke J gilt $U + U_{ind} = RJ$ und für die Leistungsabgabe der Spannungsquelle erhält man $P = UJ = J(RJ - U_{ind}) = RJ^2 + LJ\frac{\Delta J}{\Delta t}$.

Der Leistungsanteil $P_1 = RJ^2$ wird in Wärme umgesetzt, während der Anteil $P_2 = LJ\frac{\Delta J}{\Delta t}$ zum Aufbau des Magnetfeldes der Spule dient und als magnetische Energie gespeichert wird.

In der Zeit Δt wird zur Verstärkung des Magnetfeldes die Arbeit $\Delta W_m = P_2 \cdot \Delta t = L J \frac{\Delta J}{\Delta t} \cdot \Delta t = L J \cdot \Delta J$ geleistet. Aus $\lim\limits_{\Delta J \to 0} \frac{\Delta W_m}{\Delta J} = L J$ ergibt sich durch Integration

$$\mathbf{W_m = \int_0^{J_{max}} L J \, dJ = \tfrac{1}{2} L J^2_{max}}$$

Diese magnetische Energie wird wieder frei, wenn der Strom abgeschaltet wird. Das rasche Verschwinden des Magnetfeldes bewirkt eine so hohe Spannung, daß an der Unterbrecherstelle ein Funke entstehen kann.

11.6.4 Die Konsumenten- und die Produzentenrente

1. Die Konsumentenrente

In 9.3.1 haben wir den Marktpreis als Gleichgewichtspreis zwischen Angebot und Nachfrage definiert. Jeder Punkt auf der Nachfragekurve zu f_N gibt den höchsten Einzelpreis an, den die Verbraucher bei der entsprechenden Menge zu zahlen bereit sind. Einige Verbraucher würden noch mehr zahlen, statt auf die Ware zu verzichten. Da im allgemeinen der Marktpreis y_G niedriger ist als dieser Preis, haben diese Kunden Geld gespart, weil sie ja „nur" den niedrigeren Marktpreis zahlen. Den Gesamtbetrag, den auf diese Weise alle Verbraucher sparen, bezeichnet man als die **Konsumentenrente K_r**. Weil wir alle Funktionen in der Wirtschaftstheorie als stetig voraussetzen, erhalten wir für $K_r = \int_0^{x_G} f_N(x)dx - x_G \cdot y_G$.

Bei unserem **Beispiel aus 9.3.1** mit $f_N(x) = 9 - \frac{x^2}{4}$ und $f_A(x) = x + 1$ erhalten wir für

$$K_r = \int_0^4 \left(9 - \frac{x}{4}\right)^2 dx - 4 \cdot 5 \text{ DM} = 10\tfrac{2}{3} \text{ DM}.$$

Anmerkung:

Durch geschickte Regulierung des Angebotes können die Produzenten unter Umständen die Preisentwicklung so beeinflussen, daß sie die Konsumentenrente teilweise für sich gewinnen können. Dazu bieten sie zunächst nur kleine Mengen zu hohen Preisen an und senken dann stufenweise den Preis bis zum Marktpreis. Wir gehen aber darauf nicht näher ein.

2. Die Produzentenrente

Im allgemeinen wird eine Reihe von Produzenten bereit sein, ihre Ware billiger als zum Marktpreis abzugeben. Da sie aber den Marktpreis erhalten, erzielen sie einen Gewinn. Diesen von allen Produzenten erzielten Gesamtbetrag bezeichnet man als **Produzentenrente.**

Es ist $P_r = x_G \cdot y_G - \int_0^{x_G} f_A(x)dx$.

Bei unserem Beispiel aus 9.3.1 erhalten wir $P_r = 4 \cdot 5 - \int_0^4 (x + 1)dx = 8$ DM.

Aufgaben

1. Die Marktforschung ergab, daß die Nachfrage nach einem bestimmten Wirtschaftsgut von 1 auf 5 Mengeneinheiten (ME) steigt, wenn der Preis von 21 auf 13 DM/ME sinkt. Außerdem wurde festgestellt, daß bei einem Preis von 6 DM/ME nur eine

ME, dagegen bei einem Preis von 22 DM/ME 5 ME angeboten wurden. Bestimme daraus die Terme für die Nachfragefunktion f_N und die Angebotsfunktion f_A, wenn beide die Form $f(x) = ax^2 + b$ haben! Welches Marktgleichgewicht stellt sich ein und wie hoch sind die Konsumenten- und Produzentenrente? Berechne die Terme der Funktionen des Elastizitätskoeffizienten für die Nachfrage und das Angebot und untersuche auf Elastizität. Zeichne die Graphen der einzelnen Funktionen!

2. Die Nachfrage- und Angebotsfunktionen f_N und f_A sind durch ihre Terme gegeben. Berechne das Marktgleichgewicht, den Gesamterlös sowie die Konsumenten- und Produzentenrente. Untersuche die Nachfrage und das Angebot auf Elastizität!

a) $f_N(x) = \frac{2197}{(x+1)^2}$; $f_A(x) = x + 1$; $D = [5; 25]$; $\left(\text{Es ist } \int \frac{dx}{(x+1)^2} = \frac{-1}{x+1} + C\right)$

b) $f_N(x) = 400 - 15x$; $f_A(x) = 10x + 25$; $D = [0; 25]$

Zeichne die Graphen zu den Funktionen in einem geeigneten Maßstab!

12. Die Ableitung der Umkehrfunktion

In **3.8.2** haben wir einige Sätze über die Umkehrfunktion f^{-1} zu einer Funktion f bewiesen. Wir wollen nun untersuchen, ob und wie man aus der (bekannten) Ableitung einer Funktion f die Ableitung der zugehörigen Umkehrfunktion f^{-1} berechnen kann. Es gilt der

Satz 12.1:

Die Funktion $f: x \mapsto f(x) = y$ sei in $D_f = [a; b]$ streng monoton und in $x_0 \in [a; b]$ differenzierbar; außerdem sei $f'(x_0) \neq 0$. Dann ist die zugehörige Umkehrfunktion $f^{-1}: y \mapsto f^{-1}(y) = x$ an der Stelle $y_0 = f(x_0) \in W_f$ differenzierbar und es gilt

$$(f^{-1})'(y_0) = \frac{1}{f'(x_0)} = \frac{1}{f'(f^{-1}[y_0])}$$

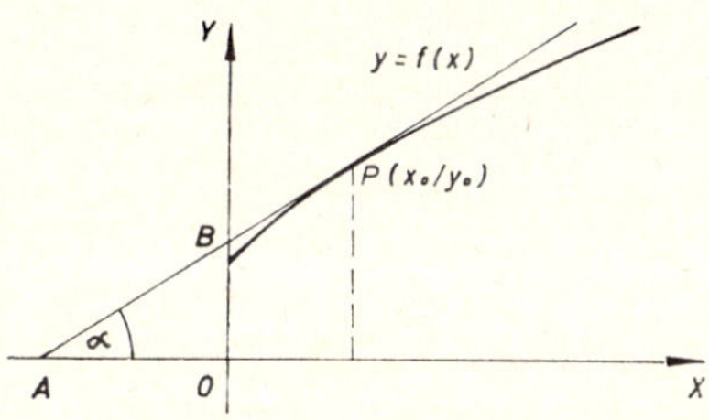

Abb. 12,1

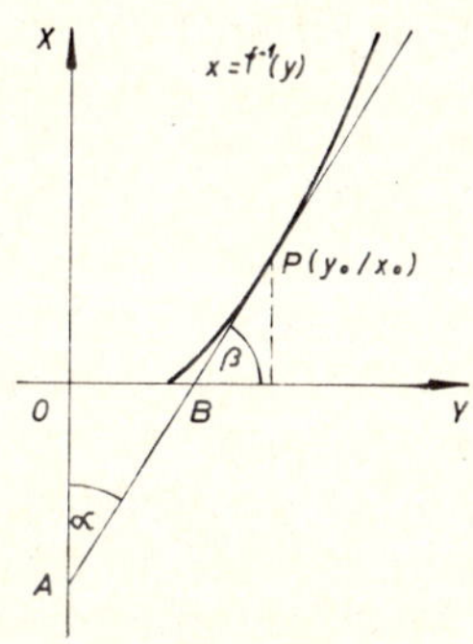

Abb. 12,2

Beweis:

Es sei f die Funktion, die obige Voraussetzungen erfüllt: $y \mapsto f^{-1}(y)$ sei die zugehörige Umkehrfunktion. Die Bildkurven beider Funktionen sind in Abb. 12,1,2 dargestellt, wobei in beiden Fällen die Achse der unabhängigen Variablen horizontal gezeichnet ist. Geometrisch stellt die Ableitung $f'(x_0)$ die Steigung der Tangente in $P(x_0; y_0)$ an die Bildkurve zu $y = f(x)$ dar. Es ist also $\tan \alpha = f'(x_0)$. Entsprechend stellt $(f^{-1})'(y_0)$ die Steigung der Tangente im Punkt $P'(y_0; x_0)$ an die Bildkurve zu $y \mapsto f^{-1}(y)$ dar. Es ist $\tan \beta = (f^{-1})'(y_0)$.

In beiden Abbildungen sind aber die mit den gleichen Buchstaben bezeichneten Dreiecke OAB kongruent und man entnimmt $\alpha + \beta = \frac{\pi}{2}$ oder $\beta = \frac{\pi}{2} - \alpha$.

Daher ist $\tan \beta = \tan\left(\frac{\pi}{2} - \alpha\right) = \cot \alpha = \frac{1}{\tan \alpha}$, woraus die Behauptung folgt.

Diese Überlegung gilt aber für alle Punkte der beiden Kurven und nicht nur für den Punkt P.

Ableitung mit Hilfe der Kettenregel (unter der Annahme, daß $(f^{-1})'$ existiert):

Wir bilden die Verkettung $F = f^{-1} \circ f: x \mapsto F(x) = f^{-1}(f[x]) = x$ für alle $x \in [a; b]$. Nach der Kettenregel gilt — unter der Voraussetzung, daß f^{-1} an der Stelle $y_0 = f(x_0)$ differenzierbar ist —

$$F'(x_0) = (f^{-1})'(y_0) \cdot f'(x_0) = 1, \text{ woraus folgt } (f^{-1})'(y_0) = \frac{1}{f'(x_0)}.$$

12.1 Die Ableitung der Potenzfunktion mit rationalen Exponenten

In **6.3.2** (Satz 6.7) haben wir die **Potenzregel** für die Ableitung von Potenzfunktionen mit natürlichen Exponenten bewiesen und sie (in Satz 6.10) auf Potenzfunktionen mit ganzzahligen Exponenten erweitert, wobei die Definitionsmenge auf $\mathbb{R} \setminus \{0\}$ eingeschränkt werden mußte.
Mit Hilfe von Satz 12.1 können wir jetzt die Potenzregel auf Potenzen mit beliebigen rationalen Exponenten erweitern. Wir wollen dies am Beispiel der Quadratwurzelfuntion erläutern, deren Ableitung wir schon kennen.

Beispiel:

Wir gehen aus von der Funktion $f: x \mapsto y = f(x) = x^2$ mit $D_f = \mathbb{R}^+$. Sie ist streng monoton und differenzierbar mit $f'(x) = 2x$. Für die Umkehrfunktion f^{-1} erhalten wir $f^{-1}(y) = \sqrt{y} = x$. Nach Satz 12.1 ist $(f^{-1})'(y) = \frac{1}{2x} = \frac{1}{2\sqrt{y}}$. Ersetzen wir wieder die Variable y durch x, so erhalten wir $(\sqrt{x})' = \frac{1}{2\sqrt{x}}$.

Satz 12.2:

Für alle $x \in \mathbb{R}^+$ und $n \in \mathbb{N}$ gilt

$$\left(x^{\frac{1}{n}}\right)' = \frac{1}{n} \cdot x^{\frac{1}{n} - 1}$$

Beweis:

Wir gehen von der Funktion f mit $f(x) = x^n = y$; $n \in \mathbb{N}$ aus mit $f'(x) = n \cdot x^{n-1}$. Für die Umkehrfunktion f^{-1} ist $f^{-1}(y) = x = y^{\frac{1}{n}}$.

Es ist $(f^{-1})'(y) = \frac{1}{n \cdot x^{n-1}} = \frac{1}{n} \cdot x^{1-n} = \frac{1}{n} \cdot y^{\frac{1}{n} - 1}$

Ersetzen wir wieder die Variable y durch x so ist $\left(x^{\frac{1}{n}}\right)' = \frac{1}{n} \cdot x^{\frac{1}{n} - 1}$

Die Erweiterung auf Potenzfunktionen mit beliebigen rationalen Exponenten ergibt

Satz 12.3:

Ist $f: x \mapsto f(x) = x^{\frac{m}{n}}$, $m \in \mathbb{Z}$, $n \in \mathbb{N}$, so gilt für alle $x \in \mathbb{R}^+$ $\left(x^{\frac{m}{n}}\right)' = \frac{m}{n} \cdot x^{\frac{m}{n} - 1}$

Beweis:
Aus $f(x) = x^{\frac{m}{n}} = (x^m)^{\frac{1}{n}}$ erhält man nach der Kettenregel

$$f'(x) = \frac{1}{n}(x^m)^{\frac{1}{n} - 1} \cdot mx^{m-1} = \frac{m}{n}x^{\frac{m}{n} - 1}.$$

Zusammenfassung:

Ist $f: x \mapsto f(x) = x^n$ mit $D_f = \mathbb{R}^+$ und $n \in \mathbb{Q}$ eine Potenzfunktion, so ist $f'(x) = nx^{n-1}$; die Potenzregel darf also auf jede Potenz von $x \in \mathbb{R}^+$ mit rationalen Exponenten angewandt werden.

Wie man durch Ableiten nachweisen kann gehört zu jeder Funktion f mit $f(x) = x^n$ die Menge der **Stammfunktionen F** mit $\mathbf{F(x) = \frac{x^{n+1}}{n+1}} + C$ für alle $n \in \mathbb{Q} \setminus \{-1\}$ und $x \in \mathbb{R}^+$.

Aufgaben

1. Berechne mit Hilfe der Umkehrfunktion die Ableitungen folgender Funktionen f:

a) $f(x) = y = \sqrt[4]{x}$ **b)** $y = f(x) = \sqrt{-x};\ x < 0$

c) $y = f(x) = \sqrt[3]{-x};\ x < 0$ **d)** $y = f(x) = \sqrt{x - 1};\ x > 1$

2. Bilde die Ableitung folgender durch Terme gegebenen Funktionen:

a) $\sqrt{x^3}$; **b)** $\sqrt[3]{x^2}$; **c)** $\sqrt{ax}$; **d)** $\sqrt{ax + b}$; **e)** $\sqrt{x^2 + 1}$; **f)** $\sqrt{ax^2 - b}$

3. Bilde die 1. Ableitung:

a) $(ax + b)^3$; $(2x - 5)^{10}$; $(3 - 5x)^5$; $(2x^2 - 3x)^3$; $(\sqrt{x} - 2)^3$

b) $\frac{x}{2 - 3x}$; $\frac{(x - 4)^2}{x^2}$; $\frac{x}{x^2 + 4}$; $\frac{x}{a^2 - x^2}$

c) $\sin 2x$; $\cos 3x$; $\sin \frac{1}{2}x$; $\tan 2x$.

4. Ebenso:

$x(2x - 3)$; $x^2(5 - 7x)$; $(1 - x)(4x + 9)$; $(a - x)\sqrt[3]{(x + 4)^2}$

b) $\sqrt{\frac{x + 1}{x - 1}}$; $\sqrt[4]{a^2 - x^2}$; $\frac{b}{a}\sqrt{a^2 - x^2}$

In den folgenden Aufgaben sind die Funktionen durch Funktionsgleichungen gegeben.

5. Diskutiere folgende Funktionen und zeichne die zugehörigen Bilkurven:

a) $y = \frac{1}{4}(4 - x)\sqrt{16 - x^2}$; **b)** $y = \frac{1}{3}(3 - x)\sqrt{x}$; **c)** $y = \frac{4 - x}{\sqrt{8 - 2x^2}}$

d) $y = \frac{1}{3}x\sqrt{x - 3}$; **e)** $y = \frac{1}{4}(x^2 - 4)\sqrt{5 - x}$; **f)** $y = \frac{1}{2}\sqrt{x - x^4}$

g) $y = \frac{1}{5}x\sqrt{9 - x}$; **h)** $y = x \cdot \sqrt{9 - x^2}$; **i)** $y = \frac{x}{\sqrt{x + 4}}$

6. Gegeben ist die Funktion $y = f(x) = 2\sqrt{\frac{a - x}{x}}$; $a > 0$.
Welche Definitionsmenge hat diese Funktion? Zeige ohne Benützung der 2. Ableitung, daß die zugehörige Bildkurve mindestens einen Wendepunkt hat. Skizziere den ungefähren Verlauf der Bildkurve! Stelle die Gleichung derjenigen Kurventangente t auf, die die x-Achse am weitesten rechts schneidet.
Wie lautet die zugehörige Umkehrfunktion $x \mapsto f^{-1}(x)$ und welche maximale Definitionsmenge hat sie?

7. Diskutiere folgende Funktionen und zeichne die zugehörigen Bildkurven:

a) $y = \frac{x}{\sqrt{2 - x^4}}$; (Einheit 5 cm) **b)** $y = \frac{2x}{\sqrt{8x - x^2}}$; **c)** $y = \frac{\sqrt{2}}{4}(x + 3)\sqrt{x - 1}$

8. Die beiden Bildkurven zu $y = \sqrt{x}$ und $y = \frac{a}{\sqrt{b - x}}$ sollen sich in A(4; 2) berühren.
Bestimme a und b, sowie die Gleichung der gemeinsamen Tangente!

9. Untersuche folgende Funktionen:

a) $y = x \cdot \sqrt{2x + 6}$; **b)** $y = \frac{1}{2}(4 - x)\sqrt{x}$; **c)** $y = \frac{1}{3}(2x + 1)\sqrt{2x + 1}$;

d) $y = \frac{4x}{\sqrt{2x - 5}}$; **e)** $y = \frac{(4 - x)^2}{2\sqrt{x}}$; **f)** $y = \frac{1}{\sqrt{ax - x^2}}$ $(a > 0)$;

g) $y = \frac{x^2}{5\sqrt{x - 2}}$; **h)** $y = (x - 5)\sqrt{x}$; **i)** $y = \frac{x}{5} \cdot \sqrt{ax - x^2}$ $(a > 0)$;

k) $y = \frac{x}{\sqrt{4 - x^2}}$; **l)** $y = x \cdot \sqrt{\frac{4 - x}{x + 5}}$; **m)** $y = \sqrt{1 - \sqrt{x}}$;

n) $y = \sqrt{1 + \sqrt{x}}$

10. Untersuche:

a) $y = \sin x + \sin 2x$ **b)** $y = 2\cos x + \cos 2x$ **c)** $y = \sqrt{1 - 2\cos x}$

d) $y = 2\cos x - \frac{4}{3}\cos^3 x$ **e)** $y = x - \tan x$.

11. Gegeben ist die Funktion $y = \frac{x^2}{4(a - 8)} + a$;

a) Zeichne die Bilder der Funktion für $a = 7$ und $a = 4$. Welche Fläche schließt die Kurve für $a = 4$ mit der Geraden $y = \frac{5}{8}x + 4$ ein?

b) Für welchen Wert von a (im Bereich $0 < a < 8$) ist die von der gegebenen Kurve und der x-Achse eingeschlossene Fläche am größten?

12. Auf der Bildkurve zur Funktion $y = x\sqrt{x}$ liegt der Punkt A(3; ?). Bestimme den Kurvenpunkt P zwischen A und O so, daß der Flächeninhalt des Dreiecks OAP möglichst groß wird!

13. Der Kreis um den Ursprung O mit dem Radius a schneidet die x-Achse in A und die y-Achse in B. Für welchen Kreispunkt P wird aus der Parallelen zur x-Achse durch P vom Kreisbogen und der Sehne AB das längste Stück herausgeschnitten?

14. Ist die Strecke PQ von einem Punkt P(a; b) zu einem Punkt Q der Bildkurve zu $y = f(x)$ (differenzierbar im betrachteten Bereich) ein Maximum oder ein Minimum, so steht PQ senkrecht auf der Tangente in Q an die Kurve. (Beweis!)

15. Welcher Punkt der Bildkurve zu $y = \frac{4}{5}\sqrt{25 - x^2}$ hat von der Geraden g: $3x + 5y - 30 = 0$ den kleinsten Abstand? Wie groß ist er?

16. Man bestimme den kürzesten Abstand des Punktes P(p; 4p) von der Parabel $y^2 = 2px$ $(p > 0)$!

17. Welchen Winkel φ schließt die Tangente in einem beliebigen Punkt $P_0(x_0; y_0)$ der Parabel $y^2 = 2px$ mit der Geraden OP_0 ein? Für welchen Punkt P_0 hat dieser (spitze) Winkel φ seinen größten Wert?

18. Welchen Winkel φ schließt die Normale n_0 in einem Punkt $P_0(x_0; y_0)$ der Halbellipse $y = \frac{b}{a}\sqrt{a^2 - x^2}$ mit der Geraden OP_0 ein? Für welchen Punkt P_0 ist φ am größten? Welche Beziehung besteht zwischen a und b, wenn dieser Winkel $\varphi = 45°$ ist?

19. Einem Kreissegment vom Mittelpunktswinkel $2\alpha < \pi$ (Kreisradius r) ist ein Rechteck vom größten Flächeninhalt einzubeschreiben. (Anleitung: Wähle die x-Achse als Symmetrieachse!)

20. In einem Viertelkreis OAB mit dem Radius r ist ein Viereck OAPB mit größtem Flächeninhalt einzuzeichnen. (O Mittelpunkt, A und B Endpunkte des Bogens)

21. Die beiden auf den negativen Koordinatenachsen gelegenen Scheitel der Ellipse $b^2x^2 + a^2y^2 = a^2b^2$ sind Ecken eines der Ellipse einbeschriebenen Dreiecks. Seine 3. Ecke soll so gewählt werden, daß die Dreiecksfläche möglichst groß wird. Berechne die Koordinaten der 3. Ecke und die Fläche des Dreiecks! (Verwende auch die Parameterdarstellung der Ellipse!)

22. Um ein Rechteck mit den Seiten 2a und 2b soll die an Fläche kleinste Ellipse beschrieben werden, deren Achsen den Rechteckseiten parallel sind.

23. Ein gerader Kreiskegel mit dem Grundkreisradius r und der Seitenkante s soll durch eine zu einer Mantellinie parallele Ebene so geschnitten werden, daß der Inhalt der entstehenden Parabelfläche ein Maximum wird. (Verwendet werden darf, daß das Segment einer Parabel $y^2 = 2px$, das von der Sehne durch den Punkt $P_0(x_0; y_0)$ senkrecht zur Parabelachse abgeschnitten wird, den Flächeninhalt $F = \frac{4}{3}x_0y_0$ hat.)

24. In ein gleichschenkliges Dreieck (Grundlinie 2c; Höhe h) soll eine Parabel so einbeschrieben werden, daß ihre Achse mit der Höhe auf die Grundlinie zusammenfällt, daß sie die beiden Schenkel des Dreiecks berührt und daß das von der Grundlinie begrenzte Parabelsegment einen maximalen Flächeninhalt hat. Gleichung der Parabel? Koordinaten der Berührpunkte? (Verwende die Formel für die Fläche eines Parabelsegments aus Aufgabe 23)

25. Für welchen Punkt der Ellipse $b^2x^2 + a^2y^2 = a^2b^2$ ist der Abstand des Mittelpunktes O von der Normalen durch diesen Punkt am größten?

26. In einer Ellipse mit den Halbachsen a und b soll eine Sehne AB parallel zur kleinen Achse gelegt werden. Welchen Abstand vom Ellipsenmittelpunkt hat diese Sehne und wie lang ist sie, wenn die Summe aus ihrer Länge und dem Abstand den größten Wert annimmt?

27. Gegeben ist die Funktion $x \mapsto \frac{\lambda}{\sqrt{x}}$; man bestimme die Koordinaten derjenigen Punkte der zugehörigen Bildkurve (in Abhängigkeit von λ), deren Normalen durch den Ursprung 0 gehen.

28. Bestimme die maximale Definitionsmenge, die Nullstellen, Pole und Extremwerte für folgende Funktionen und zeichne die zugehörige Bildkurve:

a) $x \mapsto f(x) = \sqrt{\frac{x-1}{x+1}}$; **b)** $x \mapsto f(x) = \frac{\sqrt[3]{(x-1)^2}}{x}$.

29. Diskutiere die Funktion $x \mapsto \frac{x+3}{4}\sqrt{2x-2}$ (maximale Definitionsmenge, Nullstellen, Extremwerte, Wendepunkte?) und zeichne die zugehörige Bildkurve bis $x = 6$!

30. Diskutiere die Funktion $x \mapsto 3x - x\sqrt{x}$ und zeichne die Bildkurve. In welchem Punkt hat die Kurve den Anstieg $\frac{3}{2}$?

31. Untersuche die Funktion $x \mapsto \frac{1+x}{\sqrt{1-x^2}}$ (maximale Definitionsmenge, Extremwerte, Wendepunkte, Verhalten an den Grenzen der Definitionsmenge) und zeichne die Bildkurve!

32. Diskutiere folgende Funktionen und skizziere die zugehörigen Bildkurven! Für welche Argumente x sind die Funktionen stetig, aber nicht differenzierbar? Bestimme gegebenenfalls die links- bzw. rechtsseitige Ableitung!

a) $y = (1-x)\sqrt{\frac{x}{2}}$; **b)** $y = \sqrt{\frac{x(1-x)^2}{2}}$; **c)** $y = \sqrt[3]{x-2}$

Aufgaben zur Integralformel

1. Berechne den Inhalt der Fläche, die von den Bildkurven zu den gegebenen Funktionen eingeschlossen wird:

a) $y = x^2$; $y = x\sqrt{x}$; **b)** $y = \sqrt{x}$; $y = x\sqrt{x}$.

2. Wie groß ist die Maßzahl der Fläche zwischen der Bildkurve zu $y = (\sqrt{a} - \sqrt{x})^2$ und den positiven Koordinatenachsen?

3. Wie groß ist die Maßzahl der Fläche zwischen der Bildkurve zu $y = (x - 2)\sqrt{x}$ und der x-Achse?

4. Berechne die Maßzahl der Fläche, die von den Parabeln $y^2 = 2px$ und $x^2 = 2py$ eingeschlossen wird!

5. Wie groß ist die Maßzahl der Fläche zwischen den Bildkurven zu $y = x(1 + \sqrt{x})$ und $y = x(1 - \sqrt{x})$ und der Geraden $x = 2$?

6. Gesucht ist die Maßzahl der Fläche zwischen der Kurve $y^3 = x^2$ und der Sehne durch $A(-1; 1)$ und $B(8; 4)$.

7. Durch die Koordinatenachsen und die Geraden $x = 1$ und $y = 1$ wird ein Quadrat gebildet. In welchem Verhältnis wird dieses Quadrat durch die Bildkurven zu folgenden Funktionen geteilt:

a) $y = x$; **b)** $y = \sqrt{x}$; **c)** $y = \sqrt[3]{x}$; **d)** $y = \sqrt[n]{x}$ (n beliebige natürliche Zahl);

c) $y = \sqrt[3]{x^2}$.

8. Auf der Parabel $y^2 = 6x$ sind die Punkte mit den Ordinaten $y_1 = 4$ und $y_2 = -2$ durch eine Sehne verbunden. Welchen Flächeninhalt hat das Segment?

9. Der Scheitel der Parabel $y^2 = 2px$ wird mit dem im 1. Quadranten liegenden Punkt P (4p; ?) verbunden. Welchen Flächeninhalt hat das Segment?

10. Die Gerade $g: 2x - 3y + 4 = 0$ schneidet die Parabel $y^2 = 4x$ in den Punkten P und Q und die y-Achse in R. Berechne die Maßzahl der Fläche des Parabelsegments und die des Dreiecks ROP!

Vierter Teil: Differentialrechnung (2)

13. Die Logarithmus- und Exponentialfunktion

13.1 Die Logarithmusfunktion

In **12.1** haben wir gezeigt, daß zu jeder Potenzfunktion $f: x \mapsto f(x) = x^n$ mit $x \in \mathbb{R}^+$ und $n \in \mathbb{Q} \setminus \{-1\}$ die Menge der Stammfunktionen $F: x \mapsto F(x) = \frac{x^{n+1}}{n+1} + C$ gehört. Umgekehrt ergibt die Ableitung der Potenzfunktion f mit $f(x) = x^n$ $f'(x) = nx^{n-1}$ für alle $n \in \mathbb{Q}$ und $x \in \mathbb{R}^+$. Dabei treten alle Potenzen von x mit rationalen Exponenten auf, mit Ausnahme der Potenz x^{-1}. Für $n = 0$ erhält man $f'(x) = 0 \cdot x^{-1} = 0$. Wir wollen jetzt versuchen, diese etwas merkwürdig anmutende Lücke zu schließen.
Wir betrachten die Funktion $f: x \mapsto f(x) = \frac{1}{x}$, die für alle $x \neq 0$ stetig und nach Satz 10.1 in jedem abgeschlossenen Intervall, das die Null nicht enthält, integrierbar ist. Wir definieren für $x > 0$, worauf wir uns zunächst beschränken wollen, eine Funktion L durch

Definition 13.1:

$$L: x \mapsto L(x) = \int_1^x \frac{dt}{t} \text{ für alle } x \in \mathbb{R}^+$$

Als untere Grenze hätten wir jede positive Zahl wählen können. Wir werden aber zeigen, warum die Zahl 1 besonders zweckmäßig ist. Aus der Definition 13.1 ergeben sich sofort folgende

Eigenschaften der Funktion F:

1. Es ist $\mathbf{L(1) = 0}$, da $\int_1^1 \frac{dt}{t} = 0$ ist.

2. Für $\mathbf{x > 1}$ ist $\mathbf{L(x) > 0}$ und für $\mathbf{0 < x < 1}$ ist $\mathbf{L(x) < 0}$.

3. Da $\mathbf{L'(x) = \frac{1}{x} > 0}$ ist für alle $x \in \mathbb{R}^+$, ist die Funktion L streng monoton wachsend in ihrer ganzen Definitionsmenge.

4. Weil L **differenzierbar in** $\mathbb{R}^+$ ist, ist sie dort auch **stetig.**

5. Wir betrachten die Funktion $H: x \mapsto H(x) = L(ax)$ mit $a > 0$. Für ihre Ableitung H' erhalten wir mit Hilfe der Kettenregel $H'(x) = \frac{1}{ax} \cdot a = \frac{1}{x} = L'(x)$. Aus $H'(x) - L'(x) = 0$ folgt nach dem Mittelwertsatz (aus Satz 7.5) $H(x) = L(x) + C$, also $L(ax) = L(x) + C$. Setzen wir $x = 1$, so ist wegen Eigenschaft 1 $L(a) = C$ und somit $L(ax) = L(x) + L(a)$. Setzen wir für $x \in \mathbb{R}^+$ $b \in \mathbb{R}^+$, so erhalten wir

Satz 13.1:

Funktionalgleichung von L: $L(ab) = L(a) + L(b)$ für $a, b \in \mathbb{R}^+$

6. Setzt man in Satz 13.1 $b = \frac{1}{a} \in \mathbb{R}^+$, so gilt $L\left(\frac{a}{a}\right) = L(1) = L(a) + L\left(\frac{1}{a}\right)$.
Daraus folgt

Satz 13.2:

Für $a \in \mathbb{R}^+$ gilt $\mathbf{L\left(\frac{1}{a}\right) = -L(a)}$

7. Aus Satz 13.1 und 13.2 ergibt sich sofort wegen $L\left(a\frac{1}{b}\right) = L(a) + L\left(\frac{1}{b}\right)$

Satz 13.3:

Für $a, b \in \mathbb{R}^+$ gilt $\mathbf{L\left(\frac{a}{b}\right) = L(a) - L(b)}$

8. Es ist $L(a) + L(a) = L(a^2) \Rightarrow 2\,L(a) = L(a^2)$ für $a \in \mathbb{R}^+$. Durch vollständige Induktion beweist man für $n \in \mathbb{N}$ (Aufgabe!) $n \cdot L(a) = L(a^n)$

Setzen wir in dieser Gleichung $a^n = b \Rightarrow a = b^{\frac{1}{n}}$ für $a, b \in \mathbb{R}+$, so erhalten wir

$$n \cdot L\left(b^{\frac{1}{n}}\right) = L(b) \Rightarrow \mathbf{L\left(b^{\frac{1}{n}}\right) = \frac{1}{n} \cdot L(b)}$$

Multiplizieren wir beide Seiten noch mit der Zahl $m \in \mathbb{N}$, so ist

$$m \cdot L\left(b^{\frac{1}{n}}\right) = \frac{m}{n} \cdot L(b) \Rightarrow \mathbf{L\left(b^{\frac{m}{n}}\right) = \frac{m}{n} \cdot L(b)}$$

Schließlich sei $r \in \mathbb{Q}^-$ eine beliebige negative rationale Zahl: dann ist $(-r) > 0$ und es ist für $a \in \mathbb{R}^+$

$$\mathbf{L(a^r)} = L\left(\frac{1}{a^{-r}}\right) = -L(a^{-r}) = -(-r)L(a) = \mathbf{r \cdot L(a)}$$ und es gilt der

Satz 13.4:

Für alle $a \in \mathbb{R}^+$ und alle $r \in \mathbb{Q}$ gilt $\mathbf{L(a^r) = r \cdot L(a)}$

Wir beweisen noch

Satz 13.5:

Die Funktion L ist weder nach oben noch nach unten beschränkt.

Beweis:

Es ist zu zeigen, daß es zu jedem $K \in \mathbb{R}^+$ ein $x \in \mathbb{R}^+$ gibt mit $L(x) > K$. Da L streng monoton wachsend ist, gilt $L(2) > L(1) = 0$. Wegen der archimedischen Eigenschaft der Menge $\mathbb{R}$ (Satz 1.15) gibt es zu jedem K ein $n \in \mathbb{N}$ mit $n > \frac{K}{L(2)} \Rightarrow nL(2) > K \Rightarrow$ $\Rightarrow L(2^n) > K$, also ist $\lim\limits_{x \to \infty} L(x) = +\infty$.

Für $x \in \mathbb{R}^+$ gilt $L\left(\frac{1}{x}\right) = -L(x)$. Für $x \to \infty$ strebt $\frac{1}{x} \to 0$. Deshalb ist $\lim\limits_{x \to 0} L(x) = -\infty$. Aus Satz 13.5 ergibt sich noch, daß die Wertemenge $W_L = \mathbb{R}$ ist.

13.2 Der natürliche Logarithmus

Unsere Funktion L hat eine Reihe von Eigenschaften, die wir schon in der Mittelstufe beim dekadischen Logarithmus kennengelernt haben. Daß kein solcher Logarithmus vorliegt, erkennt man schon daraus, daß lg 10 = 1, L(10) aber wesentlich größer ist. Zeichnet man den Graphen zu $f(x) = \frac{1}{x}$ auf Millimeterpapier für $D_f = [1; 10]$ (Einheit 2 cm), so erhält man durch Abzählen für $L(10) \approx 2{,}5$.

Die Basis des natürlichen Logarithmus

Von besonderem Interesse ist das Argument **x**, für welches die Funktion L den Wert 1 annimmt. Dieses Argument bezeichnet man zu Ehren des Mathematikers **Euler** (1707—1783) mit e. Da L(x) streng monoton ist, gibt es nur eine solche Zahl. Aus rohen Abschätzungen findet man, daß ihr Wert zwischen 2 und 3 liegen muß.
Durch Intervallschachtelungen erhält man

$$e = 2{,}71828\ldots$$

Zeichnet man die Bildkurve zu $y = \frac{1}{x}$ auf Millimeterpapier (Einheit 10 cm), so kann man durch einfaches Abzählen und Abschätzen für e den Näherungswert $2{,}7 < e < 2{,}75$ oder einen besseren erhalten.
Ein Weg zur näherungsweisen **Berechnung** von e auf beliebig viele Dezimalstellen wird in 13.3.3 angegeben.
Wie die Zahl π ist auch die Zahl **e eine transzendente Zahl.**
Es ist also $L(e) = 1$.
Die Sätze 13.1 bis 13.5 erinnern uns an die logarithmischen Rechengesetze aus der Mittelstufe. Wir vermuten deshalb einen Zusammenhang zwischen der Funktion $x \to L(x)$ und der Funktion $x \to \log_a x$ mit $x \in \mathbb{R}^+$ und $a \in \mathbb{R}^+ \setminus \{1\}$. Außerdem ist $\log_a a = 1$.
Nach Satz 13.4 gilt für $e > 0$ und $x \in \mathbb{Q}$ $L(e^x) = x \cdot L(e) \Rightarrow L(e^x) = x$. Das ist aber die Definition der Logarithmusfunktion aus der Mittelstufe, die lautet:
Für $x \in \mathbb{R}^+$ und die Basis $a \in \mathbb{R}^+ \setminus \{1\}$ ist $\log_a(a^x) = x$.
(Siehe Degen-Pleyl, Algebra II, 22, 1!)
Der Logarithmus mit dieser **Basis e** heißt **natürlicher Logarithmus** der **positiven Zahl** a und wird geschrieben **ln a** (lies: logarithmus naturalis a).

Es ist also

$$L(a) = \ln a = \int_1^a \frac{dx}{x};\ a > 0$$

Die anderen Formeln lauten:

Satz 13.6:

$$\ln e = 1; \quad \ln a + \ln b = \ln (a \cdot b);$$
$$\ln a - \ln b = \ln \frac{a}{b}; \quad \ln \frac{1}{a} = -\ln a;$$
$$\ln a^n = n \cdot \ln a;$$

dabei sind a und b **beliebige positive** und **n** eine beliebige **rationale Zahl.**

Anmerkung:

Zur Berechnung der natürlichen Logarithmen von positiven rationalen Zahlen $\frac{p}{q}$ muß man die Formel benützen $\ln \frac{p}{q} = \ln p - \ln q$; Dezimalzahlen z. B. 0,63 müssen als Brüche ($\frac{63}{100}$) geschrieben werden.

Die **Funktion** $f: x \mapsto y = f(x) = \ln x$ ist für alle $x > 0$ definiert (Abb. 13,1):

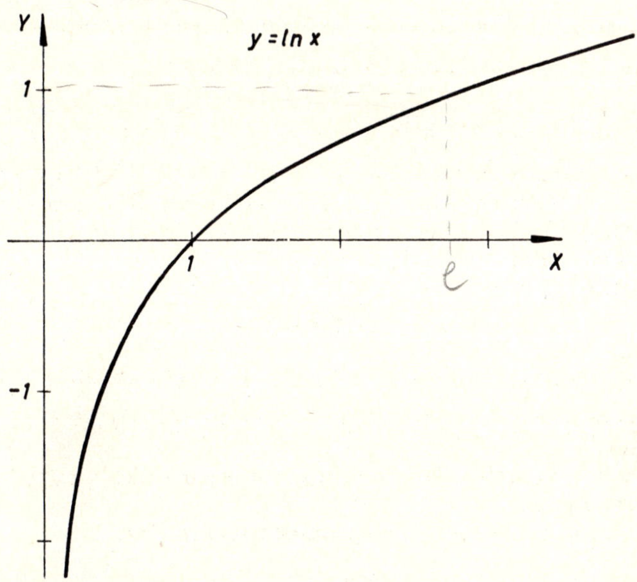

Abb. 13,1

Ergänzende Bemerkungen:

1. Bei der Ableitung der Eigenschaften der Funktion $y = f(x) = \ln x$ haben wir stets $x > 0$ vorausgesetzt, also nur den positiven Ast der Bildkurve zur Funktion $y = \frac{1}{x}$ benützt. Über die Unstetigkeitsstelle $x = 0$ dürfen wir nicht integrieren, wir dürfen aber als untere Grenze auch die Zahl -1 wählen. Für $x < 0$ erhalten wir dann auf Grund früherer Sätze ebenfalls eine positive Fläche. Z. B. ist

$$\int_{-1}^{-4} \frac{dx}{x} = \int_{1}^{4} \frac{dx}{x}$$

Da allgemein für $x < 0$ gilt $\int_{-1}^{x} \frac{du}{u} = \int_{1}^{-x} \frac{du}{u}$ (der Integrand ist punktsymmetrisch zum Ursprung), schreiben wir $\int_{-1}^{x} \frac{du}{n} = \ln |x|$.

Das unbestimmte Integral $\int \frac{dx}{x} = \begin{cases} \ln x + C \text{ für } x > 0 \\ \ln(-x) + C \text{ für } x < 0. \end{cases}$

Dafür schreiben wir für $x \neq 0$ $\int \frac{dx}{x} = \ln|x| + C.$

2. $y = \ln x^2 = f(x)$ und $y = 2 \ln x = g(x)$
Der natürliche Logarithmus ist im Bereich der reellen Zahlen nur für positive Argumente definiert. Die obigen Funktionen f(x) und g(x) haben deshalb nicht die gleiche Definitionsmenge, wohl aber die Funktionen $f(x) = \ln x^2$ und $h(x) = 2 \cdot \ln|x|$.

3. Wählen wir bei der Definition der Funktion L als untere Grenze die positive Zahl $c \neq 1$, dann ist $L(a) = \int_c^a \frac{dx}{x}$. Es ist für $k \in \mathbb{R}^+$ $\int_{kc}^{kb} \frac{dx}{x} = [L(x)]_{kc}^{kb} =$

$= L(kb) - L(kc) = L(k) + L(b) - L(k) - L(c) = L(b) - L(c) = \int_c^b \frac{dx}{x}$, weil $L(c) = 0$ ist.

Setzen wir $k = \frac{a}{c}$, so ist $\int_{\frac{a}{c} \cdot c}^{\frac{a}{c} \cdot b} \frac{dx}{x} = \int_a^{\frac{ab}{c}} \frac{dx}{x}$.

Wir erhalten dann

$$L(a) + L(b) = \int_c^a \frac{dx}{x} + \int_c^b \frac{dx}{x} = \int_c^a \frac{dx}{x} + \int_a^{\frac{ab}{c}} \frac{dx}{x} = L\left(\frac{ab}{c}\right)$$

Nur für $c = 1$ erhält man die einfachere Formel $L(a) + L(b) = L(a \cdot b)$.

Aufgaben

1. Berechne: $\ln 1{,}6$; $\ln 2{,}4$; $\ln 4{,}9$; $\ln \sqrt{10}$; $\ln \sqrt[3]{100}$; $\ln 0{,}6$; $\ln 0{,}75$

2. Ebenso $\ln 5{,}9$; $\ln 9{,}45$; $\ln \sqrt{3}$; $\ln \sqrt[3]{4}$; $\ln \sqrt{e}$; $\ln \frac{1}{e}$

In den folgenden Aufgaben sind die Funktionen durch Terme oder Gleichungen $y = f(x)$ gegeben.

Bilde die 1. Ableitung der folgenden Funktionen!

3. $\ln ax$; $\ln ax^2$; $\ln(a + x)$; $\ln(a - x)$; $\ln(ax + b)$; $\ln(ax^2 + b)$

4. $(\ln x)^2 = \ln^2 x$; $\ln \frac{2}{x}$; $\ln \sqrt{1 + x}$; $\ln \sqrt{a^2 - x^2}$; $\ln \sqrt{\frac{a + x}{a - x}}$

5. $\ln\left(x + \sqrt{1 + x^2}\right)$; $\ln \sqrt{3x - 5}$; $\ln \frac{x - a}{x + a}$; $\ln \sqrt{\frac{a^2 - x^2}{x}}$

6. $\ln \sin x$; $\ln \cos x$; $\ln \sin(ax)$; $\ln \sqrt{\cos 2x}$; $\ln \tan \frac{x}{2}$.

7. Bestimme die maximale Definitionsmenge folgender Funktionen! Diskutiere sie und skizziere die zugehörigen Bildkurven!

a) $y = x \cdot \ln x$ b) $y = \frac{x}{\ln x}$ c) $y = \ln (8x - x^2)$

d) $y = x \cdot \ln (1 - x)$ e) $y = x^2 \cdot \ln x$ f) $y = \frac{\ln x}{x}$

g) $y = \ln \sin x$

8. Gegeben ist die Funktion $f(x) = \ln (x^2 + c)$, wobei c ein fester Zahlenwert ist. Bestimme die maximale Definitionsmenge in Abhängigkeit von c. Berechne die Extrempunkte und die Wendepunkte der zugehörigen Bildkurve und zeichne sie für den Fall $c = 2$! (Einheit 2 cm)

9. Zeichne die Bildkurven der Funktionen $x \mapsto \ln x$ und $x \mapsto (\ln x)^2$ im Bereich $0 < x \leqq 6$ (Einheit 2 cm). Ermittle die besonderen Werte der Funktion $x \mapsto (\ln x)^2 - \ln x$ und zeichne die Bildkurve in das obige Koordinatensystem ein. Benütze die Überlagerung aus den Teilkurven! Zeige, daß an diese Kurve keine Tangente parallel zur Geraden $y = x$ gelegt werden kann!

10. Für welche x-Werte ist die Funktion $f(x) = 2x \cdot \ln (1 + x^2)$ definiert? Hat die zugehörige Bildkurve Symmetrieeigenschaften? Begründung der Antwort! Wo hat sie waagerechte Tangenten? Weise nur mit Hilfe der 1. Ableitung nach, daß f(x) keinen Extremwert besitzt! Zeichne die Bildkurve im Intervall $[-2; 2]$ (Einheit 2 cm).

11. Bilde die 1. Ableitung folgender Funktionen:

a) $y = \frac{1}{\ln x}$ b) $y = \ln \tan \left(\frac{x}{2} + \frac{\pi}{4}\right)$ c) $y = \ln \sin^2 x$

d) $y = \ln \cos^2 \frac{x}{2}$ e) $y = \ln^2 \sin x = (\ln \sin x)^2$ f) $y = x - \ln x$

g) $y = \ln \ln x$ h) $y = 2 \cdot \ln \sin \frac{x}{2} - \frac{x}{\tan x}$ i) $y = \ln \tan \frac{x}{2} - \frac{x}{\sin x}$

k) $y = x \cdot \ln \sqrt{1 - x^2}$ l) $y = \ln \sqrt{\frac{1 + \sin x}{1 - \sin x}}$

12. Diskutiere folgende Funktionen und zeichne die zugehörigen Bildkurven:

a) $y = \ln (x - 1)$ b) $y = x - \ln x$ c) $y = x^2 - 2 \ln x$

d) $y = x \cdot \ln^2 x$ e) $y = \frac{\ln x}{x^2}$ f) $y = \frac{\ln x}{\sqrt{x}}$

g) $y = \frac{1 - \ln x}{x}$ h) $y = \sqrt{-x \cdot \ln x}$ i) $y = \frac{x}{\ln^2 x}$

k) $y = \sqrt{\ln x}$

13. Man zeige für $x \geqq 1$ die Gültigkeit der Ungleichung
$4x \ln (1 + x) > 2x \ln (1 + x^2) \geqq 2x \ln (1 + x)$ und folgere daraus die Ungleichung:

$$2 > \frac{\ln (1 + x^2)}{\ln (1 - x)} \geqq 1 \text{ für } x \geqq 1.$$

14. Bei der Funktion $x \mapsto \ln \frac{ax}{x^2 + b}$ sind die Konstanten a und b so zu bestimmen, daß für $x = 1$ $y = -\ln 4$ und $y' = \frac{1}{2}$ wird. Die Funktion soll diskutiert und die zugehörige Bildkurve gezeichnet werden. Wie lautet die Gleichung der Tangente im Kurvenpunkt mit der Abszisse $x = \frac{1}{2}$? Zeichne sie ein!

15. In welchen Punkten schneidet die Bildkurve zu $y = [\ln(1 - x)]^2 - 1$ die x-Achse? Untersuche die Bildkurve auf Hoch-, Tief- und Wendepunkte und zeichne ihren ungefähren Verlauf (Einheit 2 cm). Stelle die Gleichungen der Tangenten in den Schnittpunkten mit der x-Achse auf.

16. Die Bildkurve zur Funktion $x \mapsto \ln(ax^2 + b)$ hat im Punkt $A(3; \ln 10)$ die Steigung $\frac{3}{5}$. Berechne a und b und untersuche die so erhaltene Funktion. Zeichne die Bildkurve für den Bereich $-4 \leqq x \leqq 4$. (Einheit 2 cm)

17. Untersuche den Verlauf der Bildkurve zur Funktion $x \mapsto 5 \ln \sqrt{6x - x^2}$. Stelle insbesondere fest, ob und wo die Kurve die x-Achse schneidet, Hoch-, Tief- oder Wendepunkte hat. Ermittle die zu den Abszissen $x = 1$ und $x = 5$ gehörenden Ordinaten, sowie den Anstieg der Tangenten in diesen Punkten. Zeichne die Kurve!

18. Diskutiere folgende Funktionen und zeichne die zugehörigen Bildkurven:

a) $y = \ln(3 + x^2)$ **b)** $y = \frac{1}{2}x^2 - \ln x$ **c)** $y = \ln(2 + x^2)$

Berechne die Schnittpunkte der Geraden $y = 2$ mit der Kurve. Gibt es Kurvenpunkte, in welchen der Anstieg ± 1 ist?

d) $y = |\ln x|$

Bestimme die links- und rechtsseitige Ableitung für $x = 1$.

19. Bestimme die Nullstellen der Funktion $x \mapsto 2 - \ln(4x^2 + 1)$ und berechne zu $x = \frac{1}{2}$ und zu einigen ganzzahligen Argumenten x die Funktionswerte (Tabelle!). Zeichne die Bildkurve (Einheit 2 cm)!
In das von der Kurve und der x-Achse gebildete Flächenstück soll ein Rechteck mit extremem Umfang eingezeichnet werden, dessen eine Seite auf der x-Achse liegt. Art des Extremwertes ohne 2. Ableitung!

20. Bilde die Ableitung folgender Funktionen:

a) $y = \ln \sin x + \frac{1}{2}\cos^2 x$ **b)** $y = \ln \dfrac{1 + \cos x}{1 - \cos x}$

c) $y = \ln \sqrt{\dfrac{a^2 - x^2}{a^2 + x^2}}$ **d)** $y = \ln \dfrac{1 - \sqrt{1 + x}}{|x|}$ $(x < 0)$

21. Weise die Richtigkeit der folgenden **Ungleichungen** nach:

a) $1 - \dfrac{1}{x} \leqq \ln x \leqq x - 1$ für alle $x > 0$

(Anleitung: Vergleiche das Integral $\ln x = \int\limits_1^x \frac{dt}{t}$ mit dem Flächeninhalt geeigneter Rechtecke!)

b) $x - \dfrac{x^2}{2} < \ln(1 + x)$; $x > 0$ **c)** $\dfrac{2x}{2 + x} < \ln(1 + x)$ für $x > 0$

d) $\ln x \leqq \sqrt{x}$; für welche x? **e)** $\ln(1 + x) \leqq x$ für $x > -1$

22. Beweise, daß die Funktion

$f: x \mapsto f(x) = \dfrac{\ln(1 + x)}{x}$ für $x > 0$ monoton abnimmt!

13.2.1 Die logarithmische Ableitung

Will man den Wert der Ableitung der Funktion $f\colon x \mapsto x^x(1+x)^{x+1}$ an der Stelle $x_0 = 1$ berechnen, so ist dies mit den bisherigen Ableitungsregeln mühsam und umständlich. Diese Aufgabe wird wesentlich erleichtert, wenn man die Funktion zuerst logarithmiert.

Die Ableitung eines Produktes zweier Funktionen

$$F(x) = f(x)\cdot g(x) \text{ ergibt } F'(x) = f'(x)\cdot g(x) + g'(x)\cdot f(x)$$

Ist $F(x) = f(x)\cdot g(x) \neq 0$ für alle x eines Intervalls, so kann man auch schreiben

$$\frac{F'(x)}{F(x)} = \frac{f'(x)}{f(x)} + \frac{g'(x)}{g(x)}$$

Diese Quotienten $\frac{F'(x)}{F(x)}$; $\frac{f'(x)}{f(x)}$ und $\frac{g'(x)}{g(x)}$ nennt man auch die **logarithmischen Ableitungen** der Funktionen $F(x)$; $f(x)$ und $g(x)$. Sind diese Funktionen überall im Intervall positiv, so kann man zuerst logarithmieren und man erhält

$$\ln F(x) = \ln f(x) + \ln g(x).$$

Die Ableitung mit der Kettenregel ergibt obige Ableitungsformel.
Wie vorteilhaft die logarithmische Differentation sein kann, soll folgendes Beispiel zeigen.

Beispiel:

Bilde die 1. Ableitung der Funktion $x \mapsto F(x) = x^x\cdot(1+x)^{1+x}$ für $x > 0$.
Es ist $\ln F(x) = x\cdot\ln x + (1+x)\cdot\ln(1+x)$ und
$\frac{F'(x)}{F(x)} = 1 + \ln x + 1 + \ln(1+x)$, woraus man
$F'(x) = x^x\cdot(1+x)^{1+x}\cdot[2+\ln(x+x^2)]$ erhält.

Aufgaben

1. Wende die logarithmische Ableitung auf die Funktionen $x \mapsto F(x) = f(x)\cdot g(x)\cdot h(x)$ und $x \mapsto G(x) = f_1(x)\cdot f_2(x)\dots f_n(x)$ an! (Alle Funktionen sind positiv vorausgesetzt.)

2. Bilde die 1. Ableitung der Funktionen $x \mapsto y$ $(x > 0)$:
   a) $y = x^x$ **b)** $y = x^{-x}$ **c)** $y = x^{\frac{1}{x}}$
   d) $y = x^{-\frac{1}{x}}$ **e)** $y = x^{\ln x}$ **f)** $y = (1+x)^{1+x}$
   g) $y = (x-1)^3(x+2)^4(x-3)^2$ **h)** $y = \left(1+\frac{1}{x}\right)^x$ **i)** $y = \left(1+\frac{1}{x}\right)^{x+1}$

3. Bestimme die Extremwerte folgender Funktionen $f\colon x \mapsto y$ mit Hilfe der logarithmischen Ableitung:
   a) $y = \frac{x}{(x-p)(x-q)}$ **b)** $y = \sqrt[3]{(x-1)^2(x+1)}$ **c)** $y = \frac{x^3}{(x-1)^2}$ für $x > 1$.

13.3 Die natürliche Exponentialfunktion

13.3.1 Eigenschaften der Funktion $y \mapsto x = E(y)$

Die Funktion $L: x \mapsto \ln x$ ist für alle $x \in \mathbb{R}^+$ differenzierbar und streng monoton wachsend. Sie hat daher eine differenzierbare und ebenfalls streng monoton wachsende Umkehrfunktion, die wir zunächst mit $E: y \mapsto x = E(y)$ bezeichnen wollen.

Satz 13.7:

Für die Funktion $E: y \mapsto x = E(y)$ gilt:

1. Es ist $E(y) > 0$ für alle $y \in \mathbb{R}$
2. $E(0) = 1$; $E(1) = e$
3. $E(y_1 + y_2) = E(y_1) \cdot E(y_2)$ für alle $y_1, y_2 \in \mathbb{R}$ (Multiplikationstheorem).

Beweis:

Zu 1. Wegen $x > 0$ ist auch $x = E(y) > 0$.

Zu 2. Es ist $E(0) = 1 \Leftrightarrow \ln 1 = 0$ und $E(1) = e \Leftrightarrow \ln e = 1$

Zu 3. Setzen wir im Additionstheorem des Logarithmus $\ln(x_1 \cdot x_2) = \ln x_1 + \ln x_2$ $\ln x_1 = y_1$ und $\ln x_2 = y_2$, dann ist $\ln(x_1 \cdot x_2) = y_1 + y_2 \Rightarrow x_1 x_2 = E(y_1 + y_2)$. Da aber $x_1 = E(y_1)$ und $x_2 = E(y_2)$, ergibt sich $E(y_1 + y_2) = E(y_1) \cdot E(y_2)$.

Satz 13.8:

1. Für $n \in \mathbb{Z}$ gilt $E(n) = e^n$
2. Für $r \in \mathbb{Q}$ gilt $E(r) = e^r$

Beweis:

Zu 1. Aus $E(1) = e$ folgt $E(2) = E(1 + 1) = E(1) \cdot E(1) = e^2$.
Mittels vollständiger Induktion (Aufgabe!) erhält man $E(n) = e^n$ für $n \in \mathbb{N}$.

Wir bilden $E(-n) \cdot E(n) = E(0) \Rightarrow E(-n) = \dfrac{1}{E(n)} = \dfrac{1}{e^n} = e^{-n}$.

Zu 2. Es sei $p; q \in \mathbb{N}$, p und q teilerfremd.

Aus $E(1) = E\left(q \cdot \frac{1}{q}\right) = E\underbrace{\left(\frac{1}{q} + \frac{1}{q} + \ldots + \frac{1}{q}\right)}_{q \text{ Summanden}} = \left(E\left[\frac{1}{q}\right]\right)^q \Rightarrow E\left(\frac{1}{q}\right) = e^{\frac{1}{q}}$, da $E(1) = e$ ist.

Ebenso erhält man $E\left(\frac{p}{q}\right) = E\underbrace{\left(\frac{1}{q} + \frac{1}{q} + \ldots + \frac{1}{q}\right)}_{p \text{ Summanden}} = \left(E\left[\frac{1}{q}\right]\right)^p \Rightarrow E\left(\frac{p}{q}\right) = e^{\frac{p}{q}}$. Wir schreiben

$r = \frac{p}{q}$ und bilden $E(r) \cdot E(-r) = E(0) = 1 \Rightarrow E(-r) = \dfrac{1}{E(r)} = \dfrac{1}{e^r} = e^{-r}$.

Nach Satz 13.8 ist die Umkehrfunktion $E: y \mapsto x = E(y)$ zur Funktion $L: x \mapsto \ln x$ darstellbar als Potenz $x = E(y) = e^y$ für alle $y \in \mathbb{Q}$. Damit ist aber e^y für alle reellen Zahlen $y \in \mathbb{R}$ noch nicht definiert. Weil $E(y)$ für $y \in \mathbb{R}$ definiert ist, geben wir

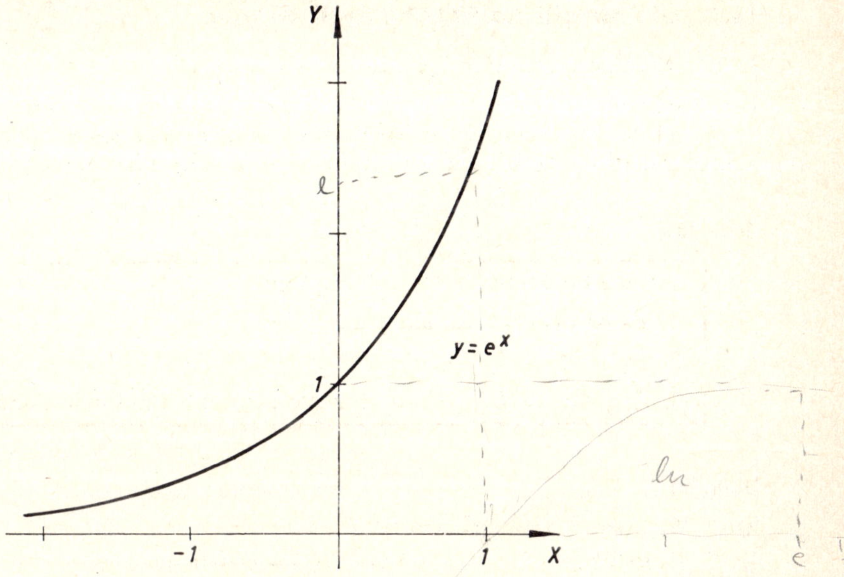

Abb. 13,2

Definition 13.2:

Für alle $y \in \mathbb{R}$ gilt: $E: y \mapsto E(y) = e^y$.

Man bezeichnet diese Funktion als die (natürliche) **Exponentialfunktion** (Abb. 13,2).

13.3.2 Die Ableitung der Exponentialfunktion

Satz 13.9:

Die Ableitung der Funktion $f: x \mapsto f(x) = e^x$ ist $f': x \mapsto f'(x) = e^x$ oder kurz $(e^x)' = e^x$.

Beweis:

Die Umkehrfunktion zu $f: x \mapsto y = f(x) = e^x$ mit $D_f = \mathbb{R}$ ist $f^{-1}: y \mapsto f^{-1}(y) = x =$ $= \ln y$ mit $D_{f^{-1}} = \mathbb{R}^+$.

Aus $f'(x) = \frac{1}{(f^{-1})'(y)}$ folgt $f'(x) = \frac{1}{\frac{1}{y}} = y = e^x$.

Für die Menge der Stammfunktionen F zu $f(x) = e^x$ erhalten wir

$$\mathbf{F: x \mapsto F(x) = e^x + C.}$$

13.3.3 Darstellung von e als Grenzwert einer Zahlenfolge

Wir gehen aus von der Ableitungsformel für die Funktion $x \mapsto \ln x$

$$\lim_{h \to 0} \frac{\ln(x+h) - \ln x}{h} = \frac{1}{x}.$$

Für $x = 1$ erhalten wir $\lim\limits_{h \to 0} \frac{\ln(1+h)}{h} = 1$, wofür wir für $h > -1$ auch schreiben können $\lim\limits_{h \to 0} \ln (1+h)^{\frac{1}{h}} = 1$.

Setzen wir $\ln (1+h)^{\frac{1}{h}} = 1 + \delta$, so ist $(1+h)^{\frac{1}{h}} = e^{1+\delta} = e \cdot e^{\delta}$, wobei mit $h \to 0$ auch $\delta \to 0$ strebt.

Für $h \to 0$ wählen wir die Nullfolge $1; \frac{1}{2}; \frac{1}{3}; \ldots; \frac{1}{n} \ldots$ und erhalten den Grenzwert

$$\boxed{\lim_{n \to \infty} \left(1 + \frac{1}{n}\right)^n = e}$$

Satz 13.10:

Für alle $n \in \mathbb{N}$ gilt $\left(1 + \frac{1}{n}\right)^n < e < \left(1 + \frac{1}{n}\right)^{n+1}$. Dabei ist $(a_n) = \left(\left(1 + \frac{1}{n}\right)^n\right)$ eine monoton wachsende und $(b_n) = \left(\left(1 + \frac{1}{n}\right)^{n+1}\right)$ eine monoton abnehmende Folge.

Beweis:

Nach der Definition des natürlichen Logarithmus ist $\frac{1}{n} \cdot \frac{1}{1 + \frac{1}{n}} < \int\limits_1^{1+\frac{1}{n}} \frac{dt}{t} < \frac{1}{n} \cdot 1$ (Abb. 13,3)

und daher $\int\limits_1^{\left(1+\frac{1}{n}\right)^n} \frac{dt}{t} = L\left(1 + \frac{1}{n}\right)^n = n \cdot L\left(1 + \frac{1}{n}\right) = n \cdot \int\limits_1^{1+\frac{1}{n}} \frac{dt}{t} < n \cdot \frac{1}{n} \cdot 1 = 1$,

also $L\left(1 + \frac{1}{n}\right)^n < 1$.

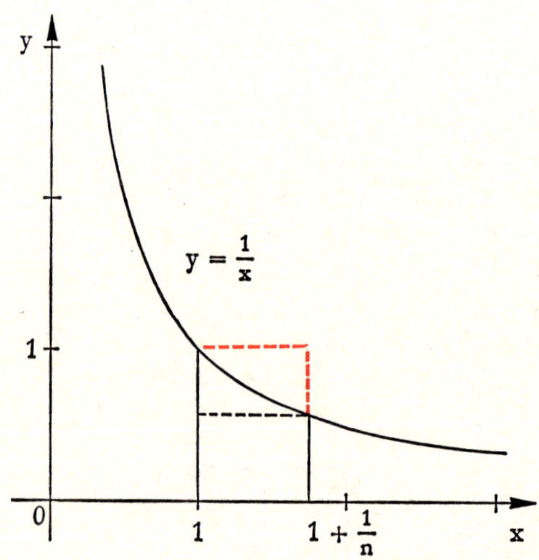

Abb. 13,3

Andererseits ist

$$\int_1^{\left(1+\frac{1}{n}\right)^{n+1}} \frac{dt}{t} = L\left(1+\frac{1}{n}\right)^{n+1} = (n+1)\cdot\int_1^{1+\frac{1}{n}} \frac{dt}{t} > (n+1)\,\frac{1}{1+\frac{1}{n}}\cdot\frac{1}{n} = 1, \text{ also}$$

$$L\left(1+\frac{1}{n}\right)^{n+1} > 1.$$

Daraus folgt

$$\int_1^{\left(1+\frac{1}{n}\right)^{n}} \frac{dt}{t} = L\left(1+\frac{1}{n}\right)^{n} < 1 < \left(1+\frac{1}{n}\right)^{n+1} = \int_1^{\left(1+\frac{1}{n}\right)^{n+1}} \frac{dt}{t} \text{ für alle } n \in \mathbb{N}.$$

Wegen der Monotonie der Exponentialfunktion erhält man daraus

$$\left(1+\frac{1}{n}\right)^{n} < e < \left(1+\frac{1}{n}\right)^{n+1}$$

Nachweis der Monotonie

a) Es ist $a_n - a_{n-1} = \left(1+\frac{1}{n}\right)^{n} - \left(1+\frac{1}{n-1}\right)^{n-1}$. Wir bilden nun $(a_n - a_{n-1})\left(1-\frac{1}{n}\right)^{n} =$ $= \left(1-\frac{1}{n^2}\right)^{n} - \left(\frac{n}{n-1}\cdot\frac{n-1}{n}\right)^{n-1}\cdot\frac{n-1}{n} = \left(1-\frac{1}{n^2}\right)^{n} - 1 + \frac{1}{n}$. Nach der Bernoullischen Ungleichung ist $(a_n - a_{n-1})\left(1-\frac{1}{n}\right)^{n} \geqq 1 - \frac{1}{n} - 1 + \frac{1}{n} = 0$. Für $n \geqq 2$ folgt daraus $a_n - a_{n-1} \geqq 0 \Rightarrow a_n \geqq a_{n-1}$.

b) Es ist $b_{n-1} - b_n = \left(1+\frac{1}{n-1}\right)^{n} - \left(1+\frac{1}{n}\right)^{n+1}$. Wir bilden $(b_{n-1} - b_n)\left(1-\frac{1}{n-1}\right)^{n}$ $= \left[\left(1+\frac{1}{n-1}\right)^{n} - \left(1+\frac{1}{n}\right)^{n+1}\right]$.

$$\left(1-\frac{1}{n+1}\right)^{n} = \left(1+\frac{1}{n^2-1}\right)^{n} - \left(\frac{n+1}{n}\right)^{n+1}\left(\frac{n}{n+1}\right)^{n} = \left(1+\frac{1}{n^2-1}\right)^{n} - \frac{n+1}{n}.$$

Durch Vergrößern des Nenners in der Klammer und Anwendung der Bernoullischen Ungleichung erhalten wir für $n \geqq 2$

$$\left(1+\frac{1}{n^2-1}\right)^{n} - 1 - \frac{1}{n} > \left(1+\frac{1}{n^2}\right)^{n} - 1 - \frac{1}{n} > 1 + \frac{1}{n} - 1 - \frac{1}{n} = 0,$$

also $b_{n-1} - b_n > 0$, weil $\left(1+\frac{1}{n-1}\right)^{n} > 0$ ist für $n \geqq 2$.

Aus $b_{n-1} - b_n > 0$ folgt $b_n < b_{n-1}$.

Setzt man in der obigen Ungleichung $n = 10$, so erhält man $2{,}59 < e < 2{,}85$.

Ein besserer Näherungswert ergibt sich, wenn man $\left(1+\frac{1}{n}\right)^{n}$ nach dem binomischen Lehrsatz entwickelt:

$$\left(1+\frac{1}{n}\right)^{n} = 1 + 1 + \frac{1}{2!}\left(1-\frac{1}{n}\right) + \frac{1}{3!}\left(1-\frac{1}{n}\right)\left(1-\frac{2}{n}\right) + \ldots + \frac{1}{n!}\left(1-\frac{1}{n}\right)\left(1-\frac{2}{n}\right)\ldots$$
$$\ldots\left(1-\frac{n-1}{n}\right).$$

Setzt man n = 10 so ist ein Näherungswert für e

$$\left(1+\frac{1}{n}\right)^n = 1 + 1 + \frac{1}{2!}\left(1-\tfrac{1}{10}\right) + \ldots + \frac{1}{10!}\left(1-\tfrac{1}{10}\right)\left(1-\tfrac{2}{10}\right)\left(1-\tfrac{3}{10}\right)\ldots$$
$$\ldots\left(1-\tfrac{9}{10}\right) + \text{Rest } R_{10}. \text{ Dabei ist}$$

$$R_{10} = \frac{1}{11!} + \frac{1}{12!} + \ldots = \frac{1}{10!}\left(\frac{1}{11} + \frac{1}{11\cdot 12} + \ldots\right) < \frac{1}{10!}\left(\frac{1}{2} + \frac{1}{2^2} + \frac{1}{2^3} + \ldots\right) = \frac{1}{10!}.$$

Der Rest $R_{10} < \frac{1}{10!}$ ist also unabhängig von n.

Wir erhalten so $e = \lim\limits_{n\to\infty}\left(1+\frac{1}{n}\right)^n \approx 1 + \frac{1}{1!} + \frac{1}{2!} + \frac{1}{3!} + \ldots + \frac{1}{n!} + R_n$, wobei R_n kleiner ist als das zuletzt angeschriebene Glied $\frac{1}{n!}$.

Für n = 10 erhält man e = 2,71828 auf 5 Dezimalstellen genau.

Aufgaben

In den folgenden Aufgaben sind die Funktionen durch Terme oder Gleichungen y = f(x) gegeben.

Bilde die Ableitung folgender Funktionen:

1. e^{ax}; e^{-bx}; $e^{\sqrt{x}}$; $e^x \sin x$; $e^{-x}\cdot\cos ax$; e^{-x^2}; $x\cdot e^x$; $x^2\cdot e^{-x}$; $e^{\sin x}$; e^{ax+b}; e^{2-3x}; $\frac{e^x}{x}$; $\frac{e^x-1}{e^x+1}$; $e^{\frac{1}{x}}$; $e^{-\frac{1}{x^2}}$; $\ln(1+e^x)$.

2. Diskutiere folgende Funktionen:

a) $y = x(x-2)\cdot e^x$; zeichne die zugehörige Bildkurve für das Intervall [−4; 2,2]!

b) $y = \frac{1}{2}(e^x + e^{-x})$; die zugehörige Bildkurve bezeichnet man auch als eine Kettenlinie.

c) $y = \frac{x+3}{2e^x}$; von einem Punkt A(a; 0) sollen Tangenten an die Bildkurve gelegt werden. Welcher Bedingung muß a genügen, damit man von A aus 2 Tangenten, eine oder gar keine Tangente zeichnen kann? Von welchen Punkten A aus gibt es genau eine Tangente? Berechne die Berührpunkte! Zeichnung!

3. Diskutiere folgende Funktionen und zeichne die zugehörigen Bildkurven:

a) $y = x\cdot e^{-x^2}$ **b)** $y = \frac{x^4}{e^x}$ **c)** $y = \frac{e^x}{x^2-4}$

d) $y = \frac{\cos x}{e^x}$ **e)** $y = \sqrt{-x\cdot e^{-x}}$

4. Die Bildkurve zur Funktion $y = \frac{a e^x}{x+b}$ geht durch den Punkt A(0; −0,5) und hat dort eine zur Geraden x + y = 0 parallele Tangente. Bestimme a und b und untersuche die erhaltene Funktion!

5. Untersuche die Funktion $y = e^{\frac{1}{x}}$. Bestimme insbesondere für x = 0 die etwa vorhandenen links- und rechtsseitigen Grenzwerte!

6. a) $P_1(x_1; y_1)$ und $P_2(x_2; y_2)$ sind zwei Punkte der Bildkurve zu $y = e^x$. Berechne die Koordinaten desjenigen Kurvenpunktes, dessen Tangente parallel zur Sehne P_1P_2 ist!

b) Bestimme die Gleichung der durch den Ursprung 0 gehenden Tangente an die Bildkurve zu $y = ae^{cx}$ $(a \neq 0;\ c \neq 0)$!

7. Die Tangente im Punkt A der Bildkurve zu $y = e^x + 1$ schneidet die x-Achse im Punkt B. Für welchen Punkt A wird die Strecke AB ein Minimum?

8. Zeichne Rechtecke, deren zwei Seiten auf der x – Achse bzw. auf der Geraden $x = \frac{1}{2}$ liegen, während die 4. Ecke auf der Bildkurve zu $y = e^{-x^2}$ liegt. Welches dieser Rechtecke hat den größten Flächeninhalt? (Beachte: Eines dieser Rechtecke liegt links von der Geraden $x = \frac{1}{2}$, das andere rechts davon!)

9. Ein Rechteck, dessen eine Seite auf der x-Achse liegt, während die beiden anderen Ecken auf der Bildkurve zu $y = e^{-x^2}$ liegen, soll einen maximalen Flächeninhalt haben. Zeige, daß in diesem Fall die Ecken in den Wendepunkten der Kurve liegen!

10. Bestimme den kürzesten Abstand der Bildkurven zu den Funktionen $y = e^x$ und $y = \ln x$. (Anleitung: Bestimme den kürzesten Abstand eines Kurvenpunktes von der Symmetrieachse $y = x$!)

11. Diskutiere die Funktion $y = e^{-|x|}$ und zeichne die zugehörige Bildkurve! Links- und rechtsseitige Ableitung für $x = 0$?

12. Ebenso für $y = e^{-\frac{1}{x^2}}$. Links- und rechtsseitiger Grenzwert für $x \to 0$?

13. Man bestimme die Gleichung der Tangente und Normale der Kettenlinie

$y = \frac{a}{2}\left(e^{\frac{x}{a}} + e^{-\frac{x}{a}}\right)$ und beweise, daß die Projektion der Ordinate y eines Kurvenpunktes auf die Normale in diesem Punkt eine feste Länge a hat!

14. Beweise, daß die Maßzahl der nach links nicht begrenzten Fläche zwischen der Bildkurve zu $y = e^x$, der x-Achse und der Ordinate an irgendeiner Stelle x gleich dieser Ordinate ist! (Anleitung: Wähle als untere Grenze eine beliebige Stelle $\lambda < x$ und bilde nach der Integration den Grenzwert $\lambda \to -\infty$!)

15. Diskutiere die Funktion $y = f(x) = \begin{cases} x^x & \text{für } x > 0 \\ 1 & \text{für } x = 0 \end{cases}$

und skizziere die zugehörige Bildkurve! (Einheit 5 cm)

16. Diskutiere die beiden Funktionen $y = f(x) = \sqrt{e^{2-x^2}}$ und $y = g(x) = e^{\sqrt{2-x^2}}$ und skizziere die zugehörigen Bildkurven!

17. Untersuche die Funktion $y = f(x) = \begin{cases} x^{\frac{1}{x}} & \text{für } x > 0 \\ 0 & \text{für } = 0 \end{cases}$

und zeichne den ungefähren Verlauf der zugehörigen Bildkurve!

18. Untersuche die Funktion $y = e^{-x} + x + 1$ und zeichne die zugehörige Bildkurve durch Überlagerung!

13.4 Der Logarithmus und die Exponentialfunktion mit einer beliebigen positiven Basis

13.4.1 Der Logarithmus zu einer beliebigen Basis $a \in \mathbb{R}^+ \setminus \{1\}$

Wir gehen aus von der Funktion $f: x \mapsto f(x) = \frac{C}{x}$ mit $C \in \mathbb{R}^+$. Durch das Integral $\int_1^x \frac{C\,dt}{t}$ ist eine Funktion $\lambda: x \mapsto \lambda(x) = C \cdot \ln x$ definiert. Verlangen wir durch eine Zusatzforderung, daß z. B. $\lambda(10) = 1$ ist, so erhalten wir $C = \frac{1}{\ln 10} \approx 0{,}4343$.

Die zu dieser Konstante gehörende Funktion ist die Funktion des **Zehnerlogarithmus** oder Briggschen Logarithmus der Logarithmentafel. Denn aus $y = \lg x \Rightarrow x = 10^y \Rightarrow$ $\Rightarrow x = 10^{\lg x}$, wie schon in der Mittelstufe gezeigt wurde für $x \in \mathbb{R}^+$. Logarithmieren wir die letzte Gleichung zur Basis e, so ergibt sich $\ln x = \lg x \cdot \ln 10 \Rightarrow \lg x = \frac{\ln x}{\ln 10} = \lambda(x)$.

Die Konstante $M = \frac{1}{\ln 10} \approx 0{,}4343$ heißt der Modul der Zehnerlogarithmen. Wir schreiben $\lg x = M \cdot \ln x$.
Daraus ersieht man, daß man den Zehnerlogarithmus einer positiven Zahl erhält, indem man den natürlichen Logarithmus der Zahl mit dem Modul M multipliziert.

Beliebige Basis $a \in \mathbb{R}^+ \setminus \{1\}$

Wir verlangen nun, daß $\lambda(a) = 1$ ist. Für C erhalten wir $C = \frac{1}{\ln a}$.

Definition 13.3:

Die Funktion $f: x \mapsto f(x) = \log_a x = \frac{\ln x}{\ln a}$ heißt Logarithmusfunktion zur Basis a. Ihre Definitionsmenge ist $D_f = \mathbb{R}^+$.

Die Funktionswerte der Logarithmusfunktion mit $f(x) = \frac{\ln x}{\ln a} = \log_a x$ ergeben sich aus den Werten von ln x durch Multiplikation mit $\frac{1}{\ln a}$. Daher gilt der

Satz 13.11:

Die Funktion $f: x \mapsto \log_a x = \frac{\ln x}{\ln a}$ ist für $a > 1$ streng monoton wachsend und für $0 < a < 1$ streng monoton abnehmend.

Für das Rechnen mit den Logarithmen gilt der

Satz 13.12:

Für $a \in \mathbb{R}^+ \setminus \{1\}$ und $u, v \in \mathbb{R}^+$ ist

1. $\log_a (uv) = \log_a u + \log_a v$
2. $\log_a \frac{u}{v} = \log_a u - \log_a v$
3. $\log_a (u^r) = r \cdot \log_a u$ für $r \in \mathbb{R}$.

Die Beweise erfolgen durch Anwendung der Sätze 13.1; 13.3 und 13.4.

Satz 13.13:

Die Ableitung der Funktion $f: x \mapsto \log_a x$ mit $D_f = \mathbb{R}^+$ ist $f'\, x \mapsto \frac{1}{x \cdot \ln a}$, also $(\log_a x)' = \frac{1}{x \cdot \ln a}$.

Der Beweis ergibt sich sofort aus $\log_a x = \frac{\ln x}{\ln a}$.

13.4.2 Die allgemeine Exponentialfunktion

Wegen ihrer strengen Monotonie hat die Funktion $f: x \mapsto \log_a x = \frac{\ln x}{\ln a}$ eine streng monotone Umkehrfunktion, die wir zunächst mit $A: y \mapsto x = A(y)$ bezeichnen wollen. Führen wir für diese Funktion A dieselben Überlegungen durch, wie wir sie für die Funktion $E: y \mapsto E(y)$ durchgeführt haben, so erhalten wir schließlich die allgemeine Exponentialfunktion mit der Basis $a > 0$ $f: x \mapsto f(x) = a^x$ mit $D_f = \mathbb{R}$.

Satz 13.14:

Die Ableitung der Exponentialfunktion $f: x \mapsto a^x$, $a > 0$ ist $f': x \mapsto a^x \cdot \ln a$, also $(a^x)' = a^x \cdot \ln a$.

Beweis:

Aus $x = \frac{\ln y}{\ln a} \Rightarrow \ln y = x \cdot \ln a \Leftrightarrow y = e^{x \ln a}$. Daraus ersehen wir, daß sich die allgemeine Exponentialfunktion stets auf die spezielle mit der Basis e zurückführen läßt. Es ist also $a^x = e^{x \ln a}$ für $a \in \mathbb{R}^+$ und $x \in \mathbb{R}$.
Daraus ergibt sich nach der Kettenregel $(a^x)' = (e^{x \ln a})' = e^{x \ln a} \cdot \ln a = a^x \cdot \ln a$.

Aufgaben

Bilde die Ableitung folgender durch Terme gegebenen Funktionen:

1. 2^x; 10^x; a^{2x}; a^{x^2} $(a > 0)$; 10^{2x+3}; 2^{3-x}; $x \cdot 10^x$; $x^2 \cdot 2^x$

2. $\log_a (4x - 3)$; $\log_a \frac{2}{x}$; $\log_a (1 + a^x)$; $\log_a (4 + x^2)$

3. Diskutiere die Funktion $x \mapsto f(x) = \frac{2^x}{\sqrt{1 - 4^x}}$ und zeichne die zugehörige Bildkurve (Einheit 2 cm)! Welches ist ihre maximale Definitionsmenge? Untersuche das Verhalten für $x \to 0$ und $x \to -\infty$!

4. Beweise, daß die Subtangente (Projektion des Tangentenstücks zwischen dem Berührpunkt und der x-Achse auf die x-Achse) für jede Exponentialfunktion $x \mapsto y = a$ $(a > 0)$ konstant ist. Wie groß ist sie? Was ergibt sich für $a = e$? Verwende das Ergebnis zur Konstruktion der Tangente in einem beliebigen Punkt der Bildkurve zu $y = e^x$!

5. Gegeben ist die Funktion $x \mapsto y = a^x$ $(a > 0)$. Skizziere in dasselbe Achsenkreuz die zugehörigen Bildkurven für $a = 1$; 1,3; 1,5; 2 und e! (Verwende verschiedene Farben!).
Bestimme den kürzesten Abstand der Bildkurve zu $y = a^x$ von der Geraden $y = x$!
Für welchen Wert von a wird dieser Abstand gleich Null? $\left(\text{Ergebnis: } a = e^{\frac{1}{e}}\right)$. Zeige, daß in diesem Falle die Kurve die Gerade berührt und berechne die Koordinaten des Berührpunktes!

6. Unter welchen Winkeln wird die x-Achse von den Bildkurven zu $x \mapsto y = \ln x$ und $x \mapsto y = \lg x$ geschnitten?

13.5 Die Differentialgleichung der Exponentialfunktion

Bei der Behandlung vieler Probleme aus Physik und Technik treten Gleichungen auf, in denen außer dem Funktionsterm $f(x)$ auch Terme ihrer Ableitungen $f'(x)$, $f''(x)$ usw. vorkommen können. Solche Gleichungen heißen Differentialgleichungen, und zwar 1. Ordnung, 2. Ordnung usw., wenn als Ableitungen höchster Ordnung nur $f'(x)$, $f''(x)$ .. vorkommen.
(1) $f'(x) + g(x)\,f(x) + h(x) = 0$ ist eine lineare Differentialgleichung 1. Ordnung, wobei g und h in einem Intervall $J = [a, b]$ stetig sind.
Eine Funktion f heißt Lösung dieser Gleichung, wenn f und f′ in J stetig sind und für alle $x \in J$ gilt: $f'(x) + g(x)\,f(x) + h(x) = 0$. Unter der allgemeinen Lösung der Gleichung (1) versteht man die Menge aller Lösungen $L = \{f(x) \mid f, f' \text{ stetig in } J \wedge f'(x) + g(x)\,f(x) + h(x) = 0\}$. Wir besprechen die Differentialgleichung der Exponentialfunktion.

Bei der Exponentialfunktion $f\colon x \mapsto f(x) = e^x = y$ haben wir erhalten

$$f'\colon x \mapsto f'(x) = e^x = y'.$$

Es gilt also (1) $f' = f$ oder, wie wir auch schreiben können, $y' = y$.
Auch die Gleichung $f'(x) = \cos x$ stellt eine Differentialgleichung dar. Ihre Lösung ist die Menge der Stammfunktionen zu $g(x) = \cos x$, nämlich $f(x) = \sin x + C$.
Wir betrachten eine etwas allgemeinere Differentialgleichung als (1).

$$f' = k \cdot f \text{ oder } y' = k \cdot y \text{ für } k \neq 0.$$

Zur Lösung dieser Gleichung machen wir versuchsweise den Ansatz $y = e^{kx}$ und erhalten $y' = k \cdot e^{kx}$, woraus $y' = ky$ folgt.

Um festzustellen, ob das alle Lösungen sind, nehmen wir an, $y = f(x)$ sei irgendeine Lösung und setzen $z(x) = f(x) \cdot e^{-kx}$.
Für z′ erhalten wir

$$z'(x) = f(x) \cdot (-k)\,e^{-kx} + e^{-kx} \cdot f'(x) = -k \cdot f(x) \cdot e^{-kx} + k \cdot f(x) \cdot e^{-kx} = 0.$$

Nach dem Mittelwertsatz ist deshalb $z(x) = c$ und aus $c = f(x) \cdot e^{-kx}$ erhält man die allgemeine Lösung $y = f(x) = c \cdot e^{kx}$ der Differentialgleichung $f' = k \cdot f$.

14. Anwendungen der Exponentialfunktion in der Naturwissenschaft

Die Exponentialfunktion hat eine sehr große Bedeutung sowohl in der Mathematik wie auch in den Naturwissenschaften und in der Wirtschaft. Wir wollen einige Beispiele behandeln.

14.1 Radioaktiver Zerfall

Aus Beobachtungen weiß man, daß von einem bestimmten Radionuklid (strahlenaussendende Kernart) in jeder Zeiteinheit ein gleichbleibender Bruchteil der vom Nuklid jeweils noch vorhandenen Atome zerfällt.
Sei N(t) die Zahl der Atome, die zu einer bestimmten Zeit t noch vorhanden sind. In dem folgenden Zeitintervall Δt sollen davon $\Delta N(t)$ Atome zerfallen. Da in jeder Zeiteinheit ein gleichbleibender Bruchteil der noch vorhandenen Atome zerfällt, muß gelten $\frac{\Delta(N)t}{\Delta t} = -\lambda N(t)$. Dabei ist λ die Zerfallskonstante, die für jedes Radionuklid charakteristisch ist, während das Minuszeichen angibt, daß die Anzahl der Atome mit der Zeit abnimmt.

Wir können die Funktion $t \mapsto N(t)$ als differenzierbar ansehen und erhalten

$$\dot{N}(t)^{1)} = -\lambda N(t)$$

Nach **13.5** erhalten wir für die Lösung dieser Differentialgleichung

$$N(t) = c \cdot e^{-\lambda t}$$

Sei zur Zeit $t = 0$ die Zahl der Atome N_0, dann ist $c = N_0$ und das Zerfallgesetzt lautet

$$\mathbf{N = N_0 \cdot e^{-\lambda t}.}$$

Als Maß für die Zerfallsgeschwindigkeit verwendet man in der Physik die „Halbwertszeit $T_{\frac{1}{2}}$“, das ist die Zeit, nach der die Hälfte der zur Zeit $t = 0$ vorhandenen N_0 Kerne zerfallen ist.

Man erhält aus $\frac{1}{2} N_0 = N_0 \cdot e^{-\lambda t}$ die Halbwertzeit $T_{\frac{1}{2}} = \frac{1}{\lambda} \cdot \ln 2$.

14.2 Stromverlauf beim Ein- und Ausschalten eines elektrischen Gleichstroms (Abb. 14,1)

Schaltet man in einem Stromkreis mit dem ohmschen Widerstand R und einer Spule mit der Induktivität L eine Gleichspannung U ein, so beobachtet man an einem in den Stromkreis eingeschalteten Amperemeter, daß die Stromstärke anfangs rasch, dann aber langsamer ansteigt und ihren höchsten Wert $J_{max} = \frac{U}{R}$ erst nach einigen Sekunden erreicht. Für die Aufstellung der Differentialgleichung müssen wir beachten, daß jede

[1] Die Ableitung einer Funktion $f: t \mapsto f(t)$ nach t bezeichnen wir mit $\dot{t}: t \mapsto \dot{f}(t)$

Änderung der Stromstärke eine Gegenspannung $L \cdot \dot{J}(t)$ induziert. Wegen des Spannungsabfalls am Widerstand R mit $J \cdot R$ gilt in jedem Zeitpunkt t

$$\text{(a)} \qquad U - L \cdot \dot{J}(t) = J(t) \cdot R.$$

Um diese Gleichung auf die Differentialgleichung aus 13.5 zurückzuführen, setzen wir $f(t) = J(t) - \frac{U}{R} \Rightarrow J(t) = f(t) + \frac{U}{R}$, wobei f(t) nach der Zeit t differenzierbar sein soll. Es ist $\dot{J}(t) = \dot{f}(t)$ und aus der Gleichung (a) ergibt sich

$$\dot{f}(t) = -\frac{R}{L} \cdot f(t) \text{ mit } f(t) = c \cdot e^{\frac{-R}{L}} \text{ und } J(t) = c \cdot e^{-\frac{R}{L} \cdot t} + \frac{U}{R}.$$

Zum Zeitpunkt des Einschaltens $t = 0$ ist $J(0) = 0$ und $c = -\frac{U}{R}$. Damit erhalten wir für die Abhängigkeit der Stromstärke J von der Zeit t

$$J(t) = \frac{U}{R}\left(1 - e^{-\frac{U}{R} \cdot t}\right).$$

Da $\lim\limits_{t \to \infty} J(t) = \frac{U}{R}$, ergibt sich, daß sich J dem Wert $\frac{U}{R}$ asymptotisch nähert.

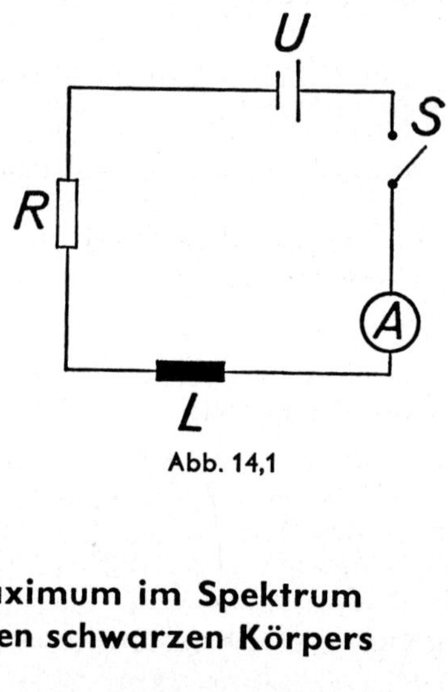

Abb. 14,1

14.3 Das Energiemaximum im Spektrum eines strahlenden schwarzen Körpers

Für die Dichte E der von einem vollkommen schwarzen Körper ausgestrahlten Energie der Wellenlänge λ und der absoluten Temperatur T hat Max Planck um 1900 folgendes Strahlungsgesetz gefunden

$$E(\lambda) = \frac{2hc^2}{\lambda^5\left(e^{\frac{hc}{k\lambda T}} - 1\right)},$$

wobei h das Plancksche Wirkungsquantum, k die Boltzmannsche Konstante und c die Lichtgeschwindigkeit bedeuten.

Bei konstanter Temperatur T ist die Energiedichte E des strahlenden Körpers nur von der Wellenlänge λ abhängig und es tauchte die Frage nach einer Wellenlänge λ_0 mit maximaler Energiedichte auf. Zur Vereinfachung der Rechnung setzen wir $A = 2hc^2$ und $b = \frac{hc}{kT}$. Dann ist $E(\lambda) = \frac{A}{\lambda^5\left(e^{\frac{b}{\lambda}} - 1\right)}$.

Wir leiten logarithmisch nach λ ab und erhalten $\ln E(\lambda) = \ln A - 5\ln\lambda - \ln\left(e^{\frac{b}{\lambda}} - 1\right) \Rightarrow$

$$\Rightarrow E'(\lambda) = E(\lambda) \cdot \left(-\frac{5}{\lambda} - \frac{e^{\frac{b}{\lambda}}}{e^{\frac{b}{\lambda}} - 1}\left(-\frac{b}{\lambda^2}\right)\right) \Rightarrow E'(\lambda) = \frac{E(\lambda)}{\lambda} \cdot \left(\frac{be^{\frac{b}{\lambda}}}{\lambda\left(e^{\frac{b}{\lambda}} - 1\right)} - 5\right).$$

Aus der notwendigen Bedingung für $E_{max}(\lambda)$, $E'(\lambda) = 0$ ergibt sich $\frac{be^{\frac{b}{\lambda}}}{\lambda\left(e^{\frac{b}{\lambda}} - 1\right)} = 5$. Setzen wir noch $x = \frac{b}{\lambda}$, so erhalten wir die transzendente Gleichung $\frac{x \cdot e^x}{e^x - 1} = 5 \Rightarrow x = \frac{e^x - 1}{e^x} \cdot 5$, woraus man ersieht, daß x etwas kleiner als 5 sein muß.

Man erhält durch Interpolieren $x \approx 4{,}96$.

Wegen $x = \frac{hc}{k\lambda T} = 4{,}96$ gilt $\lambda_{max} \cdot T =$ **const.**

Das ist das Wiensche Verschiebungsgesetz, das die Beziehung zwischen der absoluten Temperatur eines schwarzen Körpers und der Wellenlänge mit maximaler Strahlungsdichte angibt. Das Maximum der Strahlung verschiebt sich mit steigender Temperatur nach kürzeren Wellen. Erst bei etwa 3800 K rückt es ins sichtbare Licht.

14.4 Die barometrische Höhenformel

Die Erde ist von einer mehrere Kilometer hoch reichenden Lufthülle umgeben, die wegen der Erdanziehung eine Gewichtskraft auf die Erdoberfläche ausübt. Diese Kraft von etwa 10^5 Nm^{-2} bezeichnet man als (atmosphärischen) Luftdruck. Weil der Luftdruck durch die Gewichtskraft der über der Flächeneinheit liegenden Luftsäule bestimmt ist, nimmt er mit zunehmender Höhe ab. Wir wollen nun untersuchen, nach welchem Gesetz diese Luftdruckabnahme mit der Höhe erfolgt.

In der Höhe h über der Erdoberfläche soll der Luftdruck p(h) herrschen. Dann liefert eine darüberliegende dünne Luftschicht von der Dicke Δh den Beitrag $\rho \cdot g \cdot \Delta h$ zum Luftdruck in der Höhe $(h + \Delta h)$. Dabei bedeutet ρ die Dichte der Luft in der Höhe h. Ist ρ_0 die Dichte der Luft am Erdboden mit dem Normalluftdruck p_0, so folgt aus dem Boyle-Mariotte-Gesetz $\rho_0 : \rho = p_0 : p$ bei konstanter Temperatur. Damit ergibt sich für die Änderung des Luftdrucks von der Höhe h zur Höhe $(h + \Delta h)$ $\Delta p = -\frac{\rho_0}{p_0} \cdot gp \cdot \Delta h$, wobei g die Fallbeschleunigung bedeutet. Das Minuszeichen gibt an, daß der Luftdruck mit der Höhe abnimmt.

Bilden wir $\lim\limits_{h \to 0} \frac{\Delta p}{\Delta h} = p'(h)$, so gilt $p'(h) = -\frac{\rho_0}{p_0} \cdot g \cdot p(h)$

Für die Lösung dieser Differentialgleichung erhalten wir nach **13.5** die barometrische Höhenformel

$$p(h) = p_0 \cdot e^{-\frac{\rho_0}{p_0} \cdot gh}$$

Mit Hilfe dieser Gleichung kann der Luftdruck unter den genannten Voraussetzungen in jeder beliebigen Höhe berechnet werden.

Setzen wir für 0° C $g = 9{,}81\ \mathrm{ms}^{-2}$, $\rho_0 = 1{,}293\ \mathrm{kgm}^{-3}$ und $p_0 = 10^5\ \mathrm{Nm}^{-2}$, so wird $p(h) = p_0 \cdot e^{\frac{-h}{8\ \mathrm{km}}}$, wobei die Höhe h in km eingesetzt werden muß.

Man erhält z. B. für h = 5 km nur noch ungefähr $\frac{1}{2}\, p_0$ und in etwa 11 km nur $\frac{1}{4}\, p_0$.

Löst man diese Gleichung nach h auf, so kann man umgekehrt aus einer Druckmessung die Höhe h berechnen. Man erhält $h = \frac{p_0}{\rho_0 g} \ln \frac{p_0}{p}$.

Für das Zahlenbeispiel ergibt sich $h = 8\ \mathrm{km} \cdot \ln \frac{p_0}{p}$.

Aufgaben

1. Nach welcher Zeit verdreifacht sich der Holzbestand eines Waldes, wenn die durchschnittliche Wachstumsintensität $\alpha = 0{,}45\ \mathrm{a}^{-1}$ beträgt? (1 a ist 1 Jahr).

2. Die Beobachtung unter einem Mikroskop ergab, daß bei einer Bakterienkultur von 100 Bakterien in $1\frac{1}{2}$ Std. 12 Bakterien zur Teilung gelangen. Auf das Wievielfache haben sich die Bakterien dieser Kultur in 4 Tagen vermehrt?

3. Man bestimme die Halbwertzeiten folgender Radionuklide der Transurane:

   a) Plutonium 239, $\lambda = 2{,}85 . 10^{-5}\ \mathrm{a}^{-1}$
   b) Plutonium 237, $\lambda = 3{,}85\ \mathrm{s}^{-1}$
   c) Einsteinium 254, $\lambda = 1{,}44 . 10^{-3}\ \mathrm{d}^{-1}$ (1 d = 1 Tag)

4. In welcher Zeit ist die Aktivität eines Radionuklids mit $\lambda = 0{,}05\ \mathrm{s}^{-1}$ auf den 5. Teil abgesunken?

5. Ein Körper kühlt sich in 1 Minute von 120°C auf 105°C ab. In welcher Zeit hat er sich von 105°C auf 70°C abgekühlt, wenn das Newtonsche Abkühlungsgesetz $T = T_0 \cdot e^{-kt}$ gelten soll. Dabei hängt die Konstante k von der Masse, der spezifischen Wärme und von der Oberflächenbeschaffenheit des Körpers ab.

15. Der Quotient von Funktionen

15.1 Ableitung der Quotientenregel

In **3.6.2** haben wir den Quotienten zweier Funktionen f und g definiert als

$$\frac{f}{g}: x \mapsto \frac{f(x)}{g(x)} \text{ mit } D_{\frac{f}{g}} = D_f \cap \{x \in D_g \mid g(x) \neq 0\}.$$

Für die Ableitung des Quotienten fanden wir in **6.3.1** (Satz 6.9)

$$\left(\frac{f(x)}{g(x)}\right)' = \frac{g(x) \cdot f'(x) - f(x) \cdot g'(x)}{(g[x])^2}$$

Mit Hilfe der Kettenregel (Satz 6.8) erhalten wir eine weitere Herleitung der Quotientenregel. Dazu beweisen wir den

Satz 15.1:

Ist die Funktion $g: x \mapsto g(x)$ in $x_0 \in D_g$ differenzierbar und ist $g(x_0) \neq 0$, so ist auch die reziproke Funktion $\frac{1}{g}: x \mapsto \frac{1}{g(x)}$ in x_0 differenzierbar und es gilt

$$\left(\frac{1}{g(x)}\right)' = \frac{-g'(x)}{(g[x])^2}.$$

Beweis:

Es sei $f: x \mapsto f(x) = \frac{1}{x}$; $x \neq 0$. Dann ist $F = f \circ g: x \mapsto f(g[x]) = \frac{1}{g(x)}$. Nach der Kettenregel ist

$$f(g[x])' = \frac{-1}{(g[x])^2} \cdot g'(x) = \frac{-g'(x)}{(g[x])^2}.$$

Mit Hilfe der Produktregel kann man aus $\frac{f(x)}{g(x)} = \frac{1}{g(x)} \cdot f(x)$ die Quotientenregel erhalten (Aufgabe!).

Schließlich wollen wir noch die Quotientenregel aus der Definition der Ableitung herleiten.

Ableitung der Quotientenregel

Nach der Definition der Ableitung ist für $F(x) = \frac{f(x)}{g(x)}$, $g(x) \neq 0$

$$F'(x) = \lim_{h \to 0} \frac{F(x+h) - F(x)}{h} = \lim_{h \to 0} \frac{\frac{f(x+h)}{g(x+h)} - \frac{f(x)}{g(x)}}{h}$$

Durch entsprechende Umformung des Zählers erhalten wir

$$\frac{f(x+h) \cdot g(x) - f(x) \cdot g(x+h)}{g(x+h) \cdot g(x)} = \frac{f(x+h) \cdot g(x) - f(x) \cdot g(x) - [f(x) \cdot g(x+h) - f(x) \cdot g(x)]}{g(x+h) \cdot g(x)}$$

Durch Grenzübergang $h \to 0$ erhält man die **Quotientenregel:**

$$\boxed{F'(x) = \frac{g(x) \cdot f'(x) - f(x) \cdot g'(x)}{g[(x)]^2}}$$ oder in Worten

$$F'(x) = \frac{\textbf{Nenner mal Ableitung des Zählers – Zähler mal Ableitung des Nenners}}{\textbf{Nenner im Quadrat}}$$

15.2 Gebrochen-rationale Funktionen

15.2.1 Erklärung. Nullstellen. Pole

1. Erklärung

Sind $P(x) = a_0x^n + a_1x^{n-1} + \ldots + a_n$ und
$Q(x) = b_0x^m + b_1x^{m-1} + \ldots + b_m$ zwei Polynome, so heißt die Funktion f mit $y = f(x) = \frac{P(x)}{Q(x)}$ (für alle x mit $Q(x) \neq 0$) eine gebrochen rationale Funktion. Nur wenn P(x) durch Q(x) teilbar ist, ergibt sich wieder eine ganze rationale Funktion. Man unterscheidet zwischen einer **echt gebrochen** rationalen Funktion, wenn $n < m$ ist und einer **unecht gebrochen** rationalen Funktion, wenn $n \geqq m$ ist.

Beispiele (die Funktionen sind durch Terme gegeben):

Echt gebrochen rationale Funktionen: $\frac{1}{x}$; $\frac{x}{x^2+1}$; $\frac{x-1}{x^3+8}$

Unecht gebrochen rationale Funktionen: $\frac{x^3}{x+1}$; $\frac{x^2-1}{x^2+1}$; $\frac{x^3+3x^2}{2x^2+9}$

Die rationale Funktion $x \mapsto f(x) = \frac{P(x)}{Q(x)}$
ist für alle Argumente x definiert, für welche $Q(x) \neq 0$ ist.
Jede unecht gebrochen rationale Funktion kann durch Division des Zählerpolynoms durch das Nennerpolynom in eine ganz rationale Funktion G mit der Ordnung $(n - m)$ und eine echte gebrochen rationale Funktion R zerlegt werden.

Beispiel:

$$P(x) = 2x^3 + 5x^2 + x - 7; \quad Q(x) = x^2 + x - 2$$
$$\frac{P(x)}{Q(x)} = \frac{2x^3 + 5x^2 + x - 7}{x^2 + x - 2} = 2x + 3 + \frac{2x-1}{x^2+x-2}, \text{ wobei}$$
$$G(x) = 2x + 3 \text{ und } R(x) = \frac{2x-1}{x^2+x-2} \text{ ist.}$$

2. Nullstellen, Pole und Lücken rationaler Funktionen

a) Nullstellen

Die Nullstellen der rationalen Funktion $f\colon x \mapsto f(x) = \frac{P(x)}{Q(x)}$ ergeben sich aus der Bedingung $f(x) = 0$; es gilt $\frac{P(x)}{Q(x)} = 0$, wenn $P(x) = 0$ ist; dabei ist zu prüfen, ob die Nullstellen von P(x) auch Elemente von D_f sind.

b) Pole oder Unendlichkeitsstellen

In den Nullstellen des Nennerpolynoms Q(x) ist die Funktion $f\colon x \mapsto \frac{P(x)}{Q(x)}$ nicht definiert. Ist eine solche Nullstelle nicht zugleich auch eine Nullstelle des Zählerpolynoms, so nimmt die Funktion f für alle Stellen in einer ε-Umgebung $U_\varepsilon(x_0)$ beliebig große absolute Werte an. Eine solche Stelle haben wir in 5.6.4 als Unendlichkeitsstelle bezeichnet. Bei gebrochenenen rationalen Funktionen ist dafür auch die Bezeichnung „Pol" üblich.

Definition 15.1:

Eine gebrochen rationale Funktion $f\colon x \mapsto \frac{P(x)}{Q(x)}$ hat an der Stelle x einen k-fachen Pol, wenn die k-fache Nullstelle x_0 des Nennerpolynoms Q(x) nicht zugleich Nullstelle des Zählerpolynoms P(x) ist. k heißt die Ordnung des Pols.

Beispiele:

1. Bei der Funktion $f\colon x \mapsto \frac{1}{x}$ ist $x = 0$ ein Pol erster Ordnung.
2. Bei der Funktion $g\colon x \mapsto \frac{1}{x^2}$ ist $x = 0$ ein Pol zweiter Ordnung.
3. Bei der Funktion $h\colon x \mapsto \frac{2x-3}{(x-3)^3}$ ist $x = 3$ ein Pol dritter Ordnung.

Bemerkung:

Beim Überschreiten eines Poles von ungerader Ordnung wechseln die Funktionswerte ihr Vorzeichen, bei Polstellen gerader dagegen nicht.

c) Lücken (Definitionslücken)

Die Funktion $f\colon x \mapsto \frac{2(x-1)}{x-1}$ ist für $x = 1$ nicht definiert; das Zählerpolynom hat aber für $x = 1$ eine Nullstelle. Für $x \to 1$ hat f den Grenzwert $f_0 = 2$. Ordnen wir statt dessen der Stelle $x = 1$ diesen Grenzwert $f_0 = 2$ als Funktionswert zu, so erhalten wir mit der neuen Funktion $g\colon x \mapsto \begin{cases} \frac{2(x-1)}{x-1} & \text{für } x \neq 1 \\ 2 & \text{für } x = 1 \end{cases}$ eine **stetige Fortsetzung** der Funktion f, da $D_f = \mathbb{R} \setminus \{1\} \subset D_g = \mathbb{R}$ ist (siehe 5.6.1).

15.2.2 Asymptoten

1. Vertikale Asymptoten (parallel zur y-Achse)

Hat die Funktion $f\colon x \mapsto f(x)$ für $x = a$ eine Unendlichkeitsstelle, so heißt die Gerade $g\colon x - a = 0$ eine Asymptote an die Bildkurve zur Funktion f.

Beispiele:

1. $f\colon x \mapsto \frac{x^2}{x-2}$; $D_f = \mathbb{R} \setminus \{2\}$. Die Gerade $g\colon x - 2 = 0$ ist eine vertikale Asymptote.
2. $g\colon x \mapsto \tan x$; $D_f = [0; \pi] \setminus \left\{\frac{\pi}{2}; \frac{3\pi}{2}\right\}$. Asymptoten sind die Geraden $x - \frac{\pi}{2} = 0$ und $x - \frac{3\pi}{2} = 0$.

2. Horizontale Asymptoten (parallel zur x-Achse)

Ist bei der Funktion $f: x \mapsto f(x)$ mit $D_f = [a; \infty[$ oder $D_f =]-\infty; a]$ $\lim\limits_{x \to \infty} f(x) = b$ oder $\lim\limits_{x \to -\infty} f(x) = b$, so heißt die Gerade $y - b = 0$ eine horizontale Asymptote.

Beispiel:

$f: x \mapsto \frac{2x}{x-3}$; $D_f = \mathbb{R} \setminus \{3\}$. Es ist $\lim\limits_{x \to \pm\infty} \frac{2x}{x-3} = 2$, daher ist die Gerade $y - 2 = 0$ eine horizontale Asymptote.

3. Schiefe Asymptoten

Sei $f: x \mapsto f(x) = \frac{P(x)}{Q(x)}$ eine unecht gebrochen rationale Funktion. Bei der Division des Zählerpolynoms $P(x)$ durch das Nennerpolynom $Q(x)$ ergebe sich $f(x) = ax + b + R(x)$, wobei $R: x \mapsto R(x)$ eine echt gebrochen rationale Funktion ist. Ist $\lim\limits_{x \to \infty} [f(x) - (ax + b)] = \lim\limits_{x \to \infty} R(x) = 0$, so heißt die Gerade $y = ax + b$ eine (schiefe) Asymptote an die Bildkurve zu f.

Beispiel:

$f: x \mapsto f(x) = \frac{x^3 + 2x^2 + 9x + 2}{2(x^2+1)} = \frac{x}{2} + 1 + \frac{4x}{x^2+1}$.

Es ist $R(x) = \frac{4x}{x^2+1}$ und $\lim\limits_{x \to \infty} R(x) = 0$; daher ist $y = \frac{x}{2} + 1$ eine (schiefe) Asymptote.

Für die Asymptote einer beliebigen Funktion f geben wir folgende

Definition 15.2:

Eine Funktion $f: x \mapsto f(x)$ sei in $D_f = [a, \infty[$ oder $D_f =]-\infty, a]$ definiert. Gilt $\lim\limits_{x \to \infty} (f[x] - [ax + b]) = 0$ oder $\lim\limits_{x \to -\infty} (f[x] - [ax + b]) = 0$, so ist die Gerade $y = ax + b$ Asymptote an die Bildkurve zu f.

Aufgaben

Bestimme die sämtlichen Asymptoten zu den Bildkurven der folgenden Funktionen!

1. $x \mapsto y = \frac{x^2 - 2x - 1}{x + 1}$; $\quad y = \frac{3x^2 - 5}{2x + 1}$; $\quad y = \frac{25x - 16x^2}{4x + 5}$

2. $x \mapsto y = \frac{x^3}{x^2 + 2}$; $\quad y = \frac{x^3 + 1}{x^2 - 1}$; $\quad y = \frac{3 - x}{5 + x}$

3. $x \mapsto y = \frac{x^2 - 1}{x}$; $\quad y = \frac{x^3 - 4x}{x^2 - 9}$; $\quad y = \frac{x^3 - 36x}{x^2 + 9}$

4. $x \mapsto y = \frac{x^2}{x - 2}$; $\quad y = \frac{x^2 - 9}{x^2 - 4}$; $\quad y = \frac{x^3 - 9}{x^2 - 1}$.

Vermischte Aufgaben

1. Für die Funktion $f\colon x \mapsto f(x) = \sqrt{\dfrac{1+x}{1-x}}$ sollen die maximale Definitionsmenge D_f sowie etwaige Nullstellen bestimmt werden. Hat sie Extrem- und Wendestellen? Untersuche das Verhalten der Funktion f und ihrer ersten Ableitung f′ an den Grenzen der Definitionsmenge! Berechne noch $f'(0)$ und zeichne den Graphen von f! Einheit auf der x-Achse 5 cm, auf der y-Achse 2 cm.

2. Gegeben ist die Funktion $f\colon x \mapsto f(x) = \dfrac{\sqrt{1-x^2}}{x}$ mit $D_f =]0; 1]$. Untersuche das Verhalten von f und f′ an den Grenzen der Definitionsmenge und zeichne den Graphen von f, wobei noch die Funktionswerte und Steigungen des Graphen an den Stellen $x = \frac{1}{4}; \frac{1}{2}$ und $\frac{3}{4}$ berechnet werden sollen. Einheit auf der x-Achse 4 cm, auf der y-Achse 2 cm.

3. Für die Schar von Funktionen $f_a\colon x \mapsto f_a(x) = \dfrac{4}{\sqrt{x(2a-x)}}$; $a \in \mathbb{R}^+$ soll die maximale Definitionsmenge D_{f_a} bestimmt werden. Untersuche das Verhalten von f_a an den Grenzen der Definitionsmenge! Zeige ohne Verwendung der zweiten Ableitung, daß jede Funktion der Schar f_a genau ein Minimum hat. Auf welcher Kurve liegen die Tiefpunkte der Graphen von f_a für alle $a \in \mathbb{R}^+$? Können sich die Graphen zu zwei Funktionen f_a und f_b mit $a, b \in \mathbb{R}^+$ und $a \neq b$ schneiden? Weise schließlich nach, daß jeder Graph von f_a die Gerade $x = a$ als Symmetrieachse hat, weil für alle $x \in [0; a[$ gilt $f_a(a-x) = f_a(a+x)$. Zeichne in dasselbe Koordinatensystem die Graphen von f_a für $a = 1; 2; 4$! Einheit 1 cm. Leite logarithmisch ab!

4. Untersuche die Funktion $f\colon x \mapsto f(x) = \dfrac{2a^2x}{x^2+a^2}$ mit $a \in \mathbb{R}^+$ auf Symmetrie und ihr Verhalten für $x \to \infty$ und $x \to -\infty$! Berechne die Nullstellen, Extremwerte sowie Wendepunkte mit Wendetangenten und zeichne den Graphen für $a = 2$ im Intervall $[-4; 4]$!

5. Bestimme die maximale Definitionsmenge, die Nullstellen, die Extremwerte und die Monotoniebereiche für die Funktion $f\colon x \mapsto f(x) = bx\sqrt{16-x^2}$! Welche Definitionsmenge hat die Ableitung f′? Welcher Bedingung muß b genügen, damit $|f(x)| \leqq 1$ für alle $x \in D_f$ ist? Zeichne für den größten Wert von b den Graphen von f! Einheit 2 cm.

6. Bestimme die maximale Definitionsmenge und die Nullstelle der Funktion $f\colon x \mapsto f(x) = \sqrt{\dfrac{x}{x+2}}$! Untersuche f auf Extremstellen und Wendestellen (es empfiehlt sich logarithmische Ableitung!). Welches Verhalten zeigt die Funktion f und ihre Ableitung f′ an den Grenzen der Definitionsmenge und für $x \to +\infty$ und $x \to -\infty$? Zeichne den Graphen im Intervall $[-6; 5]$!

7. Bestimme die maximale Definitionsmenge D_f der Schar von Funktionen f_a: $x \mapsto f_a(x) = a \cdot \ln x + (1-a) \cdot \dfrac{1}{x}$; $a \in \mathbb{R}$. Für welche Werte von a haben die Graphen von f_a (mindestens) eine Tangente parallel zur x-Achse? Zeige, daß in diesem Fall genau ein Minimum vorliegt! Treten auch Wendestellen auf? Begründung! Zeichne den Graphen für $a = 0{,}5$ im Intervall $[0; 10]$!

8. Gegeben ist die Schar der Funktionen $f_a\colon x \mapsto f_a(x) = (x - a) \cdot \ln \frac{x}{a}$ mit $D_f = \mathbb{R}^+$ und $a \in \mathbb{R}^+$. Untersuche diese Funktionen auf Extrema und Wendestellen sowie das Verhalten für $x \to 0$ und $x \to +\infty$! Zeichne den Graphen von f_a für $a = 1$ im Intervall $[0; 4]$! Einheit 2 cm.

9. Weise nach, daß der Graph der Schar von Funktionen $f_a\colon x \mapsto f_a(x) = \left(\ln \frac{x}{a}\right)^2 + \ln a$ mit $D_f = \mathbb{R}^+$ für jedes $a \in \mathbb{R}^+$ genau einen Tiefpunkt T und genau einen Wendepunkt W besitzt! Berechne die Koordinaten dieser Punkte! Hat f_a Nullstellen? (Fallunterscheidungen!) Zeichne den Graphen von f_a für $a_1 = 1$ und $a_2 = \frac{1}{e}$. Einheit 3 cm.

10. Untersuche die Funktion $f\colon x \mapsto f(x) = e^{-\sqrt{|x|}}$ mit $D_f = \mathbb{R}$ auf Symmetrie. Berechne die erste Ableitung f′ und zeige, daß sie sich in folgender Form darstellen läßt: $f'(x) = -\frac{x}{2|x|\sqrt{|x|}} \cdot e^{-\sqrt{|x|}}$ für alle $x \in D_{f'}$. Bestimme $D_{f'}$! Welche Art von Symmetrie zeigt der Graph von f′? Ist f in $x = 0$ stetig und differenzierbar? Untersuche das Verhalten von f für $x \to +\infty$ und für $x \to -\infty$! Zeichne den Graphen von f im Intervall $[-4; 4]$! Einheit 2 cm.

11. Untersuche die Funktion $f\colon x \mapsto f(x) = x \cdot e^{1-|x|}$ mit $D_f = \mathbb{R}$ auf Symmetrie, Nullstellen und das Verhalten für $x \to +\infty$ und $x \to -\infty$! Weise nach, daß f überall in D_f differenzierbar ist und f′ sich wie folgt darstellen läßt: $f'\colon x \mapsto f'(x) = (1 - |x|) \cdot e^{1-|x|}$. Hat f Extrem- und Wendestellen? Berechne gegebenenfalls die Koordinaten dieser Stellen! Untersuche insbesondere das Verhalten von f″ an der Stelle $x = 0$! Zeichne den Graphen von f im Intervall $[-4; 4]$! Einheit 2 cm.

12. Bestimme die maximale Definitionsmenge D_f sowie die Nullstelle der Funktion $f\colon x \mapsto f(x) = \frac{\sqrt{e^x - 1}}{e^x}$. Beweise nur mit Hilfe der ersten Ableitung f′, daß f ein relatives Maximum hat, welches zugleich das absolute der Funktion f ist! Bestimme die Wertemenge W_f! Welches Verhalten zeigen f und f′ für $x \to +\infty$ unf f′ bei rechtsseitiger Annäherung an die Stelle $x = 0$? Begründe allein mit der ersten Ableitung, daß f einen Wendepunkt haben muß! Zeichne den Graphen im Intervall $[0; 3]$! Einheit 4 cm.

13. Diskutiere die beiden Funktionen $f\colon x \mapsto f(x) = (2 - e^x)^2$; $D_f = \mathbb{R}$ und $g\colon x \mapsto g(x) = (2 - e^{|x|})^2$; $D_g = \mathbb{R}$! Untersuche bei den Funktionen das Verhalten für $x \to +\infty$ und $x \to -\infty$ sowie etwaige Symmetrieverhältnisse! Sind beide Funktionen für alle $x \in D_f$, D_g stetig und differenzierbar? Untersuche insbesondere die Stelle $x = 0$ für die Funktion g!
Skizziere beide Graphen von f und g in dasselbe Koordinatensystem (verschiedene Farben), und zwar für f im Intervall $[-3; \frac{3}{2}]$ und für g im Intervall $[-\frac{3}{2}; \frac{3}{2}]$! Einheit auf der x-Achse 2 cm, auf der y-Achse 1 cm.

14. Untersuche die Funktion $f\colon x \mapsto f(x) = 1 - \frac{8}{e^{2x} + 4}$ mit $D_f = \mathbb{R}$ auf Nullstellen, Monotonie und Verhalten für $x \to +\infty$ und $x \to -\infty$! Gib die Wertemenge W_f und die Asymptoten der Funktion an! Bestimme die Wendestelle von f und den

Wert der ersten Ableitung in ihr! Zeige, daß der Graph von f symmetrisch zum Punkt Z (ln 2; 0) liegt, weil für alle $x \in \mathbb{R}$ $f(\ln 2 - x) = -f(\ln 2 + x)$ gilt. Beweise, daß für alle $x \in D_f$ die Ungleichung gilt $1 - f(x) \leqq 2e^{-x}$ (Hinweis: Setze $z = e^x$)! Zeichne den Graphen von f! Einheit 2 cm.

15. Diskutiere die Funktion $f: x \mapsto f(x) = \frac{\ln x + 0{,}5}{x^2}$ mit $D_f = \mathbb{R}^+$! Bestimme die Grenzwerte von f und f' für $x \to +\infty$ und für $x \to 0$ von rechts her! Welche Wertemenge W_f hat die Funktion f? Begründung! Zeichne den Graphen im Intervall [0,5; 3]! Einheit 4 cm.

16. Gegeben ist die Schar von Funktionen $f_a: x \mapsto f_a(x) = \frac{e^x - a}{e^x + a}$; $a \in \mathbb{R} \setminus \{0\}$.
Untersuche unter Beachtung der beiden Fälle $a > 0$ und $a < 0$ die Definitionsmengen, das Monotonieverhalten, die Existenz von Nullstellen und Wendestellen der Funktionen f_a! Bestimme die Grenzwerte $x \to +\infty$ und $x \to -\infty$ für die Funktionen f_a und für ihre ersten Ableitungen f_a!
Übertrage diese Ergebnisse auf die beiden Funktionen $f_1: x \mapsto f_1(x) = \frac{e^x - 1}{e^x + 1}$ und $f_{-1}: x \mapsto f_{-1}(x) = \frac{e^x + 1}{e^x - 1}$ und weise nach, daß die Graphen beider Funktionen punktsymmetrisch zum Ursprung 0 sind! Zeichne beide Graphen im Intervall [− 3; 3]! Einheit 2 cm.

17. Eine Funktion f ist gegeben durch $f: x \mapsto f(x) = \begin{cases} 2xe^{\frac{1}{2}x} & \text{für } x \geqq 0 \\ -2xe^{\frac{1}{2}x} & \text{für } x < 0 \end{cases}$

Untersuche die Funktion f an der Stelle $x = 0$ auf Stetigkeit und Differenzierbarkeit und bestimme ohne zweite Ableitung f'' das relative und das absolute Extremum von f. Welche Wertemenge hat f? Zeichne den Graphen von f im Intervall [−3; 2]! Einheit auf der x-Achse 2 cm, auf der y-Achse 4 cm.

18. Bestimme die maximale Definitionsmenge D_f sowie die Grenzwerte der Funktion $f: x \mapsto f(x) = \frac{e^x}{\sqrt{1 - e^{2x}}}$ für $x \to 0$ von links und für $x \to -\infty$! Untersuche f auf Monotonie und die Existenz von Extremwerten! Zeichne den Graphen von f im Intervall $[-3; \frac{1}{4}]$! Einheit auf der x-Achse 2 cm, auf der y-Achse 5 cm.

19. Diskutiere die beiden Funktionen $f: x \mapsto f(x) = 2e^{-x}$ und $g: x \mapsto g(x) = -2xe^{-x}$ mit $D_f = D_g = \mathbb{R}$! Bestimme ihren Schnittpunkt sowie die Grenzwerte für $x \to +\infty$! Berechne noch einige Funktionswerte und zeichne beide Graphen in dasselbe Koordinatensystem im Intervall [−1; 3]! Einheit 2 cm. Für welche Stelle x ist die Differenz der Ordinaten von f und g am größten?

20. Gegeben ist die Funktion $f: x \mapsto f(x) = \ln \frac{a + x}{a - x}$; $a \in \mathbb{R}^+$. Bestimme die maximale Definitionsmenge D_f, die Nullstelle, etwaige Extremstellen und Wendestellen sowie die Grenzwerte von f für $x \to a$ und $x \to -a$! Weise nach, daß der Graph von f punktsymmetrisch zum Ursprung ist! Zeichne unter Verwendung der bisherigen Ergebnisse den Graphen von f für $a = 4$! Einheit 1 cm. Berechne dazu zusätzlich die Funktionswerte für $x = \pm 3{,}5$; $\pm 3{,}75$! An welcher Stelle nimmt die Funktion f den Wert 1 an? Gibt es Kurvenpunkte mit der Steigung $m = \frac{1}{4}$? Welche Werte muß m mindestens haben, damit es Kurvenpunkte mit der Steigung m gibt?

21. Der Graph der Funktion $f\colon x \mapsto f(x) = \frac{x + a}{2e^x}$; $a \in \mathbb{R}$, hat an der Stelle $x = -2$ eine waagrechte Tangente. Berechne daraus a! Bestimme für dieses a die Schnittpunkte mit den Koordinatenachsen, Extrempunkte und Wendepunkte sowie den spitzen Winkel des Graphen von f mit der y-Achse! Zeichne den Graphen im Intervall $[-3; 3]$! Einheit 2 cm.

22. Bestimme die maximale Definitionsmenge D_f und das Verhalten für $x \to +\infty$ für die Funktion $f\colon x \mapsto f(x) = \frac{1}{x \cdot \ln \frac{x}{a}}$; $a \in \mathbb{R}^+$. In welchen Intervallen ist $f(x) > 0$, in welchen ist $f(x) < 0$? Untersuche f auf Monotonie und begründe daraus, an welcher Stelle der Graph von f einen Extrempunkt haben muß. Bestimme die Art des Extrempunktes ohne zweite Ableitung! Untersuche noch das Verhalten von f für $x \to 0$ und $x \to a$! Zeichne aufgrund der bisherigen Ergebnisse den Graphen von f für $a = 1$, wobei noch die Funktionswerte $f(\frac{3}{2})$; $f(e)$ und $f(4)$ berechnet werden sollen. Einheit 3 cm.

23. Gegeben ist die Funktionenschar

$$f_a\colon x \mapsto f_a(x) = \ln x(\ln x - 2a),\ a \in \mathbb{R}.$$

a) Bestimme die maximale Definitionsmenge von f_a, die Nullstellen, die Extremstelle und die Wendestelle.

b) Untersuche das Verhalten von f_a für $x \to 0$ und zeige, daß alle Graphen von f_a durch einen Punkt S gehen. Welche Koordinaten hat S?

c) Welche Ortslinie bildet die Menge der Extrempunkte, welche die Menge der Wendepunkte? Zeichne in dasselbe Achsenkreuz diese Ortslinien sowie die Graphen zu den Funktionen f_0 und f_1 (mit den Parametern $a = 0$, $a = 1$)!

d) In welchen Teilmengen $D_1, D_2 \subset D_{f_0}$ ist die Funktion f_0 streng monoton? Bestimme die Terme $f_1^{-1}(x)$ und $f_2^{-1}(x)$ der zugehörigen Umkehrfunktionen. Der Graph einer der beiden Umkehrfunktionen hat die x-Achse als Asymptote. Untersuche, ob das Flächenstück zwischen diesem Graphen und den Achsen einen endlichen Flächeninhalt hat. (Hinweis: Beginne bei der Integration mit Substitution!).

e) Für jedes $a \in \mathbb{R}$ ist durch $F_a\colon x - F_a(x) = \int_1^x f_a(t)dt$, mit $x \in \mathbb{R}^+$ eine Integralfunktion gegeben.
Begründe mit Hilfe der Ergebnisse aus Teilaufgabe a, daß genau eine der Funktionen F_a einen Terrassenpunkt (oder Sattelpunkt) besitzt. Welche Koordinaten hat er?

Zeittafel zur Geschichte der Analysis

Archimedes von Syrakus (287—212 v. Chr.)
Bei der Eroberung von Syrakus von römischen Soldaten getötet.
Er berechnet u. a. die Fläche eines Parabelsegments und bringt das Volumen und die Oberfläche der Kugel und ihrer Teile in Zusammenhang mit den entsprechenden Größen am umbeschriebenen Zylinder. Für die Zahl π findet er den Näherungswert $3\frac{10}{71} < \pi < 3\frac{1}{7}$. Außerdem bestimmt er den Schwerpunkt des Dreiecks, der Pyramide, der Parabel und des Drehparaboloids. Seine 1906 wiederentdeckte „Methodenlehre" enthält schon die Grundgedanken der Infinitesimalrechnung, wenn er auch jede Aufgabe isoliert behandelt.

Kepler, Johannes (1571—1630)
Neben Inhalts- und Schwerpunktsbestimmungen behandelt er auch schon Tangenten- und Extremwertaufgaben. Anregung zur Inhaltsberechnung durch einen Streit mit einem Weinhändler über die Größe der Fässer.

Galilei Galileo (1564—1642)
Beim Studium des freien Falles erhält er für die Geschwindigkeit $v = gt$ und für den Gesamtweg $s = \frac{1}{2} \cdot gt^2$. Er hat vermutlich schon den Zusammenhang zwischen dem bestimmten Integral $\frac{1}{2} gt^2 \left(= \int_0^t gu\,du\right)$ und seiner Ableitung nach der oberen Grenze geahnt.

Cavalieri, Bonaventura (1598—1647). Schüler Galileis.
Er hat die Quadratur der Parabel $y = x^n$ für $n = 3$ bis $n = 9$ durchgeführt. Im „Prinzip von Cavalieri" erkennt man sein Rechenverfahren mit „Indivisiblen" (unteilbaren Größen). So stellen Strecken, ebene Flächen und Körper die „Gesamtheiten" ihrer Indivisiblen, nämlich der Punkte, Strecken bzw. Flächen dar.
Diese unstrengen infinitesimalen Methoden zeitigten große Erfolge.

Torricelli, Evangelista (1608—1647)
Ihm gelingt die Quadratur der allgemeinen Parabel $y = x^n$ mit ganzen Exponenten n.

Pascal, Blaise (1623—1662)
Er ersetzt den Cavalierischen Begriff der „Gesamtheit" durch die „Summe" und gelangt bei der Flächenberechnung zur Bildung von Potenzsummen. Pascalsches Dreieck der Binomialkoeffizienten.
Gegen Ende seines Lebens, etwa ab 1654 wird aus dem Meister der Mathematik im Zusammenhang mit visionären Erlebnissen ein Antimathematiker.

Fermat, Pierre de F. (1601—1665) Jurist, Mathematiker und Physiker.
Er bemüht sich erstmals um richtige Grenzwertberechnungen und gibt eine Methode zur Bestimmung der Maxima und Minima.

Barrow, Isaac (1630—1677) Theologe und Mathematiker.
Lehrer Newtons. Eigentlicher „Entdecker" der Differential- und Integralrechnung. Grenzwerterörterungen bei den unendlichen Reihen, beim Differenzieren und Integrieren. Er beweist als erster den Hauptsatz der Differential- und Integralrechnung.

Newton, Isaac (1642—1727)
Er gilt, vor allem in England, als der Begründer der Infinitesimalrechnung.
Seine Fluxionen- und Fluentenrechnung ist schwer erlernbar und hat sich deshalb nicht durchsetzen können. Fluxion entspricht der Ableitung, Fluente dem Integral z. B. Weg s als Funktion der Zeit.
Nach 1700 wird er Präsident der Royal Society.

Leibniz, Gottfried, Wilhelm (1646—1716)
Galt seinerzeit, vor allem in Deutschland, als der Begründer der Differential- und Integralrechnung. Prioritätsstreit mit Newton. Heute steht fest, daß Newton und Leibniz unabhängig voneinander die Infinitesimalrechnung begründet haben. Die von Leibniz eingeführten Bezeichnungsweisen $\frac{dy}{dx}$, $\int f(x)dx$ haben sich überall durchgesetzt.

Am 19. Oktober 1675 verwendet Leibniz zum erstenmal in seinen Aufzeichnungen das Integralzeichen ∫, um damit den Grenzwert einer Summe anzudeuten.
„Bei den Bezeichnungen ist darauf zu achten, daß sie zum Erfinden bequem sind. Dies trifft am meisten dann zu, wenn sie die innerste Natur der Sache mit Wenigem andeuten."
L. veranlaßt 1700 die Gründung der Berliner Akademie der Wissenschaften.
Er ist der letzte Universalgelehrte (Philosoph, Historiker, Politiker und Diplomat, Naturforscher und Mathematiker), der das gesamte Wissen seiner Zeit beherrscht.

Taylor Brook (1685—1731)
Taylorsche Formel und Reihe.

Bernoulli, Jakob (1654—1705) und **Bernouilli,** Johann (1667—1748), Brüder.
„Brüderzwist im Hause Bernoulli" bis zum Tode Jakob Bernoullis.
Johann Bernoulli tritt im Prioritätsstreit Newton-Leibniz eindeutig für Leibniz ein. Nach dem Tode von Newton und Leibniz ist Johann Bernoulli der Mathematiker Europas. Er verwendet erstmals das Wort „Integral".

L'Hospital, Marquis Guillaume de (1661—1704)
Er schreibt das erste Lehrbuch der Differentialrechnung, das sich durch seine leicht faßliche Darstellung auszeichnet. Regel von de L'Hospital.

Euler, Leonhard (1707—1783)
Auf ihn gehen die Bezeichnungen e für die Basis des natürlichen Logarithmus, π für das Verhältnis des Kreisumfangs zum Durchmesser, f(x) für eine Funktion der Variablen x sowie die Einteilung der Funktionen in algebraische und transzendente zurück. Einreihung der komplexen Zahlen in das Zahlensystem. „Zauberformel" $e^{ix} = \cos x + i \sin x$.

Gauß, Carl Friedrich (1777—1855)
Er fördert die Infinitesimalrechnung nur durch sein mathematisch exaktes Arbeiten. Fundamentalsatz der Algebra. Gaußsche Zahlenebene. Nichteuklidische Geometrie. Zahlentheorie.

Horner, William (1756—1837) Hornersches Schema
Mit der bei **Cavalieri** genannten unstrengen infinitesimalen Methode der „Indivisibeln" arbeiten fast alle Mathematiker des 17. und 18. Jahrhunderts. In ungebundener Entdeckerfreude an den erzielten Erfolgen werden dabei die Arbeiten an den Grundlagen der Analysis vernachlässigt. Die Gefährlichkeit dieser Schlußweise soll an einem Beispiel wenigstens erläutert werden.
Man zeichne zwei konzentrische Kreise k und K. Der Radius von K sei dreimal so groß wie der von k. Die „Gesamtheit" der „Indivisibeln" von k, nämlich der Radien ergibt die Fläche f des Kreises k. Ebenso erhält man die Fläche F des Kreises K. Nun ist aber jeder Radius von K dreimal so groß wie der entsprechende von k. Also muß $F = 3f$ sein. In Wirklichkeit ist aber $F = 9f$.
Die Übertragung auf die Kugel ergäbe entsprechend $V = 3v$, statt $V = 27v$.
Etwa ab 1800 wird die Kritik an diesen unstrengen Methoden immer stärker und man erkennt, daß es so nicht weitergehen kann.
Dabei haben die folgenden Mathematiker wesentlich zur Schaffung einer einwandfreien mathematischen Grundlegung der Analysis beigetragen.

Cauchy, Augustin Louis (1789—1857)
Cauchy gibt mit seiner „Epsilontik" dem Grenzprozeß die mathematisch einwandfreie Form und damit der Differential- und Integralrechnung eine sichere Grundlage. Er untersucht vor allem die Konvergenz und Divergenz unendlicher Reihen.

Weierstraß, Karl (1815—1897)
Er zeigt, daß stetige Funktionen nicht differenzierbar sein müssen.

Dirichlet, Peter Lejeune (1805—1859)
Sein klassischer Funktionsbegriff ist erst in den letzten Jahren durch einen modernen ersetzt worden.

Riemann, Bernhard (1826—1866)
Klassischer Integralbegriff. Differentialgleichungen. Riemannsche Geometrien.

Dedekind, Richard (1831—1916)
Begriff der Stetigkeit von Funktionen. Erklärung der Irrationalzahlen durch Schnitte, die „Dedekindschen Schnitte".

Cantor, Georg (1845—1918)
Begründer der Mengenlehre, mit deren Hilfe er den Begriff der Stetigkeit und den der Irrationalzahl neu formuliert.

Abschließend sei bemerkt, daß die Grundlagenforschung der Mathematik in den letzten Jahren weitere beträchtliche Fortschritte gemacht hat. Der Anstoß dazu ging vom **Bourbaki-Kreis** aus. Hinter dem Namen **N. Bourbaki** verbirgt sich eine größere Gruppe von hervorragenden französischen Mathematikern.

Potenzen von e = 2,71828...

x	$y = e^x$	$y = e^{-x}$
0,00	1,00000	1,00000
0,01	1,01005	0,99005
0,02	1,02020	0,98020
0,03	1,03045	0,97045
0,04	1,04081	0,96079
0.05	1,05127	0,95123
0,06	1,06184	0,94176
0,07	1,07251	0,93239
0,08	1,08329	0,92312
0,09	1,09417	0,91393
0,1	1,10517	0,90484
0,2	1,22140	0,81873
0,3	1,34986	0,74082
0,4	1,49182	0,67032
0,5	1,64872	0,60653
0,6	1,82212	0,54881
0,7	2,01375	0,49659
0,8	2,22554	0,44933
0,9	2,45960	0,40657
1	2,71828	0,36788
2	7,38906	0,13534
3	20,08554	0,04979
4	54,59815	0,01832

Weitere Potenzen erhält man durch Anwendung des Potenzgesetzes $e^{a+b} = e^a \cdot e^b$. Z.B. ist $e^{0,33} = e^{0,3} \cdot e^{0,03} = 1,34986 \cdot 1,03045 = 1,39096$ (abgekürzte Multiplikation!)

Grad- und Bogenmaß; Teile von π = 3,1416...

30°	$\frac{\pi}{6}$	= 0,5236	210°	$\frac{7\pi}{6}$	= 3,6652
45°	$\frac{\pi}{4}$	= 0,7854	225°	$\frac{5\pi}{4}$	= 3,9270
60°	$\frac{\pi}{3}$	= 1,0472	240°	$\frac{4\pi}{3}$	= 4,1888
90°	$\frac{\pi}{2}$	= 1,5708	270°	$\frac{3\pi}{2}$	= 4,7124
120°	$\frac{2\pi}{3}$	= 2,0944	300°	$\frac{5\pi}{3}$	= 5,2360
135°	$\frac{3\pi}{4}$	= 2,3562	315°	$\frac{7\pi}{4}$	= 5,4978
150°	$\frac{5\pi}{6}$	= 2,6180	330°	$\frac{11\pi}{6}$	= 5,7596
180°	π	= 3,1416	360°	2π	= 6,2832

Namen- und Sachverzeichnis